U0790357

水文测验学

（修订本）

赵志贡　荣晓明　菅浩然　蔡大应　等编著

黄河水利出版社
·郑州·

内 容 提 要

本书根据中华人民共和国水利部近期颁布的一系列水文测验规范,结合目前比较先进的测验手段和方法,对江河的水文测验与水文资料整编的基本概念、原理和操作方法等做了系统介绍。全书共分八章,主要内容包括:测站布设,水位观测,流量测验,误差理论与水文测验误差分析,泥沙测验,水位、流量资料整编,泥沙资料整编,冰凌观测等。

本书内容丰富,条理清晰,通俗易懂,是一本系统学习水文测验的理想教材和工具书,可供普通高等学校、高职高专院校水文水资源专业的学生学习使用,亦可供水利工程技术人员和水文测站职工学习参考。

图书在版编目(CIP)数据

水文测验学/赵志贡等编著. —郑州:黄河水利出版社,2014.9 (2024.1 修订本重印)

ISBN 978-7-5509-0947-2

Ⅰ.水… Ⅱ.赵… Ⅲ.水文测验-研究 Ⅳ.①P332

中国版本图书馆 CIP 数据核字(2014)第 227721 号

组稿编辑:王路平 电话:0371-66022212 E-mail:hhslwlp@163.com

出 版 社:黄河水利出版社 网址:www.yrcp.com

地址:河南省郑州市顺河路黄委会综合楼 14 层 邮政编码:450003

发行单位:黄河水利出版社

发行部电话:0371-66026940、66020550、66028024、66022620(传真)

E-mail:hhslcbs@126.com

承印单位:河南承创印务有限公司

开本:787 mm×1 092 mm 1/16

印张:17.5

字数:400 千字 印数:6 001—7 000

版次:2014 年 9 月第 1 版 印次:2024 年 1 月第 4 次印刷

2024 年 1 月修订本

定价:38.00 元

前　言

随着水文测验新规范的颁布实施，自动化测验仪器在水文测验工作中的推广应用，新的测验技术和方法的使用，原水文测验学的内容已无法满足生产和教学的需要，为了适应水文测验技术的发展和生产需要，贯彻教育部关于加强高等院校、高职高专教育人才培养工作的意见和面向21世纪教育振兴行动计划文件和2011年中央1号文件等精神，根据全国水文水资源专业指导性教学计划和水文测验学教学基本要求，编著出版了《水文测验学》一书。

为了不断提高教材质量，作者于2024年1月，根据国家及行业最新颁布的规范、标准等，以及近年来在教学实践中发现的问题和错误，对教材进行了全面修订完善。

本书内容包括水文测验和水文资料整编两个方面。本次编著的依据是水利部近期颁布实施的一系列水文测验方面的规范和目前比较先进的测验手段和方法，重点介绍了江河水文要素的资料收集、整理、分析的基本概念、原理及方法。本书舍弃了一些传统的、落后的水文测验手段，推出了一些新的自动化程度高的测验方法和测验技术。

全书共分八章，主要内容包括：测站布设，水位观测，流量测验，误差理论与水文测验误差分析，泥沙测验，水位、流量资料整编，泥沙资料整编，冰凌观测等。在编著过程中紧密结合高等教育的特点，突出本课程的特色，力求简明扼要，理论联系实际，分析与操作相结合，尽量反映目前国内外水文测验的先进水平。本书主要作为普通高等学校、高职高专院校水文水资源专业的学生学习使用，亦可供水利技术人员和水文测站职工学习参考。

本书编著人员及编著分工如下：第一章由黄河水利职业技术学院刘翠编著；第二章由云南省水文水资源局大理分局赵旭编著；第三章第一～四节由河南省开封水文水资源勘测局荣晓明编著；第三章第五节、第六节，第四章由河南省漯河水文水资源勘测局周正辉编著；第五章由黄河水利职业技术学院营浩然编著；第六章第一节、第二节、第九节由黄河水利职业技术学院赵志贡编著；第六章第三节、第四节由黄河水利委员会水文局河南水文局郑波亭编著；第六章第五～八节由黄河水利科学研究院蔡大应编著；第七章、第八章由黄河水利职业技术学院程琳编著。全书由赵志贡负责统稿。

由于时间仓促，加之作者水平有限，书中错漏之处在所难免，敬请读者批评指正。

作　者

2024年1月

目　录

前　言
第一章　测站布设 …………………………………… (1)
第一节　水文测站及站网 …………………………………… (1)
第二节　水文测验河段的查勘与选择 …………………………………… (4)
第三节　测站的设立 …………………………………… (7)
第四节　测验渡河设备 …………………………………… (11)
第二章　水位观测 …………………………………… (14)
第一节　概　述 …………………………………… (14)
第二节　水位的观测设备 …………………………………… (16)
第三节　水位观测与日平均水位计算 …………………………………… (23)
第四节　地下水的观测与计算 …………………………………… (27)
第三章　流量测验 …………………………………… (40)
第一节　概　述 …………………………………… (40)
第二节　断面测量 …………………………………… (46)
第三节　流速仪测流 …………………………………… (60)
第四节　浮标测流法及航空摄影测流法 …………………………………… (83)
第五节　其他流速面积法流量测验 …………………………………… (88)
第六节　其他测流方法 …………………………………… (92)
第四章　误差理论与水文测验误差分析 …………………………………… (101)
第一节　误差及其分类 …………………………………… (101)
第二节　偶然误差的概率特性 …………………………………… (102)
第三节　精度标准 …………………………………… (104)
第四节　误差的传播理论 …………………………………… (107)
第五节　流速仪法流量测验总不确定度估算 …………………………………… (110)
第六节　流速仪测流方法的精简分析 …………………………………… (114)
第五章　泥沙测验 …………………………………… (118)
第一节　概　述 …………………………………… (118)
第二节　悬移质泥沙测验 …………………………………… (120)
第三节　推移质及河床质泥沙测验 …………………………………… (144)
第四节　泥沙颗粒分析 …………………………………… (150)
第六章　水位、流量资料整编 …………………………………… (164)
第一节　概　述 …………………………………… (164)
第二节　水位资料整编 …………………………………… (165)

第三节　水位流量关系分析 …………………………………………………… (169)
第四节　河道流量资料整编 …………………………………………………… (181)
第五节　堰闸、电站流量的推算方法 ………………………………………… (206)
第六节　水位流量关系曲线的高、低水延长 ………………………………… (220)
第七节　流量资料合理性检查 ……………………………………………… (223)
第八节　流量资料统计和洪水水文要素摘录 ……………………………… (225)
第九节　水位流量关系的检验及实测流量标准差的估算 ………………… (229)
第七章　泥沙资料整编 ……………………………………………………… (239)
第一节　悬移质泥沙资料整编 ……………………………………………… (239)
第二节　推移质输沙率资料整编 …………………………………………… (250)
第三节　泥沙颗粒级配资料整编 …………………………………………… (253)
第八章　冰凌观测 …………………………………………………………… (257)
第一节　河流冰情及观测方法 ……………………………………………… (257)
第二节　固定点冰厚测量 …………………………………………………… (261)
第三节　河段冰厚测量 ……………………………………………………… (265)
第四节　冰流量测验 ………………………………………………………… (267)
附　表 ………………………………………………………………………… (272)
附表1　水文测验中“国标”与“规范”部分符号对照 ……………………… (272)
附表2　水文测验常用要素的单位和数字取用位数规定…………………… (273)
参考文献 ……………………………………………………………………… (274)

第一章　测站布设

第一节　水文测站及站网

一、水文测站

水文测站是在河流上或流域内设立的，按一定技术标准经常收集和提供水文要素的各种水文观测现场的总称。按目的和作用分为基本站、实验站、专用站和辅助站。

基本站是为综合需要的公用目的，经统一规划而设立的水文测站。基本站应保持相对稳定，在规定的时期内连续进行观测，收集的资料应刊入水文年鉴或存入数据库长期保存。

实验站是为深入研究某些专门问题而设立的一个或一组水文测站，实验站也可兼作基本站。

专用站是为特定的目的而设立的水文测站，不具备或不完全具备基本站的特点。

辅助站是为帮助某些基本站正确控制水文情势变化而设立的一个或一组站点。辅助站是基本站的补充，弥补基本站观测资料的不足。计算站网密度时，辅助站不参加统计。

基本水文站按观测项目可分为流量站、水位站、泥沙站、雨量站、水面蒸发站、水质站、地下水观测井等。其中，流量站（通常称作水文站）均应观测水位，有的还兼测泥沙、降水量、水面蒸发量及水质等；水位站也可兼测降水量、水面蒸发量。这些兼测的项目，在站网规划和计算站网密度时，可按独立的水文测站参加统计；在站网管理、刊布年鉴和建立数据库时，则按观测项目对待。

二、水文站网及其作用

水文站网是在一定地区，按一定原则，用适当数量的各类水文测站构成的水文资料收集系统。由基本站组成的站网，称为基本水文站网。

把收集某一项资料的水文测站组合在一起，则构成该项目的站网，如流量站网、水位站网、泥沙站网、雨量站网、水面蒸发量站网、水质站网、地下水观测井网等。通常所称的水文站网，就是这些单项观测站网的总称，有时也简称为站网。

以满足水资源评价和开发利用的最低要求，由起码数量的水文测站组成的水文站网，是容许最稀站网。

首先应建成容许最稀站网，然后根据需要与可能，逐步发展并优化站网。力求在适应于当地经济发展水平的投入条件下，使站网的整体功能最强。

水文站网密度，可以用“现实密度”与“可用密度”两种指标来衡量。前者是指单位面积上正在运行的站数；后者则包括虽停止观测，但已取得有代表性的资料或可以延长系列的站数。站网密度通常是指现实密度。

三、水文站网的规划与调整

水文站网规划是制定一个地区(流域)水文测站总体布局而进行的各项工作的总称。其基本内容有:进行水文分区,确定站网密度,选定布站位置,拟定设站年限,各类站网的协调配套,编制经费预算,制订实施计划。

水文站网规划的主要原则,是根据需要和可能,着眼于依靠站网的结构,发挥站网的整体功能。提高站网产出的社会效益和经济效益。

制定水文站网规划或调整方案应根据具体情况,采用不同的方法,相互比较和综合论证;同时,要保持水文站网的相对稳定。

水文站网的调整,是水文站网管理工作的主要内容之一。水文站网的管理部门,应当在使用水文资料解决生产、科研问题的实践中,在经济水平、科学技术、测验手段日益提高和对水文规律不断加深认识的过程中,定期或适时地分析检验站网存在的问题,进行站网调整。

分析检验站网存在的问题主要有:测站位置是否合适,测站河段是否满足要求,水账是否能算清,测站间配套是否齐全等。

四、基本水文站网的布设原则

在基本水文站网中,流量站网是最主要的站网,因此重点介绍流量站网,并简要介绍水位站网和泥沙站网。

(一)基本流量站网的布设原则

由于河流有大小、干支流的区分,因此流量站网的布设原则也不相同。

控制面积为3 000 km^2 以上的大河干流流量站,称为大河控制站。

干旱区在300~500 km^2 以下,湿润区在300 km^2 以下的河流上设立的流量站,称为小河站。

其余天然河流上设立的流量站,称为区域代表站。

大河控制站的主要任务,是为江河治理,防汛抗旱,制定大规模水资源开发规划以及重大工程的兴建系统地收集资料,在整个站网布局中,居首要地位。大河控制站按线的原则布设。

小河站的主要任务,是为研究暴雨洪水、产流、汇流,产沙、输沙的规律而收集资料。在大中河流水文站之间的空白地区,往往也需要小河站来补充,满足地理内插和资料移用的需要。因此,小河站是整个水文站网中不可缺少的组成部分。小河站按分类原则布设。

区域代表站的主要作用,是控制流量特征值的空间分布,探索径流资料的移用技术,解决任何水文分区内任一地点流量特征值,或流量过程资料的内插与计算问题。区域代表站,按照区域原则布设。

1.线的原则

在干流沿线,布站间距不宜过小,布站数量不宜过多,任何两个相邻测站之间流量特征值的变化,不应小于一定的递变率。否则,这种变化引起的误差和测验误差,将很难区分。由此可以确定布站数量的下限。

然而布站间距也不能过大,布站数量不能过少,否则将难以保证按5% ~10%的精度标准,内插干流沿线任一地点的流量特征值。由此,又可以确定布站数量的上限。

当估计出布站数量的上限和下限之后,还应综合考虑重要城镇、重要经济区防洪的需要,大支流的入汇,大型湖泊、水库的调蓄作用以及测验通信和交通、生活条件等因素,选定布站位置。

把上述原则汇集在一起,称为线的原则。

2. 区域原则

在任一水文分区之内,沿径流深等值线的梯度方向,布站不宜过密,也不宜过稀。决定站网密度下限的年径流特征值内插,允许相对误差采用 ±5% ~ ±10%;决定密度上限的年径流特征值递变率,采用10% ~15%。

对于分析计算较困难的地区,在水文分区内,可按流域面积进行分级,一般情况下,分为4 ~7 级,每级设1 ~2 个代表站。

选择布设代表站的河流和河段,应符合以下要求:

(1)有较好的代表性和测验条件。

(2)能控制径流等值线明显的转折与走向,尽量不遗漏等值线的高、低中心。

(3)控制面积内的水利工程措施少。

(4)无过大的空白地区。

(5)综合考虑防汛,水利工程规划、设计、管理运用等需要。

(6)尽量照顾交通和生活条件。

3. 分类原则

布设小河站,应在水文分区的基础上,参照植被、土壤、地质及河床组成等下垫面的性质进行分类,再按面积分级,并适当考虑流域形状、坡度等因素,选河布站。

小河站址的选择应符合下列要求:

(1)代表性和测验条件较好。

(2)水利工程影响小。

(3)面上分布均匀。

(4)按面积分级布站时,要兼顾坡降和地势高程的代表性。

(5)尽量照顾交通和生活条件。

(二)基本水位站网的布设原则

在水文测验中,水位往往是用于推求流量的工具,大多数流量站,都有水位观测。因此,流量站网的基本水尺,是水位站网的组成部分。

在大河干流、水库湖泊上布设水位站网,主要用以控制水位的转折变化。以满足内插精度要求、相邻站之间的水位落差不被观测误差所淹没为原则,确定布站数目的上限和下限。其设站位置,可按下述原则选择:

(1)满足防汛抗旱、分洪滞洪、引水排水、水利工程或交通运输工程的管理运用等需要。

(2)满足江河沿线任何地点推算水位的需要。

(3)尽量与流量站的基本水尺相结合。

(三)基本泥沙站网布设原则

在泥沙站网上进行测验,是为流域规划、水库闸坝设计、防洪与河道整治、灌溉放淤、城市供水、水利工程的管理运用、水土保持效益的估计、探索泥沙对污染物的解吸与迁移作用以及有关的科学研究,提供基本资料。

泥沙站也分为大河控制站、区域代表站和小河站。

大河控制站以控制多年平均输沙量的沿程变化为主要目标,按直线原则确定布站数量,并选择相应的流量站观测泥沙。

区域代表站和小河站,以控制输沙模数的空间分布,按一定精度标准内插任一地点的输沙模数为主要目标,采用与流量站网布设相类似的区域原则,确定布站数量;同时,考虑河流代表性,面上分布均匀,不遗漏输沙模数的高值区和低值区,选择相应的流量站,观测泥沙。

第二节　水文测验河段的查勘与选择

在站网规划工作中,仅能粗略定出测站的位置。要把测站具体设立起来进行观测,还必须经过查勘,选择测验河段,布置观测断面和各种观测设施。

一、测验河段的选择原则

对水文观测现场的作业和观测成果具有显著影响控制作用的河段,称为测验河段。选择测验河段,应遵循以下原则:

(1)要满足设站目的。根据这一原则,可确定测验河段的大致范围。例如,黄河下游伊洛河、沁河汇入后,必须及时掌握大洪峰流量的确切数值,才能对下游作出重大决策。因此,该河段水流条件不论如何,都必须设站观测。

(2)能保证各级洪水安全操作与测验精度,有利于建立尽可能稳定、简单的水位流量关系。

这一原则,对于取得可靠的观测资料、简化内业整理工作、节约人力物力具有重要作用。

(3)在满足上述要求的前提下,尽可能照顾生活、交通、通信上的方便。

二、测站控制

天然河道中水文现象是十分复杂的,水位流量的关系在许多情况下是不稳定的。这是因为流量不仅随水位的变化而变化,它还受比降、河床糙率、水力因素的影响。而在同一水位下,这些水力因素往往又是变化的。因此,表现出水位流量关系的复杂性。但我们在天然河道中还能够找到一些河段,其水力因素在同一水位下保持不变或虽有变化但可以相互补偿,随水位的变化而变化,从而保持单一性。

假如在测站附近(通常在其下游)有一段河槽,其水力特性能够使得测站的水位流量关系保持单一关系,则这个断面或河段便称为测站控制。如测站控制作用发生在一个横断面上，则称为断面控制。如测站控制作用靠一段河槽的底坡、糙率、断面形状等因素的共同作用来实现，则称为河槽控制。

很显然，选择测站最好能设在形成测站控制的地点或其上游附近。

天然河道中的一些河段为什么会形成测站控制呢？下面从水力学原理加以分析。

（一）断面控制

天然河道中，如有突起的石梁、急滩、卡口、人工堰坝等，当水流通过该处时，将使水面曲线发生明显转折，形成临界流，出现临界水深，构成断面控制。

以石梁为例（如图 1-1 所示），当水流行近石梁处，水流被石梁抬升，过水断面显著缩小，石梁上游形成壅水。当水流通过石梁后，断面扩大，水流跌落，所以石梁处水面线由壅水曲线变为跌水曲线。从水力学知，在此产生临界流，出现临界水深 d_k，此时弗劳德数 Fr 等于 1，即

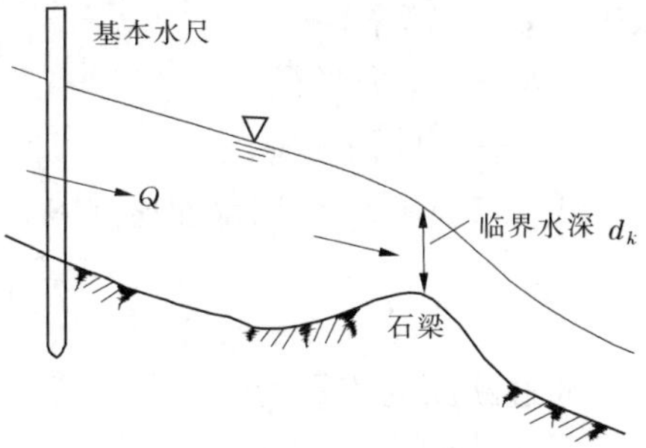

图 1-1　低水石梁控制示意

$$Fr^2 = \frac{\alpha Q^2}{gA^3}B = 1 \tag{1-1}$$

式中　Q——断面流量，m^3/s；

A——断面面积，m^2；

B——水面宽，m；

g——重力加速度，m/s^2；

α——动能校正系数。

若 $\alpha = 1$，变换上式，则写为

$$Q = \sqrt{\frac{gA^3}{B}} = (B\sqrt{g})d_k^{3/2} \tag{1-2}$$

式中　d_k——临界水深，$d_k = \frac{A}{B}$。

A 和 d_k 是水位 Z 和断面因素 Ω 的函数，即

$$Q = f(Z, \Omega) \tag{1-3}$$

在断面稳定，无冲淤变化的情况下，断面因素 Ω 是水位的函数，即

$$\Omega = \varphi(Z)$$

则

$$Q = f(Z) \tag{1-4}$$

式(1-4)表明，在石梁处，流量仅是水位的函数。因此，水位流量关系呈单一关系。

但必须指出，由于石梁、急滩等都是靠河槽特殊地形产生临界流来维持水位流量关系为单一关系，一旦临界流条件消失，则它们的控制作用也随之消失。所以，低水时有控制作用，高水时则不然。

卡口、弯道及堰坝等在高水时，也能造成水面曲线的转折，产生临界流，从而形成测站控制作用。

由此可见，选择水文测站，最理想的是选在高水、低水都有测站控制的河段上。

那么，为什么测流断面不设在控制断面上或其下游，而设在其上游附近呢？这是因为

在断面控制处，水面纵坡较陡，流速大，测深测速都不方便，且误差较大，也不安全；而其下游则没有控制作用。所以，测验河段通常选在其上游附近。

（二）河槽控制

一般情况下，天然河道的河流可近似看作稳定非均匀流，其断面平均流速可由曼宁公式表示

$$v = \frac{1}{n}R^{2/3}S_e^{1/2} \tag{1-5}$$

式中 n——糙率；

R——水力半径；

S_e——能面比降。

式（1-5）中，S_e 可用水面比降 S 代替，于是曼宁公式可写为

$$v = \frac{1}{n}R^{2/3}S^{1/2} \tag{1-6}$$

通过断面的流量为

$$Q = \frac{1}{n}AR^{2/3}S^{1/2} \tag{1-7}$$

式中 A——断面面积。

式（1-6）可写成一般函数形式为

$$Q = f(A,R,n,S)$$

式中的 A、R 取决于断面因素 Ω 和水位 Z，故可写成

$$Q = f(Z,\Omega,n,S) \tag{1-8}$$

式（1-8）表明，天然河道决定流量大小的基本水力因素有 4 个：水位、断面因素、糙率、水面比降。因此，要使水位流量关系呈单一关系，必须具备下列条件之一：

（1）在同一水位下，Ω、n、S 维持不变。

（2）在同一水位下，Ω、n、S 虽有所变动，但它们对流量大小的影响恰好互相补偿。

具备上述条件而产生河槽控制作用的河段必须有相当长的顺直河段，河床稳定，不生水草，不受变动回水影响等。

三、选择测验河段的具体要求

根据设站目的要求，在野外选择河段时，应根据河流特性，灵活掌握，慎重选定。

对一般河道站，应尽量选择河道顺直、稳定、水流集中、便于布设测验设施的河段。顺直长度一般应小于洪水时主槽宽的 3～5 倍。对山区河流，在保证测验工作安全的前提下，尽可能选在石梁、急滩、卡口、弯道的上游。要尽量避开有变动回水、急剧冲淤变化、分流、斜流、严重漫滩等不利因素的河段及妨碍测验工作的地形、地物。结冰河段还应避开容易发生冰塞、冰坝的地点。

四、测验河段勘测调查工作

设立水文测站之前，应进行勘测调查，内容包括：

(1)查勘前准备。明确设站目的,查阅有关文件资料,特别是有关地形图、水准点、洪水情况等。确定勘测内容和调查大纲,制订工作计划,然后到现场勘察。勘测工作一般在枯水期进行。

(2)测验河段现场调查。该项工作是为了全面了解河道概况,以便初步选定测验河段。调查内容包括:测站控制情况;历年最高洪水位和最大漫滩边界;变动回水影响的起因和范围;河床组成,水草生长及沙情、冰凌情况;流域自然地理概况、水利工程的近况和远景规划等。

(3)野外测量。包括简易地形测量、大断面测量及流向测量、水面纵比降测量等。测量范围,两岸应测至历年最高洪水位以上,沿河长应比选定的河段略长。

(4)编写勘测报告。把调查的情况及测量结果分析整理,提出方案,作为最后确定站址的依据。

第三节　测站的设立

测站的设立就是在测验河段,根据现场勘测调查结果,利用河段地形图、水流平面图等,合理确定各种横断面,并设立相应测量标志,设置水准点,引测其高程;设立水位观测设备、测流渡河设备等。

本节只介绍一般河道站的断面、基线布设等内容。对水库站、堰闸站的设立,可参考水文测验有关规范。

一、断面的布设

断面根据不同的用途分为:基本水尺断面、流速仪测流断面、浮标测流断面、比降水尺断面。断面布设见图 1-2。布设断面首先要弄清测验河段的水流方向,即绘制水流平面图。

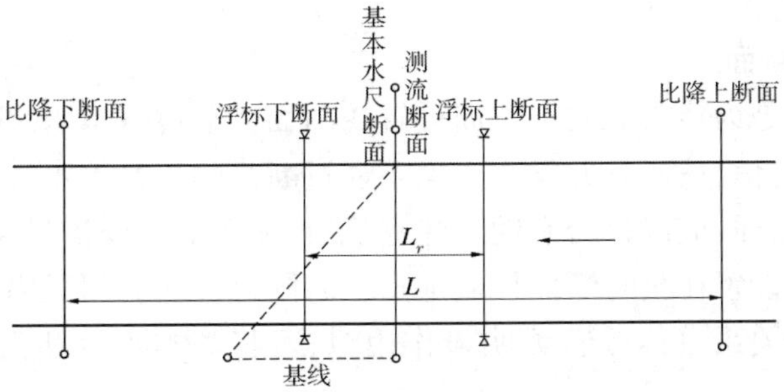

图 1-2　断面布设示意

(一)水流平面图的测绘

水流平面图是反映测验河段水流流向的分布图,如图 1-3 所示。图中的流向是以某断面处若干个部分流量的矢量来表示的。各部分流量的矢量和就是断面流量的矢量,其方向代表水流通过该断面时的平均流向。这个流向是布设测站各个断面的依据。水流平面图的测绘方法步骤如下。

1. 拟设测流断面

在测流断面位置的上下游平行地布设1～5个断面，并设置断面桩，各断面之间的间距应基本相等，且最好不小于断面平均流速的20倍。

2. 施测准备

用经纬仪或平板仪交会各个断面的断面桩、水边点，然后在上游向河流中均匀投放5～15个浮标，并测定每个浮标流经各个断面时的起点距和相应的时间。

3. 整理计算交会资料

整理计算各断面测角交会资料，绘制测验河段平面图，并在该平面图上将各个浮标经过各断面的位置绘出，并按顺序用虚线连成折线。虚线走向即代表水流的情况，选择虚线走向比较一致处的断面为初选的测流断面。

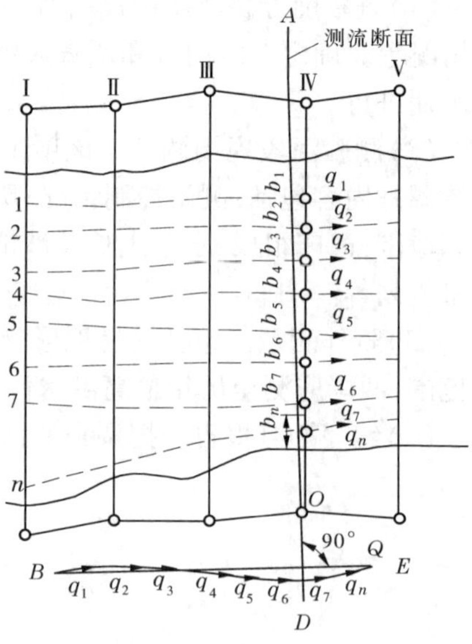

图1-3　水流平面

4. 绘制流速矢量线

在初选的测流断面上，计算各部分面积的部分虚流量，然后按比例绘制各部分虚流量的矢量线。

5. 确定断面方向

在图的下方将各部分虚流量的矢量值用推平行线的方法连成矢量多边形，定出矢量和的方向$\overrightarrow{BE}$，垂直于$\overrightarrow{BE}$线的$\overrightarrow{AD}$即为最后确定的测流断面线。从图上求出原断面线与$\overrightarrow{BE}$的夹角，根据两角之差用经纬仪将原断面校正到AD方向，打好断面桩即可，如图1-3所示。

（二）基本水尺断面

基本水尺断面，是为经常观测水位而设置的断面。通过基本水尺断面长年水位观测，提供水位变化过程的信息资料，并靠它来推求通过断面的流量等水文要素的变化过程。

设立基本水尺断面，应以是否有助于建立稳定、简单的水位流量关系为主要目标。因此，基本水尺断面应设置在具有断面控制地点上游附近。测验河段内，当改变基本水尺断面位置，对水位流量关系自然改善无明显作用时，可将基本水尺断面设置在测验河段的中央。

基本水尺断面应大致与流向垂直，与测流断面之间，不应有较大支流汇入或有其他因素造成水量的显著差异。

（三）流速仪测流断面

流速仪测流断面是为用流速仪法施测流量而设置的断面。由于泥沙测验必须与流量测验同时进行，所以流速仪测流断面同时又用于输沙率测验。

设立流速仪测流断面，应以安全操作、保证质量、设立简单为主要目标。在满足这些要求的前提下，应使其与平均流向相垂直。若测流断面不与基本水尺断面重合，应尽量缩短两断面间距离,中间不能有支流汇入与分出,以满足两断面间的流量相等。

一个测站的水位流量关系,是指基本水尺断面水位与通过该断面的流量间的关系。所以测流断面与基本水尺断面应该是一个断面,这样才能以实测的水位流量资料建立水位流量关系,从而根据水位观测资料推求流量过程。若基本水尺断面与测流断面相距不远,只要通过两断面的流量相近,也可以基本水尺断面水位与测流断面的流量建立水位流量关系。

若测流断面不与基本水尺断面相重合,则应设立水尺,在测流期间,观读水位,供计算面积、流量之用。

测流断面应垂直于断面平均流向。当一个测流断面不能同时满足不同时期(高、中、低水)的测流时,可设置不同时期的测流断面。当测验河段内有几股水流,其流向互不一致时,可设置不同方向的几个测流断面。

若测流断面与流向不垂直,流向偏角会使测得的流量产生误差。当流向偏角为10°时,其误差约为1.5%,其值虽小,似乎影响不大,但这一误差为系统误差,会使测得成果系统偏大,因此是不能忽视的。

(四)浮标测流断面

浮标测流断面,是为用浮标法施测流量而设置的断面。浮标测流断面有3个,即测定浮标位置和过水断面面积的浮标测流中断面、用于测定浮标漂流速度的浮标上断面和浮标下断面。

浮标测流中断面应尽可能与流速仪测流断面重合。在中断面的上、下游等距离处布设上、下浮标断面。上、下浮标断面之间的距离,主要考虑测验误差和浮标测得速度的代表性,尽可能缩短测流历时。所谓代表性,是指浮标测得速度应能够代表浮标中断面的瞬时速度。

为了使浮标测得速度具有代表性,上、下浮标断面的间距应尽量缩短。另外,为了减小浮标测流时的计时误差,同时施测时要有足够的时间供上下游联系,这又要求其间距有足够的长度。为了兼顾上述两方面的要求,可利用误差的概念加以分析说明。

假定浮标测流时,记时最大误差 $\Delta t = 1$ s,而距离丈量误差小于1%,可以忽略。则浮标流速的相对误差 δ_v 可写为

$$\delta_v = \frac{\Delta t}{t} + \frac{\Delta L_f}{L_f} \approx \frac{\Delta t}{t} = \frac{1}{t}$$

因

$$t = \frac{L_f}{v_f}$$

故

$$\delta_v = \frac{1}{t} = \frac{v_f}{L_f}$$

因浮标流速 v_f 的大小在测量前是未知的,并且随洪水大小及浮标在横断面上位置的不同而变,故可用估算的最大断面平均流速 $v_{\max}$ 代替,则

$$L_f = \frac{v_f}{\delta_v} = \frac{v_{\max}}{\delta_v} \tag{1-9}$$

以上各式中　L_f、ΔL_f——上、下浮标断面之间的距离和量距误差,m;

t、Δt——浮标从上断面到下断面经过的时间及计时误差，s；

δ_v——浮标测速的相对误差，一般规定 $\delta_v = 1.25\% \sim 2.0\%$ 作为允许误差，代入式(1-9)得

$$L_f = \frac{v_{max}}{0.0125 \sim 0.02} = (50 \sim 80)v_{max}$$

即浮标上下断面间距应为最大断面平均流速的 50～80 倍。具体应用时，可根据河段情况而定。山区河流不易达到此要求，可适当缩短，但不得小于最大断面平均流速的 20 倍。WMO 的《水文气象实践指南》中建议浮标漂流历时宜大于 20 s，以确定浮标上、下断面的间距。

为了适应高低水时测流的需要，可以布设不同间距的上、下浮标断面。

（五）比降断面

比降断面是设立比降水尺的断面。在比降水位观测河段上应设置上、中、下 3 个比降断面。可取流速仪测流断面或基本水尺断面兼比降中断面。

当断面上水面有明显的横比降时，应在两岸设立水尺观测水位。当有困难时，可在上、下比降断面两岸设立水尺计算水面平均比降。

上、下比降断面的间距，应使水面落差远大于落差观测误差。上、下比降断面的间距可采用下式估算：

$$L_S = \frac{2}{\overline{\Delta Z}^2 X_S^2}\left(S_m^2 + \sqrt{S_m^4 + 2\,\overline{\Delta Z}^2 X_S^2 S_Z^2}\right) \tag{1-10}$$

式中 L_S——比降断面间距，km；

$\overline{\Delta Z}$——河道每千米的水面落差，mm，宜取中水位的平均值；

X_S——比降观测允许的不确定度，可取 15%；

S_m——水准测量每千米线路上的标准差，mm，根据水准测量的等级而定，三等水准为 6 mm，四等水准为 10 mm；

S_Z——比降水位观测误差，mm。

二、基线的布设

在测验河段进行水文测验和断面测量，用经纬仪或六分仪交会法测角，推算测验垂线在断面上的位置(起点距)时，在岸上布设的测量线段，称为基线(见图 1-2)。

基线应垂直于断面设置，基线的起点恰在断面上。当受地形条件限制时，基线也可以不与断面线垂直。基线长度应使断面上最远一点的仪器视线与断面的夹角大于 30°，特殊情况下应大于 15°。对不同水位时水面宽相差悬殊的测站，可在岸上和河滩上分别设置高、低水位的基线。

测站使用六分仪交会法施测起点距时，布设基线应使六分仪两视线的夹角大于或等于 30°且小于或等于 120°。基线两端至近岸水边的距离，宜大于交会标志与枯水位高差的 7 倍。当一条基线不能满足上述要求时，可在两岸同时设置 2 条以上或分别设置高、低水位交会基线。

基线长度应取 10 的整倍数，用钢尺或校正过的其他尺往返测量 2 次，往返测量不符

值应不超过 1‰。

第四节　测验渡河设备

一、测验渡河设备的作用和分类

流量测验(结合泥沙测验),按目前一般采用的面积流速法,均须利用渡河设备。在使用流速仪测流时,渡河设备被用来测量水道断面面积和流速、流向;使用浮标测流时,用来测量水道断面面积;输沙率测验时,则同时用来采取水样。

测验渡河设备种类繁多,但以野外测验时所处位置,可划分为四类:渡船测流设备、岸上测流设备、架空测流设备和涉水测流设备。以上每一类测验渡河设备又分为多种形式。如渡船测流设备,有机船、锚碇测船、过河索吊船等,其中过河索吊船应用较为普遍。岸上测流设备为各种形式的水文缆道,目前已被广泛采用。架空测流设备有渡河缆车、测桥、吊桥等。涉水测流用于小河枯季测流,设备简单。另外,随着近几年来水文巡回测验工作的开展,利用水文测车在桥上测流也将成为一种重要形式。

渡河设备首先要能满足洪水期测流的要求。其次,也要能在枯水时测流。对有些测站,为了满足各种情况下的测流,往往需要同时具备几种渡河设备。

二、几种主要的测验渡河设备

(一)过河索吊船设备

这种过河设备用于船上测流,见图 1-4。主要包括测船和在测流断面以上并与之平行的过河索等。后者的作用是固定和移动测船。

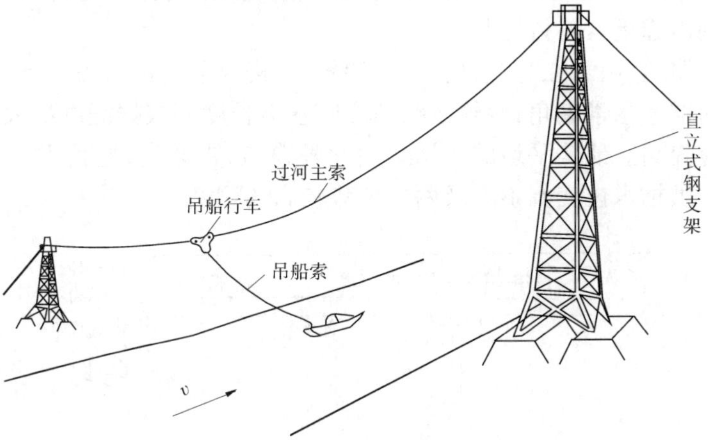

图 1-4　过河索吊船设备示意

过河索吊船设备能进行多种项目的测验。在水流比较平稳、漂浮物威胁不太严重的河流上比较适合。其缺点是测验人员必须上船操作,当流速急、风浪大、漂浮物多时,船只不平稳,不安全。

(二)水文缆道

如图 1-5 所示为水文缆道,又称流速仪缆道,该设备用于岸上测流。水文缆道主要有承载、驱动、信号传递 3 大部分组成。承载部分包括承载索(主索)、支架、锚碇等设备。驱动部分包括牵引索(循环索、起重索、悬索)、绞车、滑轮、行车、平衡锤等。其中,驱动动力有电力、内燃机和人力几种。信号传递部分包括信号线路与仪表装置等。

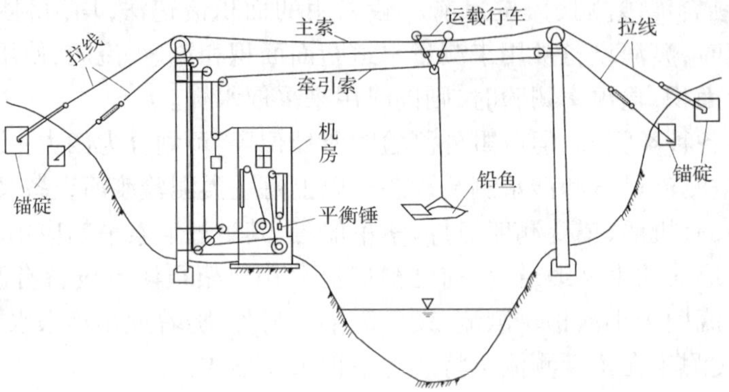

图 1-5 流速仪缆道示意

水文缆道作为一种岸上测流设备,与过河索吊船相比,能够实测到更高量级的洪水,并且在改善工作条件、确保测验安全及节省人力等方面有很大的优越性,因此被广泛采用。

水文缆道的形式有多种,习惯上按循环索是否闭合分为闭口式和开口式两大类。下面分别介绍。

1. 闭口游轮式缆道

如图 1-6 所示,这种缆道的循环索为闭口式,它只能控制行车左右水平方向运行。至于仪器的提放则由起重索另行控制。

闭口游轮式缆道,由于在起重索上装有游轮,上提仪器时可省力一半。缺点是为了避免因游轮入水而增大悬索偏角,游轮至铅鱼之间悬索长度要根据测洪最大水深确定,因此主索支点要相应提高。地势平坦的测站采用此种缆道,支架高,造价大。所以,闭口游轮式缆道只适用于洪枯水位变幅不大及两岸地势较高的测站。

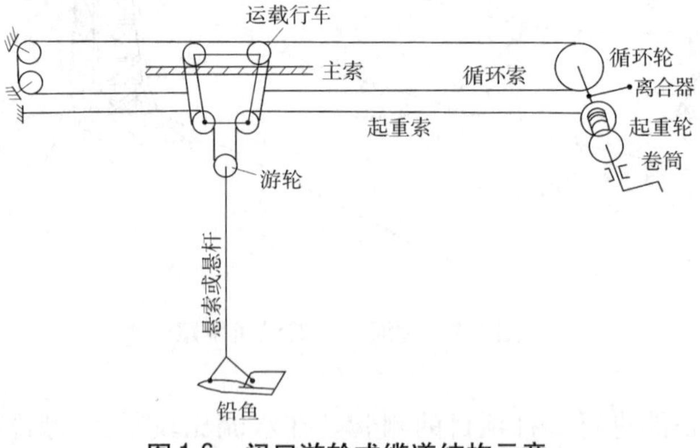

图 1-6 闭口游轮式缆道结构示意

2. 开口游轮式缆道

如图 1-7 所示是开口游轮式缆道的一种基本形式。它的特点是:牵引索兼有循环、起重、悬索三种作用;铅鱼和流速仪的升降,通过岸上支架附近游轮进退来操作。单纯的起重索被取消了,可节省钢丝绳长度。它是目前一般测站广泛采用的缆道形式。

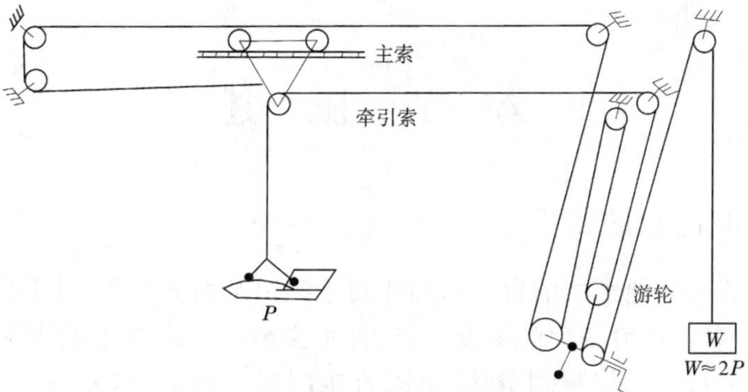

图 1-7　开口游轮式缆道平衡锤结构示意

为省力和减轻劳动强度,采用游轮加平衡锤的省力系统。如图 1-7 所示形式,平衡锤重量略小于铅鱼重量的 2 倍。操作时,用离合器将升降轮刹住,开动循环轮,行车即可左右水平方向运行。待行车到达预定位置后,将循环轮刹住,开动升降轮,即可提放铅鱼。这种走线形式,平衡锤与铅鱼(仪器)的相对升降比例为 1∶2。

在水文缆道上采用悬索悬吊铅鱼测深,当主索跨度大于 300 m 时,主索弹跳影响测深精度。当遇到较大洪水时,这些问题的处理尚未完全解决。

(三)升降式缆车

我国北方河流,流速大,漂浮物多,对不宜使用流速仪缆道的测站,设置缆车比较合适。对于水位变幅较大的山溪性河流,宜采用升降式缆车,如图 1-8 所示。测验人员在车上操作,其总体布置是在主索行车上悬挂一个可乘坐测验人员的缆车。车箱可根据水位涨落及承载索垂度变化而随时升降。悬吊仪器的悬杆装于车箱外,可以升降。这种缆车既能测流,又能测沙,是一种使用效果较好的设备。

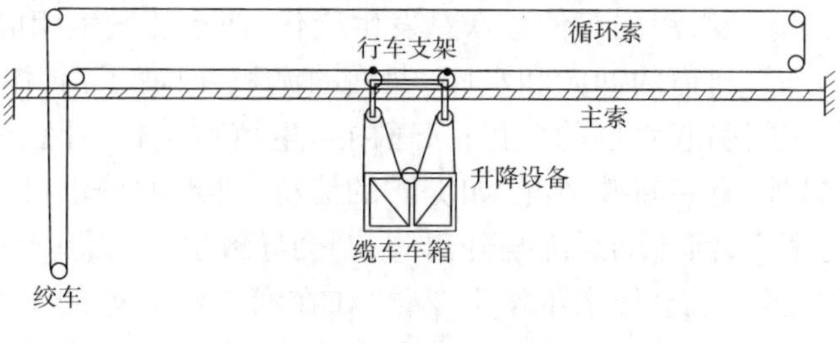

图 1-8　缆车过河设备

近年来,测验渡河设备得到很大的革新。很多水文站在水文缆道上采用了新技术,特别是电子技术的应用有了很大的发展。例如,采用数字电路实现操作自动化;利用现代电子技术自动显示起点距、水深、流速等,运用载波技术传递多种信号;少数水文站试制成功一种操作程序全部自动化的计算机测流系统,直至将测验成果的全部数据自动打印出来。

第二章　水位观测

第一节　概　述

一、水位观测的目的和要求

水位是指河流或其他水体的自由水面相对于某一基面的高程，其单位以米（m）表示。

水位是反映水体、水流变化的重要标志，是水文测验中最基本的观测要素，以及水文测站常规的观测项目。水位观测资料，可以直接应用于堤防、水库、电站、堰闸、浇灌、排涝、航道、桥梁等工程的规划、设计、施工等过程中。水位是防汛抗旱斗争中的主要依据，水位资料是水库、堤防等防汛的重要资料，是防汛抢险的主要依据，是掌握水文情势和进行水文预报的依据。同时，水位也是推算其他水文要素并掌握其变化过程的间接资料。在水文测验中，常用水位直接或间接的推算其他水文要素，如由水位通过水位流量关系推求流量，通过流量推算输沙率，由水位计算水面比降等，从而确定其他水文要素的变化特征。

由此可见，在水位的观测中，要认真贯彻相关规范，发现问题及时排除，使观测数据准确可靠。同时，还要保证水位资料的连续性，不漏测洪峰和洪峰的起涨点，对于暴涨暴落的洪水，应更加注意。

二、影响水位变化的因素

水位的变化，主要取决于水体自身水量的变化，约束水体条件的改变，以及水体受干扰的影响等因素。在水体自身水量的变化方面，江河、渠道来水量的变化，水库及湖泊引入、引出水量的变化和蒸发、渗漏等使总水量发生变化，使水位发生相应的涨落变化；在约束水体条件的改变方面，河道的冲淤和水库、湖泊的淤积，改变了河、湖、水库底部的平均高程；闸门的开启与关闭引起水位的变化；河道内水生植物生长、死亡使河道糙率发生变化导致水位变化。另外，有些特殊情况，如堤防的溃决，洪水的分洪，以及北方河流结冰、冰塞、冰坝的产生与消亡，河流的封冻与开河等，都会导致水位的急剧变化。

水体的相互干扰影响也会使水位发生变化，如在河口汇流处的水流之间会发生相互顶托；水库蓄水产生回水影响，使水库末端的水位抬升；潮汐、风浪的干扰同样影响水位的变化。

三、基面与水准点

水位是水体（如河流、湖泊、水库、沼泽等）的自由水面相对于某一基面的高程。一般都以一个基本水准面为起始面，这个基本水准面又称为基面。由于基本水准面的选择不同,其高程值也不同,在测量工作中一般均以大地水准面作为高程基准面。大地水准面是平均海水面及其在全球延伸的水准面,从理论上讲,它是一个连续的闭合曲面。但在实际中无法获得这样一个全球统一的大地水准面,各国只能以某一海滨地点的特征海水面为准。这样的基准面也称绝对基面。另外,水文测验中除使用绝对基面外,还有假定基面、测站基面、冻结基面等。

(一)绝对基面

一般是以某一海滨地点的特征海水面为准,这个特征海水面的高程定为 0.000 m,目前我国使用的有大连、大沽、黄海、废黄河口、吴淞、珠江等基面。若将水文测站的基本水准点与国家水准网所设的水准点接测后,则该站的水准点高程就可以根据引据水准点用某一绝对基面以上的高程数来表示。

(二)假定基面

若水文测站附近没有国家水准网,其水准点高程暂时无法与全流域统一引据的某一绝对基面高程相连接,可以暂时假定一个水准基面,作为本站水位或高程起算的基准面。如暂时假定该水准点高程为 100.000 m,则该站的假定基面就在该基本水准点垂直向下 100 m 处的水准面上。

(三)测站基面

测站基面是假定基面的一种,它适用于通航的河道上,一般将其确定在测站河库最低点以下 0.5 ~1.0 m 的水面上,对水深较大的河流,可选在历年最低水位以下 0.5 ~1.0 m 的水面作为测站基面,如图 2-1 所示。

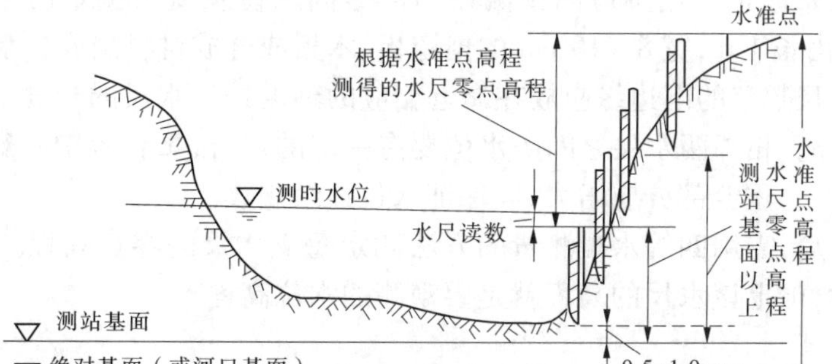

图 2-1　测站基面示意

同样,当与国家水准点接测后,即可算出测站基面与绝对基面的高差,从而可将测站基面表示的水位换算成以绝对基面表示的水位。

用测站基面表示的水位,可直接反映航道水深。但在冲淤河流,测站基面位置很难确定,而且不便于对同一河流上下游站的水位进行比较,这也是使用测站基面时应注意的问题。

(四)冻结基面

冻结基面也是水文测站专用的一种固定基面。一般是将测站第一次使用的基面固定下来,作为冻结基面。

使用测站基面的优点是水位数字比较简单(一般不超过 10 m);使用冻结基面的优

点，是使测站的水位资料与历史资料相连续。有条件的测站应使用同样的基面，以便水位资料在防汛和水利建设、工程管理中使用。

第二节　水位的观测设备

水位的观测设备，可分为直接观测设备和间接观测设备两种。直接观测设备，是传统式的水尺，人工直接读取水尺读数加水尺零点高程即得水位，它设备简单，使用方便，但工作量大，需人值守。间接观测设备，是利用电子、机械、压力等感应作用，间接反映水位变化，构造复杂，技术要求高；不须人值守，工作量小，可以实现自记，是实现水位观测自动化的重要条件。

一、水位的直接观测设备

（一）水尺的种类

水尺分直立式、倾斜式、矮桩式和悬锤式四种。其中，直立式水尺应用最普遍，其他三种，则根据地形和需要选定。

1. 直立式水尺

直立式水尺由水尺靠桩和水尺板组成。一般沿水位观测断面设置一组水尺桩，同一组的各支水尺设置在同一断面线上。使用时将水尺板固定在水尺靠桩上，构成直立水尺。水尺靠桩可采用木桩、钢管、钢筋混凝土等材料制成，水尺靠桩要求牢固，打入河底，避免发生下沉。水尺靠桩布设范围应高于测站历年最高水位及低于测站历年最低水位 0.5 m。水尺板通常由长 1 m，宽 8 ~ 10 cm 的搪瓷板、木板或合成材料制成。水尺的刻度必须清晰，数字清楚，且数字的下边缘应放在靠近相应的刻度处。水尺的刻度一般是 1 cm，误差不大于 0.5 mm。相邻两水尺之间的水位要有一定的重合，重合范围一般要求为 0.1 ~ 0.2 m，当风浪大时，重合部分应增大，以保证水位连续观读。

水尺板安装后，需用四等水准测量的方法测定每支水尺的零点高程。在读得水尺板上的水位数值后，加上该水尺的高程就是要观测的水位高程。

2. 倾斜式水尺

当测验河段内岸边有规则平整的斜坡时，可采用此种水尺。此时，可在岩石或水工建筑物的斜面上，直接涂绘水尺刻度。设 ΔZ 代表直立水尺最小刻划的长度，$\Delta Z'$ 代表边坡系数为 m 的斜坡水尺最小刻划长度，则 $\Delta Z' = \sqrt{1+m^2}\Delta Z$。

同直立式水尺相比，倾斜式水尺具有耐久、不易冲毁，水尺零点高程不易变动等优点；缺点是要求条件比较严格，在多沙河流上，水尺刻度容易被淤泥遮盖。

3. 矮桩式水尺

对受航运、流冰、浮运影响严重，不宜设立直立式水尺和倾斜式水尺的测站，可改用矮桩式水尺。矮桩式水尺由矮桩及测尺组成。矮桩的入土深度与直立式水尺的靠桩相同，桩顶一般高出河床线 5 ~ 20 cm，桩顶加直径为 2 ~ 3 cm 的金属圆钉，以便放置测尺。两相邻桩顶高差宜为 0.4 ~ 0.8 m，平坦岸坡宜为 0.2 ~ 0.4 m，测尺一般用硬质木料做成。为减少壅水，测尺截面可做成菱形。观测水位时，将测尺垂直放于桩顶，读取测尺读数，加桩顶高程即得水位。

4. 悬锤式水尺

悬锤式水尺是由一条带有重锤的绳或链所构成的水尺，通常设置在坚固的陡岸、桥梁或水工建筑物上，大量被用于地下水位和大坝渗流水位的测量。它用于从水面以上某一已知高程的固定点测量离水面的竖直高差来计算水位。悬锤的重量应能拉直悬索，悬索的伸缩性应当很小，在使用过程中，应定期检查测索引出的有效长度与计数器或刻度盘的一致性，其误差不超过 ±1 cm。

(二)水尺的布置和零点高程的测量

水尺设置的位置必须便于观测人员接近，直接观读水位，并应避开涡流、回流、漂浮物等影响。在风浪较大的地区，必要时应采用静水设施。

水尺布设范围，应高于测站历年最高、低于测站历年最低水位 0.5 m。

同一组的各支基本水尺，应设置在同一断面线上。当因地形限制或其他原因必须离开同一断面线时，其最上游与最下游水尺的同时水位差不应超过 1 cm。

同一组的各支比降水尺不能设置在同一断面线上时，偏离断面线的距离不能超过 5 m。同时，任何 2 支水尺的顺流向距离不得超过上、下比降断面距离的 1/200。

水尺设立后，应立即测定其零点高程，以便即时观测水位。使用期间水尺零点高程的校测次数，以能完全掌握水尺的变动情况，准确取得水位资料为原则：一般情况下，汛前应将所有水尺校测一次，汛后校测汛期中使用过水尺，汛期及平时发现水尺有变动迹象时，应随时校测；河流结冰的测站，应在冰期前后，校测使用过的水尺；受航运、浮运、漂浮物影响的测站，在受影响期间，应增加对使用水尺的校测次数，如水尺被撞，应立即校测；冲淤变化测站，应在河床每次发生显著变化后，校测影响范围内的水尺。

在校测水尺时，用单程仪器站数 n 作为计算往返测量不符值的控制指标，往返测量同一支水尺，零点高程允许不符值为：平坦地区用 $\pm 4\sqrt{n}$，不平坦地区用 $\pm 3\sqrt{n}$，或虽超过允许不符值，但对一般水尺小于 10 mm 或对比降水尺小于 5 mm 时，可采用校测前的高程。否则，采用校测后的高程，并应及时查明水尺变动的原因及日期，以确定水位的改正方法。

二、水位的间接观测设备

间接观测设备主要由感应器、传感器与记录装置三部分组成。感应水位的方式有浮筒式、水压式、超声波式等多种类型。按传感距离，可分为就地自记式与远传、遥测自记式两种；按水位记录形式，可分为记录纸曲线式、打字记录式、固态模块记录式等。按感应分类简介如下。

(一)浮子式水位计

浮子式水位计是利用水面的浮子随水面一同升降，并将它的运动通过比例轮传递给记录装置或指示装置的一种水位自记仪器。

浮子式水位计使用历史长，用户量大，产品成熟，是目前使用较多的水位计。该产品具有结构简单，性能可靠，操作使用、保养维修方便，经久耐用，精度高等优点。但使用浮子式水位计需要建立水位计台，有些测站建水位计台困难或建水位计台费用昂贵，使浮子式水位计使用受到限制。在多沙河流上测井易发生泥沙淤积，也影响浮子式水位计的使用。

浮子式水位计按记录时间长短分为日记型、旬记型、月记型等。按仪器的构造形式又分为卧式、立式和往复式等。

1. 浮子式水位计的组成

浮子式水位计由感应部分、传动部分、记录部分、外壳部分等组成，结构形式如图 2-2 所示。

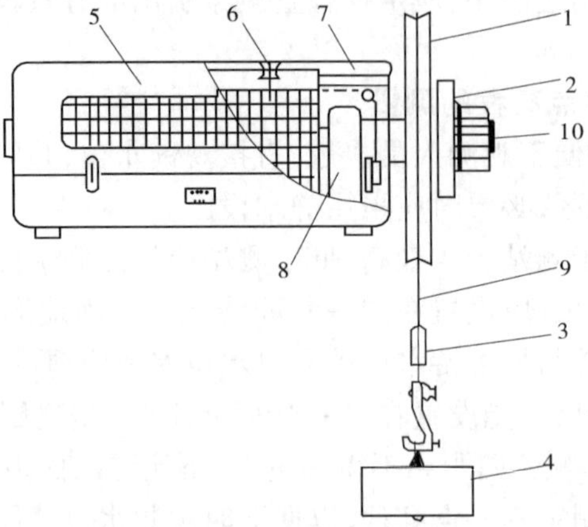

1—1∶2水位轮；2—1∶1水位轮；3—平衡锤；4—浮子；5—记录纸及滚筒；
6—笔架；7—导杆；8—自记钟；9—悬索；10—定位螺帽

图 2-2　浮子式水位计

(1) 水位感应部分。浮子式水位计的感应部分由浮子、悬索、比例轮和平衡锤组成。

浮子应有一定的重量，稳定地漂浮在水面上，随水面升降而升降。绝大多数的浮子都设计成空心状，并有很好的密封性，能够单独浮在水面。也有个别仪器将浮子设计为实心状，使用时，依靠平衡锤的重量将浮子的一部分拉出水面。在北方地区，冬天的井内可能发生冰冻，可采用电加热浮子，通电后释放热量，使井内水体不结冰，以保证水位测量准确。

悬索应由耐腐蚀的材料制成，目前普遍使用膨胀系数较小的不锈钢材料制作。

比例轮外缘都设计成 V 形槽形式。比例轮的理论外径是此槽底外径加上悬索的直径。制作比例轮应采用结构稳定，耐腐蚀、磨损的铜铝合金等材料制作。

平衡锤的作用是用来平衡浮子，拉紧悬索，保证悬索正常带动比例轮旋转。因此，它的重量选择要合适。

(2) 水位传动部分。主要由比例轮、变速齿轮（立式仪器使用）、转向轮（往复式仪器使用）等组成。其功能是将水位轮的转动传递到水位的记录部分，使水位的变化能和记录部分的水位坐标或水位编码器的输入准确地对应起来。按此要求，可以分为水位画线记录和水位编码信号输出两种类型。其作用是将浮子所感应的水位变化传递给记录部分。

(3) 水位记录部分。水位记录部分应能准确地把水位随时间变化的过程记录下来，记录方式有模拟画线和数字记录两种方式。

模拟画线记录方式，是将接收到的水位变化过程以线条的形式刻画在记录纸上的一条水位过程线。记录周期可以是 1 日、1 周、1 个月、3 个月或更长。目前我国大多采用日记式，记录纸是围绕在水位计滚筒上的一张宽 312 mm(26 h)、长 400 mm(40 cm 或 80 cm 水位)的坐标纸。时间坐标为每小时 12 mm。记录笔由自记钟带动匀速移动，记录笔在记录纸上画出水位过程线。这种记录方式的优点是画线清晰、可靠。不足的是在整理资料时，很容易在纸上形成痕迹，影响资料保存。记录装置主要由记录纸转筒、牵动齿轮(往复式仪器使用)、自记钟、自记笔及导杆等组成。

数字记录方式有穿孔纸带、磁带、半导体固态存储器、计算机记录等方式。该系统一般配有数字式水位编码器。

水位编码器的作用。水位的升降使浮子和悬索带动水位轮旋转，水位编码器将水位轮的旋转角度转换成模拟量(如电流、电压等)或数字量。其基本原理是：水位的变化带动水位轮旋转，此旋转角度通过齿轮组啮合到水位编码器输入轴，编码器又将其轴的角度转动变化成模拟或数字量输出。这类编码器称为轴角编码器。

浮子式水位计根据信号传递的距离分为现场记录方式和远程记录方式。就远程记录方式来讲，又分为有线传输和无线传输两种方式，选择什么方式，应根据具体情况来定。

2. 自记水位计台

使用浮子式水位计观测水位，需要建造水位计台，以便安装传感设备。

水位计台的类型，按其结构形式可分为岛式、岸式、岛岸结合式和传动式四种。

(1)岛式。一般是专门建造或利用现有建筑物(如桥梁、码头等)，将水位台设置在河流中。它由测井、支架、仪器室和连接至岸边的测桥组成，结构比较简单，适用于不易受冰凌、船只和较大漂浮物撞击的河段。

(2)岸式。由设在岸上的测井、仪器室和进水管三部分组成。具有不受冰凌、船只和漂浮物碰撞的优点。该形式在岸坡稳定、较陡和淤积较小的测站采用为宜。

(3)岛岸结合式。如图 2-3 所示，这种形式兼有岛式、岸式的特点，在河岸开挖困难，仅部分水位变幅(中、低水)受冰凌、漂浮物、船只碰撞的河段，可采用这种形式。

(4)传动式。在岸坡设置轨道，将岛式水位计台安置在轨道上，使水位计台可根据水位涨落，在轨道上升降，保持水位计室与岸边的距离不变。

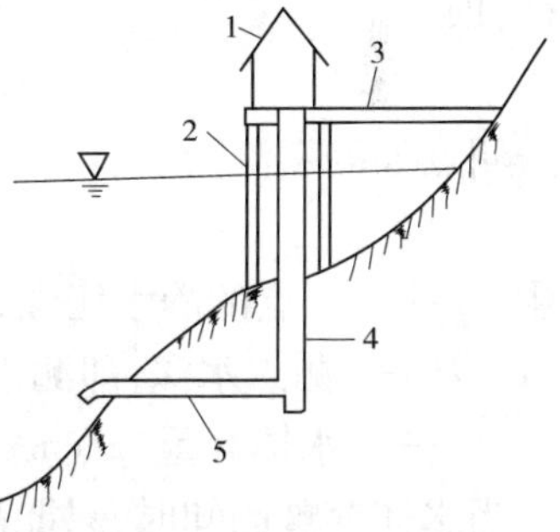

1—仪器室；2—支架；3—测桥；
4—测井；5—进水管

图 2-3　岛岸结合式自记水位计台

(二)水压式水位计

通过测量水体的静水压力，实现水位测量的仪器称为压力式水位计。压力式水位计又分为气泡式和压阻式两种。通过气管向水下的固定测点通气，使通气管内的气体压力和测点的静水压力平衡，从而实现了通过测量通气管内气体压力来实现水位测量的这种装置，通常称为气泡式水位计。

20 世纪 70 年代，一种新型压力传感器迅速发展，该传感器是直接将压力传感器严格密封后置于水下测点，将其静水压力转换成电信号，用防水电缆传至岸上，再用专用仪表将电信号转换成水位值，这种水位计称为水下直接感压式压力水位计，又称为压阻式压力水位计。

压阻式压力水位计是将扩散硅集成压阻式半导体压力传感器或压力变换器直接投入水下测点感应静水压力的水位测量装置。能用在江河、湖泊、水库及其他密度比较稳定的天然水体中，无需建造水位测井，可实现水位测量和存储记录。

1. 压力式水位计的组成

压阻式压力水位计是以压力变换器作为传感器，无需恒流单元，只需增加一只低温漂高精度的取样电阻，其他组成单元则完全相同。整个装置中的编码输出可分为并行 BCD 码或标准的 RS232 或 RS485 串行口输出。其各单元的功能如下：

(1)稳压电源。将交流或直流供电电源转变成压力水位计工作所需要的直流电压，并使之稳定。

(2)恒流源。将输入电压变换成不随负载和输入电压变化的恒定电流输出，从而使压力水位计测量值与导线长短无关，且又能减小压力传感器的温度漂移影响。

(3)压力传感器。其等效电路相当于一个惠斯登电桥，它将静水压力值转换成与之对应的电压信号输出或电流信号输出。

(4)信号转换器。将压力传感器送来的电压信号或压力变换器送来的电流信号经过严格的采样、放大或衰减，使信号变成 A/D 电路所需要的电压信号。

(5)A/D 单元。即模拟量到数字量的转换单元，它是将静水压力对应的电压模拟量信号转换成与静水压力值对应的数字信号。

(6)显示及编码。根据需要将水压力对应的数字信号转换成相应的并行 BCD 码或 RS232、RS485 串行输出

2. 压力式水位计工作原理

相对于某一个测点而言，测点相对于河口基面的绝对高程，加上本测点实际水深即为水位，即

$$\text{水位} = \text{测点高程} + \text{测点处的水深} \tag{2-1}$$

测点处的水深为

$$H = p/\gamma \tag{2-2}$$

式中 p——测点的静水压强，g/cm；

H——测点水深，即测点至水面距离，cm；

γ——水体容重，g/cm^3。

当水体容重已知时，只要用压力传感器或压力变换器精确测量出测点的静水压强值，就可推算出对应的水位值。

常用的压力传感器多为固态压阻式压力传感器。它是采用集成电路的工艺，由于硅晶体的压阻效应，因此当硅应变体受到静水压力作用后，其中两个应变电阻变大，另两个应变电阻变小。

气泡水位计工作原理与压阻式压力水位计相同。

(三)超声波水位计

超声波水位计是一种声学和电子技术相结合的水位测量仪器。按照声波传播介质的区别，可分为液介式和气介式两大类。

声波是机械波，其频率为 20 ~ 20 000 Hz。可以引起人类听觉的为可闻声波；更低频

率的声波叫作次声波;更高频率的声波叫作超声波。超声波水位计通过超声换能器,将具有一定频率、功率和宽度的电脉冲信号转换成同频率的声脉冲波,定向朝水面发射。此超声束到达水面后被反射回来,其中部分超声能量被换能器接收又将其转换成微弱的电信号。这组发射与接收脉冲经专门电路放大处理后,可形成一组与声波传播时间直接关联的发、收信号,根据需要,经后续处理可转换成水位数据,并进行显示或存储。

换能器安装在水中的称为液介式超声波水位计,而换能器安装在空气中的称为气介式超声波水位计,后者为非接触式测量。

1. 超声波水位计的工作原理

根据超声波在水中的传递速度和时间,来测定所经过的距离,从而计算出水位。超声波在水中传播速度,可由以下经验公式计算:

$$v = 1\,410 + 4.21T - 0.037T^2 + 1.14S \tag{2-3}$$

式中 v——超声波在水中的传递速度,m/s;

T——水的温度,℃;

S——水的含盐度,以千分率计。

一般情况下,超声波在水中传播速度大约为 1 500 m/s。

超声波水位计,可以省掉水位自记井、管的建设。对水温和含盐度的影响,可通过相应校正工作消除,因而对水温与含盐度有较大的适应性。但是,超声波水位计的应用,需有一定的水深,否则精度难以保证。由于泥沙对超声波有干扰作用,所以不适用于多沙河流。另外,水面的波动和水流中的漂浮物,对超声波水位的观测精度和工作可靠性也有较大影响。因此,超声波水位计在波浪较大、漂浮物较多的河流不宜使用。

2. 超声波水位计的结构与组成

超声波水位计一般由换能器、超声发收控制部分、数据显示记录部分和电源组成。对于液介式仪器,一般把后三部分组合在一起;对于气介式仪器,一般把超声发收控制部分和数据处理部分的一部分与换能器组合在一起,形成超声传感器;把其他部分组合在一起形成显示记录仪。

(1)换能器。液介式超声波水位计一般采用压电陶瓷型超声换能器,其频率一般为 40～200 Hz。而气介式超声波水位计一般采用静电式超声换能器,其频率一般为 40～50 kHz,两者的功能均是作为水位感应器件,完成声能和电能之间的相互转换。为了简化机械结构设计和电路设计并减小换能器部件的体积,通常发射与接收共用一只超声换能器。

(2)超声发收控制部分。超声发收控制部分与换能器相结合,发射并接收超声波,从而形成一组与水位直接关联的发收信号。

该部分可以采用分立元件、专用超声发收集成电路或专用超声发收模块组成。其发射部分主要功能应包括:产生一定脉宽的发射脉冲从而控制超声频率信号发生器输出信号。经放大器、升压变压后,实现将一定频率、一定持续时间的大能量正弦波信号加至换能器。其接收部分主要功能应包括:从换能器两端获取回波信号,将微弱的回波组信号放大再进行检波、滤波,从而实现把回波信号处理成一定幅度的脉冲信号。由于发收共用一只换能器,因此发射信号也进入接收电路,为此接收电路的输入端需要加安全措施以保护接收电路。

高性能的超声发收控制部分应具备自动增益控制电路(ACC),使近、远程回波信号经处理后能取得较为一致的幅度。

(3)超声传感器。超声传感器是将换能、超声发收控制部分和数据处理部分组合在一起的部件。它既可以作为超声波水位计的传感器部件,与该水位计的显示记录相连;又可以作为一种传感器与通用型数传(有线或无线)设备相连。

3. HW－1000C 非接触超声波水位计简介

HW－1000C 非接触超声波水位计,是黄河水利委员会水文局郑州市音达新技术研究开发中心研制的新型水位计。经水利部部级鉴定,并列为全国水利系统重点推广产品。

(1)原理。当超声波在空气中传播遇到水面后被反射,仪器测得声波往返于传感器到水面之间的时间,根据超声波在空气中传播速度计算距离,再用传感器安装高度减去所测至水面距离即得水位。计算方法为

$$H = \frac{1}{2}vt \tag{2-4}$$

$$H_{水} = H_{传} - H \tag{2-5}$$

$$v = 331.45 + 0.61T \tag{2-6}$$

式中 T——气温;

t——声波往返时间。

由于超声波在空气中的传播速度是温度的函数,正确地修正波速是保证测量精度的关键。为此,HW－1000C 非接触超声波水位计,采用温度实时修正方法实现声波校准,以使测量精度达到规范要求。

(2)功能:

①根据测量时间间隔,自动进行水位测量、数据传输。

②室内设备具有汉字功能提示、显示水位数据、固态存储、历史水位查询、各种参数设置。

③备有 RS232、RS485、TTL 电平、电流环、420 mA 模拟量等多路输出接口。

④兼容国内多家数字传输设备,可以方便地组成水情自动测报网。

(3)用途:

①河流、明渠水位自动监测。

②水库坝前、坝下尾水水位监测,拦物栅压差监测。

③调压塔水位监测。

④潮水位自动监测系统。

⑤城市供水、排污水位监测系统。

(4)主要特点:

①在水位测量过程中没有任何部件接触水体,实现非接触测量。

②不受高速水流冲击,不受水面漂浮物的缠绕、堵塞或撞击,以及水质电化反应的影响。

③设备安装不需建造水位计台,基建投资小。

④设备无运动部件，不会因部件磨损锈蚀而产生故障，寿命长，可靠性好。采用实时温度自动校准技术，精度高。

第三节　水位观测与日平均水位计算

一、水位观测

（一）用水尺观读水位

水位基本定时观测时间，为北京标准时间 8 时。在西部地区，在冬季 8 时观测有困难或枯水期 8 时代表性不好的测站，根据具体情况，经实测资料分析，经主管领导机关批准，可改在其他代表性好的时间定时观测。

水位的观读精度一般记至 1 cm，当上下比降断面水位差小于 0.20 m 时，比降水位应读记至 0.5 cm。水位每日观测次数，以能测得完整的水位变化过程，满足日平均水位计算，极值水位挑选，流量推求和水情拍报的要求为原则。

水位平稳时，1 日内可只在 8 时观测 1 次；稳定的封冻期没有冰塞现象且水位平稳时，可每 2 ~ 5 日观测 1 次，月初、月末 2 天必须观测。

水位有缓慢变化时，每日 8 时、20 时观测 2 次，对枯水期 20 时观测确有困难的站，可提前至其他时间观测。

当水位变化较大或出现较缓慢的峰谷时，每日 2 时、8 时、14 时、20 时观测 4 次。

在洪水期或水位变化急剧时期，可每 1 ~ 6 h 观测 1 次；当水位暴涨暴落时，应根据需要增为每半小时或若干分钟观测 1 次，应测得各次峰、谷和完整的水位变化过程。

对结冰、流冰和发生冰凌堆积、冰塞的时期，应增加测次，测得完整的水位变化过程。

由于水位涨落，水位将要由一支水尺淹没到另一支相邻水尺时，应同时读取两支水尺上的读数，一并记入记载簿内，并立即算出水位值进行比较。其差值若在允许范围内，应取二者的平均值作为该时观测的水位。否则，应即时校测水尺，并查明不符原因。

（二）用自记水位计观测水位

1. 自记水位计的检查和使用

在安装自记水位计之前或换记录纸时，应检查水位轮感应水位的灵敏性和走时机构的正常性。电源要充足，记录笔、墨水应适度。换纸后，应上紧自记钟，将自记笔尖调整到当时的准确时间和水位坐标上，观察 1 ~ 5 min，待一切正常后方可离开，当出现故障时应及时排除。

自记水位计应按记录周期定时换纸，并应注明换纸时间与校核水位。当换纸恰逢水位急剧变化或高、低潮时，可适当延迟换纸时间。

对自记水位计应定时进行校测和检查。使用日记式自记水位计时，每日 8 时定时校测 1 次；资料用于潮汐预报的潮水位站，应每日 8 时、20 时校测 2 次；当 1 日内水位变化较大时，应根据水位变化情况增加校测次数。使用长周期自记水位计时，对周记和双周记式自记水位计应每 7 日校测 1 次；对其他长期自记水位计，应在使用初期根据需要增加校测，待运行稳定后，可根据情况适当减少校测次数。

校测水位时，应在自记纸的时间坐标上画一短线。需要测记附属项目的站，应在观测校核水尺水位的同时观测附属项目。

2. 水位计的比测

自记水位计应与校核水尺进行一段时期的比测，比测合格后，方可正式使用。比测时，可将水位变幅分为几段，每段比测次数应在30次以上，测次应在涨落水段均匀分布，并应包括水位平稳，变化急剧等情况下的比测值。长期自记水位计应取得1个月以上连续完整的比测记录。

比测结果应符合下列规定：

置信水平95%的综合不确定度不超过3 cm，系统误差不超过1%。

记时系统误差应符合自记钟的精度要求。

3. 自记水位计记录的订正与摘录

(1)自记水位计记录的订正。取回记录纸后，应检查记录纸上有无漏填或错写项目，如有应补填或纠正。当记录曲线呈锯齿形时，应用红色铅笔通过中心位置画一细线，作为水位过程线；当记录曲线呈阶梯状时，应用红色铅笔按形成原因加以订正。

当记录曲线中断不超过3 h且不是水位转折时期时，一般测站可按曲线的趋势用红色铅笔以虚线插补描绘；潮水位站可按曲线的趋势并参考前一天的自记曲线，用红色铅笔以虚线插补描绘。当中断时间较长或跨越峰、谷时，不宜描绘，中断时间的水位，可采用曲线趋势法或相关曲线法插补计算，并在水位摘录表的备注栏中注明。

自记水位记录的订正，包括时间订正和水位订正两部分，一般站1日内自记水位与校核水位之差超过2 cm，时间误差超过5 min，应进行订正。资料用于潮汐预报的潮水位站，当使用精度较高的自记水位计时，1日内水位误差超过1 cm，时间误差超过1 min应进行订正。订正时宜先作时间订正，后作水位订正。

时间订正可采用直线比例法，按下式计算：

$$t = t_0 + (t_2 - t_3)\frac{t_0 - t_1}{t_3 - t_1} \tag{2-7}$$

式中 t——订正后的时刻，h；

t_0——订正前的时刻，h；

t_1——前一次校对的准确时刻，h；

t_2——相邻后一次校对的准确时刻，h；

t_3——相邻后一次校对的自记时刻，h。

水位订正可采用直线比例法和曲线趋势法，直线比例法的算式如下：

$$Z = Z_0 + (Z' - Z'')\frac{t - t_1}{t_2 - t_1} \tag{2-8}$$

式中 Z——订正后的水位，m；

Z_0——订正前的水位，m；

Z'——t_2时刻校正水尺水位，m；

Z''——t_2时刻自记记录的水位，m；

t——订正水位所对应的时刻，h；

t_1——上次校测水位的时刻,h;

t_2——相邻下一次校测水位的时刻,h。

对因测井滞后产生的水位差进行订正时,可按下式计算:

$$\Delta Z_1 = \frac{1}{2gc^2}\left(\frac{A_W}{A_P}\right)^2\left[\alpha\left(\frac{dz}{dt}\right)^2 - \beta\left(\frac{dz}{dt}\bigg|_{t=0}\right)^2\right] \quad (2\text{-}9)$$

式中 ΔZ_1——订正值,m;

c——流量系数;

A_W——测井截面面积,m^2;

A_P——进水管截面面积,m^2;

$\frac{dz}{dt}$——订正时刻测井内的水位变率,m/s;

$\frac{dz}{dt}\Big|_{t=0}$——换纸时刻测井内的水位变率,m/s;

α、β——$\frac{dz}{dt}$、$\frac{dz}{dt}\Big|_{t=0}$的系数,当$\frac{dz}{dt}>0$时,α取+1,当$\frac{dz}{dt}<0$时,α取-1,当$\frac{dz}{dt}\Big|_{t=0}>0$时,$\beta$取+1,当$\frac{dz}{dt}\Big|_{t=0}<0$时,$\beta$取-1。

对测井内外含沙量不同而产生的水位差进行订正时,可用下式计算:

$$\Delta Z_2 = \left(\frac{1}{\rho_0} - \frac{1}{\rho}\right)(h_0 C_{S_0} - h_i C_{S_i})/1\ 000 \quad (2\text{-}10)$$

式中 ΔZ_2——订正值,m;

ρ_0——清水密度,1.00 t/m^3;

ρ——泥沙密度,t/m^3;

h_0、h_i——换纸时刻及订正时刻进水管的水头,m;

C_{S_0}、C_{S_i}——换纸时刻及订正时刻测井外的含沙量,kg/m^3。

(2)自记水位计记录的摘录。自记水位记录的摘录应在订正后进行,摘录的成果,应能反映水位变化的完整过程,并应满足计算日平均水位、统计特征值和推算流量的需要。当水位变化不大且变率均匀时,可按等时距摘录;当水位变化急剧且变率不均匀时,应加摘转折点。摘录的时刻宜选在6 min的整数倍之处。8时水位和特征水位必须摘录。当需要用面积包围法计算日平均水位时,0时和24时水位必须摘录。摘录点应在记录线上逐一标出,并应注明水位值,以备校核。

二、日平均水位计算

日平均水位是指在某一水位观测点1日内水位的平均值。其推求原理是,将1日内水位变化的不规则梯形面积,概化为矩形面积,其高即日平均水位。具体计算时,视水位变化情况分面积包围法和算术平均法两种。

(一)面积包围法

面积包围法,又称48加权法,它适用于水位变化剧烈且不是等时距观测的时期。计算时可将 1 日内 0 ~ 24 时的折线水位过程线下之面积除以 1 日内的时数得到，如图 2-4 所示。

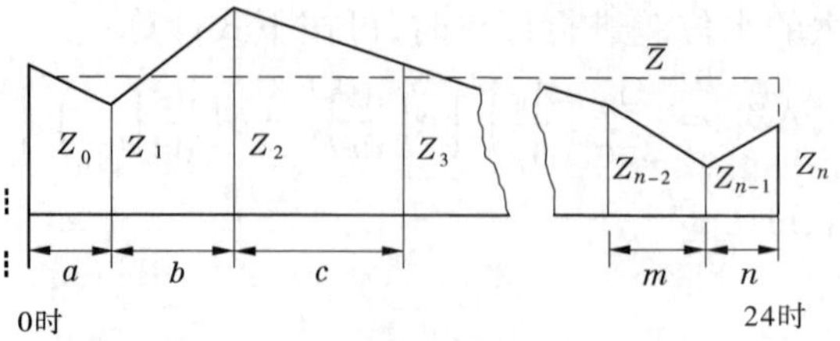

图 2-4 面积包围法示意

面积包围法计算日平均水位可按下式计算：

$$\overline{Z} = \frac{1}{48}[Z_0a + Z_1(a + b) + Z_2(b + c) + \cdots + Z_{n-1}(m + n) + Z_nn] \tag{2-11}$$

使用式(2-11)时，若 0 时或 24 时未观测水位，应根据前后日相邻水位直线内插法求出。

若时距相等，可采用如下简易面积包围法来计算日平均水位（该法同样要求有 0 时、24 时水位值）：

$$\overline{Z} = \frac{1}{n}\left(\frac{Z_0}{2} + Z_1 + Z_2 + \cdots + Z_{n-1} + \frac{Z_n}{2}\right) \tag{2-12}$$

式中 n——日内等时距的时段数。

（二）算术平均法

当 1 日内水位变化不大，或虽变化较大但系等时距观测或摘录时，可用此法（当采用计算机整编资料时应按面积包围法进行）：

$$\overline{Z} = \frac{\sum_{i=1}^{n} Z_i}{n} \tag{2-13}$$

式中 n——日观测水位的次数。

应用此法应通过误差分析确定。用此法算出日平均水位与用面积包围法算出的日平均水位相差不能超过 1 ~ 2 cm。为正确使用算术平均法，以面积包围法为准，进行如下讨论：

当 1 日内水位呈直线变化时，0 时、24 时水位相等，最高水位出现在 $T(0 < T < 24)$ 时刻，如图 2-5所示。

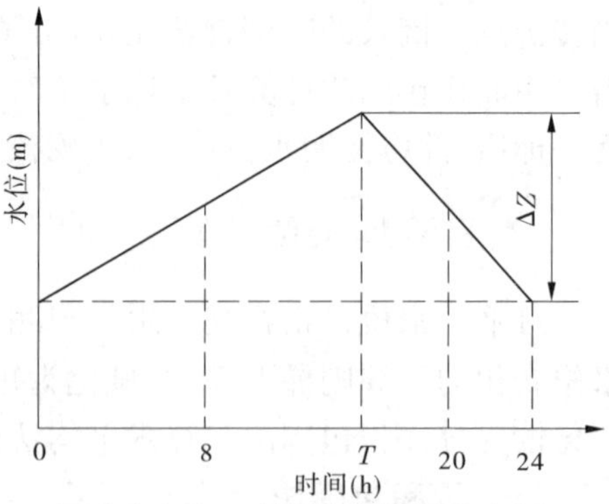

图 2-5 日平均水位计算误差分析

8 时水位：

$$Z_8 = Z_0 + \frac{8}{T}\Delta Z$$

20 时水位：

$$Z_{20} = Z_0 + \frac{24 - 20}{24 - T}\Delta Z$$

用 8 时、20 时的算术平均值算出的日平均水位：

$$\overline{Z} = \frac{1}{2}(Z_8 + Z_{20}) = Z_0 + \left(\frac{4}{T} + \frac{2}{24 - T}\right)\Delta Z$$

用面积包围法算出的日平均水位：

$$\overline{Z}_{包} = Z_0 + \frac{1}{2}\Delta Z \tag{2-14}$$

算术平均法计算的日平均水位误差为

$$\overline{\Delta Z} = \left(\frac{4}{T} + \frac{2}{24 - T} - \frac{1}{2}\right)\Delta Z \tag{2-15}$$

当 1 日内最高水位出现在 12 时或 16 时时，代入式(2-15)，其误差等于零。

当最高水位出现在 0 时或 24 时时，误差最大，此时

$$Z_8 = Z_0 + \frac{\Delta Z}{3}, \quad Z_{20} = Z_0 + \frac{5}{6}\Delta Z$$

用算术平均法计算的日平均水位为

$$\overline{Z} = \frac{1}{2}\left[\left(Z_0 + \frac{1}{3}\Delta Z\right) + \left(Z_0 + \frac{5}{6}\Delta t\right)\right] = Z_0 + \frac{7}{12}\Delta Z \tag{2-16}$$

其误差为

$$\overline{Z} - \overline{Z}_{包} = \frac{1}{12}\Delta Z \tag{2-17}$$

由以上分析可以得到如下结论：如果 0 时与 24 时水位相同，其他时间水位沿三角形的两个边变化，则当最高水位出现在 12 时或 16 时，用 8 时、20 时两次水位的算术平均值作为日平均水位，其误差等于零；若最高水位出现在其他时间，将产生误差，而以出现 0 时或 24 时的误差最大，此时若允许误差为 0.01 m，则

$$\frac{\Delta Z}{12} \leqslant 0.01 \text{ m}$$

即

$$\Delta Z \leqslant 0.12 \text{ m}$$

上式说明，当水位直线上升或下降，水位日变幅不超过 0.12 m 时，算术平均法计算日平均水位，可只用 8 时、20 时两次水位即可。通过计算：当用 2 时、8 时、14 时、20 时 4 次水位作算术平均法计算，误差仍不超过 1 cm 时，水位日变幅应不超过 0.24 m，故可得出，当水位直线升降，日变幅在 0.12 ~0.24 m 时，应采用 4 次等时距水位。当用 8 时 1 次水位代替日平均值时，日变幅水位就小于 0.06 m。

在每 2 ~5 日观测 1 次水位的期间，其未观测水位各日的日平均水位可按直线插补计算。当 1 日内部分时间河干或连底结冰，其余有水时，不宜计算日平均水位，应在水位记载簿中注明情况。

第四节　地下水的观测与计算

一、地下水系统导论

地下水是水资源的重要组成部分。干旱地区与半干旱地区人们的生活用水、农业灌

溉用水及工业用水，主要靠开采利用地下水。随着人们生活水平的不断提高，对水质要求更高。目前，有很多地区在大量开采深层地下水，这说明地下水是一项十分有价值的资源。由于地下水具有流动性和可调节性及开采后恢复性慢的特点，如果合理地开采利用，可成为人们长期使用的资源；但如果盲目开采，使地下水不能得到恢复，会造成地下水枯竭，甚至更严重的影响。因此，为了合理开采和管理地下水资源，必须了解地下水动态变化规律，开展地下水的观测工作。

（一）地下水的性质

地下水是在一定的地质条件和气候条件下，在不断补给与不断消耗的运动中形成的。它与其他资源相比性质上有相同之处，也有不同的地方。

（1）存储性。地下水的存在占有一定的空间，表现为存储量，这是它与其他矿产资源相同的地方。

（2）流动性。地下水是流体，具有流动性，表现为径流量，这是它与其他矿产资源不同之处。

（3）调节性。地下水始终处在不断补给和不断消耗的新旧交替过程中。补给、消耗在数量上随时间形成周期性的变化，使地下水具有调节性质，表现为调节量。这也是它与其他矿产资源的不同之处。

（4）恢复性。人工开采地下水时，只要开采量不超过一定限度，地下水量由于有补给并不显著减少。停止开采后，水量、水位能自动恢复。这是地下水与其他矿产不同的另一个特点。

（二）地下水的蓄水结构

含水层：是能透过和给出相当水量的岩层。

隔水层：是不能透过和给出水量（透水和给水均微不足道）的岩层。

透水层：是能透水但给出水量微弱（与含水层相比）的岩层。

1. 含水层划分原则

含水层划分原则见表 2-1。

2. 含水层划分指标

含水层划分指标见表 2-2。

3. 基岩含水层的分类

岩石含水孔隙的分布主要受岩性控制，并与岩层分布完全一致，便构成含水层；相对不透水岩层为隔水层。基岩含水层按其含水介质不同分类，如表 2-3 所示。

（1）基岩含水带，是指主要受地质构造或风化作用控制，而受地质体限制的含水裂隙带或含水岩溶带。含水带按其形态特征分类，如表 2-4 所示。

表 2-1　含水层划分原则

一般原则	1. 注意岩层透水、隔水和含水的相对概念及其相互转化的关系 2. 考虑形成条件 3. 有利于生产实际需要和工作方便
有供水意义	能满足供水量的岩石层均可视为含水层，按水量大小可进一步划分为主、次含水层。根据供水规模和要求，相同的含水层在不同的富水地段，可分为强、弱含水层，甚至当作隔水层
含水层段	对厚度很大的含水层，考虑岩性差异、裂隙或岩溶发育程度在垂直方向上的变化，应进一步划分出含水性不同的层、段
含水层组	对一些岩性和含水性相近的含水层，可综合归并成一个含水层组
含水带	不含水的岩层，由于局部裂隙和断裂影响，可以透水并含水，因此在岩层水平分布方向上，应按实际含水情况划分出含水带
富水带	含水岩层由于局部变化，裂隙和岩溶发育可以存在透水性和含水性很强的地段（如古河床、岩溶集中径流地带等）

表 2-2　含水层划分指标

含水性	泥质含量（%）	单位出水量（L/（s·m））	渗透系数（m/d）
极强	极少	>10	>50
强	<5	10～5	50～10
中等	5～10	5～1	10～5
弱	10～15	1～0.01	5～1
极弱（隔水层）	>15	<0.01	<1

表 2-3　基岩含水层的分类

类型	介质特征
孔隙含水层	半胶结的砾岩和砂岩，粒间孔隙透水，当与泥页岩等隔水岩层互层时，即构成含水层
裂隙含水层	1. 构造裂隙含水层：脆性岩层（石英岩、石英砂岩）与塑性泥质岩互层，经构造变动后，构造裂隙沿脆性岩层发育，成为裂隙含水层，泥质岩石裂隙不发育构成隔水层； 2. 成岩裂隙含水层：成岩裂隙发育的火山熔岩与裂隙不发育的凝灰岩、泥岩、页岩等互层时，火山熔岩为含水层，凝灰岩、泥岩、页岩为相对隔水层
岩溶含水层	石灰岩、白云岩、大理岩等可溶性岩石与非可溶性的砂泥质岩层互层时，沿可溶性岩层岩溶发育，使其成为含水层，砂泥质岩层相对为隔水层

（2）隔水围岩，是指与含水带对应的相对不透水部分的岩石构成含水带的隔水边界。

4. 控水构造

控水构造，是指控制地下水的地质构造或称水文地质构造。控水构造由透水层（带）和相对隔水层（围岩）组合而成。按其对地下水的控制作用，可分为导水构造、阻水构造、汇水构造、蓄水构造及储水构造5类，其组成要素和特征，见表2-5。

表2-4　基岩含水带的类型与形态特征

含水带类型	形态特征
带状	分布范围较宽的带状、似层状的含水带： 1. 风化裂隙含水带：基岩风化壳中，其下未风化的母岩为隔水层； 2. 构造裂隙含水带：与岩层褶曲有关，如背斜轴部张裂带、褶曲转折端张裂带等； 3. 岩溶含水带：碳酸岩地区，地下岩溶分布不均匀，在岩溶发育地段形成岩溶含水带
脉状	分布范围呈狭长脉状的含水带： 1. 断层破碎带含水带； 2. 岩脉含水带：侵入不透水围岩中的岩脉，沿脉壁及脉体裂隙发育形成含水带； 3. 侵入接触含水带：岩浆岩侵入体与围岩的接触带在裂隙发育地段形成含水带
管道状或洞穴状	由大型水平溶洞构成的地下河或地下湖

表2-5　控水构造组成要素

类型	组成条件	控水作用与特征	亚类
导水构造	不透水或弱透水岩层中的相对比较狭窄的强透水通道	在各含水层(带)之间或各蓄水构造之间起连通导水作用，地下水以径流量为主，储存量不多	(1)导水断层； (2)导水岩脉； (3)导水接触带； (4)导水溶洞
阻水构造	(1)下游有阻水体； (2)上游有含水层(带)	对地下水径流起阻挡作用： (1)抬高地下水位； (2)改变地下水流向，能使地下水富集成为有开采价值的水源	(1)阻水断层； (2)阻水岩体； (3)阻水岩脉； (4)阻水地层
汇水构造	(1)上部为透水岩层； (2)下部为盆形或谷形的隔水岩层； (3)补给、排汇条件较好	能将分散的地下水汇集起来，形成集中的地下水体或水流	(1)向斜汇水构造； (2)盆地汇水构造； (3)岩脉汇水构造； (4)风化带洼地汇水构造
蓄水构造	(1)透水的岩层； (2)隔水的边界； (3)补给条件优于排泄条件	在不断补给和排泄的交替过程中蓄积和储存地下水，形成有开采价值的地下水源	
储水构造	(1)含水岩层(带)； (2)封闭的隔水边界； (3)不具备补给和排泄条件	起储藏地下水的作用，其中的水量主要是储存量，没有天然补给量	封闭的含水体

5. 水文地质单元

地下的水文体系，按地下水的储存系统和交替系统，分为一系列独立的或半独立的单元。这些单元称为水文地质单元。一个水文地质单元可以是一个联合的或单式的蓄水构造或完整的地下水域，也可是二者结合的水文地质体。一个完整的水文地质单元应包括以下四个基本要素：

(1)含水层或含水带。它们是地下水储存和径流的场所，如岩溶含水层、裂隙含水层、断层含水带等。

(2)隔水层或隔水围岩。作为边界条件对地下水的储存起约束作用。

(3)补给区。地下水接受补给的地区,一般位于地下径流的上游,地势较高的地方。

(4)排泄区。是排泄地下水的地区,一般位于地下径流的下游或地势较低的地方。

按水文地质单元的封闭程度(独立程度)相对地分为四级。若把岩溶地下河系的地下水流域作为一个水文地质单元,则干流流域就是一级水文地质单元,支流的流域就是二级或三级单元等。

地下水域是指地下水流系统的集水范围,是水文地质单元的一种。如地下水集中排泄的地方就是一个地下水流系统。

6. 地下水的循环

(1)水的分布。自然界中的水,以气态、液态和固态分布于地球的大气圈、水圈和岩石圈中。各相应圈中的水,分别称为大气水、地表水和地下水。地球上总水量约为14亿km^3,占地球体积的1%。自然界中水的估算量见表2-6。

表2-6 自然界中水的估算量

区域	面积(亿km^2)	水均衡要素	水的体积(万km^3)	水层厚度(mm)
海洋	3.60	降水 蒸发 河水流入量	41.16 44.79 3.63	1 140 1 200 100
陆地外流区①	1.17	降水 蒸发 河流径流量	9.93 6.30 3.63	850 540 310
陆地内流区②	0.33	降水 蒸发	0.77 0.77	240 240
整个地球	5.10	降水或蒸发	51.86	1 017

注:①陆地外流区指地表径流最后直接流入海洋的地区;②陆地内流区指地表径流不流入海洋的地区。

(2)水循环。自然界中水循环分为大循环和小循环。

大循环(也叫外循环)指从海洋蒸发的水分凝结降落到陆地,再经过径流或蒸发形式返回海洋的过程。

小循环(也叫内循环)指从海洋或陆地蒸发的水分再降落到海洋或陆地的过程。

二、地下水动态观测

(一)地下水动态观测的目的与任务

地下水动态观测是研究天然和人为作用下地下水渗流过程中的流量场和梯度场随时间和空间的变化规律。这些变化规律是含水层边界条件和地下水渗流条件方面的综合反映。因此,通过地下水动态观测,可以确定地下水动态的因素,了解各含水层之间、地表水与地下水之间、降水和包气带之间的水力联系,以进行地下水量、水质评价,并为地下水的合理开发利用、预防发生危害环境地质问题提供依据。对于不同的地区和目的,观测的基本任务各有不同。若以开采利用地下水为目的,则地下水动态观测的基本任务包括以下内容。

1. 一般地区

(1) 观测不同水文地质单元的水位、水量、水温、水质等动态变化的一般规律。

(2) 了解水文、气候因素及人为因素对地下水动态的影响，查明地下水与地表水的补、排关系。

(3) 了解各含水层间的水力联系。

2. 大量开采区

(1) 了解开采过程中地下水的动态变化，查明漏斗区的范围、形成条件、补给因素及发展趋势。

(2) 了解区域水位下降和水量变化及井孔间干扰情况。

(3) 提出合理开采、科学用水，资源保护、兴利除害的措施。

(二) 观测点(网)的布设

1. 观测点(网)的分类

根据观测点(网)目的的不同，一般可分为基本观测点(网)和专门观测点(网)两类。

基本观测点(网)属于整个城市范围内的控制性点(网)，它研究区域性地下水动态的变化规律，划分地下水动态类型，以便为地下水资源评价、预测和管理提供系列资料。

专门观测点(网)用来研究某些专门性的水文地质问题，或用来解决某些特殊性问题。这些问题如：地下水与地表水和上、下含水层之间的水力联系，咸水和淡水的分界线，计算某些水文地质参数确定某些地下水均衡要素等。

2. 观测点(网)布置的一般原则

(1) 基本观测点(网)的布设。基本观测点应以能控制勘察区的地下水动态特征为原则进行布设，并尽量结合已有的井、泉和勘探钻孔进行。点(网)的布设，应符合表 2-7 的要求。

(2) 专门观测点(网)的布设。专门观测点要根据所解决的问题，有针对性地进行布设，为取得有关的水文地质参数，可参照表 2-8 要求布设。

3. 观测孔的结构

利用钻孔、井、泉等作为观测点，应根据观测目的和性质来确定其结构。

(1) 基本观测点的结构。基本观测点以能够控制区域地下水动态特征为原则，尽量利用已有井、泉和勘探钻孔作为观测点。

用井作为观测点时，应在地形平坦地段选择人为因素影响较小的井，井深要达到历年最低水位以下 3 ~ 5 m，以保证枯水期照常观测。井壁和井口必须坚固，最好是用石砌，采用水泥加固。井底无严重淤塞，井口要能设置水位观测的固定基点，以进行高程测量。

以农灌井作为观测点时，要有能够放入水位计和水温计的间隙。如果需要观测灌溉期间的抽水量，出水口要安装适用的计量装置(流量计或堰口)。如密封型式的机电井，可以在泵管与井管之间安装测水位的观测管，可选用直径为 20 ~ 50 mm 的铁管，顶部加管帽，观测管深度应达到历年最低动水位以下 3 ~ 5 m。

表 2-7　基本观测点(网)的布设

地区	基本观测点(网)的布设原则		
松散层地区	冲、洪积平原	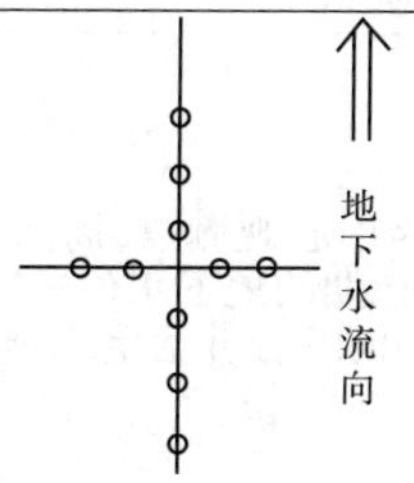	平行和垂直地下水流向布置观测线； 当有河、湖、池等地表水体时,应布置延伸到地表水体的观测点
	山间河谷	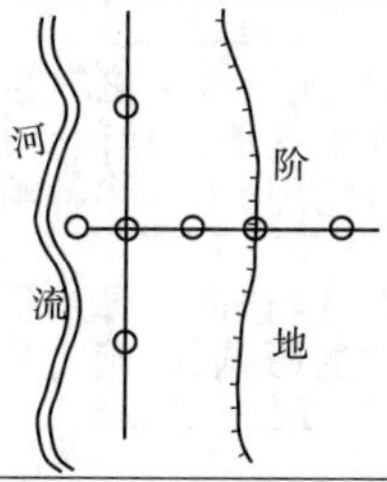	平行和垂直河流布设观测线。垂直河流流向的观测线应由河岸至分水岭,观测点分别控制不同地貌形态,并在不同地貌形态交界处适当加密观测点
	冲、洪积扇	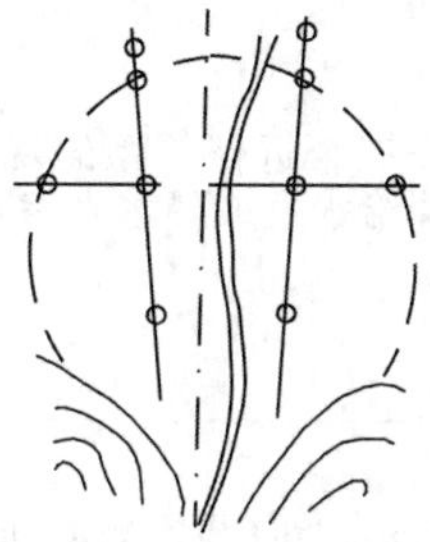	平行和垂直冲、洪积扇轴向布置观测线。主要测线应通过补给区、径流区和排泄区； 观测点应分别控制地下水的垂直交替带、径流带和溢出带等不同水文地质地段,在各区的交界处应适当加密观测点
	滨海地区	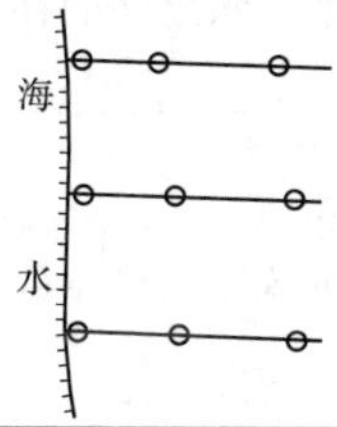	垂直海岸线或咸水与淡水分界面布设多条观测线,并设置潮位观测点
基岩地区	非岩溶地区	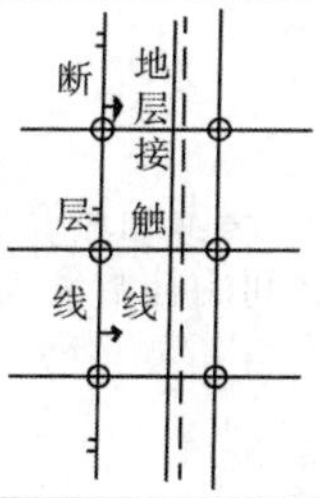	主要是垂直岩层接触带和岩层走向布置观测线(点),或沿断裂破碎带布置观测点
	岩溶地区	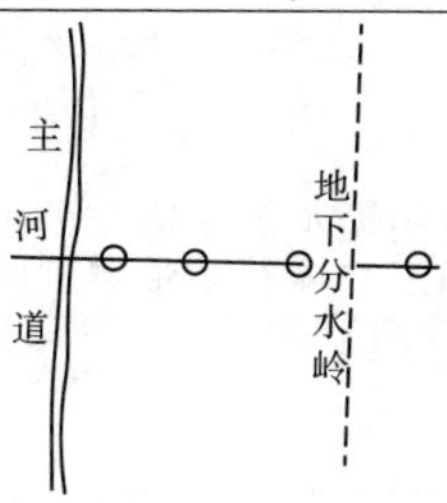	垂直主河道,并延伸至地下分水岭,包括岩溶泉域补给区布设观测线或顺落水洞或漏斗串联方向和岩溶泉群发育处布置观测线,在暗河出口处设置观测线

表 2-8　专门观测点(网)的布设

内容	方法	专门观测点(网)的布设原则	
确定地下水综合补给量	泰森多边形差分法	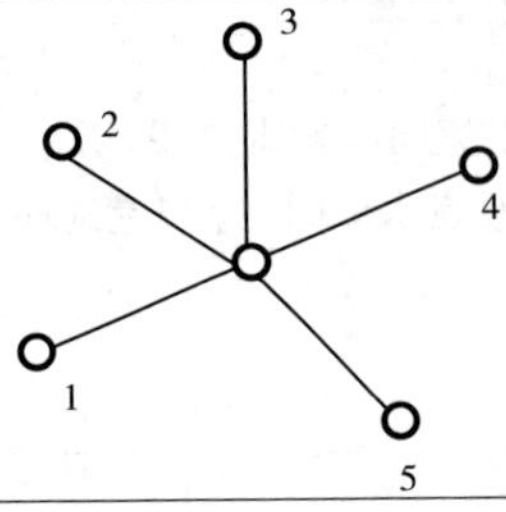	选择一个代表性点作为中心观测点,周围布设 3 个以上观测点,根据补给期或消耗期的地下水位资料,即可用泰森多边形差分法求出地下水的综合补给量或排泄量
确定大气降水入渗补给量	入渗系数法		观测点应选在地形平坦、地下水坡度较缓,并不受地表水体影响和承压水层顶托补给的潜水地区。根据地下水位升幅法确定降水入渗系数,计算降水入渗补给量
	前期影响雨量法		按上述原则布设观测点,结合逐日降水资料,确定逐日降雨和前期降雨对地下水位的影响,以确定降水入渗量
	卡明斯基差分法	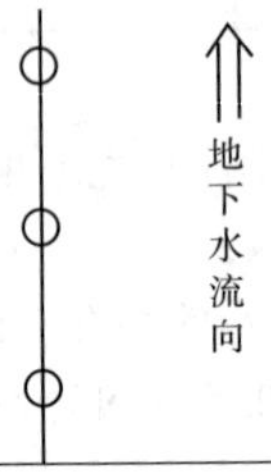	沿地下水流线方向布设三个近似等距的观测点,根据补给期的地下水位升幅计算给水度或降水入渗补给量
确定地表水入渗补给量或排泄量	河流断面流量差法、渠流公式	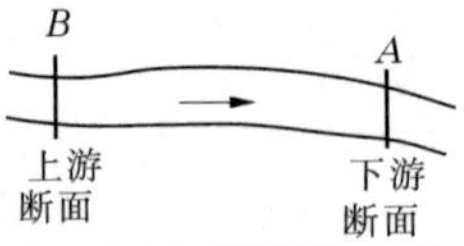	在较平直的河段,设立上、下游两个测流断面,根据两个断面的流量差确定河水与地下水之间的补给量或排泄量
		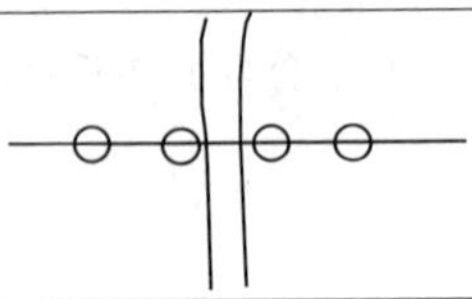	垂直于河流布置一排观测线,每岸至少要有两个观测孔,根据岸边地下水的水力坡度确定对各岸的补给量或排泄量
		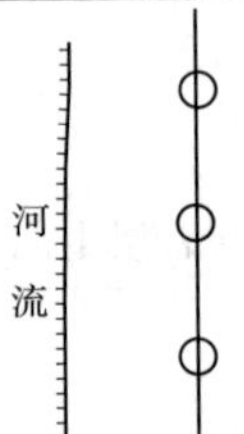	平行岸边布置一排观测线,各观测孔近似等距,根据河水与地下水的水位确定它们之间的补给量或排泄量
	封闭型水体辐射流法	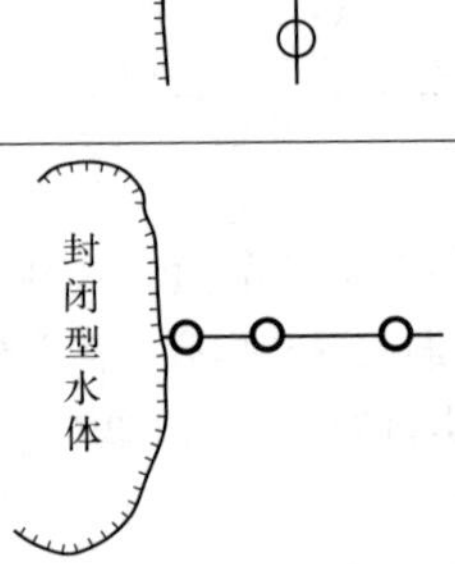	垂直于湖泊、水库等封闭型水体岸边布设由两个以上观测点组成的观测线,在确定水体补给带宽度的基础上计算地表水对地下水的补给量或排泄量

续表 2-8

内容	方法	专门观测点(网)的布设原则	
确定地下水越流补给量	越流公式	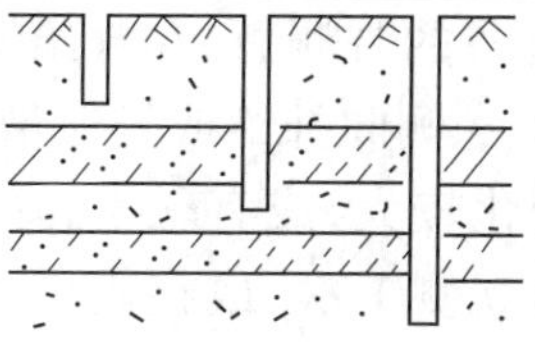	分层布设观测孔,观测各层的水位动态,确定上、下含水层之间的越流补给量
确定潜水蒸发量	柯夫达半经验公式和衰减公式		潜水位埋深不超过蒸发极限深度范围内的地段,布设观测点,观测蒸发消耗期内的地下水位下降值,计算蒸发量

以自流井作为观测点时,若压力水头不高,可以接高井管,直接观测静水头的高度;如果压力水头很高,不便于接管观测,可以安装水压表,测定水头高度。

以泉作为观测点时,可在泉口修建混凝土或砖砌的水池,并安装量水设备(堰或流量计),要及时清除池内淤沙,以避免减缓流速,保证正常观测。

以勘探钻孔作为观测点时,需要掌握钻孔地层和结构,并了解洗井、抽水情况,井口应加盖,并留有观测水位的口。

(2)专门观测点的结构。专门观测点是为了某一目的而设置的。因此,这种观测点不是永久性的。但有些观测点,若位于水源地范围内,也可留作永久性观测点加以利用。对其结构应符合下列要求:

①材料。可用铁管或钢管,对具有腐蚀性的地下水,可用塑料管或不锈钢管。松散层宜用包网或缠丝过滤器,基岩可用骨架式过滤器。

②孔径。一般不小于 89 mm,如果要抽水取水样,孔径可按泵管直径确定,并应大于泵管的直径。

③过滤器应下到含水层,并达到最低动水位以下 3 ~ 7 m,其长度不小于 2 ~ 3 m,下设沉淀管,如图 2-6 所示。过滤器周围最好能围填滤料,填砾层的厚度为 20 ~ 50 mm。

④观测孔孔口应高出地面 0.5 m 左右,并应加盖(管口保护帽)加锁。

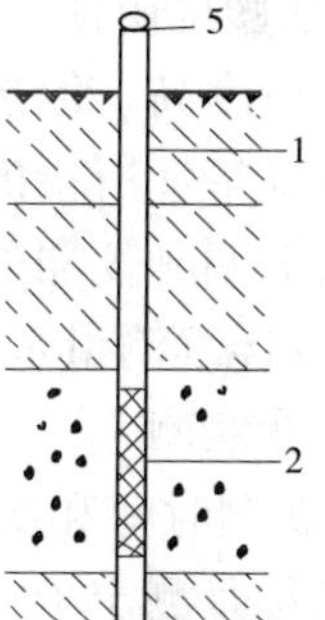

1—观测管;2—滤水管;3—沉淀管;4—底塞;5—管口保护帽

图 2-6 观测孔结构

(三)地下水的动态观测

地下水的动态观测基本项目包括水位、水量、水温和水质观测等。

1. 水位观测

1)观测时间和次数

观测时间和次数可根据用水期和非用水期、灌溉期和非灌溉期、补给期和非补给期的具体情况来定。

(1)基本观测点:①初建的观测点(网),每 5 日观测 1 次,经过 2 年后,如基本掌握了水位动态变化规律,并在水位变化不大的情况下可延长至 10 日观测 1 次。②以农灌井为观测点时，应在当日抽水灌溉之前进行水位观测，观测期间，如果遇有集中灌溉连续抽水，应在抽水结束后，水位恢复至静水位时方可观测，并注明停泵时间。

（2）专门观测点：①对确定地下水垂直补给或消耗量的观测点，在补给期或消耗期每日观测 1 次，其他时期每 5 日观测 1 次。②对确定地下水侧向补给或排泄量的观测点，在枯水期和平水期，每 5 ~ 10 日观测 1 次，当地下水位变化较大，或有融雪、降雨、邻近地区有开采的情况下，每 1 ~ 3 日观测 1 次。降雨期间每日观测 1 次，或在雨后加测。③在确定地下水与地表水之间的水力联系时，应对地下水位与河、湖水位同时进行观测，非汛期每 5 日观测 1 次，汛期每日观测 1 次。水位变化较大时，可在部分观测点，增加观测次数。

2）观测方法

（1）水位观测要从孔（井）口的固定基点量起，每次观测需要重复进行，其允许误差不超过 2 cm，取其平均值，作为观测结果。

（2）水位观测数值以 m 为单位，测记至两位小数（cm）。如果动水位波动较大，记至两位小数有困难，可放宽观测精度，但要保证第一位小数一定准确。

（3）用导线或测绳测量水位时，要求其伸缩性应经常校核，及时消除误差。

2. 水温观测

1）观测时间的要求

在开始进行水温观测时，应与水位同步观测。当经过一个时期，基本掌握水温变化规律时，可适当减少观测次数。

2）观测方法

（1）温度表法。有酒精温度表和水银温度表两种。前者适用于常水温，精度较差；后者适用于冷热水温，测量热水时应选择最高水银温度表。观测时应将水温计装入专制的金属壳内，在水中放置 3 ~ 5 min 后取出读数。

（2）热敏电阻法。由感温探头、导线和平衡电桥等部件构成，适用于冷、热水，使用灵活、方便，精度高。但热敏电阻易老化，随着电阻值的增高，观测精度降低。观测时，可直接读出示温指针所指的温度；使用时，需对电阻经常标定，避免电阻老化造成测量误差。

除以上两种仪器外，目前新型仪器很多，如 SW – 1 型水温水位仪、DWS 三用电导仪等，均可以连续测量水温，且精度高，使用方便，可以推广。

3. 水量观测

（1）观测时间和次数。利用开采井观测时，应逐日记录水量和动水位。若为农灌井，在非灌期每月测定 1 ~ 3 次，灌溉期应增加观测次数。泉和自流井的水量一般每 3 ~ 5 日观测 1 次，雨季或其他原因使流量发生明显变化时，应增加观测次数。

（2）观测方法。水量观测，一般在井口安装流量计进行观测，无上述设备时，可利用水塔或蓄水池进行观测。

对留用勘探钻孔，可分别在丰、平、枯 3 个时期进行抽水试验，以了解不同时期的水量变化。

4. 水质观测

水质观测不论是基本观测点，还是专门观测点，观测一般每月或每季取一次水样进行水质分析，其中五分之一作全分析，其余作简分析。丰、枯水季节或有可能污染的地区，应增加取样次数和分析项目。

三、地下水动态观测资料的整理

地下水动态的长期观测资料，是进行地下水动态规律分析与预报的依据，其资料整理工作尤为重要。资料整理分为日常的资料整理工作和年度资料整理工作。

（一）日常整理工作

日常整理工作，主要是及时认真地检查、校对地下水位、水温、水量、水质等观测记录，为保证观测资料的质量，应由观测记录及时点绘地下水动态变化及主要影响因素项目的综合曲线，进行随时对照分析。

（二）年度资料整理

（1）编制观测点位置图说明表。说明观测点的位置、高程，建立观测的目的、任务和时间，井孔的结构、深度、规格等，并绘制大比例尺位置图。

（2）计算各动态项目的月平均值、最大值、最小值及其变化幅度。

（3）绘制地下水动态曲线。其内容包括：

①地下水位过程线，如图 2-7 所示。

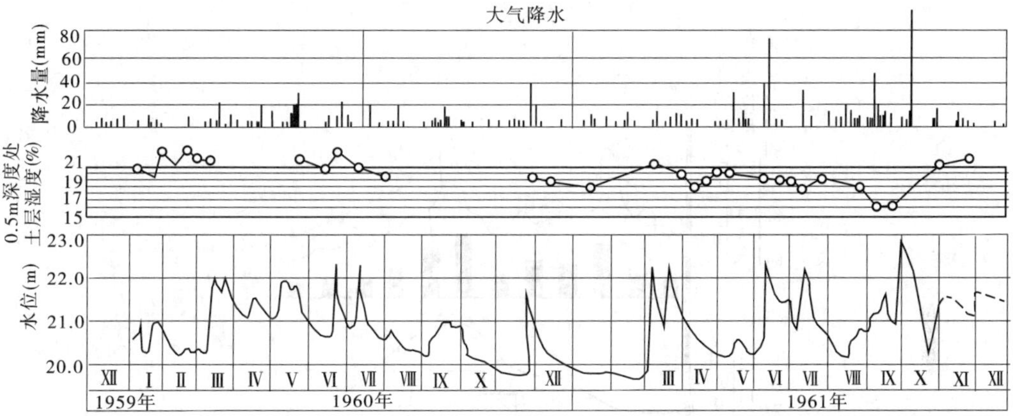

图 2-7　××地区××号钻孔（井）水位变化曲线

②地下水出水量（或涌水量）历时曲线，如图 2-8 所示。

③地下水动态综合曲线。根据对观测区具体水文地质条件的分析和每个观测点地下水动态曲线分析，可选择一些典型观测点，绘制地下水综合曲线，如图 2-9 所示。

这种地下水动态综合曲线一般应包括地下水位、水量、水温及化学成分随时间的变化过程及影响地下水动态的主要因素变化过程线。依据此图，可以分析地下水动态与影响因素在时间上的关系。

④不同时期的水文化学成分剖面图。这类图一般包括观测线的地下水化学成分剖面，如图 2-10 所示。根据此图，可以了解不同时期的水力联系和地下水动态基本规律，以及动态要素在各个时期的变化特征。

⑤不同时期的地下水等水位线图和主要离子等值线图。根据不同时期观测的地下水位及地下的主要离子成分，进行对比分析，掌握其变化规律。

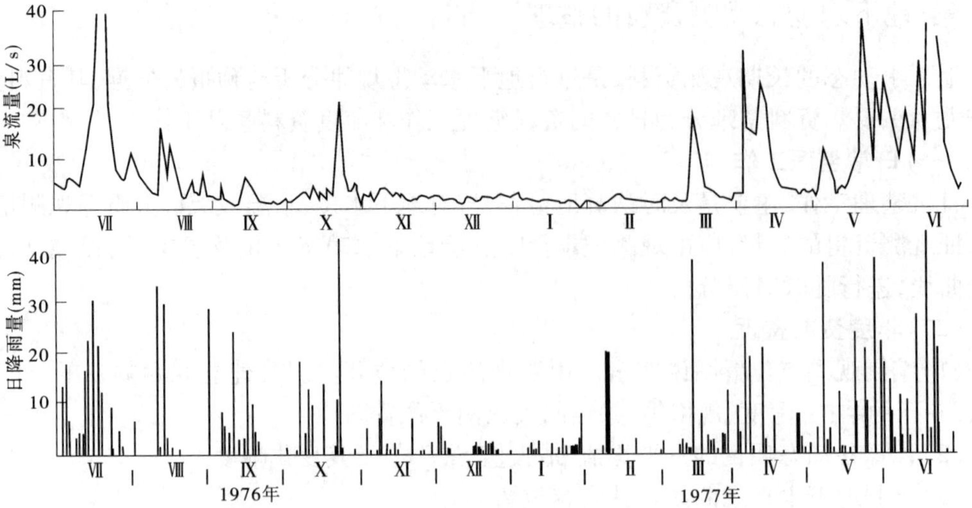

图 2-8　××地区××号钻孔(井)出水量历时曲线

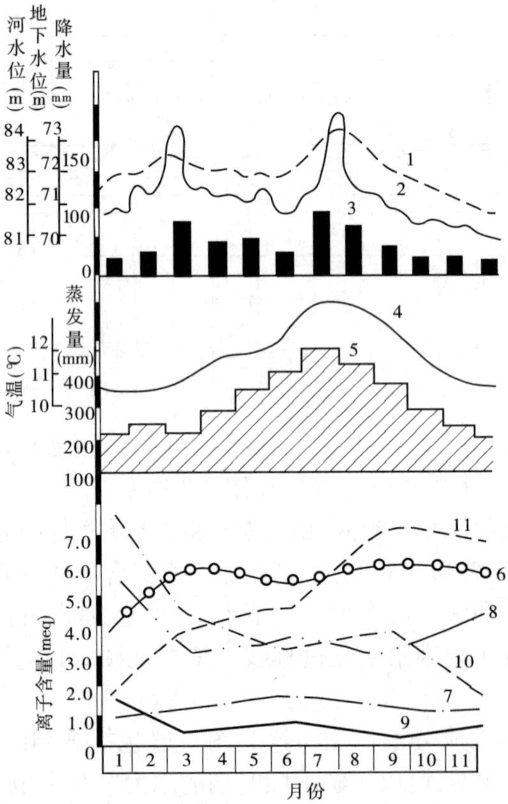

1—地下水位;2—河水位;3—降水量;4—气温;5—蒸发量;6—K^+、Na^+含量;

7—Ca^{2+}含量;8—Mg^{2+}含量;9—HCO_3^-含量;10—SO_4^{2-}含量;11—Cl^-含量

图 2-9　与气象水文要素有关的地下水动态综合曲线

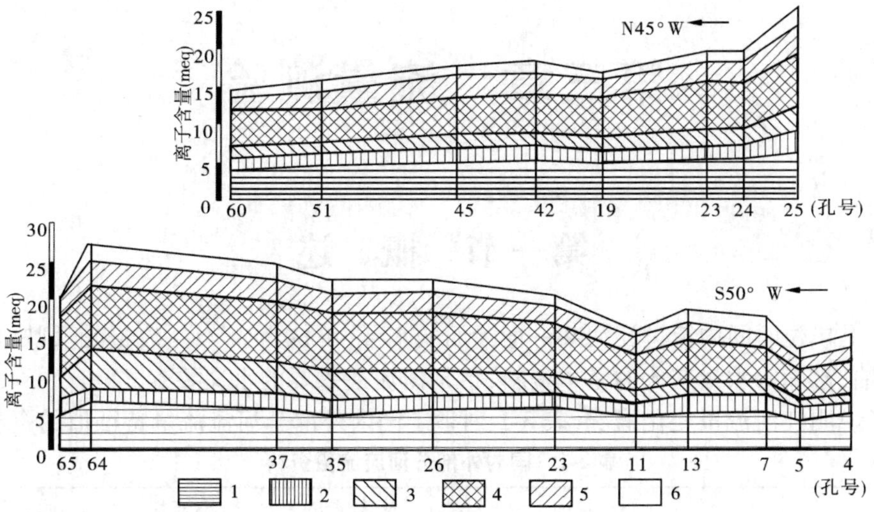

1—HCO_3^- 含量;2—SO_4^{2-} 含量;3—Cl^- 含量;4—Ca^{2+} 含量;5—Mg^{2+} 含量;6—K^+、Na^+ 含量

图 2-10　地下水化学成分剖面

第三章　流量测验

第一节　概　述

流量是单位时间内流过江河某一横断面的水量，单位为 m^3/s。流量是反映水资源和江河、湖泊、水库等水量变化的基本资料，也是河流最重要的水文要素之一。

为了说明江河流量变化概况，表 3-1 列举了国内外部分河流流量特征值的资料。

表 3-1　国内外部分河流流量资料

河名	地点	流域面积（万 km^2）	最大流量 Q_{max}（m^3/s）	最小流量 Q_{min}（m^3/s）	多年平均流量 $\bar{Q}$（m^3/s）
密西西比河	美国	322	76 500	3 500	19 100
长江	湖北宜昌	101	70 600	2 770	14 000
伏尔加河	苏联	146	67 000	1 400	8 000
多瑙河	欧洲	117	10 000	780	6 350
黄河	河南花园口	68.0	22 000	145	1 300
淮河	安徽蚌埠	12.1	26 500	0	852
新安江	浙江罗桐埠	1.05	18 000	10.7	370
永定河	北京卢沟桥	44	2 450	0	28.2

由此可见，受自然条件和其他因素的影响，天然河流的流量大小悬殊，如我国北方河流旱季有断流现象，使得江河的流量变化错综复杂。为了研究掌握江河流量变化的规律，为国民经济建设服务，必须积累不同地点、不同时间的流量资料。因此，水文站需要根据河流水情变化的特点，采用适当的测流方法进行流量测验。

一、流量测验方法的分类

目前，国内外采用的测流方法和手段很多，按测流的工作原理，可分为下列几种类型。

（一）流速面积法

常用的有流速仪测流法、浮标测流法、航空摄影测流法、遥感测流法、动船法、比降法等。

（二）水力学法

水力学法包括量水建筑物测流和水工建筑物测流。

（三）化学法

化学法包括溶液法、稀释法、混合法等。

（四）物理法

这类方法有超声波法、电磁法和光学法测流等。

（五）直接法测流

直接法测流包括容积法和重量法，适用于流量极小的山涧小沟和实验室模型测流。

实际测流时，在保证资料精度和测验安全的前提下，应根据具体情况，因时因地选用不同的测流方法。

二、流速分布和流量模型

研究流速脉动现象及流速分布的目的，是掌握流速随时间和空间变化的规律。它对于进行流量测验具有重大的意义，可据此合理布置测速点及控制测速历时。

（一）流速脉动

水体在河槽中运动，受到许多因素影响，如河道断面形状、坡度、糙率、水深、弯道以及风、气压和潮汐等，使得天然河流中的水流大多呈紊流状态。由水力学知，紊流中水质点的流速，不论其大小、方向都是随时间不断变化着的，这种现象称为流速脉动现象。

如图 3-1 所示，水流中某一点的瞬时流速 v 是时间的函数，即 $v=f(t)$。

流速随时间不断变化着，但它的时段平均值是稳定的，这是流速脉动的重要特性，即在足够长的时间 T 内有一个固定的平均值，称为时段平均流速或时均流速，可用下式表示：

$$\bar{v} = \frac{1}{T}\int_0^T v\mathrm{d}t$$

于是任一点的瞬时流速为

$$v = \bar{v} + \Delta v$$

式中　v、$\bar{v}$——瞬时流速、时均流速，m/s；

Δv——脉动流速，m/s。

脉动流速随时间不断变化，时大时小，时正时负，在较长的时段中各瞬时的 Δv 的代数和趋近于零。

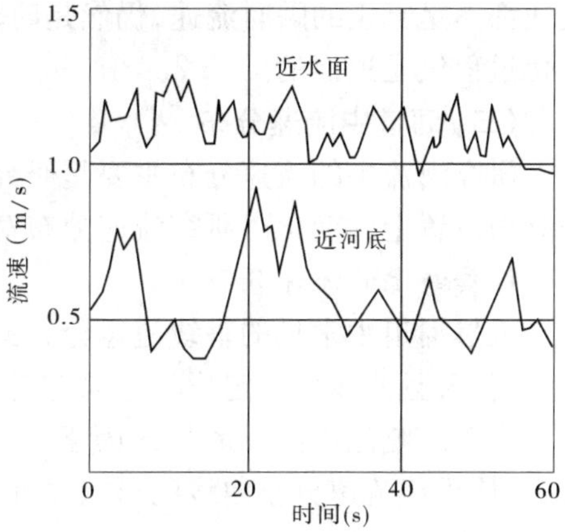

图 3-1　流速脉动现象

流速脉动强度是用来表示流速脉动变化的强弱程度：

$$\gamma = \frac{1}{\bar{v}^2}(\bar{v}_{max}^2 - \bar{v}_{min}^2) \tag{3-1}$$

式中　γ——流速脉动强度；

$\bar{v}$——测点的时均流速；

$\bar{v}_{max}$、$\bar{v}_{min}$——测点的瞬时最大、最小流速。

流速脉动现象是由水流的紊动而引起的，紊动愈强烈，脉动也愈明显。通过水力学试验发现，流速水头有上下振动的现象，同时还发现河床粗糙则脉动增强，否则减小。用流速仪在河流中测速，也可看到流速脉动的现象。根据实测资料，按式(3-1)计算脉动强度，在横断面图上绘制等流速脉动强度曲线图，如图 3-2 所示。从图上可见，脉动强度河底大于水面，岸边大于中泓。这和横断面内流速曲线的变化趋势恰好相反。

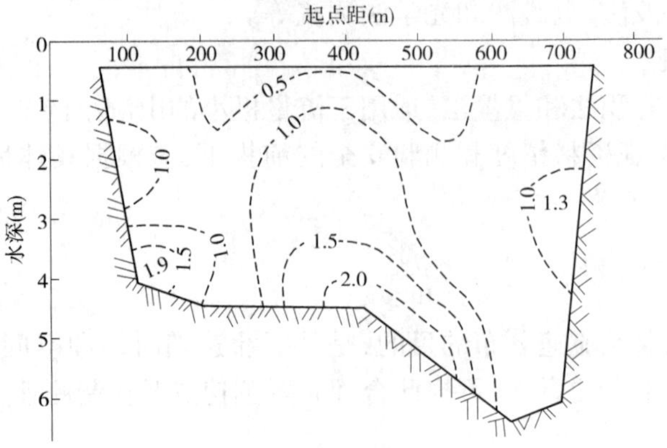

图 3-2　等流速脉动强度曲线

从一些实测资料对比可知：山区河流的脉动强度大于平原河流；封冻时冰面下的流速脉动也很强烈，都反映了河床粗糙程度对脉动的影响。

这里应说明一点，在河流中进行的流速脉动试验，因受流速仪灵敏度的限制，测得的流速都不是真正的瞬时流速，仍然是时段平均值，只不过时段较短，所以测得的流速脉动变化过程仅是近似的。

（二）河道中流速分布

研究河流中的流速分布主要是研究流速沿水深的变化，即垂线上的流速分布；流速在横断面位置上的变化。研究流速分布对泥沙运动、河床演变等，都有很重要的意义。

1. 垂线上的流速分布

天然河道中常见的垂线流速分布曲线，如图 3-3 所示。从图中可见，一般水面的流速大于河底，且曲线呈一定形状。只有封冻的河流或受潮汐影响的河流，其曲线呈特殊的形状。由于影响流速曲线形状的因素很多，如糙率、冰冻、水草、风、水深、上下游河道形势等，致使垂线流速分布曲线的形状多种多样。

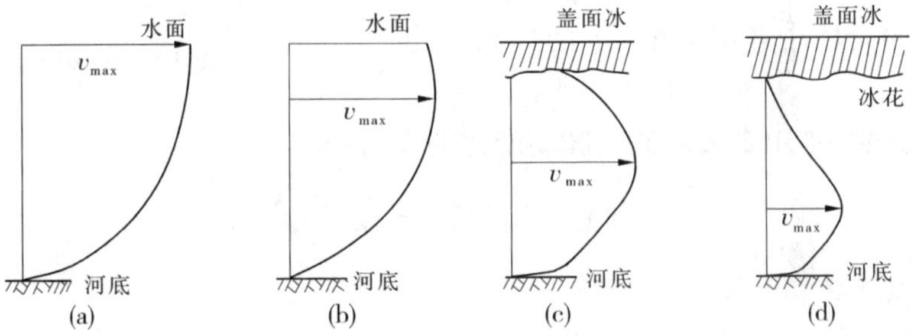

图 3-3　垂线流速分布曲线

许多学者经过试验研究导出一些经验、半经验性的垂线流速分布模型，如抛物线模型、指数模型、双曲线模型、椭圆模型及对数模型等。但这些模型在使用时都有一定的局限性，其结果多为近似值。许多的观测、研究表明，以下几种模型与实际流速分布情况比较接近。

(1)抛物线形流速分布曲线。图3-4(a)所示为只具有水平轴的抛物线形流速分布曲线。其中,A 点为抛物线的原点,抛物线上任意一点 a 的坐标为

$$y = h_x - h_m$$

$$x = v_{\max} - v$$

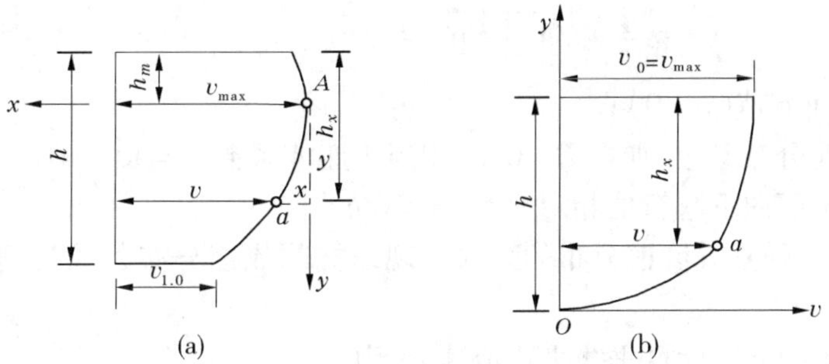

图3-4 垂线流速分布曲线

将其代入抛物线方程式 $y^2 = 2Px$,并加以整理得

$$v = v_{\max} - \frac{1}{2P}(h_x - h_m)^2 \tag{3-2}$$

式中 v——曲线上任意一点的流速;

$v_{\max}$——垂线上最大测点流速;

h_x——任意一点上的水深;

h_m——最大测点流速处的水深;

P——常数,表示抛物线的焦点在 x 轴的坐标。

在垂线上,$v_{\max}$、h_m 及 P 皆为常数项。

(2)对数流速分布曲线。如图3-4(b)所示,按普朗德的紊流假定,动力流速为

$$v_* = \sqrt{ghS} = Ky\frac{\mathrm{d}v}{\mathrm{d}y}$$

$$\mathrm{d}v = \frac{v_*}{K}\frac{\mathrm{d}y}{y}$$

积分得

$$v = \frac{v_*}{K}\ln y + C$$

当 $y = h$(y 是由河底向上起算的深度)时,$v = v_{\max}$,将此边界条件代入上式得

$$v_{\max} = \frac{v_*}{K}\ln h + C$$

则

$$v_{\max} - v = \frac{v_*}{K}(\ln h - \ln y) = \frac{v_*}{K}\ln\frac{h}{y} \tag{3-3}$$

式中 K——卡尔曼常数,在管流中,$K = 0.40$,在河流中,苏联热烈兹拿柯夫研究 K 近似取0.54,但实际变化很大,有人建议卵石河床 $K = 0.65$,沙质河床 $K = 0.50$。

将式(3-3)整理得

$$v = v_{max} + \frac{v_*}{K}\ln\eta \tag{3-4}$$

式中　η——由河底向上起算的相对水深,$\eta = y/h$;

其他符号含义同前。

(3)椭圆流速分布曲线。卡拉乌舍夫研究的椭圆流速分布公式为

$$v = v_0\sqrt{1 - P\eta^2} = \sqrt{P}v_0\sqrt{\frac{1}{P} - \eta^2} \tag{3-5}$$

式中　v_0——水面流速($\eta = 0$);

P——流速分布参数,如取 $P = 0.6$,相当于谢才系数 $C = 40 \sim 60$;

η——由水面向下起算的相对水深,$\eta = y/h$。

以上仅介绍3种垂线流速分布的公式。现以椭圆流速分布公式为例,说明它对测点位置选择的作用。

由式(3-5)按积分法计算垂线平均流速 v_m 为

$$\begin{aligned} v_m &= \int_0^1 v\mathrm{d}\eta = \sqrt{P}v_0\int_0^1\sqrt{\frac{1}{P} - \eta^2}\,\mathrm{d}\eta \\ &= \sqrt{0.6}v_0 \cdot \frac{1}{2}\left[\eta\sqrt{\frac{1}{0.6} - \eta^2} + \frac{1}{0.6}\arcsin(\sqrt{0.6}\eta)\right]_0^1 \\ &= 0.897v_0 \end{aligned}$$

按式(3-5)计算各测点相对水深的流速值,见表3-2。

表3-2　椭圆流速分布公式计算的测点流速值

η	0	0.2	0.4	0.6	0.8	1.0
$0.6\eta^2$	0	0.024	0.096	0.216	0.384	0.600
$v = v_0\sqrt{1-0.6\eta^2}$	$1.0v_0$	$0.988\ v_0$	$0.951v_0$	$0.885v_0$	$0.785v_0$	$0.633v_0$

根据表3-2的测点流速值,按面积包围计算得垂线平均流速 $v_m = 0.885v_0$。

按两点法(相对水深0.2、0.8)计算,得 $v_m = 0.887v_0$;

按一点法(相对水深0.6)计算,得 $v_m = 0.885v_0$。

可见,通常采用计算垂线平均流速的方法计算结果都接近于积分法,相差1.1% ~ 1.3%,说明流速分布的研究对测速点位置的选择是有实用价值的。

近河底的流速分布,由于很少有仪器可以实测,所以不易量化。但由流体力学边界层理论研究与精密观测得知:固定边界的流速必为零,在边界层及其附近的流速梯度很大。因边界层很薄(例如约1 cm),所以不致影响垂线平均流速计算的结果。通常,河流水文测验的河底流速是指流速仪在悬杆底盘以上8 cm,甚至更高处测得的流速,并不是真正的河底流速。或者在 $\eta = 0.6$ 及0.8等处的流速,按趋势延长至河底的流速,也不是真正的河底流速。

2. 断面的流速分布

断面流速分布也受到断面形状、糙率、冰冻、水草、河流弯曲形势、水深及风等因素的

影响。可通过绘制等流速曲线的方法来研究横断面流速分布的规律,图 3-5、图 3-6 分别为畅流期及封冻期的等流速曲线。

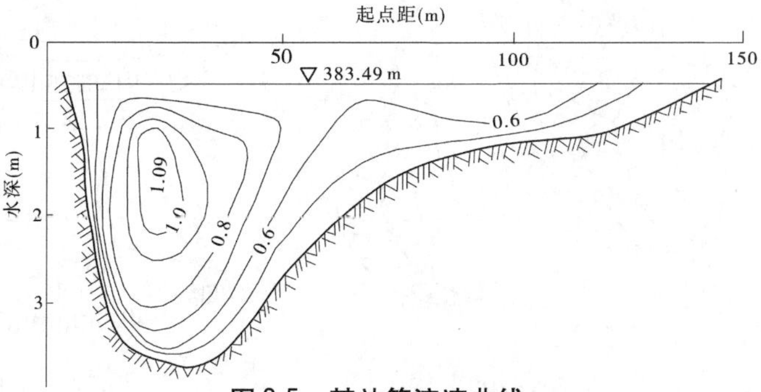

图 3-5　某站等流速曲线

从图中及其他许多观测资料分析结果可知:河底与岸边附近流速最小;冰面下流速、近两岸边的流速小于中泓,水最深处水面流速最大;垂线上最大流速,畅流期出现在水面至 0. 2*h* 范围内,封冻期则由于盖面冰的影响,对水流阻力增大,最大流速从水面移向半深处,等流速曲线形成闭合状。

垂线平均流速沿河宽的分布曲线,如图 3-7 所示。从图中可见,流速沿河宽的变化与断面形状有关。在窄深河道上,垂线平均流速分布曲线的形状与断面形状相似。

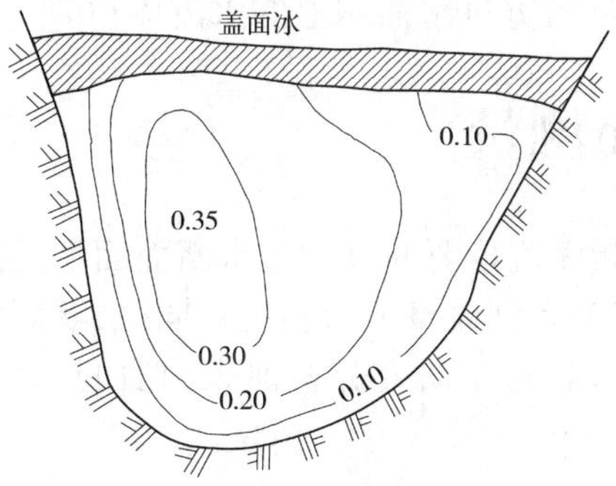

图 3-6　封冰期的等流速曲线

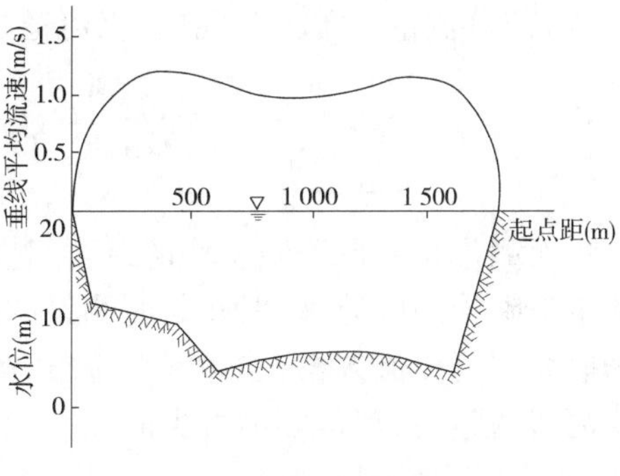

图 3-7　垂线平均流速沿河宽分布

(三)流量模的概念

河道中的流速分布,沿着水平与垂直方向都是不同的,为了描述流量在断面内的形态,可采用流量模型的概念,如图 3-8 所示。通过某一过水断面的流量,是以过水断面为垂直面、水流表面为水平面、断面内各点流速矢量为曲面所包围的体积,表示单位时间内通过过水横断面的水的体积。该立体图形称为流量模型,简称流量模,它形象地表示了流量的定义。

通常用流速仪测流时,是假设将断面流量模型垂直切割成许多平行的小块,如图 3-8(a)所示,每一块称为一个部分流量;在超声波分层积宽测流时,是假设将断面流量水平切割成许多层部分流量,如图 3-8(b)所示。

在过水断面内,对于不同部位,对流量的叫法分为以下几种:

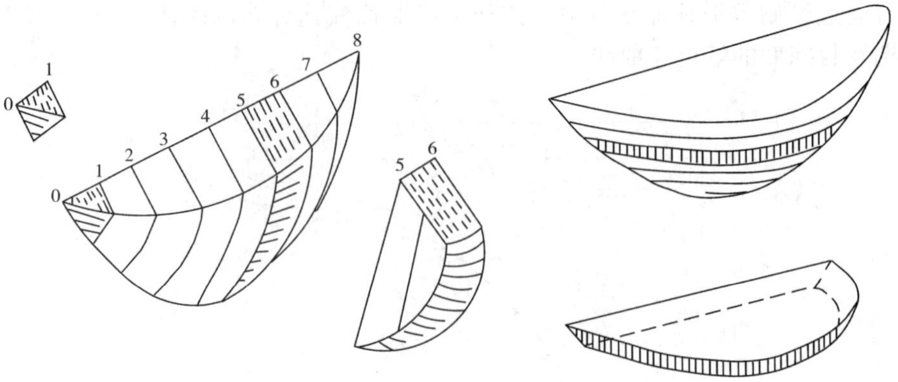

(a)垂直分块　　(b)水平分块

图 3-8　流量模型

(1)单位流量。单位时间内,水流通过某一单位过水面积上的体积。

(2)单宽流量。单位时间内,水流通过以某一垂线水深为中心的单位河宽过水面积上的体积。

(3)单深流量。单位时间内,水流通过以水面下某一深度为中心的单位水深过水面积上的体积。

(4)部分流量。单位时间内,水流通过某一部分河宽过水面积上的水流体积。

第二节　断面测量

断面测量是流量测验工作的重要组成部分。断面流量要通过对过水断面面积及流速的测定来间接加以计算,因此断面测量的精度直接关系到流量成果精度。同时,断面资料又为研究部署测流方案,选择资料整编方法提供依据;对于研究分析河床的演变规律、航道或河道的整治,都是必不可少的。

一、断面测量的内容和基本要求

(一)断面测量内容

垂直于河道或水流方向的截面称为横断面,简称断面。断面与河床的交线,称河床线。

水位线以下与河床线之间所包围的面积,称为水道断面,它随着水位的变化而变动;历史最高洪水位与河床线之间所包围的面积,称为大断面,它包括水上及水下两部分。

断面测量的内容是测定河床各点的起点距(即距断面起点桩的水平距离)及其高程。对水上部分各点高程采用四等水准测量;水下部分则是测量各垂线水深并观读测深时的水位,如图 3-9 所示。

(二)断面测量基本要求

1. 测量范围

大断面测量应测至历史最高洪水位以上 0.5 ~ 1.0 m。漫滩较远的河流,可只测至洪水边界。有堤防的河流,应测至堤防背河侧地面。

2. 测量时间

大断面测量宜在枯水期单独进行,此时水上部分所占比重大,易于测量,所测精度高。水道断面测量一般与流量测验同时进行。

3. 测量次数

新设测站的基本水尺断面、测流断面、浮标断面、比降断面,均应进行大断面测量。断面设立后,对于河床稳定的测站(水位与面积关系点偏离曲线小于 ±3%),每年汛期前复测 1 次;对于河床不稳定的站,除每年汛前、汛后施测外,应在每次较大洪峰后加测(汛后及较大洪峰后,可只测量洪水淹没部分),以了解和掌握断面冲淤变化过程。

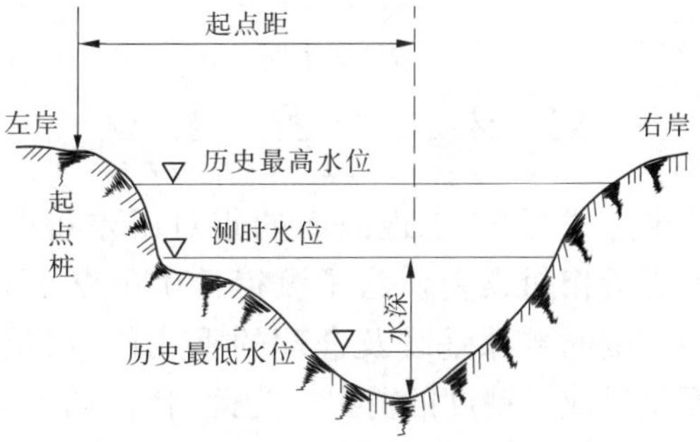

图 3-9　断面测量工作示意

4. 精度要求

大断面岸上部分的测量,应采用四等水准测量。施测前应清除影响测量的杂草及障碍物,可在地形转折点处打入标有编号的木桩作为高程的测量点。测量时前后视距不等差不超过 5 m,累积差不超过 10 m,往返测量的高差不符值在 $\pm 30\sqrt{K}$ mm(K 为往返测量或左右路线所算得的测段路线长度的平均长度,km)范围内。对地形复杂的测站可低于四等水准测量。

二、水深测量

(一)测深垂线的布设

1. 垂线的布设原则

测深垂线的布设易均匀分布,并应能控制河床变化的转折点,使部分水道断面面积无大补大割情况。当河道有明显漫滩时,主槽部分的测深垂线应较滩地为密。

2. 对测深垂线数目的规定

大断面测量水下部分最少测深垂线数目见表 3-3。

表 3-3　大断面测量水下部分最少测深垂线数目

水面宽(m)		<5	5	50	100	300	1 000	>1 000
最少测深垂线数	窄深河道	5	6	10	12	15	15	15
	宽浅河道			10	15	20	25	>25

注:水面宽与平均水深的比值小于 100 为窄深河道,大于 100 为宽浅河道。

对新设站,为取得精密法测深资料,为以后进行垂线精简分析打基础,要求测深垂线数不少于表 3-3 规定的数量。

3. 垂线数及布设位置对断面测量精度的影响

水道断面测量的精度,直接影响流量成果的精度。假设 F 与 F' 分别代表正确和不正确的水道断面,Q 与 Q' 分别代表相应的流量,$\bar{v}$ 代表断面平均流速,则

$$Q = F\bar{v}$$

$$Q' = F'\bar{v}$$

$$\frac{Q' - Q}{Q} = \frac{F'\bar{v} - F\bar{v}}{F\bar{v}} = \frac{F' - F}{F}$$

由上式可知，水道断面的相对误差将引起等量的流量相对误差。为了测得精确的断面资料，一定数量的测深垂线及合理的垂线位置，是保证断面流量成果精度的前提。为此，特作如下分析：

(1)垂线数量与断面面积相对误差的关系。如图3-10所示，图中1、2、3线表示不同平均水深下，累积频率为75%的垂线数目与断面面积相对误差的关系线。从图中可得出以下结论：

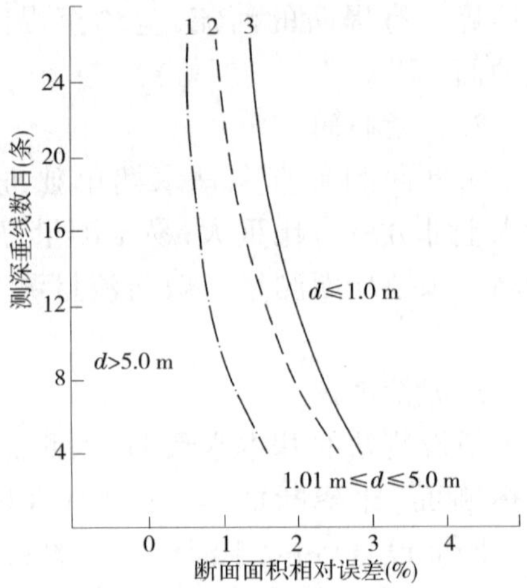

图3-10　垂线数目与断面面积相对误差关系

①断面面积的相对误差，随着平均水深的增大而减小。在相同断面平均水深下，相对误差随着测深垂线的增加而逐渐减少。

②根据表3-3规定测深垂线数，一般情况下，多数测站是可以保证其误差控制在±3%以内。

③测深垂线数与误差呈上陡下缓的关系，说明在垂线较少时，若再减少垂线，误差将增加很大；反之，若已有一定数量的垂线，再增加垂线对提高断面精度意义也不大。

(2)垂线位置对断面面积误差的影响。控制河床变化转折点是十分重要的，否则将造成很大的误差。如图3-11所示，在平均水深相同的情况下，由于河床变化转折点控制的好坏程度不同，结果出现了较多垂线断面误差比较少垂线的误差还要大的情况。

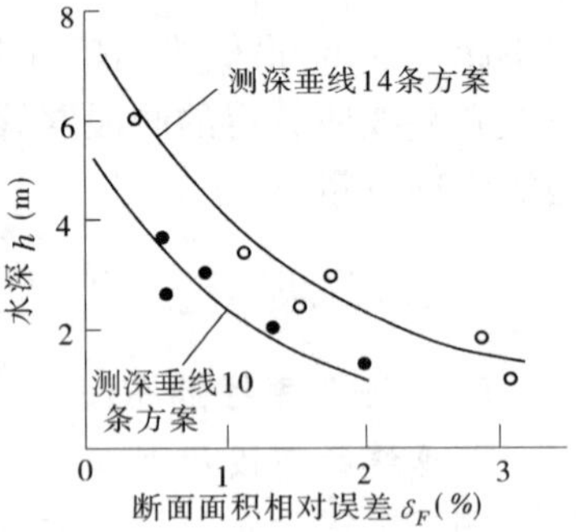

图3-11　h—n—δ_F 关系曲线

(n表示测深垂线数)

测深垂线位置一般要求固定。但当冲淤较大、河床断面显著变形时，应及时调整、补充测深垂线，以减少断面测量误差。

(二)水深测量方法

根据不同的测深仪器及工作原理，水深测量可划分成以下几种形式。

1. 测深杆、测深锤测深

(1)测深杆测深。用刻有读数标志，下端装有1个圆盘的测杆垂直放入水中进行直接测深。适用于水深较浅，流速较小的河流。测深杆测深可用船测或涉水进行。

(2)测深锤测深。用测深锤(铁砣)上系有读数标志的测绳放入水中进行测深。该法适用于水库或水深较大但流速小的河流。

2. 悬索测深

悬索测深，是用悬索(钢丝绳)悬吊铅鱼，测定铅鱼自水面下放至河底时，绳索放出的长度。该法适用于水深流急的河流，应用范围广泛，因此它是目前江河断面测深的主要测量方法。

在水深流急时，水下部分的悬索和铅鱼受到水流的冲击而偏向下游，与铅垂线之间产生一个夹角，称为悬索偏角。为减小悬索偏角，铅鱼形状应尽量接近流线型，表面光滑，尾翼大小适宜，要求做到阻力小、定向灵敏，各种附属装置应尽量装入铅鱼体内；同时，要求铅鱼具有足够的重量。铅鱼重量的选择，应根据测深范围内水深、流速的大小而定。对使用测船的测站，还应考虑在船舷一侧悬吊铅鱼对测船安全与稳定的影响以及悬吊设备的承载能力等因素。

3. *超声波测深*

利用超声波在不同介质的界面上具有定向反射的这一特性，从水面垂直向河底发射一束超声波，声波即通过水体传播至河底，并以相同时间和路线返回水面，如图 3-12 所示。

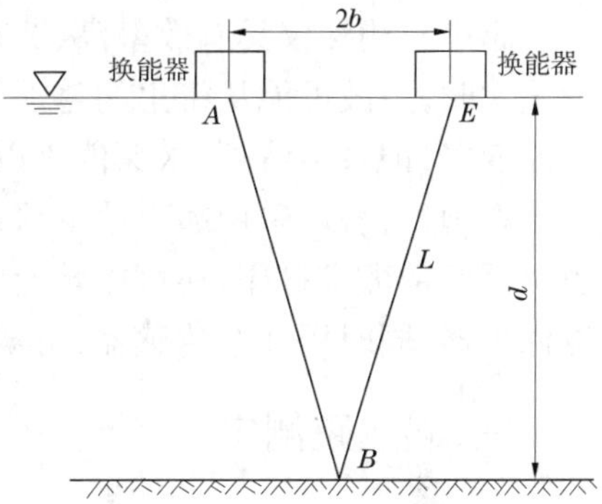

图 3-12　超声波测深原理

根据声波在水中的速度，测定往返所需传播时间，便可计算出水深。从图 3-12 中可知，声波往返距离为

$$AB + BE = 2L$$

往返所需历时为 t，则

$$2L = ct \qquad L = \frac{1}{2}ct$$

因 $L = \sqrt{d^2 + b^2}$，当 b 相当小时，可忽略。

则有 $L \approx d$，故

$$d = \frac{1}{2}ct \tag{3-6}$$

式中　d——水面到河底的垂直距离（水深），m；

t——传播时间，s；

c——声波在水中的速度，一般为 1 500 m/s。

按水深显示方式不同，可分为记录式与直读式两大类。

（1）记录式回声测深仪，以时间为基础反映水深，可将测得水深记录在记录纸上，所以又称为时基记录式。

按其记录方式不同，又可分为直线时基式和圆周时基式两种。前者是以一定时间内移动的一定距离表示水深，而后者则是以一定时间内旋转的角度来表示水深。

目前，国内船上测深普遍采用的是长江水利委员会（简称长委）南京河床实验站试制的南实Ⅱ型、南实Ⅲ型回声测深仪。两种仪器均属于圆周时基式。

仪器主要由收发换能器、动力及稳速系统、记录构件、低速控制系统等构成。测深范围为 1 ~ 120 m，估读 0.1 m。

（2）直读式超声测深仪，用于缆道测深，能直观显示水深数字的数字回声仪。这种仪器一般是将换能器、收发声器，连同电池密封后固定在铅鱼的尾翼上，置于水下，由岸上控制数码管显示水深，用缆道钢丝绳（悬索）及水作为导体，以传递测量信号。

直读式超声波测深仪种类颇多，在这里简要介绍几种有代表性的仪器：

重庆水文仪器厂生产的 SB－1A 和 SB－1B 超声测深仪。该仪器在含沙量小于

3 kg/m^3 时，可同时测深、测速，测深范围分别为动水 15～40 m、静水 0.5～100 m。

长委重庆水文总站研制的 SLS－Ⅲ型超声波数字记录测深仪，是采用显示器、打印机作为输出设备，在含沙量小于 5 kg/m^3 时，除可直接显示水深外，还可将测深记录数据打印在纸带上，便于保存。测深范围为 1.5～50 m，误差 ±0.1 m。

四川水文总站研制的 CJ83 型超声波测深仪使用微机控制和信息处理，解决了高流速水下噪声干扰的问题，在含沙量小于 10 kg/m^3 时，测深范围为 1～50 m，误差 ±5 cm。

超声波测深仪具有效率高、劳动强度小、适应性强、测深精度高等优点，但当水流中含沙量大时，声波可能从密集的悬浮泥沙中反射回来。如果河床由较厚的淤泥组成，会使反射波变弱，记录不清晰，水深值难以辨认。

在国外，普遍采用超声波测深，其记录方式比较先进，测深结果可用阴极示波仪显示，也可用磁带数字打印，还可以转变电码，输入计算机处理。美国、日本还制成了多波束的测深仪器，同时用几个传感器，可对 100 m 宽的各点水深进行扫描。

三、起点距测定

大断面和水道断面的起点距，均以高水时的断面起点桩（一般为设在岸上的断面桩）作为起算零点。起点距的测定也就是测量各测深垂线距起点桩的水平距离。

这里介绍几种常用方法。

（一）平面交会法

1. 测量与计算

平面交会法包括经纬仪测角交会法、平板仪交会法和六分仪交会法等。这些方法的基本原理大致相同。现以经纬仪测角交会法为例进行介绍。

测量起点距时，把经纬仪架设在岸上基线的端点位置，测量与断面上各测深垂线的水平夹角，即可用三角公式计算起点距。根据基线的类型不同，计算时应分别采用不同的公式。

（1）基线与断面线垂直，如图 3-13 所示，则起点距按下式计算：

$$D = L\tan\varphi \tag{3-7}$$

式中 D——起点距，m；

L——基线长度，m；

φ——基线与基点至测深垂线间的夹角，（°）。

（2）基线与断面线不垂直。如果受地形限制在布设基线时无法使基线与断面线垂直，计算时可按三角形正弦定律计算起点距（如图 3-14 所示）：

$$D = L\frac{\sin\varphi}{\sin(\alpha + \varphi)} \tag{3-8}$$

式中 α——基线与断面的夹角，（°）；

φ——断面与测深垂线至基点间的夹角，（°）。

其余符号含义同前。

在这种情况下，也可用推求出的直角三角形进行测算，以减小日常工作量。

2. 影响起点距精度的因素

（1）基线长度及交会角的大小，与起点距测量精度关系密切。对式(3-8)分析如下：

$$\frac{dD}{d\varphi} = L\frac{d\tan\varphi}{d\varphi} = L\frac{1}{\cos^2\varphi}$$

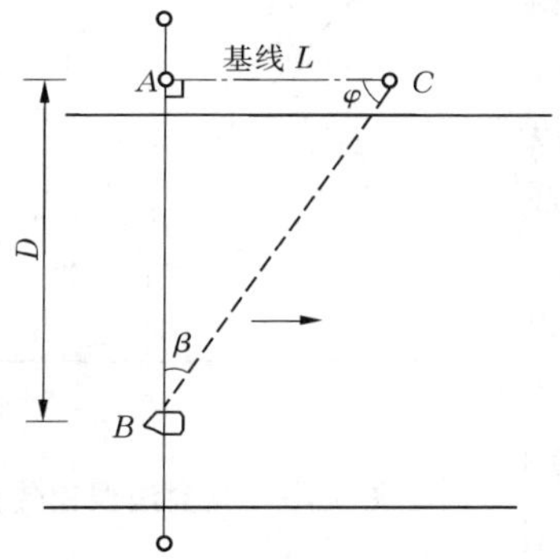

图 3-13 基线垂直于断面线

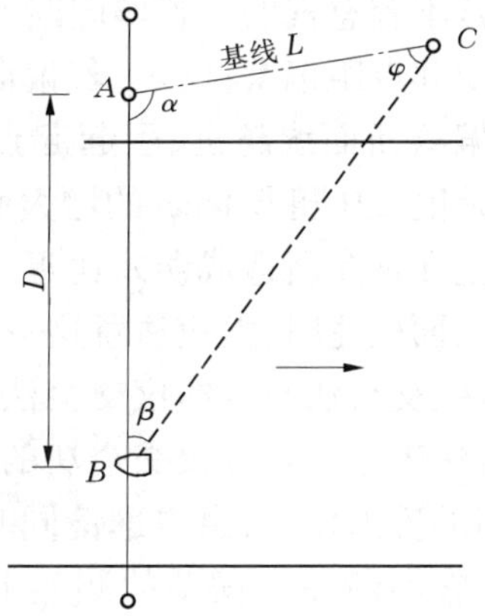

图 3-14 基线不垂直于断面线

用起点距相对误差表示：

$$\frac{dD}{D} = \frac{L}{D}\frac{d\varphi}{\cos^2\varphi} = \frac{1}{\tan\varphi}\frac{d\varphi}{\cos^2\varphi} = \frac{2d\varphi}{\sin2\varphi}$$

若经纬仪水平度盘的精度为 1′，即 $d\varphi = 1' = \pi/(60\times180) \approx \frac{1}{3\ 438}$弧度，则

$$\frac{dD}{D} = \frac{2d\varphi}{\sin2\varphi} = \frac{1}{\sin2\varphi}\left(\frac{1}{1\ 719}\right)$$

取不同 φ 值，计算相对误差$\frac{dD}{D}$，其值见表 3-4。

表 3-4 起点距相对误差关系

角度	0°	10°	20°	30°	45°	60°	80°
$\frac{dD}{D}$	∞	$\frac{1}{600}$	$\frac{1}{1\ 100}$	$\frac{1}{1\ 500}$	$\frac{1}{1\ 719}$	$\frac{1}{1\ 500}$	$\frac{1}{600}$

从表 3-4 可知，当 φ 角接近 0°或 90°时，起点距测定相对误差最大。但当 φ = 0°时，无实用意义，只考虑 φ 角较大时的情况。当 φ = 60°时（β = 30°），起点距相对误差为 1/1 500。也就是说，当经纬仪精度为 1′，要求起点距的误差（当测对岸水边点时）不超过 ±1/1 500时，必须使 φ < 60°即 β > 30°。其意义是基线的长度应使断面最远一点的仪器视线与断面线的夹角不小于 30°，由此算出基线长度应为

$$L = D\cot\varphi = 0.6D \approx 0.6B \tag{3-9}$$

式中 B——河宽，用 B 代替 D，忽略了基线至水边的距离。

特殊情况下，β 角也不应小于 15°。对于河面较宽的测站，可分别在岸上和河滩设置高、低水基线。

（2）测深工具偏离断面线时，对起点距精度的影响，如图 3-15 所示。

从图上可知，若测深工具（测船）不在断面线上而偏向断面的上游（或下游），对于起点距测量所带来的误差，也是不容忽视的。若偏向断面上游，所测 φ 角偏大，从而使起点距偏大；反之，若偏向下游，则起点距偏小，并且偏离断面线越远，引起起点距的误差也越大。同时，误差值 ΔD 随着 $\tan\varphi$ 的增大而增大，故同样程度偏离，发生在远岸所造成误差比近岸要大，且与河宽成正比，当河面较宽时，尤应注意这一点。

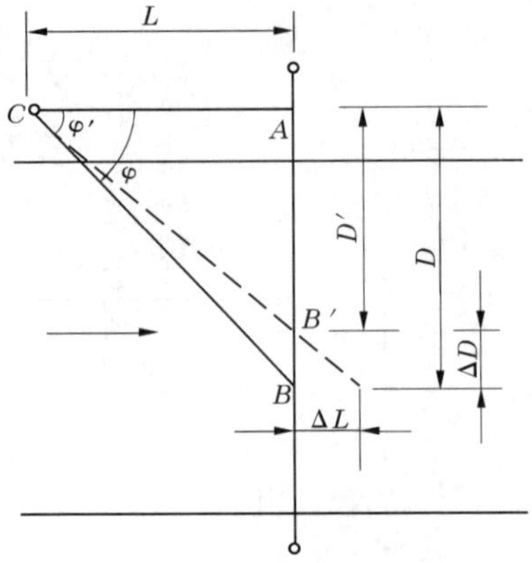

图 3-15　交会法误差传播

平板仪交会法与经纬仪交会法的不同之处是起点距用图解法确定。六分仪交会法的主要特点是借助于两平面镜的反射作用，由望远镜同时窥视两物体，并测其夹角。在不断左右摆动的测船上，测量时无法使用支架，而是用手握六分仪进行测角，因此该法常为水文勘测及大江、大河测深、测速时所采用。

（二）极坐标交会法

1. 测量方法

从三维空间概念出发，利用极坐标与直角坐标互换原理，以测定任何一地点的位置，这就是极坐标交会法，如图 3-16 所示。

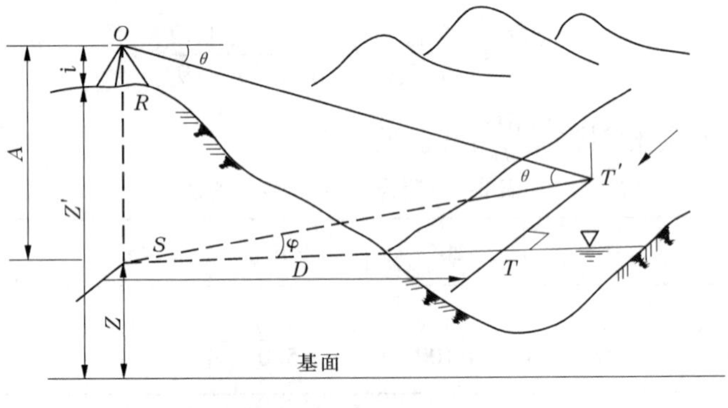

图 3-16　极坐标交会法

测量方法：将经纬仪架设在高程基点 R（该基点可不在断面线上）上，设基点高程为 Z'，仪器高为 i，测深时水位为 Z。由于基点高程 Z' 在设站时已测得，在测深时，只需测出仪器高和水位，并瞄准各测深垂线，测出俯角 θ 和极角 φ，然后用公式计算垂线起点距。

从图 3-16 知，仪器水平视线距水面高差值为

$$A = \overline{OR} + \overline{RS} = i + Z' - Z$$

极半径

$$\overline{ST'} = A\cot\theta$$

则起点距为

$$D = \overline{ST'}\cos\varphi = A\cot\theta\cos\varphi \tag{3-10}$$

若高程基点位于断面线上，则 $\varphi = 0°$，式（3-10）可简化成：

$$D = A\cot\theta \tag{3-11}$$

2. 极坐标交会法的特点与适用条件

该法的优点在于，能避免因测深时不注意瞄准断面线而带来的起点距测量误差，从而克服了前面所述平面交会法的缺陷，保证了测量精度。对极坐标交会法，当用于岸边地形较高、设置的高程基点保证在最高洪水位时，对最远一点视线的俯角不小于4°（此时起点距相对误差$\frac{dD}{D}=0.42\%$），特殊情况下也不应小于2°。布设高程基点时，还应考虑仪器视线能否交会到最低水位时的近岸水边点。

（三）GPS 定位系统

1. GPS 的由来与组成

GPS 是英文 Navigation Satellite Timing and Ranging/Global Positioning System 的字头缩写词 NAVSTAR/GPS 的简称。它的含义是利用卫星导航进行授时和测距/全球定位系统，通常简称为 GPS，即全球定位系统。它是美国国防部为军事目的建立的卫星导航系统，旨在解决海、陆、空快速，高精度、实时定位导航问题。该系统自 1973 年年底启动，经过方案论证、设计、研制、试验、试应用等阶段，历时 20 年，于 1994 年建成。

GPS 系统包括 3 大部分：空间部分——GPS 卫星星座；地面控制部分——地面监控系统；用户设备部分——GPS 信号接收机。

空间部分由 21 颗工作卫星和 3 颗在轨备用卫星组成。

GPS 工作卫星的地面监控系统包括一个主控站、3 个注入站和 5 个监测站。

GPS 信号接收机的任务是：能够捕获到按一定卫星高度截止角所选择的待测卫星的信号，并跟踪这些卫星的运行，对所接收到的 GPS 信号进行变换、放大和处理，以便测量出 GPS 信号从卫星到接收机天线的传播时间，解译出 GPS 卫星所发送的导航电文，实时地计算出测站的三维位置，甚至三维速度和时间。

2. GPS 定位的精度问题

GPS 卫星播发有测距码、导航电文和波长很短的载波等三种信号。测距码和载波均可单独或联合被用于导航定位。根据 GPS 接收机定位采用的观测量（接收的信号）是测距码或载波，可将 GPS 接收机分为测码定位型接收机和测相定位型接收机。测码定位接收机根据其型号不同定位精度有 10 m 级、米级和亚米级。测相定位的接收机精度可达到毫米级。GPS 定位精度除和 GPS 接收机的类型有关外，还与 GPS 的观测方法有关。

只有 1 台接收机用于接收 GPS 卫星信号进行定位的，称为单点定位（也称绝对定位）。1 台接收机开机几秒钟后，就可实现定位，一般情况下各种类型的接收机单点定位的精度为 10 m 左右，通过较长时间观测或采取特殊方法可提高单点定位的精度。

2 台或多台测码型接收机同时工作，其中 1 台接收机安置在已知坐标的固定参考点上连续观测，其他移动接收机则依次移动到在各待测点上测量，观测结束后，经解算得到移动站接收机的定位坐标，这种测量方法称为 GPS 差分测量。若 GPS 之间观测数据通过数传电台传输，实时解算出测量的坐标，这种观测方法称为实时差分 GPS 定位（DGPS）。实时差分 GPS 定位的精度可达 0.2 ~ 2.0 m。

测相型接收机测量，是用 2 台以上接收机同时观测相同的卫星，通过对观测数据组差求解后,解算出两测点之间的基线向量,这种测量是相对定位测量。相对定位测量,主要有静态(Static)、快速静态(Fast Static)、准动态(Go and Stop)、动态(Kinematic)、实时动态(Real Time Kinematic)等几种测量方法。前4种测量方法,要求仪器静止观测时间从几个小时到几分钟不等,测量精度从毫米级到厘米级,作业精度完全能够满足水域测量定位的要求,但这4种方法均是建立在测后数据处理结束才能提供定位成果。实时动态测量也称RTK测量,是一种基于载波相位观测值的实时动态定位技术,它能够实时地提供测站点在指定坐标系中的三维定位成果,并达到厘米级精度。因此,它是水文测量定位较理想的一种测量方法。

3. 关于 GPS RTK 测量

在RTK测量模式下,参考站借助数据链将其观测值及测站坐标信息一起发给流动站。流动的GPS接收机在采集GPS卫星播发数据信号的同时,通过数据链接收来自参考站的数据,并通过GPS的数据处理系统实时组差解算,可每秒1~10次地给出厘米级精度的点位坐标。

RTK作业硬件配置为1对GPS接收机(最好为双频机),1对数传电台及相应的电源,以及能够实时解算出流动站相对于参考站三维坐标成果并能完成相应的坐标变换、投影计算、数据记录、图形显示和导航等功能的软件系统。这种软件均由GPS接收机厂商开发提供,且不同软件的操作界面和使用方式有明显的差异,但主要功能大同小异。1个参考站可以同时为其电波覆盖半径以内(一般不大于20 km)的多个流动站提供服务。

4. GPS 系统的特点

(1)定位精度高。GPS相对定位精度,在50 km以内,可达到3~5 cm;在100~500 km,可达7~10 cm;1 000 km以上可达9~10 cm。实时测量的精度也达到厘米级。

(2)观测时间短。随着GPS系统的不断完善,软件的不断更新,目前20 km以内相对静态定位仅需15~20 min;快速静态相对定位测量时,当每个流动站与基准站相距在15 km以内时,流动站观测时间只需1~2 min;动态相对定位测量时,流动站出发时观测1~2 min,然后可随时定位,每站观测仅需几秒钟。实时动态测量,可立即得到测量结果。

(3)站间无需通视。GPS测量不要求测站之间互相通视,只需测站上空开阔即可,因此可节省大量的造标费用。

(4)可提供三维坐标。经典大地测量,将平面与高程采用不同方法分别施测。GPS可同时精确测定测站点的三维坐标。目前,GPS水准可满足四等水准测量的精度要求。

(5)操作简便。随着GPS接收机不断改进,自动化程度越来越高,有的已达"傻瓜化"的程度。接收机的体积越来越小,重量越来越轻,极大地减轻了测量工作者的工作紧张程度和劳动强度,使野外工作变得轻松愉快。

(6)全天候作业。目前,GPS观测可在每天24 h内的任何时间进行,不受阴天、黑夜、起雾、刮风、下雨、下雪等影响。

(四)断面索法

对于河面不太宽的缆索站,可利用架设在横断面上的钢丝缆索 ,在缆索上系有起点距标志,可直接在断面索上读取垂线起点距。

用断面索法测定起点距的误差,主要取决于断面缆索的垂度,当断面缆索的垂度小于断面索跨度的 6/100 时，起点距测读的相对误差小于 1/100。

（五）计数器法

使用水文缆道的测站，一般用此法测定垂线起点距。方法是利用安装在室内的计数器，测记循环索放出的长度。由于循环索长度表示的是某一段的曲线长度，它与水平方向的起点距有一定的差异，因此室内计数器测记的数值并不能直接代表起点距。消除这种误差的一般方法是：采用经纬仪进行比测率定，即在室内用记数器记数的同时，用经纬仪同步测定该垂线起点距，根据率定的这些资料，可建立循环长度与垂线起点距（$D_X - D$）的关系曲线，据此可将计数长度转换成垂线的起点距。这种方法相当于作垂度影响的改正。

四、断面资料的整理与计算

断面测量工作结束后，应及时对断面资料加以整理与计算，内容包括：检查测深与起点距垂线数目及编号是否相符；测量时的水位及附属项目是否填写齐全；计算各垂线起点距；根据水位变化及偏角大小，确定是否需要进行水位涨落改正及偏角改正；计算各点河底高程并绘制断面图；计算断面面积等。

（一）测深偏角改正

当悬索、铅鱼受到水流的冲击力作用而偏斜时，所测水深系统偏大，其偏大值随着悬索偏角的增大而增大，如图 3-17 所示。当产生悬索偏角时，必须对测绳长度进行偏角改正，求得真正的水深，否则将引起水深误差。

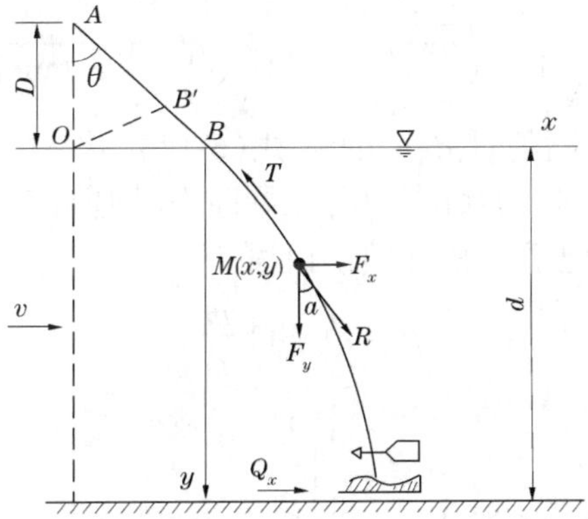

图 3-17 测深偏角改正示意

1. 偏角改正原理

1）湿绳改正

偏角湿绳改正值（以 $\Delta_{湿}$ 表示）是一个比较复杂的数值，它取决于水深、偏角、流速分布情况及铅鱼、悬索的大小等因素。国内外偏角改正的公式颇多，我国规范采用的是王芝桂和沈惠芬按力学原理导出的公式。悬索测深在水下的受力情况如图 3-17所示。

水下悬索曲线方程为

$$\frac{dx}{dy} = \tan\alpha_h = \left[1 - \frac{\eta(1 - \frac{P}{3}\eta^2)}{(1 - \frac{P}{3}) + \frac{\beta}{d}(1 - P)}\right]\tan\theta_h \tag{3-12}$$

式中　α_h——铅鱼接触河底时，在水面下任意处的悬索偏角；

θ_h——铅鱼接触河底时，在水面处的悬索偏角；

η——任意点 $M(x,y)$ 的相对水深；

P——椭圆流速分布公式的参数；

d——水面至河底的垂直水深；

β——反映悬索设备的尺寸及其配合方式的参数，即流速冲力分配系数。

令

$$\varphi_1 = 1 - \frac{\eta(1 - \frac{P}{3}\eta^2)}{(1 - \frac{P}{3}) + \frac{\beta}{d}(1 - P)}$$

则

$$\frac{dx}{dy} = \tan\alpha_h = \varphi_1\tan\theta_h$$

以湿绳总长为 L_h，取一微分段 dL_h

则

$$dL_h = \sqrt{1 + (\frac{dx}{dy})^2}dy$$

积分得湿绳总长 L_h 为

$$L_h = \int\sqrt{1 + (\frac{dx}{dy})^2}dy = d\int_0^1\sqrt{1 + (\varphi_1\tan\theta_h)^2}d\eta \tag{3-13}$$

取 $P=0.6$，假定各种不同的 β、d、θ_h 计算式(3-12)，代入式(3-13)，用辛普森法进行近似积分求得 L_h。再根据实际的水深，两者之差即为湿绳偏角改正值 $\Delta_{湿}$。

在使用时，流速冲力分配系数 β 值，采用下式计算：

$$\beta = 0.144\frac{m}{d} \tag{3-14}$$

式中　m——铅鱼质量，kg；

d——悬索直径，mm。

式(3-13)对应的悬索阻力系数 $K'_1=1.16$，是水槽试验的结果，经长江有关站实测资料验证，计算结果与实际情况不大相符，因此水利部在颁发《水文缆道测验规范》(SL 443—2009)时对此作了两方面的修正：

(1)悬索阻力系数的修正。经用长江北碚、宜昌、白河等站天然河流试验资料修正，$K'_1=1.5$，从而得 $K_1=76.5d$。

(2)铅鱼阻力系数的修正。按流体力学阻力平方定律，考虑到铅鱼重量与铅鱼最大直径有关，经推演得出结论：铅鱼阻力 P_2 与铅鱼重量 m 的 2/3 次方成正比。同时，以寸滩、宜昌、白河站试验资料图解求得 $K_2=0.031m^{\frac{2}{3}}$。其中，K_1、K_2 分别为悬索与铅鱼冲力系数。因为 $\beta=\frac{K_1}{K_2}$，把修正后的 K_1、K_2 代入，经单位换算（悬索直径 d 用毫米表示），得到

修正后冲力分配参数β_*为

$$\beta_* = 0.4\frac{m^{2/3}}{d} \tag{3-15}$$

修正后的β_*较β更趋合理，现在测站一般是按β_*来进行偏角改正计算的。

2）干绳改正

当悬索支点距水面高差较大，并有偏角时，水上部分的悬索也同时向下游偏斜，近似于一段斜直线，见图3-17。

从图中知，悬索斜长为AB，支点距水面高差为D，显然$AB>D$。若采用计数器测记水深时，则需多放出的这段绳长$BB'=AB-D$作为水深反映在计数器的读数上。因此，尚需进行干绳改正。

干绳改正值（以$\Delta_干$表示）用下式计算：

$$\Delta_干 = AB - AO = AO\left(\frac{AB}{AO}-1\right) = D(\sec\theta_h - 1) \tag{3-16}$$

式中　D——悬索支点与水面的高差，可直接量得，m。

当θ_h、D已知时，即可用式(3-16)计算$\Delta_干$。

2. 船上悬索测深偏角改正

根据船上悬索测深读数方式的不同，分别采用以下改正方法。

1）直接读数

当悬索偏角$\theta_h>10°$时，应作湿绳改正。首先根据铅鱼质量m、悬索直径d，计算β_*；再由β_*、悬索偏角θ_h、湿绳长度L_h，求得$\Delta_湿$，则水深d为

$$d = L_h - \Delta_湿 \tag{3-17}$$

式中　L_h——湿绳长度，m；

$\Delta_湿$——湿绳改正值，m。

2）计数器读数

若$\theta_h>10°$，且悬索支点距水面高差D与计数器读数$L_计$的比值$D/L_计$大于表3-5中的数值；或$\theta_h<10°$，但干绳改正数超过水深的1%～2%，则均需作干绳改正。

表3-5　干绳长度改正条件

θ_h	10°	15°	20°	25°	30°	35°	40°
$D/L_计$	0.64	0.28	0.16	0.10	0.06	0.04	0.03

改正步骤：先作干绳改正，按式(3-16)计算$\Delta_干$，然后作湿绳改正。

若采用铅鱼接触水面，计数器读数对零，铅鱼到河底时，读取计数器读数的方法，则水深计算式为

$$d = L_计 - \Delta_干 - \Delta_湿 \tag{3-18}$$

式中　$L_计$——水深计数器读数，m。

3. 缆道悬索测深偏角改正

1）影响测深精度的因素

缆道悬索测深有偏角时，影响测深精度的因素远较船上悬索测深复杂得多，除干绳、

湿绳改正外，还有如下一些因素的影响：

(1)铅鱼失重对吊缆高度的影响。铅鱼入水后及放至河底时失重，使主索负荷发生变化，引起加载垂度的改变。

(2)启动和刹车惯性的影响。铅鱼的启动和在运行中的突然刹车，或铅鱼到位进行刹车所产生的惯性，都会使主索上下不断弹动。

(3)悬索偏斜及支点变位抬升的影响。在水流冲击作用下，悬索支点变位，表现为围绕主轴线的旋转，从而导致悬索支点一方面向上抬升，另一方面向下游偏移。这两种情况是同时产生的，使得起重索及下循环索需多放出一段长度，而这段长被水深计数器记录作为水深值，使得测深系统偏大。

对于铅鱼失重及启动、刹车等带来的惯性力影响，可以通过改进操作、配备调速装置，铅鱼安装水面及河底指示器等加以解决，把对水深的影响减小到最低程度。但对悬索支点的抬升和位移，使悬索多放出的这部分长度(该值简称$\Delta_{位}$)属于系统偏差，是必须加以改正的。

2)缆道测深偏角改正方法

通过以上分析，缆道测深用计数器测读，偏角改正包括三部分内容，即干绳改正、湿绳改正、缆道位移及抬升改正，简写作$\Delta_{干}$、$\Delta_{湿}$、$\Delta_{位}$。

一般在偏角大于5°时，应分别进行$\Delta_{干}$、$\Delta_{位}$的改正；当偏角大10°时，还须作$\Delta_{湿}$改正。改正方法和步骤与船上计数器测深时大体相同，首先作悬索水上部分的改正，包括$\Delta_{干}$、$\Delta_{位}$，求得湿绳长，再进行湿绳改正后求得水深。

水深计算公式为

$$d = L_{计} - \Delta_{干} - \Delta_{湿} - \Delta_{位} \tag{3-19}$$

式中　$\Delta_{干}$——悬索支点位移及抬升改正值，m；

其余符号含义同前。

$\Delta_{位}$可按下式计算：

$$\Delta_{位} = \frac{1}{2}mf_x(\tan^2\theta_h - \tan^2\theta_0) \tag{3-20}$$

式中　f_x——铅鱼在x处的主索垂度，m；

θ_h、θ_0——铅鱼在河底及水面时的悬索偏角，(°)，若水面偏角$\theta_0 < 5°$，θ_0可忽略不计；

m——缆道参数，计算公式为

$$m = (1 + 4\frac{f_{max}}{L})K^2 \tag{3-21}$$

式中　f_{max}——主索最大垂度，m；

L——缆道跨度，m；

K——偏角系数，与铅鱼质量、跨度、主索单位长度质量、集中荷载等有关，计算公式为

$$K = m/(\frac{ql}{2} + P_v)$$

$$P_v = F + \frac{ql}{2} + m(1 - 4\frac{f_{\max}}{L}) \tag{3-22}$$

式中 P_v——集中荷载；

F——行车及附属物质量,kg；

q——工作索单位长度质量,kg/m。

缆道测深,干绳改正分为两种情况：

(1)当水面偏角小于5°时,应采用式(3-16)进行改正。

(2)当水面偏角大于5°时,需要考虑水面偏角的影响,按下式计算：

$$\Delta_{干} = D(\sec\theta_h - \sec\theta_0) \tag{3-23}$$

式中各符号含义同前。

(二)计算河底高程及绘制大断面图

1. 测深垂线河底高程的计算

测深垂线河底高程的计算包括以下内容：

(1)测深过程中,当水位变化不大时,以开始与终了水位的平均值减去各垂线水深即得各测深点河底高程。

(2)当水位变化较大时,应插补出各测深垂线的水位,用各垂线的水位减去各垂线的水深值,即得各垂线的河底高程。

2. 绘制水道断面及大断面图

以垂线起点距为横坐标,河底高程为纵坐标,取适当比例加以绘制水道断面及大断面图。

(三)断面面积的计算

1. 水道断面面积计算

以测深垂线为界,分别算出每一部分的面积,其中两岸边的部分面积按三角形面积计算,中间部分按梯形面积计算。各部分面积的总和即为水道断面面积。

2. 大断面计算

计算大断面是为了绘制水位—面积关系曲线,包括计算各水位级的平均水深、湿周及水力半径等。大断面计算方法按水平分层加以计算,如图3-18所示。具体的计算方法有分析法和图解分析法两种。

1)分析法

分析法的内容包括：

(1)在大断面图上,以河床最低点分界,画一垂线,将断面划分成左、右两部分。

(2)将断面按水位分成若干级(分级高度视整个水位变幅而定,一般按0.5 m或1.0 m为一级)。

(3)分别计算左、右两边各分级水位所增加的水面宽 b_L(或 b_R)。

$$b_L(或\ b_R) = e\frac{\Delta x}{\Delta y} \tag{3-24}$$

式中 b_L(或 b_R)——分级水位所增左(或右)边水面宽,m；

e——分级水位高差,m；

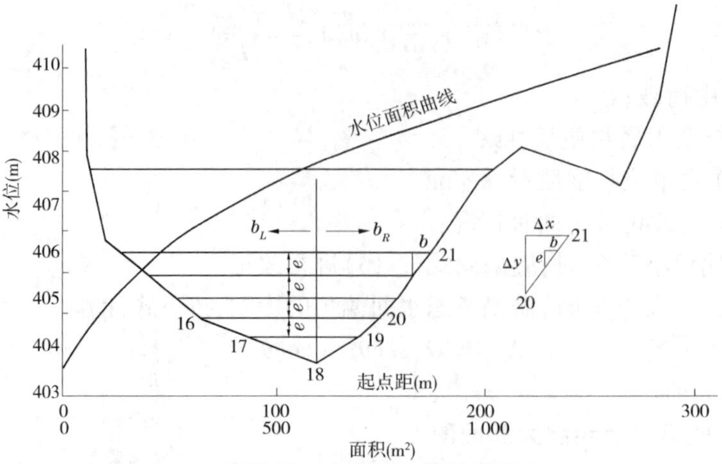

图 3-18　大断面计算示意图

Δx、Δy——相邻两垂线的起点距差及河底高程差，m。

(4)累加各分级水位所增水面宽，得各级水位的水面宽；再按梯形公式算出相邻分级水位面积，称为所增面积。

(5)逐级累加所增面积，即得各级水位的断面面积，据此即可绘出水位面积关系曲线。

(6)分别计算各分级水位的湿周及水力半径。计算湿周的方法同水面宽，公式为

$$\chi_L(\text{或}\chi_R) = e\sqrt{1 + \left(\frac{\Delta x}{\Delta y}\right)^2} \tag{3-25}$$

式中　χ_L(或χ_R)——分级水位所增加的湿周，m；

其余符号含义同前。

以同一级水位的面积除以湿周，得水力半径。

随着计算机设备及技术的普及，采用分析法计算大断面面积已变得简便、快捷、准确，如黄河水利委员会水文局就开发有断面分析计算的软件。

2)图解分析法

在大断面图上查读左、右岸各级水位的起点距，左右岸起点距之差即水面宽。其余步骤同分析法。图解法较简便，尤其是对于复式断面的计算；在绘制断面图时比例尺应选用适当，应能满足读数精度的要求。

在用分析法计算所增加的水面宽时，当两分级水位间河床有转折变化时，应以该转折点上下分，水位高差分别乘以对应的系数$\frac{\Delta x}{\Delta y}$，得到转折点前后所增水面宽，此时在该分级水位计算栏内会有几个所增水面宽数字，这一点是应该注意的。

第三节　流速仪测流

一、流速仪

一般常用的流速仪，是机械式转子式流速仪。转子式流速仪分为旋杯式和旋桨式两

种。该仪器惯性力矩小，旋轴的摩阻力小，对流速的感应灵敏；结构坚固，不易变形；仪器的支承及接触部分装在体壳内，能防止进水进沙，在含沙含盐的水中都能应用；结构简单，使用方便，便于拆装清洗修理；体积小，质量轻，便于携带，价格低，便于推广。但是，在水流含沙量较大时转轴加速、漂浮物多时易缠绕等问题难以解决。因此，各国正在试验研究采用其他感应器来测速，如超声波流速仪、电磁流速仪、光学流速仪等，这些流速仪都称为非转子式流速仪。

（一）转子式流速仪的工作原理

将流速仪放入水流中，水流作用于流速仪的感应元件（或称转子），它的迎水面的各部分受到水压力不同而产生压力差，以致形成了一个转动力矩，使转子产生转动，如图 3-19所示。旋杯式流速仪上下两只圆锥形杯子所受动水压力大小不同，背水杯 1 所受水压力 P_1 显然小于迎水杯 2 的压力 P_2，所以旋杯盘呈逆时针方向旋转；旋桨式流速仪的桨叶曲面凹凸形状不同，当水流冲击到桨叶上时，所受动水压力也不同，也产生旋转力矩使桨叶转动。

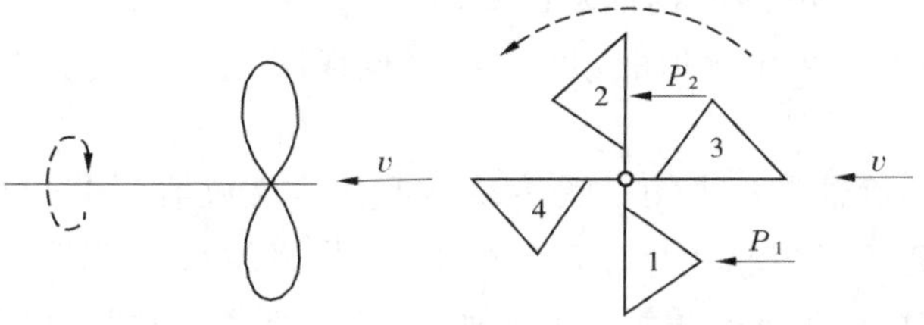

(a)旋桨式　　(b)旋杯式

图 3-19　流速仪工作原理

流速仪转子的转速 n 与流速 v 之间存在着一定的函数关系 $v=f(n)$。经大量试验研究证明，其关系相当稳定，可以通过检定水槽的试验确定。利用这一关系，在野外测量中，测得转子的转速，就可计算出水流的流速。

（二）转子式流速仪简介

1. 旋杯式流速仪

旋杯式流速仪适用于含沙量较小的河流，转轴是垂直的，结构简单，拆装方便。如图 3-20为我国水文仪器厂生产的旋杯式流速仪。美国普莱斯流速仪、日本的松井式流速仪，均属于旋杯式流速仪。它由以下 4 部分组成：

（1）感应部分。有 6 个圆锥形旋杯，对称地固定在旋转盘上，安装在垂直的竖轴上，起感应水流作用。

（2）支承系统。将竖轴连同旋杯支承在轭架上，竖轴的下端有一顶窝，其轴承为一顶针，竖轴的全部重量支承在顶针上，由于采用轴尖轴承，故减少了摩擦，能保证转子灵活转动，稳定仪器性能。但由于顶针和顶窝安装在油室内，当油室密封不好时，在含沙量大、流速急的河流中，油室易进水进沙，影响仪器性能。其结构如图 3-21所示。

（3）信号系统。原理是电路闭合一次，输出一个电信号。信号系统是依靠一个齿轮与转轴啮合，利用蜗轮蜗杆原理，转轴转动一圈，拨动一齿，在齿轮旁有一接触丝，每 5 转

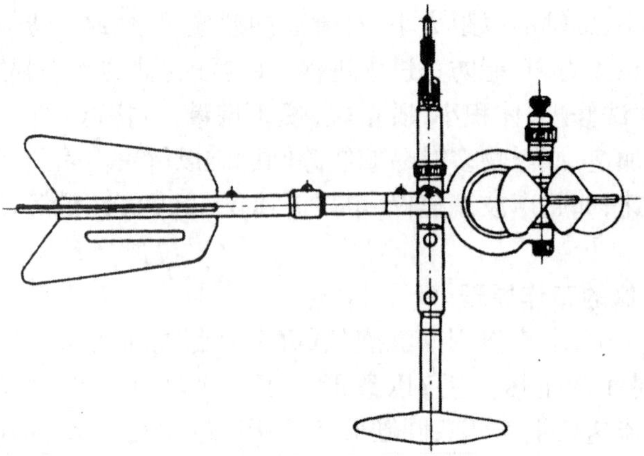

图 3-20　旋杯式流速仪

与触点接触一次，输出一个电信号，接触点与仪器外壳相连，接触丝与绝缘接线柱相连，电源线一端接仪器外壳，一端接绝缘柱，见图 3-21。

(4)尾翼。尾翼是一个十字形舵，起定向、平衡作用。

2. 旋桨式流速仪

旋桨式流速仪的旋轴是水平的。图 3-22 为我国水文仪器厂生产的旋桨式流速仪，旋转轴在球型轴承中转动，比较灵活，有 2 个桨叶。1 号桨的水力螺距为 25 cm，适用于低流速；2 号桨的水力螺距为 50 cm，适用于高流速，由旋转部件、身架和尾翼组成。

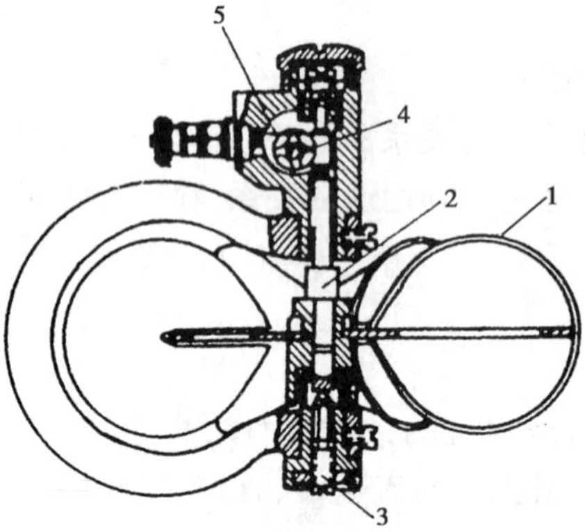

1—旋杯；2—转轴；3—顶针；
4—接触齿轮；5—接触丝

图 3-21　旋杯式流速仪剖面

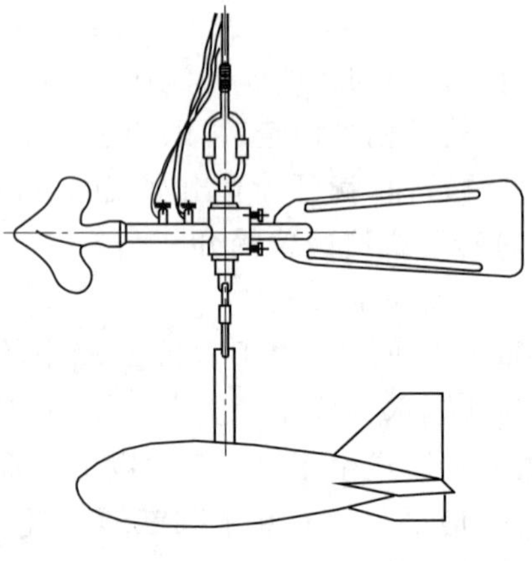

图 3-22　旋桨式流速仪

(1)旋转部件。旋转部件包括感应部分、支承系统和信号系统 3 部分。螺旋桨安装在水平转轴上，桨叶的回转直径为 120 mm；支承系统由转轴和轴承组成，并配有防沙套管，以防泥沙侵入，转轴固定在身架上不动，桨叶随同轴套一起在转轴上灵活转动；信号系统利用闭合电路原理，轴套内侧有螺纹，螺纹与旋转齿轮啮合，桨叶每转动 1 周，螺纹拨动一齿，旋转齿轮上有 20 个齿，齿轮转动 1 周，电路闭合 1 次，输出 1 个电信号，代表螺旋桨旋转 20 转，如图3-23 所示。

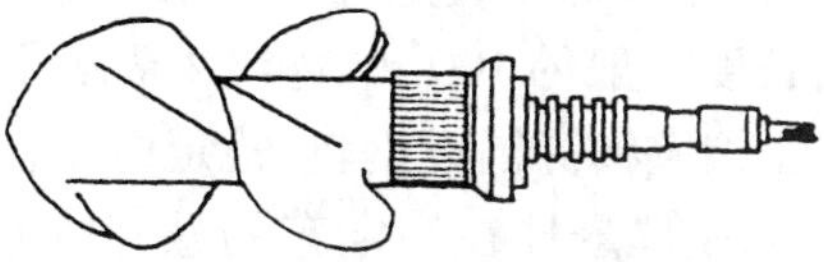

(a) 旋转部件外形

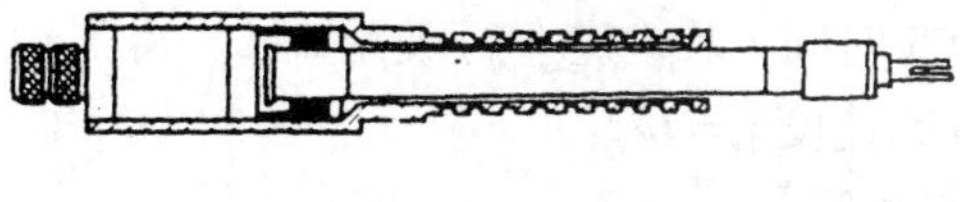

(b) 转轴系统简图

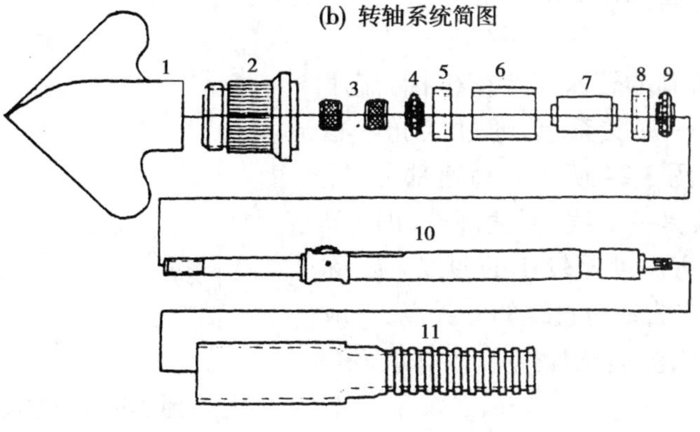

(c) 旋转部件装配图

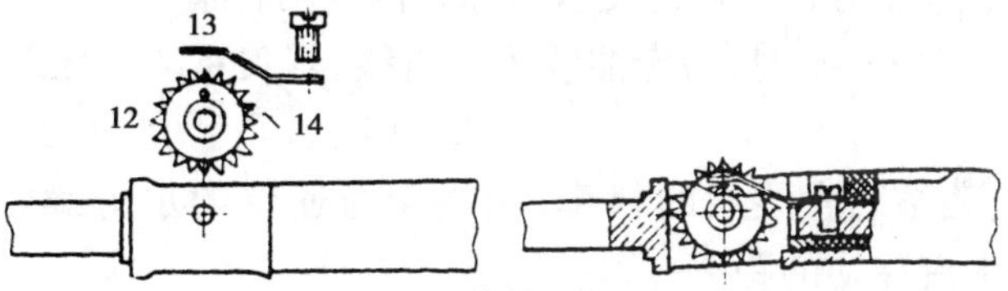

(d) 接触机构图

1—旋桨;2—反牙齿轮套;3—导管螺帽;4、5、8、9—球轴承;6—外套;
7—内套;10—旋转轴;11—轴套;12—接触齿轮;13—接触丝;14—接触销

图 3-23　旋桨流速仪旋转部件结构

(2)身架。身架为支承仪器工作和与悬吊设备相连的部件,身架前部与旋转部件的反牙螺丝套合,构成许多曲折通道,形成迷宫,目的在于防止水沙侵入油室。身架中间的垂直孔供安装转轴使用,上部有 2 个接线柱,供连接导线,后部有安装尾翼的插孔。

(3)尾翼。尾翼是一个水平舵,垂直安装在身架上,作用是确定方向(正对水流)和保持仪器平衡。

(三)转子式流速仪的检定

每架流速仪在出厂之前或使用到规定的测流次数以后,必须精密地确定流速仪转子的转速与水流流速关系,这种工作称为流速仪的检定或率定。

1.流速仪检定的方法

流速仪检定的方法,按运动形式可分为两种:一种为流速仪静止,水流动而冲击转子,称动水检定,它需要大规模的水流循环系统;另一种为水静止,流速仪以均匀速度移动,称静水检定。国内流速仪检定槽多属静水检定槽。静水检定槽又有直线形和圆形两种。

直线形流速仪检定槽，长度一般约 100 m，宽约 2 m，深约 2 m。重庆水文仪器厂检定槽长 220 m，宽 5 m，深 4 m。检定槽旁铺设钢轨，检定电车在钢轨上行驶，由电动机控制，车速一般为 0.05 ~5 m/s。流速仪悬挂在检定车的悬杆或悬索（装有铅鱼）上，沉入水中一定深度，接通电路后，以各种不同速度移动检定车，自动记录。每次记录的内容有：流速仪转子的总转数 N，相应时间 t 及检定车行驶距离 L。得到约 20 组记录后，由此计算各组的转速 $n = N/t$ 和相应的速度 $v = L/t$。

2. 检定资料的整理方法

1）图解法

以检定计算得到的转速 n 为横坐标，流速 v 为纵坐标，点绘 v—n 关系点，通过点群重心绘成检定曲线，如图 3-24 所示。高速部分，即 $v > v_k$ 时，检定曲线是一直线；低速部分，即 $v < v_k$ 时，检定曲线是弯曲度比较小的曲线。v_k 称为临界流速，是检定曲线与直线的分界点，一般 v_k 为 0.3 ~ 0.6 m/s，流速仪检定手册中介绍有确定 v_k 的方法。

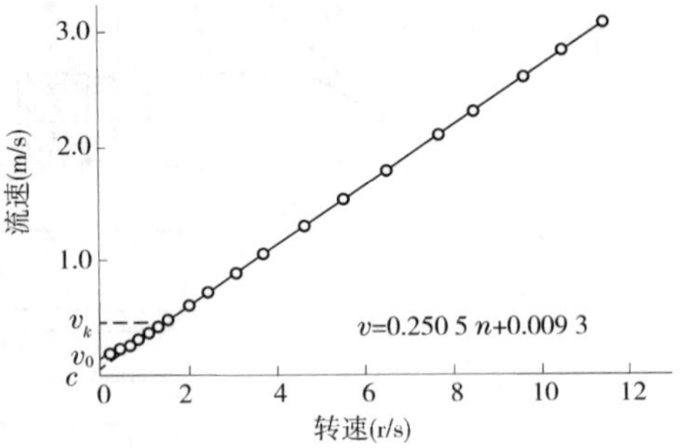

图 3-24　流速仪检定曲线

2）分析法

将流速仪检定曲线用数学公式表示，分高、低速两种情况。

（1）高速部分，即 $v > v_k$ 时，检定曲线为一直线，其关系的一般形式为

$$v = Kn + c \tag{3-26}$$

式中　K——检定关系线直线段的斜率，相当于流速仪的水力螺距，即流速仪转子转一周，水流移动的距离；

c——直线段在纵轴上的截距，它不等于起转速度 v_0，从图3-24可见，$c < v_0$。

确定流速仪检定公式系数的计算方法有重心法、最小二乘法等。

①重心法。点绘检定的 v—n 关系图，将测点按流速大小分为上、下两组，分别计算出每组的累积值 $\sum v_1$、$\sum n_1$，$\sum v_2$、$\sum n_2$。为了计算简便，设两组检定点相等，令 m 代表每组点数，则重心点的坐标为：上组重心坐标为（$\frac{\sum n_1}{m}$，$\frac{\sum v_1}{m}$），下组重心坐标为（$\frac{\sum n_2}{m}$，$\frac{\sum v_2}{m}$）。两重心点连直线其斜率为

$$K = \frac{\sum v_2 - \sum v_1}{\sum n_2 - \sum n_1} \tag{3-27}$$

由于

$$\begin{cases} \sum v_1 = K\sum n_1 + \sum c_1 \\ \sum v_2 = K\sum n_2 + \sum c_2 \end{cases}$$

式中

$$\sum c_1 = mc_1, \sum c_2 = mc_2$$

解得
$$\begin{cases} c_1 = \dfrac{1}{m}(\sum v_1 - K\sum n_1) \\ c_2 = \dfrac{1}{m}(\sum v_2 - K\sum n_2) \end{cases} \tag{3-28}$$

由式(3-28)解得,c_1 与 c_2 应相等,但由于小数进位影响可能有小的差异。

②最小二乘法。令 v 为实测流速,计算流速 $v' = Kn + c$,则偏差 Δv 为

$$\Delta v = v - v' = v - Kn - c$$

最小二乘法原理是偏差的平方和应为最小,即

$$\sum(\Delta v)^2 = \sum(v - Kn - c)^2 = \text{最小}$$

故
$$\begin{cases} \dfrac{\partial}{\partial K}[\sum(v - Kn - c)^2] = 0 \\ \dfrac{\partial}{\partial c}[\sum(v - Kn - c)^2] = 0 \end{cases}$$

得
$$\begin{cases} K\sum n^2 - \sum(vn) + c\sum n = 0 \\ \sum c - \sum v + K\sum n = 0 \end{cases}$$

解联立方程式,得

$$K = \frac{i\sum(vn) - \sum v\sum n}{i\sum n^2 - (\sum n)^2} \tag{3-29}$$

$$c = \frac{\sum n^2\sum v - \sum(vn)\sum n}{i\sum n^2 - (\sum n)^2} \tag{3-30}$$

式中 i——检定资料参加选配直线方程的总点数。

(2)低速部分,即 $v < v_k$ 时,低速时流速仪检定曲线为向上凹的曲线。可用双曲线公式表示,即

$$v = an + \sqrt{bn^2 + c} \tag{3-31}$$

式中 a、b、c——待定常数。

确定常数的方法是根据实测检定点据定线,然后在曲线上选3点,将其坐标(n,v)代入式(3-31)得3个方程式,并联立解得常数 a、b、c。

3.流速仪检定的精度

目前,流速仪检定的精度,是以检定点的适线程度作为衡量标准的。

(1)检定公式的精度。通常用相对均方差 m 来表示,即

$$m = \pm\sqrt{\frac{\sum\left(\dfrac{v' - v}{v}\right)^2}{i - 1}} = \pm\sqrt{\frac{\sum\left(\dfrac{\Delta v}{v}\right)^2}{i - 1}} \tag{3-32}$$

式中 v——检定槽中测定的速度;

v'——相同转速 n 时由检定公式计算的速度;

i——实测点数目,当 $i > 30$ 次时,可用 i 代替 $i - 1$。

我国水文仪器厂流速仪检定公式的均方差,规定 $m \leq \pm 1.5\%$。在英国,曾用100多

架转子式流速仪作检定的试验研究，用个别检定或集体抽样检定，其检定的相对均方差按流速大小分别统计，见表3-6。在流速大于0.08 m/s时，抽样检定的精度也符合使用要求，这是流速仪制造材料和加工工艺不断提高的结果。

表3-6　英国流速分级的误差

流速(m/s)	相对均方差(%)	
	个别检定	集体抽样检定
0.08	3	4
0.15	1	2
0.25～0.30	1	1
>0.30	0.5	1

国际标准指出：检定精度必须说明分级流速(0.15 m/s，0.25 m/s，0.50 m/s，>0.50 m/s)时，置信水平为95%的误差范围。这种规定是合理的。因检定点的相对误差随流速增大而减小，分流速级统计误差，能合理地反映误差的分布。1973年长委在全国8个主要检定槽进行比测，得到流速仪检定分级流速的相对误差，见表3-7。从该表可见，流速愈大，检定的相对误差愈小。

表3-7　分级流速的相对误差

分级流速(m/s)	0.2～0.5	0.5～1.0	1.0～2.0	2.0以上
流速仪检定点平均相对误差(%)	0.78	0.37	0.29	0.28

(2)影响流速仪检定精度的因素。影响流速仪检定精度的因素有检定槽的长度、深度；由于波速 $v_c = \sqrt{gh}$，如检定车的速度与波速相近时发生共振现象，测点即偏离曲线；检定的行车平稳程度，车速均匀情况，检定记录记时的误差；流速仪与铅鱼间距离的大小；流速仪悬吊方式不同的影响，若用悬杆悬吊流速仪检定，测流时也应用悬杆吊挂，若改用悬索悬吊，测得流速偏小；润滑油的黏滞性受温度的影响，也影响检定的结果，尤其是低温和小流速时更为明显。

此外，高含沙量对流速仪精度检测亦有影响。黄河水利委员会(简称黄委)曾在高含沙量水槽中做过比较检定试验，浑水流速仪检定公式的 K 和 c 值，随含沙量的增大而加大。当清水中检定的流速仪公式用到浑水中测速计算时，将得出偏小的结果。其影响情况见表3-8。

表3-8　某旋杯式流速仪测浑水流速后偏小百分数　(%)

含沙量 (kg/m^3)	流速(m/s)				
	0.3	0.5	1.0	2.0	2.5
420	6.4	4.6	2.7	2.0	1.9
659	9.6	7.2	4.8	3.6	3.4
870	23.0	14.1	9.1	6.0	5.4
1 060	40.0	24.6	14.6	9.1	8.0

（四）超声波流速仪

利用超声波在水中的传播特性来测定流速的仪器，称为超声波流速仪。超声波测速的主要方法是时差法和多普勒法。

1. 时差法超声波流速仪

测速原理是：超声波在静水中以恒定的速度 C 传播。在有流速 v 的水中，顺流传播时，传播速度是 $C+v$；在逆流中传播时，传播速度是 $C-v$。若测得逆流与顺流超声波的传播时间差，即可求得流速。这种方法称为时差法。若在河道两岸安装 1 对超声波换能器，分别测量顺流和逆流的传播时间，可由下式求得水流的流速：

$$v = \frac{L}{2\cos\theta}\left(\frac{1}{T_1} - \frac{1}{T_2}\right) \tag{3-33}$$

式中 L——两换能器之间的距离；

θ——声波路径和流向之间的夹角；

T_1、T_2——顺流和逆流时的传播时间。

2. 多普勒超声波流速仪

1842 年，Ghristian Doppler 发现，当频率为 f_0 的振源与观察者之间相对运动时，观察者接收到的来自该振源的辐射波频率将是 f'。这种由于振源和观察者之间的相对运动而产生的接收信号相对于振源频率的频移现象，称为多普勒效应。测出此频移就能测出物体的运动速度。在测量时，由测量仪器发出辐射波，再接收被测物体的反射波，测出频移，从而算出速度。

I_1 代表振源，A 为被测体，I_2 为接收器。若 I_1、I_2 固定，A 以速度 v 运动。I_1 发射的频率为 f_0 的辐射波经 A 反射后被 I_2 接收。由于 A 相对于 I_1、I_2 运动，由 I_1 发射的频率为 f_0 的辐射波经两次多普勒频移后被 I_2 所接收。I_2 接收到的反射波的频率为 f'，则多普勒频率 f_D 为

$$f_D = f' - f_0 = f_0 \frac{v}{C}(\cos\theta_1 + \cos\theta_2) \tag{3-34}$$

式中 C——辐射波的传播速度；

θ_1、θ_2——v 和 I_1A、I_2A 连接线的夹角。

仪器固定后，C、θ_1、θ_2、f_0 均为常数，于是可得

$$v = \frac{Cf_D}{f_0(\cos\theta_1 + \cos\theta_2)} = Kf_D \tag{3-35}$$

由此可知，流速 v 与 f_D 成线性关系。这是反射式多普勒测速的基本公式。在实际使用时，往往将水中的悬浮物作为反射体，测得其运动速度，也就认为测得了流速。

（1）测量点流速的多普勒超声波流速仪。这种仪器的一组收发换能器只能测量一个点的水流速度。它由换能器、发射接收器、控制及数据处理部分组成。它的探头可以很小，便于放入浅水中。测量时可以自动进行，也可以人工控制进行，测得的数据可供显示和传输。测量速度很快，也不干扰水体，这是其突出优点。对于在海洋中使用的产品，还必须能长期运行、自动测量和自动存储数据。

（2）声学多普勒剖面流速仪——ADCP（Acoustic Doppler Current Profile）。该类产品

在国际上已获得普遍应用。它利用声学多普勒测速原理,在水面或河底,向下或向上发射超声波(频率可高达1 000 kHz 以上),接收不同水深处返回的声波。根据各自的多普勒频率,采用矢量合成方法,测得一条测速垂线上各点的流速。将仪器装在船上,驶过整个断面,在各个垂线处测量,就测得了整个断面上的流速分布。每条垂线上的流速点之间的距离,可以根据需要而设定,最小距离可以是 0.2 ~ 1 m。ADCP 是最先进的流速流量测验仪器,所有的测量过程全部自动化,还可以进行水温、盐度的修正。测得的数据经过计算机自动处理,得出流速三维分布,并可计算出流量。

与转子式流速仪不同,这类流速仪没有可动部分,不需要复杂的维护保养,因此其水下部分的可靠性很高,也不受水中漂浮物的影响。它们的测量速度很快,自动化程度很高,往往可以在 1 s 内测量多次,测量精度也较高,测速范围很广,适合于长期自动运行,达到流速、流量长期自记的目的。使用多普勒方法还可以测得流向,这是其他流速仪做不到的。仪器在水中测量受含沙量的限制,但生产厂家一般不给出仪器使用的含沙量条件,根据试验结果初步分析,仪器频率越高受含沙量的影响越大。此外,在高速和流态紊乱的水流中使用,也会影响其测量结果。由于超声波盲区的存在,该类产品测不到水面和靠近河底的水流速度。ADCP 都从国外引进,自 20 世纪 90 年代中期开始,在河口和少量大江大河的重要水文站上使用,在快速测流方面发挥了很好的作用。尤其是在河口很宽的断面上使用时,省时、省力,效果较好。

(五)电波流速仪

电波流速仪也是一种利用多普勒原理的测速仪器,可以称为微波多普勒测速仪。前面所述的超声波多普勒流速仪,是利用超声波在水中的传播特性而测速,频率范围一般在数十至数百千赫兹。由于超声波在空气中传播时衰减很快,故不能应用于较远距离的测量。而电波流速仪由于使用电磁波,频率高,达 10 GHz,属微波波段,可以很好地在空气中传播,衰减较小。因此,使用电波流速仪测量流速时,仪器不必接触水体,即可测得水面流速,属非接触式测量,很适合桥测、巡测。

由于实际测到的是波浪的流速,因此可以认为水的表面是波浪的载体,它们的流速相同。测速时,仪器架在岸上或桥上。工作时电波流速仪发射的微波斜向射击到需要测速的水面上。由于有一定斜度,所以部分微波能量被水吸收,一部分折射或散射损失掉;但总有一小部分微波被水面波浪的迎波面反射回来,产生的多普勒频移信息被仪器的抛物天线接收。测出反射信号和发射信号的频率差,就可以计算出水面流速。如前所述,按照多普勒原理:

$$f_D = 2f_0 \frac{v}{C}\cos\theta \tag{3-36}$$

式中 v——水面流速;

C——电波在空气中传播速度,取 3×10^8 m/s;

θ——发射波与水流方向的夹角,应该是俯角和方位角的合成。

由上式可得

$$v = \frac{Cf_D}{2f_0\cos\theta} = Kf_D \tag{3-37}$$

此计算公式和超声多普勒测速的原理基本一致，只是电波流速仪的收发探头是 1 个，所以可用 $2\cos\theta$ 代表（$\cos\theta_1 + \cos\theta_2$）。

电波流速仪还可以自动计算和显示出测量数据，也可以输出测量结果，供记录处理用。目前，国内只有一种产品，它的主要技术指标如下：

（1）测量范围，0.5 ~ 15 m/s。

（2）测量角度，俯角 20° ~ 60°，方位 0° ~ 30°。

（3）测量时段，10 ~ 999 s 任选，仪器自动测算出该时段内的平均流速。

（4）测量精度，均方差为 ±3%。

（5）测量距离，流速大于 3 m/s 时，测量距离不少于 20 m。

（6）输出，四位 LCD 流速显示，单位 m/s。

（7）电源，DC 12 V ±10%，AC 220 V。

（8）功耗：≤20 W。

（9）工作环境温度：0 ~ 45 ℃。

（10）仪器工作频率：10 GHz。

仪器由探测头、信号处理机、电池三部分组成。探测头上装有发射体和抛物面天线。探测头装在三角架上，向水面发射微波，同时接收水面的反射波。信号处理机按照预定的设置，控制探测头发射微波，并处理接收到的反射波，计算频移 f_D；再根据俯角、方位角计算出水流速度。一般应在预定的时段中进行多次测量，从而计算和显示流速平均值。仪器具有多种自校和自我判别功能，在室内可以用所附音叉对仪器进行测试，也可用仪器测量日光灯的市电频率进行测试检查，仪器都应显示某一固定值表示仪器正常。在野外测速时，仪器能自动判别反射波是否稳定和有足够强度。如能保证测得数据的稳定，仪器才开始测量。如果反射波太弱或不稳定，不能满足测量要求，仪器会自动提示使用者，同时也不进行测速，避免错误数据的产生。

电波流速仪由于可以在岸上和桥上测量水面流速，测量速度很快，因此很适合在洪水期间使用。又因它只能测得表面流速，所以用它来代替浮标测流是最合适的。用电波流速仪测速的另一优点是不受水面漂浮物、水质水流状态的影响，而且流速愈大、漂浮物愈多，流速愈快、反射波将愈强，因而更有利于仪器工作。

仪器应尽量选择在桥上或很稳定的吊箱上使用，以便测得方位角 θ_2 为 0；只有在小河测流时，才能在岸上进行测量，而且仪器应尽可能接近水面测量点。当流速低于 0.4 m/s 时不要使用，以免产生较大误差。有些断面流态平稳，水面上波浪微弱，反射信号很弱，会导致仪器无法正常工作。

国产的电波流速仪已在全国推广。当发生洪水时靠测船、缆道测速困难，这时如果有合适的桥梁可以利用，使用电波流速仪来代替浮标测流将是最佳的选择，尤其在巡测工作中，电波流速仪更是必须配备的仪器。目前，美国、日本和韩国也生产同类的电波流速仪。

（六）电磁流速仪

地球存在着地磁场，水流也是导体，它在地磁场内流动，符合法拉第定律中导线切割磁力线会产生电动势的原理，测出电动势，可以计算出流速。实际上地磁场太弱，要用人工制造出一磁场，使河流处在这一磁场的影响范围内，就可测得较大的电动势，再计算出河流中的平均流速。国外有这样的测速装置,适用水流很小的小河流。在河岸上布置产生磁场的线圈,在河流中测量感应电动势,由此测得整个河流的平均流速。可以看出,它的使用局限性很大,价格也高,所以应用得很少,绝大多数国家不使用这种方法。

国外也有测量点流速的电磁式流速仪。仪器的测量探头要放到水中的测量点上,测量探头中有一产生人工磁场的装置,测量在人工磁场影响下水流产生的感应电动势,再计算出流速。这样的仪器必须放入水中,测速精度比转子式流速仪低,价格也很高,所以天然河流的测速都没有使用这种电磁流速仪。

(七)激光流速仪

利用光学原理测量流速的仪器,称为光学流速仪。这种仪器可以利用光学观察成像的方法,观察流动的水面,测出流速,成功地用于测量流速的是激光流速仪。

激光流速仪的测速原理和电波流速仪类似,它的测量部分不接触水体。如果水是较透明的,激光流速仪可以测得水中某一点流速。激光流速仪主要用于实验室中水力试验的水流速度测量。它测速快,测量精度很高,可以测得流速分布,数据也全部自动化处理,但它的价格非常昂贵,不是水文测站所能承受的,也不是天然河流中能应用的。

二、流速仪法测流

流速仪法测流是目前国内外使用最广泛的方法,也是最基本的测流方法。同时,也是评定和衡量各种测流新方法精度的标准。近年来,尽管测流新技术得到迅速的发展,但在今后相当长的时间内还不可能完全取代流速仪法测流。

(一)流速仪法测流原理

从图 3-5 ~ 图 3-8 可见,河流横断面上的流速分布是不均匀的。以 h 代表水深变量,B 代表水面宽度变量,横断面上流速分布可用函数式 $v=f(h,B)$ 表示,则通过全断面的流量可用积分法求得:

$$Q = \int_0^F v\mathrm{d}F = \int_0^B\int_0^h v\mathrm{d}h\mathrm{d}B \tag{3-38}$$

用式(3-38)计算的流量,相当于流量模型的总体积。因 $v=f(h,B)$ 的关系比较复杂,一般很少用积分式计算流量,实际上是把积分式变成有限差的形式计算流量。如图 3-8 所示,用若干个垂直于横断面的平面,将流量横切成 n 块,每一体积即为一部分流量 q,只要测出各测速垂线上水深、流速,q 是容易计算的。全断面的流量 Q 即为

$$Q = \sum_{i=1}^{n} q_i \tag{3-39}$$

式中 q_i——第 i 部分的部分流量,$\mathrm{m^3/s}$;

n——部分个数。

这就是流速仪法测流所用的基本方法。在实际测流时,不可能将部分面积分成无限多,而是分成有限个部分,所以实测流速只是逼近真值;河道测流需时间较长,不能在瞬时完成,因此实测流量是时段的平均值。

可见,测流工作实质上是测量横断面及流速两部分工作的组合。

(二)测速的方法

用流速仪法测流时,必须在断面上布设测速垂线和测速点,以测量断面面积和流速。

测流的方法,根据布设垂线、测点的繁简程度可分为精测法、常测法和简测法。根据测速方法的不同,又可分为积点法和积深法两种。

1. 测速垂线的数目与布置

在断面上布设测速垂线的多少,取决于所要求的流量精度及垂线平均流速沿断面分布的变化情况,此外还应考虑节省人力和时间。所以,合理的测速垂线数目,应是能充分反映横断面流速分布的最少垂线数。

目前,我国对测速垂线数目的规定见表 3-9。它主要是根据河宽和水深而定的。宽浅河道测速垂线数目多一些,窄深河道则少一些。

表 3-9　我国精测法、常测法最少测速垂线数目

水面宽(m)	<5.0	5.0	50	100	300	1 000	>1 000
精测法	5	6	10	12 ~ 15	15 ~ 20	15 ~ 25	>25
常测法	3 ~ 5	5	6 ~ 8	7 ~ 9	8 ~ 13	8 ~ 13	>13

注:宽浅河道取上限,窄深河道取下限。

一般国际上多采用多线少点测速。国际标准建议测速垂线不少于 20 条,任一部分流量不超过总流量的 10%。美国在 127 条不同河流上的测站,每站在断面上布设 100 条以上的测速垂线,对不同测速垂线数目所推求的流量,进行流量误差的统计分析,见表 3-10。表 3-10 说明,标准差的变化范围从 8 条垂线的 4.2% 到 104 条垂线的假定值零,即垂线数越多,流量的误差越小。因此,测速垂线的数目应该引起足够的重视。

表 3-10　各种测速垂线数对流量的标准差

测速垂线数	8 ~ 11	12 ~ 15	16 ~ 20	21 ~ 25	26 ~ 30	31 ~ 35	104
标准差(%)	4.2	4.1	2.1	2.0	1.6	1.6	0

测速垂线布置。垂线布设应均匀分布,并应控制断面地形和流速沿河宽分布的主要转折点。主槽较滩地密;对测流断面内大于总流量 1% 的独股水流、串沟,应布设测速垂线;随水位级的不同,断面形状或流速横向分布有较明显变化的,可分高、中、低水位级分别布设测速垂线。

另外,测速垂线布置应尽量固定,以便于测流成果的比较,了解断面冲淤与流速变化情况,研究测速垂线与测速点数目的精简分析等。当遇到水位涨落或河岸冲淤,靠岸边的垂线离岸边太远或太近时,应及时调整或补充测速垂线;当断面出现死水、回流,需确定死水、回流边界或回流量时,应及时调整或补充测速垂线;当河流地形或流速沿河宽分布有明显变化时,应及时调整或补充测速垂线;当冰期的冰花分布不均匀、测速垂线上冻实、靠近岸冰与敞露河面分界处出现岸冰时,应及时调整或补充测速垂线。

2. 精测法、常测法与简测法简介

精测法是指在较多的垂线和测点上,用精密的方法测速,以研究各级水位下测流断面的水力要素的特点,并为制订精简测流方案提供依据。精测法工作量大,不适于日常工作,主要是为分析研究积累资料。

常测法是指在保证一定精度的条件下,经过精简分析,或直接用较少的垂线、测点测速，测算流量。该法是平时测流常采用的方法。

简测法是为适应特殊水情，在保证一定精度的前提下，经过精简分析用尽可能少的垂线、测点测速。

这里提出的精度要求，是以精测法为标准，经过精简分析，符合一定精度要求而采用常测法、简测法时，其容许误差的限界见表3-11。

表3-11　常测法、简测法的误差限界

测流方法	偶然误差		系统误差 X''_Q(%)
	累积频率75%以上的误差 X_Q(%)	累积频率95%以上的误差 X'_Q(%)	
常测法（以精测法资料精简）	不超过±3	不超过±5	不超过±1
简测法（以精测法资料精简）	不超过±5	不超过±10	
简测法（以常测法资料精简）	不超过±4	不超过±8	

常测法和简测法，在垂线上一般用两点法测速。在水位涨落急剧的断面，为了缩短测速历时，提高测流成果精度，可改用一点法测速。

3. 积点法测速与测速点

积点法测速，就是在断面的各条线上将流速仪放在许多不同的水深点处逐点测速，然后计算流速、流量。这是目前最常用的测速方法。

垂线上测速点的数目，主要考虑资料精度要求、节省人力与时间。用精测法测流时，测速垂线上测速点数目，根据水深及流速仪的悬吊方式等条件而定，具体要求见表3-12。测速点的位置，主要取决于垂线流速分布。

表3-12　精测法测速点的分布

水深或有效水深(m)		垂线上测速点数目和位置	
悬杆悬吊	悬索悬吊	畅流期	封冻期
>1.0	>3.0	五点 （水面、0.2h、0.6h、0.8h，河底）	六点（水面或冰底或冰花底、0.2h、0.4h、0.6h、0.8h，河底）
0.6~1.0	2.0~3.0	三点（0.2h、0.6h、0.8h） 二点（0.2h、0.8h）	三点（0.15h、0.5h、0.85h）
0.4~0.6	1.5~2.0	二点（0.2h、0.8h）	二点（0.2h、0.8h）
0.2~0.4 0.16~0.2	0.8~1.5 0.6~0.8	一点（0.6h） 一点（0.5h）	一点（0.5h）
<0.16	<0.6	改用悬杆悬吊或其他测流方法 改用小浮标法或其他方法	改用悬杆悬吊

4. 积深法测速

积深法测速不是流速仪停留在某点上测速，而是流速仪沿垂线均匀升降而测得流速。该方法可直接测得垂线平均流速，减少测速历时，是简捷的测速方法，故常测法、简测法测流时，可用积深法测速。在积深法中，流速仪的工作状态与积点法不同，对垂线平均流速的计算方法分析如下：

垂线上任一点的流速为 v，则垂线平均流速 v_m 为

$$v_m = \frac{1}{h}\int v\mathrm{d}h$$

式中 h——水深。

设流速仪在垂线上的均匀升降速率为 ω，则 $\omega\mathrm{d}t = \mathrm{d}h$，$h = \omega T$。把流速仪检定公式 $v = Kn + C$代入上式，得

$$v_m = \frac{1}{h}\int (Kn + C)\mathrm{d}h = K\frac{\omega}{h}\int n\mathrm{d}t + C = K\frac{N}{T} + C = K\bar{n} + C \tag{3-40}$$

式中 N——流速仪转子在垂线上的总转数；

$\bar{n}$——流速仪转子在垂线上的平均转速，r/s；

T——流速仪在垂线上测速总历时，s。

从式(3-40)中可知，用 $\bar{n}$ 代入检定公式即得垂线平均流速。

积深法测得的流速是水流速度 v 与流速仪升降的速率 ω 的合成流速，它与水平线交角的正切为 $\tan\alpha = \frac{\omega}{v}$。将合成流速改正还原为水流速度应乘以改正系数 $\cos\alpha$，若不加改正将使测得流速系统偏大$(1 - \cos\alpha)$，见表 3-13。

表 3-13　积深法测速时未改正的流速系统偏大值

$\tan\alpha = \frac{\omega}{v}$	1.0	0.5	0.25	0.167	0.10
α	45°	27°	14°	9.5°	6°
$\cos\alpha$	0.707	0.891	0.970	0.986	0.995
$1 - \cos\alpha$	29.3%	10.9%	3.0%	1.4%	0.5%

与常测法中的二点法测速相比，误差为 ±2.5% ~ ±3.0%，所以用积深法测速时，流速仪均匀升降速率以 $\omega \leqslant 0.25v$ 为宜。

流速仪用悬杆或悬索吊挂，仪器距河底都有一定距离(一般为 0.1 ~ 0.2 m)，所以用积深法测速时，近河底的流速未测到。若按椭圆形流速分布估算误差，经分析，从水面到 0.9h 范围内，其相对误差为 +1.5%；从水面到 0.8h 范围内，则相对误差达 +3.7%。因此，积深法测速适用于较大的水深。若允许误差为 2%，应能测到 0.9h 的流速，用悬杆悬吊流速仪时，水深应大于 1 m；用悬索悬吊流速仪时，水深应大于 2 m。

ISO748 及 WMO 要求，ω/v 不得大于 0.05，在任何情况下 ω 不得大于 0.04 m/s。

从流速仪对流向反应的敏感性看，积深法测速宜采用旋桨式流速仪而不宜用旋杯式流速仪。因后者在静水中垂直升降时，旋杯也会转动，而旋桨的桨叶是不旋转的。

积深法具有快、准、简等优点，测量精度和常测法一样，测速历时比常测法缩短 1/2 ~ 4/5，使用方便。因此，许多国家都采用该法。积深法测速适用于水深为 1 ~ 20 m，垂线平均流速为 0.15 ~ 2.5 m/s 的水流。

（三）测速历时

由于流速脉动的影响，流速仪在某测点上测速历时愈长，实测时均流速愈接近真值。但历时太长会使流量失去代表性。同时，为了节省人力物力，又希望缩短测速历时。因此，不少测站曾进行试验分析，为正确地选择测速历时提供依据。

根据黑龙江、广东、山东、吉林、江西、四川等省及长江流域的试验分析成果，其结果大致相同，这里仅以黑龙江省 11 个测站 700 余次试验综合结果加以说明，见图 3-25。从图中可见：

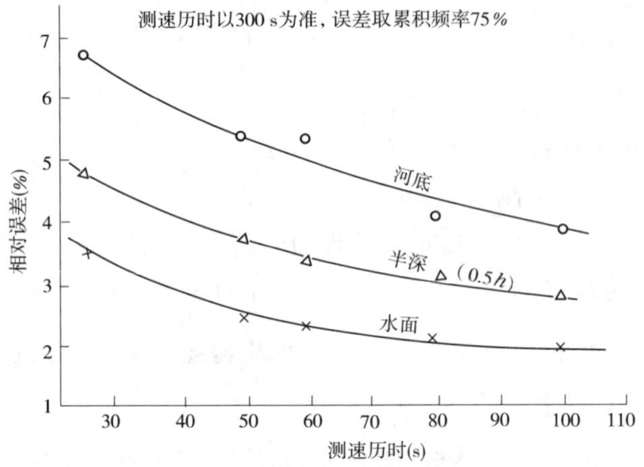

图 3-25　某站流速脉动相对误差分析

（1）流速脉动相对误差河底大于水面。

（2）流速脉动产生的测速误差，随着测速历时的减少而逐渐加大，历时越短，其误差的递增率也越大。如以测速历时 300 s 为准，累积频率 75% 的相对误差，在水面时，测速历时 100 s 误差为 ±1.9%，50 s 误差为 ±2.5%，30 s 误差为 ±3.6%。因此，控制一定的测速历时，对于减少流速脉动的误差是必要的。

（3）流速脉动影响的测速误差是偶然误差。测速点多，能相互抵消一部分。如图 3-26所示为广东省分析的成果，以测速历时 100 s 的流量为准，测速历时 50 s 的累积频率为 75% 的误差在 1% 以内。

测站通常用常测法测流，要求每一测速点的测速历时一般不短于 100 s，从图 3-25 可见，其流速相对误差一般为 ±2% ~ ±4%。在特殊水情时，为缩短测速历时，或需要在 1 d 内增加测流次数时，采用简测法测流。简测法的测速历时可缩短至 50 s，这样引起全断面流量的相对误差（100 s 为准）可控制在 ±1.0% ~ ±1.5%，能保证一定精度，但无论如何不应短于 20 s，因为当测速历时为 20 s 时，测点流速的累积频率为 75% 的相对误差已达 ±7%，加上测流条件恶劣等，偶然误差还可能增大。

无论用哪种方法测流，都应缩短测流历时，在 1 次测流过程中的水位涨落差，一般应小于平均水深的 20%。具体办法是减少测速垂线、测点和测速历时。若还不能满足要求，可在几条测速垂线上分组同时测流。

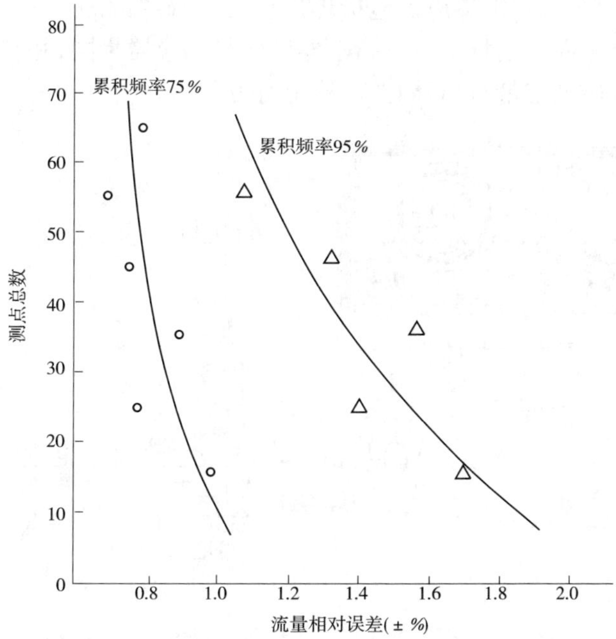

图 3-26　某测速历时 50 s 的流量相对误差分析

(四)流向测量

流向是水流的特征之一。天然河道中的水流,不但流速的大小随时随地变化着,而且流向也在不断变化。流向不仅影响流量测验精度,而且对确定河道测流断面,研究水工建筑物的布置和河道冲淤变化,是不可缺少的资料。在海洋及湖泊中测流,流向更是重要的测量对象。

1. 流向测量的时机

流向观测并不是水文站一项必测项目,但在下列情况下必须测定流向:

(1)新设的水文站,在决定测流断面线前,先测定横断面上各垂线的流向,求横断面的合成流向,以确定测流断面线,使测流断面垂直于断面平均流向。

(2)在有斜流或流向变化较大的河流,测速的同时必须测流向,然后对实测流速加以改正,以获得垂直于过水断面的流速和流量。

(3)在海洋和湖泊上测流,必须同时测定流向。

(4)在某些情况下,流向测量可作为一个独立的任务。如在河流上建筑桥梁,须研究桥墩轴线的方位,研究建筑物对水流自然规律的影响,合理设计和布置水工建筑物;研究河道冲淤变化及河床变形等问题。

流向一般是指水流水平流向的方位。在研究水流内部结构,说明河床演变规律时,除测定水平流向外,还要测量垂直流向。

流向测量大多是与流速测量结合进行的,同时测定起点距、水深、水位等项目。

2. 测定流向的仪器

(1)流向仪。利用航空仪表磁同步远读罗盘仪来测定水流方向,工作简便,成果准确。流向仪主要结构如图 3-27 所示。该仪器同时可测定流速和流向,仪器分为水上指示器和水下感应器两部分。水下感应器包括环形线圈、导磁环和永久磁铁等。线圈每隔一定的角度,有一抽头引向水上指示器。指示器结构与感应器相同,并与铁磁性物质一起作成磁屏蔽形式,永久磁铁芯带有指针,指示器上有方位盘。

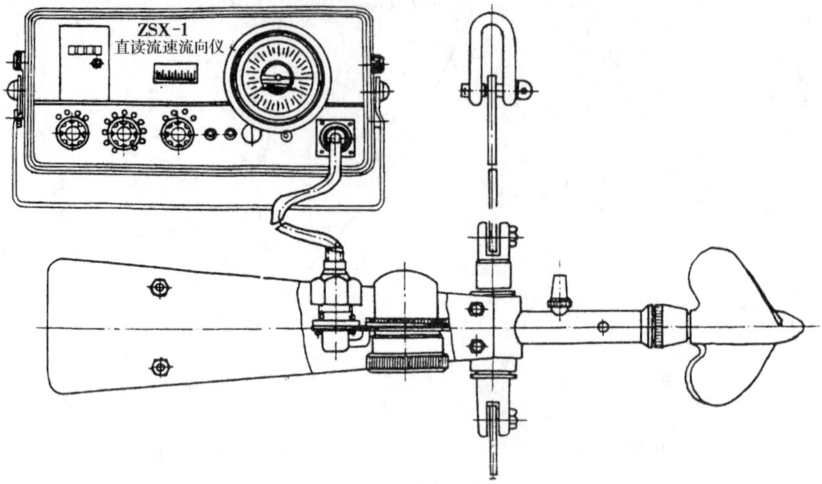

图 3-27　ZSX 型流速流向仪

水下感应线圈和尾舵都固定在仪器的支架上,线圈方向随水流方向而定。感应器内装油液,液面漂浮着永久磁铁,其方向取决于大地磁场方向。

当线圈通过电流时,根据电磁学原理,指示器磁芯将随水下感应器转动,即水上、水下线圈与磁芯相对方位保持恒定,并带动指针在方位盘上指示出流向。

(2)流向器。流向器是由基层测站根据各自的特点自行研制的,一般是采用一管筒固定在测船上,筒内安装旋转灵活的转轴,轴的下端入水部分安装一方向舵,以指示水流方向,轴上端安有指针,与下端的方向舵平行,上下同轴转动一致,指针下面安有固定不动的度盘,实现流向测定。

(五)流量计算方法

流量计算的方法有图解法、分析法及流速等值线法等。图解法和流速等值线法只适用于多线多点的测流资料;分析法适用于各种方法的测流资料,应用最广。

1. 分析法

分析法是计算流量应用最广泛的方法,可随测随算,及时检查成果,工作简便迅速。计算内容包括:垂线的起点距、水深,测点流速、垂线平均流速,部分平均流速、部分断面面积、部分流量,断面面积、断面流量、断面平均流速,相应水位等。起点距、水深、测点流速的计算前面已有叙述,这里仅介绍其余几方面的计算方法。

(1)垂线平均流速的计算。根据垂线流速分布曲线,令 $v_{0.0}$、$v_{0.2}$、$v_{0.6}$、$v_{0.8}$、$v_{1.0}$ 分别代表水面,相对水深为 0.2h、0.6h、0.8h 及河底的测点流速。垂线平均流速等于垂线流速分布曲线所包围的面积除以水深,即 $v_m = \frac{1}{h}\int_0^h v\mathrm{d}h$。假设两测点流速之间呈直线变化,将垂线流速曲线所包围的面积视为若干梯形面积之和,可按梯形面积计算出垂线平均流速。

五点法的垂线平均流速 v_m 为

$$v_m = \frac{1}{h}\left(\frac{v_{0.0} + v_{0.2}}{2}\frac{2h}{10} + \frac{v_{0.2} + v_{0.6}}{2}\frac{4h}{10} + \frac{v_{0.6} + v_{0.8}}{2}\frac{2h}{10} + \frac{v_{0.8} + v_{1.0}}{2}\frac{2h}{10}\right)$$
$$= \frac{1}{10}(v_{0.0} + 3v_{0.2} + 3v_{0.6} + 2v_{0.8} + v_{1.0}) \tag{3-41}$$

同理,六点法的垂线平均流速计算公式为

$$v_m = \frac{1}{10}(v_{0.0} + 2v_{0.2} + 2v_{0.4} + 2v_{0.6} + 2v_{0.8} + v_{1.0}) \tag{3-42}$$

式中系数 1/10、2/10、3/10、4/10 为各测速点计算垂线平均流速的权重。

又根据大量实测资料归纳和从垂直流速分布曲线的数学推导,得出半经验公式:

三点法
$$v_m = \frac{1}{3}(v_{0.2} + v_{0.6} + v_{0.8}) \tag{3-43}$$

或
$$v_m = \frac{1}{4}(v_{0.2} + 2v_{0.6} + v_{0.8})$$

二点法
$$v_m = \frac{1}{2}(v_{0.2} + v_{0.8}) \tag{3-44}$$

一点法
$$v_m = v_{0.6} \tag{3-45}$$

在水流湍急或流冰时,只测水面附近一点流速的计算公式:

$$\begin{cases} v_m = K_1 v_{0.0} \\ v_m = K_2 v_{0.2} \end{cases} \tag{3-46}$$

式中 K_1、K_2——水面及相对水深 0.2 的流速系数。

各站的流速系数,可用多点法实测资料分析确定。

(2)部分面积、部分平均流速和部分流量的计算。按组成“部分”划分的不同可分为平均分割法和中间分割法两种。

①平均分割法是目前我国规范所采用的方法,它是以测速垂线作为分界线,相邻垂线之间的间距为部分宽,乘以相邻垂线水深的平均值,得部分面积。岸边的部分面积按三角形面积计算。

②中间分割法。部分宽以本测速垂线与相邻测速垂线间距的一半加上另一测速垂线间距的一半,乘以本垂线的水深,得部分面积。

③部分平均流速指相邻两测速垂线之间的部分平均流速,为两垂线平均流速的算术平均值,即

$$v_i = \frac{1}{2}(v_{mi-1} + v_{mi}) \tag{3-47}$$

式中 v_i——两测速垂线间的部分平均流速;

v_{mi-1}、v_{mi}——相邻两测速垂线的垂线平均流速。

岸边部分的平均流速 v_1 为自岸边起第一条(最末一条)垂线平均流速 v_{m1}(v_{mn})乘以岸边流速系数 α,即

$$v_1 = \alpha v_{m1} \quad 或 \quad v_n = \alpha v_{mn} \tag{3-48}$$

岸边流速系数可通过试验资料确定,也可按下面分析方法确定。

若在岸边垂线平均流速沿河宽分布为直线,如图 3-28 所示。则由相似三角形关系得

$$v = \frac{x}{b_1}v_{m1}; \quad h = \frac{h_1}{b_1}x$$

面积 $h\mathrm{d}x$ 对应的流量 $\mathrm{d}q_1$ 为

$$\mathrm{d}q_1 = v(h\mathrm{d}x) = \frac{h_1 v_{m1}}{b_1^2}x^2\mathrm{d}x$$

岸边的部分流量 q 为

$$q_1 = \int \mathrm{d}q_1 = \frac{h_1 v_{m1}}{b_1^2}\int_0^{b_1} x^2\mathrm{d}x = \frac{2}{3}v_{m1}f_1 \tag{3-49}$$

式中 q_1——岸边部分流量;

v_{m1}——距岸边第一根垂线的垂线平均流速;

f_1——岸边部分面积,$f_1 = \frac{1}{2}b_1h_1$。

由式(3-48)和式(3-49)得,岸边流速系数 $\alpha = \frac{2}{3} \approx 0.67$。

若在岸边垂线平均流速呈指数曲线分布,如图 3-29 所示,按曼宁公式求得

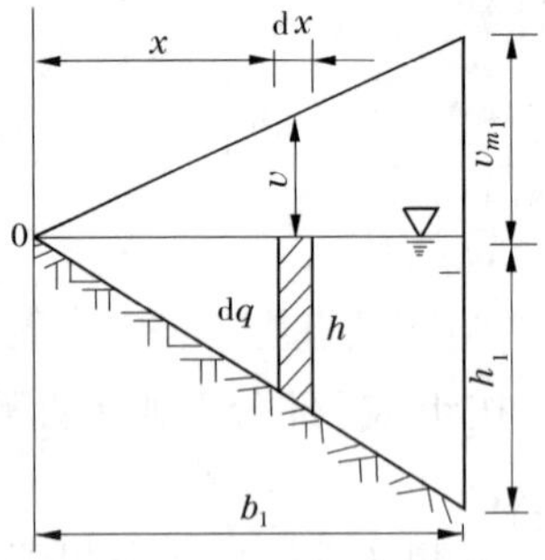

图 3-28 岸边流速直线分布流速系统计算

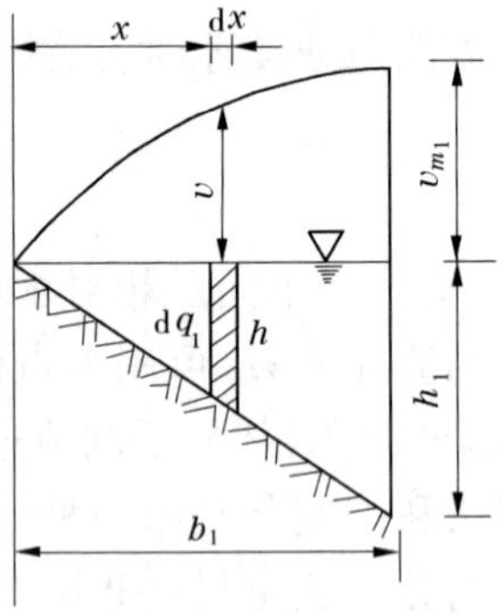

图 3-29 岸边流速曲线分布流速系数计算

$$\frac{v}{v_{m1}} = \left(\frac{h}{h_1}\right)^{2/3} \qquad v = \left(\frac{h}{h_1}\right)^{2/3}v_{m1}$$

将 $h = \frac{h_1}{b_1}x$ 微分得

$$\mathrm{d}h = \frac{h_1}{b_1}\mathrm{d}x$$

面积 $h\mathrm{d}x$ 对应的流量 $\mathrm{d}q_1$ 为

$$\mathrm{d}q_1 = v(h\mathrm{d}x) = v_{m1}\left(\frac{h}{h_1}\right)^{2/3}\left(\frac{h_1}{b_1}x\right)\mathrm{d}x = \left(v_{m1}\frac{h_1}{b_1^{5/3}}\right)x^{5/3}\mathrm{d}x$$

岸边部分流量 q_1 为

$$q_1 = \int \mathrm{d}q_1 = v_{m1}\frac{h_1}{b_1^{5/3}}\int_0^1 x^{5/3}\mathrm{d}x = \frac{3}{4}v_{m1}f_1 \tag{3-50}$$

式中符号含义同前。

由式(3-50)得,岸边流速系数 $\alpha=\frac{3}{4}=0.75$。

综上所述,斜坡岸边的流速系数 $\alpha=0.67\sim0.75$,通常取0.70。

在陡岸边,取流速系数 $\alpha=0.80$;在光滑的陡岸边,取 $\alpha=0.90$;在死水与流水交界处的死水边,取 $\alpha=0.6$。

④部分流量。部分流量为部分面积乘以部分平均流速,可用下式表示:

$$q=\left(\frac{v_{m1}+v_{m2}}{2}\right)\left(\frac{h_1+h_2}{2}\right)b \tag{3-51}$$

式中 q——部分流量;

v_{m1}、v_{m2}——相邻两垂线的垂线平均流速;

h_1、h_2——相邻两垂线的水深;

b——相邻两垂线的水平距离。

中间分割法是以某一测速垂线的两相邻测速垂线的两中点为分界线组成部分。其部分流量 q_i 按下式计算:

$$q_i=v_{mi}h_ib'_i \tag{3-52}$$

式中 b'_i——部分宽度,$b'_i=\frac{1}{2}(b_i+b_{i+1})$,即为 v_{mi}、h_i 垂线的一相邻垂线宽度的一半与另一相邻垂线宽度的一半之和。

(3)断面面积、断面流量及断面平均流速的计算。断面面积 F 为各部分面积 f_i 之和,即

$$F=\sum_1^n f_i \tag{3-53}$$

断面流量 Q 为断面上各部分流量的代数和,其公式为

$$Q=q_1+q_2+q_3+\cdots+q_n=\sum_1^n q_i \tag{3-54}$$

若断面上有回流,回流区的垂线平均流速为负值,可用实测或图解法求出回流边界,计算出逆流流量,断面流量为各部分顺逆流量的代数和。

断面平均流速为

$$\bar{v}=Q/F \tag{3-55}$$

2. 图解法

图解法又称水深、流速积分法,它要求多线多点的测流资料,一般供分析研究用。图解法见图3-30,其计算步骤如下:

第一步,计算测点流速,在斜流时应作流向改正。

第二步,计算各垂线的河底高程,在方格纸上绘制断面图。

第三步,绘制各测速垂线的垂直流速分布曲线,用求积仪或数方格法量出垂直流速分布曲线与纵坐标所包围的面积 $\int_0^h v\mathrm{d}h$,经比例换算后,得垂线流量 q(m²/s), 又称为单宽

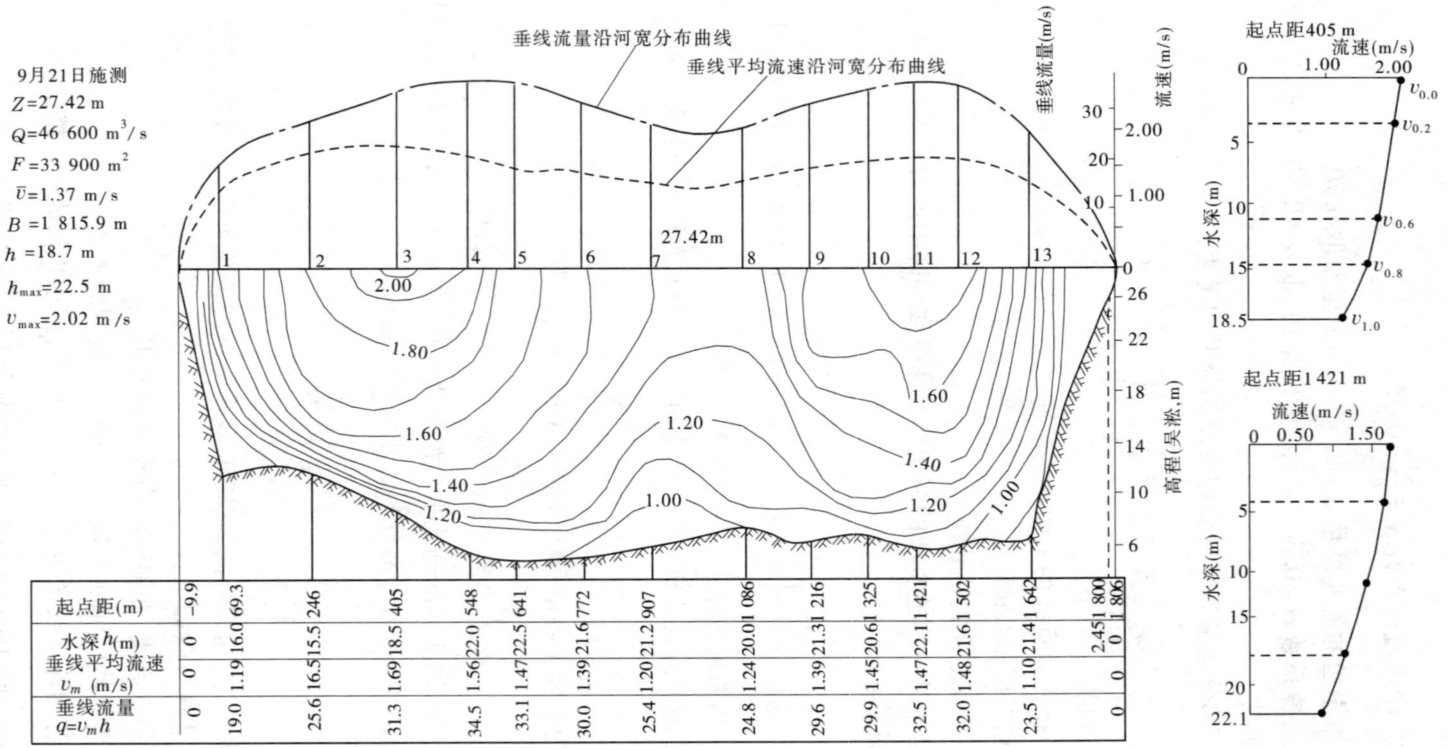

起点距(m)	-9.9	69.3	246	405	548	641	772	907	1 086	1 216	1 325	1 421	1 502	1 642	1 800	1 806
水深 h(m)	0	16.0	15.5	18.5	22.0	22.5	21.6	21.2	20.0	21.3	20.6	22.1	21.6	21.4	2.45	0
垂线平均流速 v_m (m/s)	0	1.19	16.5	1.69	1.56	1.47	1.39	1.20	1.24	1.39	1.45	1.47	1.48	1.10		0
垂线流量 $q=v_m h$	0	19.0	25.6	31.3	34.5	33.1	30.0	25.4	24.8	29.6	29.9	32.5	32.0	23.5		0

图 3-30　图解法计算断面流量

流量。垂线流量除以水深得垂线平均流速，即 $v_m = q/h$。

第四步，在横断面图的上方绘制垂线流量 q 与 v_m 的横向分布曲线，用求积仪或数方格法量出 q 的横向分布曲线与水面线所包围的面积，经比例尺换算后得断面流量 Q。

第五步，同理，用求积仪或数方格法量出河床线与水面线包围的面积，经比例尺换算后得断面面积 F。则断面平均流速为

$$\bar{v} = Q/F$$

3. 流速等值线法

流速等值线法又称流速、面积积分法。方法是：根据各垂线实测各点的流速值，绘制断面流速分布图，即绘等流速曲线，如图 3-31 所示。从最大流速开始，每条等流速曲线与水面线包围的面积，可用求积仪逐个量出，并经单位换算求得面积。以纵坐标表示流速，横坐标表示各流速曲线包围的面积，绘制流速面积曲线，这一曲线所包围的面积，即代表断面流量，可用下式表示：

$$Q = \sum_{0}^{F} \bar{v} \Delta F \tag{3-56}$$

式中 Q——断面流量，m^3/s；

F——断面面积，m^2；

$\bar{v}$——等流速线的流速值，m/s；

ΔF——某等流速线对应的断面面积，m^2。

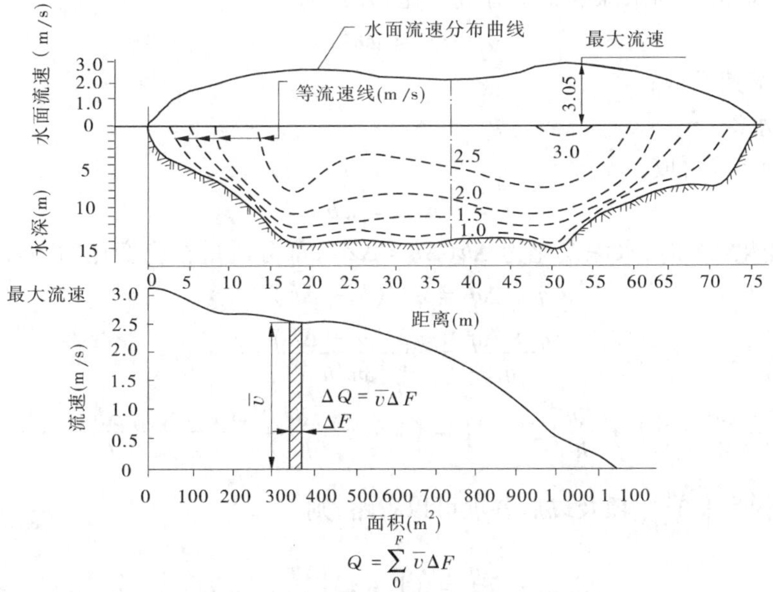

图 3-31 流速等值线法推求断面流量

（六）相应水位计算

相应水位是在水位流量关系图上与实测流量相对应的某一瞬时水位。相应水位如图 3-32 所示，流速仪法测得的断面流量，是变化中的各部分流量的合成值（或近似数值），它的相应水位是把这一合成流量当成流量变化过程中的某一瞬时流量，对应这一瞬时流量

的水位就是相应水位。按不同的水位涨落情况选取不同的计算方法。

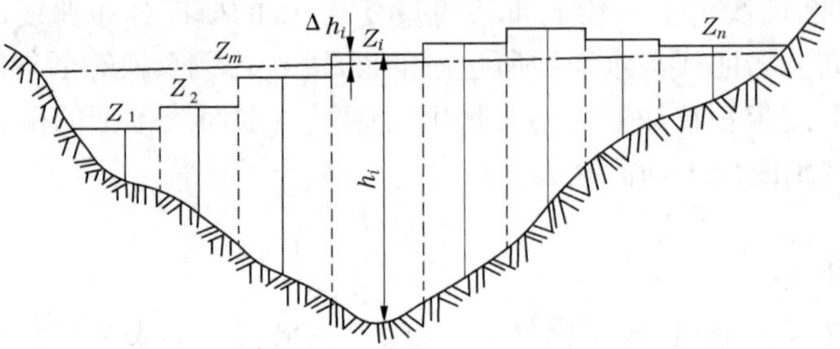

图 3-32　相应水位计算

1. 算术平均法

在测流过程中,水位变化引起水道断面面积的变化,当平均水深大于 1 m 时不超过 5%,或平均水深小于 1 m 时不超过 10%,可取测流开始和终了两次水位的算术平均值作为相应水位;当测流过程跨越水位峰顶或谷底时,应采取多次实测或摘录水位的算术平均值作为相应水位。

2. $b'v_m$ 加权法

$b'v_m$ 加权法计算原理是从水力学概念推导出来的。

设垂线平均流速与水深的 x 次方成正比,公式为

$$v_m = \varphi h^x \tag{3-57}$$

式中　φ——流速系数;

h——水深,m。

部分流量 q 可写成

$$q = b'hv_m = \varphi b'h^{1+x} \tag{3-58}$$

当水位变化 ΔZ 时,水深变化为 $\Delta h(\Delta h = \Delta Z)$,部分流量相应变化为 Δq,这时

$$q + \Delta q = \varphi b'(h + \Delta h)^{1+x}$$

则

$$\frac{q + \Delta q}{q} = \frac{\varphi b'(h + \Delta h)^{1+x}}{\varphi b'h^{1+x}}$$

$$1 + \frac{\Delta q}{q} = (1 + \frac{\Delta h}{h})^{1+x} = 1 + (1 + x)\frac{\Delta h}{h} + \frac{x(1 + x)}{2}(\frac{\Delta h}{h})^2 + \cdots$$

当$\frac{\Delta h}{h}$甚小时,$\left(\frac{\Delta h}{h}\right)^2$ 项及以后各项可以省略,则

$$\frac{\Delta q}{q} = (1 + x)\frac{\Delta h}{h}$$

故

$$\Delta q = q(1 + x)\frac{\Delta h}{h}$$

对于全断面来说,每个部分的 Δq_i 可写成

$$\Delta q_i = q_i(1 + x)\frac{\Delta h_i}{h_i} = b'_i v_{mi} h_i(1 + x)\frac{\Delta h_i}{h_i} = b'_i v_{mi}(1 + x)\Delta h_i$$

设相应水位为 Z_m，各垂线测速时的水位为 Z_i，则

$$\Delta h_i = \Delta Z_i = Z_m - Z_i$$

要使相应水位 Z_m 准确，必须使相应水位 Z_m 的相应流量和实测流量相等，即 $\sum \Delta q_i = 0$，故

$$\sum \Delta q_i = \sum b'_i v_{mi}(1 + x)\Delta h_i = (1 + x)\sum b'_i v_{mi}(Z_m - Z_i)$$

因 x 为正值，$(1 + x) \neq 0$，要使 $\sum \Delta q_i = 0$，必须

$$\sum b'_i v_{mi}(Z_m - Z_i) = 0$$

$$\sum b'_i v_{mi} Z_m - \sum b'_i v_{mi} Z_i = 0$$

$$Z_m = \frac{\sum b'_i v_{mi} Z_i}{\sum b'_i v_{mi}} \tag{3-59}$$

这里应指出，式(3-59)在推导中是假定 $\frac{\Delta h}{h}$ 很小，忽略第 2 项及以后的高阶项。因此，在实际应用时，必须注意 $\frac{\Delta h}{h}$ 很小这一条件，否则将会引起较大的误差，如表 3-14 所示。

表 3-14　$\frac{\Delta h}{h}$ 值与部分流量相对误差 δ_q 的关系

$\frac{\Delta h}{h}$	−1.0	−0.6	−0.4	−0.2	−0.1	0	0.1	0.2	0.4	0.6	1.0
δ_q(%)	−∞	−100	−21.9	−3.2	−0.7	0	−0.5	−1.6	−4.9	−8.7	−16.1

3. 部分流量加权法

计算公式为

$$Z_m = \frac{\sum q_i \overline{Z_i}}{\sum q_i} = \frac{\sum q_i \overline{Z_i}}{Q} \tag{3-60}$$

式中　q_i——部分流量，m^3/s；

$\overline{Z_i}$——该部分流量的两条测速垂线测速时水位的平均值，m；

Q——断面流量，m^3/s。

第四节　浮标测流法及航空摄影测流法

一、浮标测流法

浮标测流法包括水面浮标法、深水浮标法、浮杆法和小浮标法。浮标法适用于流速仪测流困难或超出流速仪测速范围的高流速、低流速、小水深等情况的流量测验。在这些方

法中，原理和操作方法基本相同，主要是采用的浮标不同而已，这里重点介绍水面浮标法。

（一）浮标测流的基本原理

根据流速仪测流原理，通过全断面的流量可写成

$$Q = \int_0^B \int_0^h v \mathrm{d}h \mathrm{d}B \tag{3-61}$$

如用对数流速分布曲线方程 $v = v_{\max} - \frac{v_*}{K}$，则垂线平均流速为

$$v_m = \frac{\int_0^h v \mathrm{d}h}{h} = v_{\max} - \frac{v_*}{K} \tag{3-62}$$

断面流量为

$$Q = \int_0^B v_m h \mathrm{d}B = \int_0^B (v_{\max} - \frac{v_*}{K}) h \mathrm{d}B = Q_f - \frac{v_*}{K} F \tag{3-63}$$

式中　Q_f——由最大流速 $v_{\max}$ 计算出的流量，称虚流量；

其他符号含义同前。

虚流量 Q_f 与断面流量 Q 存在一定关系，通常用下式表示：

$$Q = K_f Q_f \tag{3-64}$$

式中　K_f——浮标系数。

这个水力学关系，便是浮标测流的基本原理。由式(3-64)可见，浮标测流的主要工作是测定虚流量和确定浮标系数。

（二）浮标测流的方法

凡能漂浮之物，都可做成浮标，为了方便，宜就地取材。浮标测流的主要工作是测量浮标流速和水道横断面面积。浮标测速是在测流河段上游沿河宽均匀投放浮标，观测各浮标流经上、下浮标断面间的运行历时 T，测定各浮标流经中断面的位置。投放浮标的数量应大致与流速仪测流的测速垂线数目相当。如遇特大洪水，可只在中泓投浮标或选用天然漂浮物作浮标。

用浮标法测流时，水道断面面积是影响流量精度的关键因素。尤其是河床冲淤变化显著的测站，浮标测流时不测断面，而借用断面的误差较大。河床稳定的测站，可借用最近的实测断面资料。

此外，浮标测流时还应观测水位、风向、风力及其他附属项目（如天气现象、漂浮物、风浪等），以供检查和分析时参考。

（三）浮标测流的流量计算

1. 均匀投放水面浮标时流量的计算

计算时采用图解分析法，具体步骤如下：

第一步，绘制横断面图，用算术平均法计算相应水位。根据测深资料或借用断面计算各垂线的河底高程和水深，在方格纸上以横坐标为起点距，纵坐标为水深，绘出相应水位下的横断面图，如图 3-33 所示。

第二步，计算各浮标的虚流速。公式为

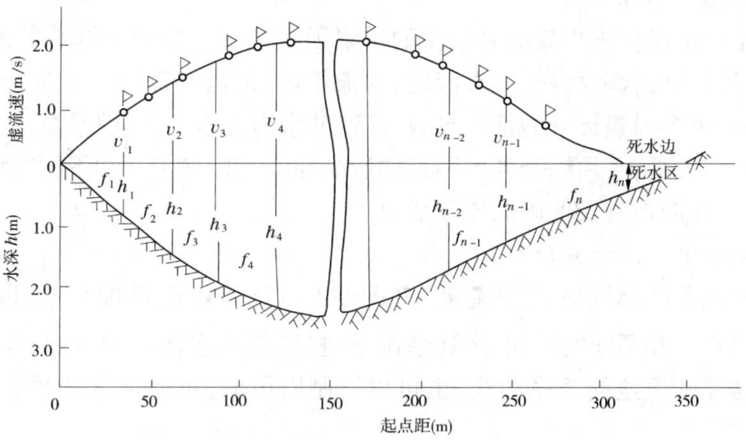

图 3-33　水面浮标测流时图解分析法计算流量示意

$$v_f = L/T \tag{3-65}$$

式中　v_f——浮标虚流速,m/s;

L——浮标上下断面的间距,m;

T——各浮标经上下辅助断面间的历时,s。

第三步,绘制虚流速横向分布曲线。在水面线向上纵坐标表示虚流速,以各浮标虚流速值及对应的起点距点绘于图中(图中小旗的点),通过各点和水边点连成平滑曲线(绘图时应结合测站特性,参考横断面图)。

第四步,计算断面虚流量。在虚流速横向分布曲线图上查得各条测深垂线所对应的虚流速,计算两测深垂线之间的部分面积 f_i 和部分平均虚流速 v_{fi},则部分虚流量为 $q_{fi}=v_{fi}f_i$。全断面的虚流量 Q_f 为

$$Q_f = \sum_1^n q_{fi} \tag{3-66}$$

计算方法与流速仪测流法相同,差别仅是部分面积的计算是以相邻两测深垂线来划分而不是测速垂线划分的。

第五步,断面流量的计算。断面流量 Q 为断面虚流量 Q_f 乘以,浮标系数 K_f,即

$$Q = K_f Q_f \tag{3-67}$$

2. 中泓浮标测流时流量的计算

中泓浮标虚流速 v_{max} 计算公式为

$$v_{max} = L/t \tag{3-68}$$

式中　L——上下断面间距,m;

t——所选 2~3 个有效浮标的平均历时,s。

断面流量计算公式为

$$Q = K_{mf} v_{max} F \tag{3-69}$$

式中　K_{mf}——中泓浮标系数,宜采用本站试验资料分析确定;

F——浮标中断面的水道断面面积。

（四）浮标系数的分析

浮标系数是决定浮标法测流成果精度的重要因素之一。影响浮标系数的因素很多，如风向、风力、浮标的形状和材料、入水深度、水流情况、河流断面形状和河床糙率等。所以，浮标系数是一个多因素影响的综合参数，河流的水力因素、天气因素及浮标类型等，都与浮标系数有密切关系，必须综合各类因素的影响加以选择确定。在不同的情况下，选用不同的浮标系数，才能得到较准确的流量成果。

1. 试验法确定水面浮标系数

用流速仪和水面浮标同时施测流量，按式(3-64)计算水面浮标系数，即 $K_f = Q/Q_f$。比测时应在不同水位和不同的风向、风速情况下进行，累积多次比测资料；绘制水面浮标系数与断面平均浮标流速的关系曲线，也可以绘制以风向、风力为参变数的浮标系数等值线。

2. 经验法确定水面浮标系数

目前，在分析浮标系数时一般采用的公式为

$$\overline{K_f} = \overline{K_1}(1 + A\overline{K_v}) \tag{3-70}$$

式中 $\overline{K_f}$——断面浮标系数；

$\overline{K_1}$——断面平均水面流速系数；

A——浮标阻力分布系数；

$\overline{K_v}$——断面平均空气阻力参数。

式(3-70)是半理论半经验公式，是王芝桂同志从浮标运动的动力平衡原理出发推求出的均匀投放水面浮标的系数公式。从垂直流速公布曲线公式可计算水面流速系数，应用较广的是对数流速分布曲线公式：

$$v = v_0 + \frac{v_*}{K}\ln\eta \tag{3-71}$$

对上式积分后可计算出垂线平均流速 v_m 为

$$v_m = \int_0^1 v\mathrm{d}\eta = \int_0^1 \left(v_0 + \frac{v_*}{K}\ln\eta\right)\mathrm{d}\eta = v_0 - \frac{\sqrt{ghS}}{K} \tag{3-72}$$

断面流量应为

$$Q = \int_0^B v_m h\mathrm{d}b = Q_0 - \frac{\sqrt{gS}}{K}\int_0^B h^{3/2}\mathrm{d}b \tag{3-73}$$

断面虚流量 $Q_f = Q_0 = F\overline{v_0}$，则

$$\frac{Q}{Q_0} = 1 - \frac{\sqrt{gS}}{KF\overline{v_0}}\int_0^B h^{3/2}\mathrm{d}b \tag{3-74}$$

因
$$\frac{Q}{Q_0} = \overline{K_1}$$

故
$$\overline{K_1} = 1 - \frac{\sqrt{gS}\,\sqrt{h}}{K\overline{v_0}}\,\frac{\int_0^B h^{3/2}\mathrm{d}b}{F\sqrt{h}}$$

$$\overline{K}_1 = 1 - \frac{\beta_*}{K}\sqrt{\frac{S}{Fr_1}} \tag{3-75}$$

式中 $\overline{K}_1$——断面平均水面流速系数；

$\overline{h}$——断面平均水深；

F——断面面积；

Fr_1——以断面平均水面流速表示的弗劳德数，$Fr_1 = \frac{\overline{v}_0^2}{g\overline{h}}$；

β_*—— 断面形状参数，$\beta_* = \frac{\int_0^B h^{3/2}\mathrm{d}b}{F\sqrt{\overline{h}}}$。

β_*是一个反映横断面形状规整程度的无因次参数。对称三角形断面的β_*为1.13，抛物线形断面的β_*为1.08，矩形断面的β_*为1.00。当横断面接近矩形断面时，β_*接近于1，此时断面平均水面流速系数公式简化为

$$\overline{K}_1 = 1 - \frac{1}{K}\sqrt{\frac{S}{Fr_1}} \tag{3-76}$$

苏联热列兹拿柯夫根据天然河流资料，采用$K=0.54$，则

$$\overline{K}_1 = 1 - 1.85\sqrt{\frac{S}{Fr_1}} \tag{3-77}$$

此外，还有其他形式的水面流速系数公式，如

$$\overline{K}_1 = \frac{C}{C+6} \tag{3-78}$$

式中 C——谢才系数。

二、航空摄影测流法

航空摄影测流法（简称航空测流法），是利用航空摄影的方法对投入河流中的专用浮标、浮标组或染料等，连续拍照，根据航测照片来确定断面流量的方法。

航空测流法不受河宽和测量范围的限制，应用范围较广，尤其适用于人们难以到达的地方，如沼泽区、洪水淹没区、严重流冰或漂浮物多使用流速仪极为困难的边远地区。由于它节省人力、物力，工作效率高，又可保证一定精度，因此许多国家十分重视这种测流的新方法。如加拿大、日本、苏联等国从20世纪60年代初就开始在许多河流上进行航空测流工作。苏联在1966年就已将航空测流法正式写入规范中。

利用航空摄影测定水面流速，借以推算流量，其原理与浮标测流法类似。具体步骤如下：首先根据河宽和天气情况（低层云高度）选择照片的比例，并向测验河段中投放浮标，在一定时段内对浮标摄影两次，两次摄影的时间间隔为Δt，从两张照片上求出浮标移动的距离L，则水面流速$v_0 = L/\Delta t$，如图3-34所示。投放浮标时要注意沿河宽均匀分布。浮标一般由泡沫聚氯乙烯制成，大小视照片的比例而定。例如，照片比例为$\frac{1}{10\ 000}$，制成0.4 m×0.4 m正方形即可。在有流冰或漂浮物较多的情况下，也可利用天然的流冰和漂浮物作浮标。

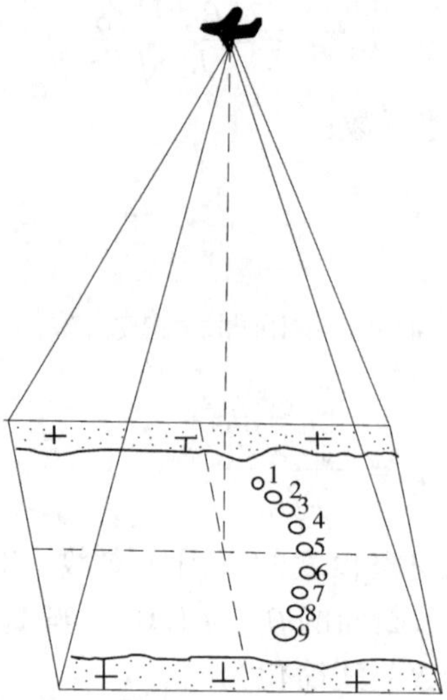

图 3-34 航测法测定水面流速

然后利用测得的水面流速先计算单宽虚流量 q_f，再采用通常的断面各部分流量代数和的方法，计算断面虚流量 Q_f：

$$Q_f = \sum_{i=1}^{n} \frac{1}{2}(q_{fi} + q_{fi+1}) b_i \tag{3-79}$$

式中 n——部分数；

b_i——第 i 部分的宽度；

q_{fi}、q_{fi+1}——第 i 条和第 $i+1$ 条垂线上的单宽虚流量，$q_f = v_0 h$，v_0 为水面流速，h 为该处水深。

最后计算断面流量 Q 为

$$Q = KQ_f$$

第五节 其他流速面积法流量测验

一、缆道积宽法测流

缆道积宽法测流，是用缆道输送流速仪沿断面横渡进行流速测量的一种测流方法。它能缩短测流历时，提高工作效率，而且计算简便，因此便于掌握流量变化过程。大多数测站试验成果的精度，都高于简测法与常测法。在水流变化较大的情况下，采用缆道积宽法测流，特别有效。因为它缩短了历时，避免了水位变化的影响，从某种意义上讲，可以提高测流精度。

缆道积宽法的测流原理，与动船法测流原理大体相同，在计算流量的方法上略有不同。

（一）积宽法测定断面平均流速

流速仪安置在水下某一固定深度，由缆道沿断面方向输送仪器作匀速航行，同时记录

仪器从一岸到另一岸所需的时间和流速信号。假如航速极小,流速仪沿程的平均流速称积宽流速:

$$\bar{v}_{积} = \frac{1}{T}\int_0^T v\mathrm{d}t \tag{3-80}$$

式中 $\bar{v}_{积}$——积宽流速;

T——流速仪从一岸到另一岸的相应测速历时,s;

v——瞬时流速,m/s。

由于流速仪是沿断面河宽 B 连续累积沿途各点的瞬时流速,故$v_{积}$又可表示为

$$\bar{v}_{积} = \frac{1}{B}\int_0^B v\mathrm{d}b = K\frac{N}{T} + C \tag{3-81}$$

式中 B——积宽法施测时的水面宽,m。

$K\frac{N}{T} + C$ 为流速仪检定公式。当航速很小时,可以直接使用。

实际上流速仪的航速不可能很小,因此沿断面横渡,流向垂直于断面,施测出的流速并不是水流的流速,而是流速与航速的合速度,如图 3-35 所示。

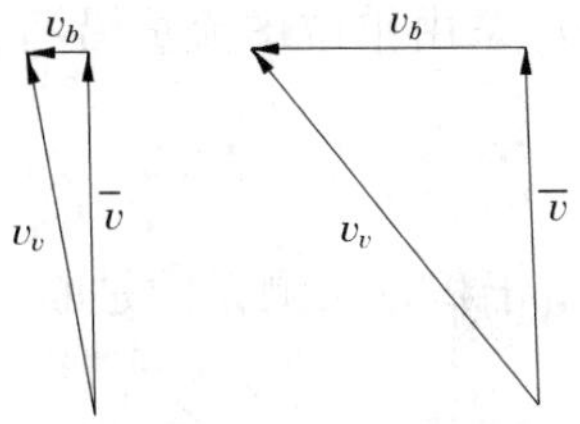

图 3-35 缆道积宽法积宽流速矢量

由于流速仪记录的速度是合速度 v_v:

$$v_v = K\frac{N}{T} + C \tag{3-82}$$

而流速仪的航速 $v_b = \frac{L}{T}$,L 为 T 时段内流速仪航行的距离,则积宽流速

$$\bar{v}_{积} = \sqrt{v_v^2 - v_b^2} = \sqrt{\left(K\frac{N}{T} + C\right)^2 - \left(\frac{L}{T}\right)^2} \tag{3-83}$$

这就是缆道积宽法测流计算断面平均流速,即积宽流速的基本公式。

假设采用水面积宽法,积宽流速 $\bar{v}_{积}$ 为断面平均虚流速,以 $\bar{v}_{0积}$表示,则

$$\bar{v}_{0积} = \sqrt{v_v^2 - v_b^2}$$

(二)积宽法测流的断面流量计算

根据流量模的概念可得:

$$Q = \int_0^B h v_m \mathrm{d}B = \int_0^B h\left(\int_0^1 v\mathrm{d}\eta\right)\mathrm{d}B \tag{3-84}$$

式中 h——水深;

v_m—— 垂线平均流速,$v_m = \int_0^1 v\mathrm{d}\eta$;

η—— 相对水深。

其他符号意义同前。

v 可用椭圆公式表示,则

$$v_m = \int_0^1 v\mathrm{d}\eta = \int_0^1 v_0\sqrt{(1 - P\eta^2)}\,\mathrm{d}\eta$$

$$= v_0\sqrt{P}\left(\frac{1}{2}\sqrt{\frac{1}{P}-1}+\frac{1}{2P}\arcsin\sqrt{P}\right) \tag{3-85}$$

式中 P——垂线流速分布系数，对某一测站一般为常数；

v_0——水面流速。

令 $$K_0=\sqrt{P}\left(\frac{1}{2}\sqrt{\frac{1}{P}-1}+\frac{1}{2P}\arcsin\sqrt{P}\right)$$

则 $$v_m=K_0v_0 \tag{3-86}$$

于是式(3-84)可表示为

$$Q=\int_0^B hv_m\mathrm{d}B=K_0\int_0^B hv_0\mathrm{d}B=K_0Q_0 \tag{3-87}$$

式中 Q_0——断面虚流量。

Q_0 系由单位虚流量沿河宽积分而得，即

$$Q_0=\int_0^B hv_0\mathrm{d}B \tag{3-88}$$

由于积宽法测得的是断面平均虚流速 $\bar{v}_{0积}=\frac{1}{B}\int_0^B v_0\mathrm{d}B$，故

$$Q_0=F\frac{1}{B}\int_0^B v_0\mathrm{d}B=\bar{h}B\bar{v}_{0积} \tag{3-89}$$

式中 h——断面平均水深。

比较式(3-88)和式(3-89)可见，当断面为矩形断面时，所求 Q_0 是一致的。但在非矩形断面，水深 h 沿河宽方向有变化，用式(3-89)计算 Q_0是偏小的，因此用式(3-89)计算尚需引进与断面形状有关的系数 $K_形$，于是式(3-87)为

$$Q=K_0K_形Q_0=K_积Q_0=K_积F\bar{v}_{0积} \tag{3-90}$$

式中 $K_积$——积宽系数，$K_积=K_0K_形$，可用试验求得。

式(3-90)就是缆道积宽法测流计算断面流量的基本公式。

3. 缆道积宽法测流中的几个问题

(1)积宽系数 $K_积$ 的确定。积宽系数 $K_积$ 可以通过比测试验推求，方法是采集 30 个测次以上常测法的断面平均流速 v 与同时施测的积宽法断面平均流速 $v_积$ 的资料，通过点绘相关关系进行分析求得。30 个测次以上的资料应包括高、中、低水位，并均匀分布在水位变幅范围内。

积宽系数的计算公式为

$$K_积=\frac{\bar{v}}{\bar{v}_{0积}} \tag{3-91}$$

也可以分别进行试验，求出 K_0 和 $K_形$。

则 $$K_积=K_0K_形$$

湖南省芷江水文站通过建立关系图求得的 $K_积=0.93$；采用分别求 K_0、$K_形$ 的方法，求出 $K_0=0.866$、$K_形=1.08$、$K_积=0.935$。两者基本一致。

(2)岸边盲区的处理。积宽法的概念是从一岸边水深为零处，积宽测速到另一岸边水深为零处。但由于河道两岸系斜坡，流速仪及铅鱼入水要有一定的入水深，就是在窄深

河道也难做到全断面积宽测流，因此河道两侧必然有一部分不能用积宽法测流，这两部分区间称为盲区，测流时必须进行处理。

处理方法是测出积宽起点和终点的相应点流速（如等深水面积宽，则测水面流速 v_0），然后求出各种水位级的岸边流速系数和实测段（积宽测速段）平均流速，按河道宽度加权求全断面的积宽平均流速，其公式为

$$\bar{v}_{0积} = \frac{\alpha v_{0左}B_{左} + v_{0积}B_{积} + \alpha v_{0右}B_{右}}{B_{左} + B_{积} + B_{右}} \tag{3-92}$$

式中 α——岸边流速系数，可由试验确定，一般为 0.5 ~ 0.7；

$v_{0左}$——左岸积宽起点或终点的流速（测点位置与积宽法入水深相同）；

$v_{0右}$——右岸积宽起点或终点的流速（测点位置与积宽法入水深相同）；

$v_{0积}$——积宽的起点至终点（实测段）的积宽测速；

$B_{左}$、$B_{右}$——左、右两岸边未进行积宽测速的河宽；

$B_{积}$——积宽测速的实际河宽；

$\bar{v}_{0积}$——全断面的积宽平均流速。

许多的试验表明，当积宽的宽度占全河道的 95% 以上时，岸边流速系数 α 值对全断面积宽流速成果影响不大。但在复式断面的河床或水草丛生的河道，要达到 95% 积宽的宽度是难以办到的。

（3）流速仪横移速度的问题。流速仪横移速度（称航速）的快慢与积宽测速成果的质量有密切关系。航速愈大，测速历时愈短，合速度愈大。在一定水流流速条件下，航速愈大，所得合速度中航速所占成分愈大，而积宽流速所占的成分愈小，易造成测验误差。

二、比降面积测流法

比降面积测流法也是流速面积测流法的一种。它是通过测量比降，用水力学公式计算河段平均流速 $\bar{v}$，并测量河段的平均断面面积 $\bar{F}$，从而将平均流速与平均断面面积相乘求得流量，即

$$Q = \bar{F}\bar{v} \tag{3-93}$$

河段平均流速 $\bar{v}$ 用下式计算，即

$$\bar{v} = \frac{1}{n}\bar{R}^{2/3}S_e^{1/2} \tag{3-94}$$

$\bar{v}$ 的精度取决于能面比降和糙率系数的精度。对于不均匀河段，必须用能面比降 S_e，动能沿程变化不可忽略。只有在河流断面平均流速沿程变化不大的情况下，能面比降可以近似地等于水面比降，即 $S_e = S_0$。为了提高水面比降观测的精度，应在测验河段内不少于 3 个横断面的河谷两岸设立 6 组水尺，以便观测整个河段的水面比降是否均匀一致和消除横比降的影响。

糙率系数应尽量通过试验资料确定。

横断面测量应尽可能和水位观测同时进行，在测验河段内一般不少于 3 个断面。

河段平均断面面积 $\bar{A}$ 按下式计算：

$$\bar{A} = \frac{A_1 + 2A_2 + \cdots + 2A_{m-1} + A_m}{2(m-1)} \tag{3-95}$$

河段平均湿周$\bar{\chi}$的计算式为

$$\bar{\chi} = \frac{\chi_1 + 2\chi_2 + \cdots + 2\chi_{m-1} + \chi_m}{2(m-1)} \tag{3-96}$$

则

$$\bar{R} = \frac{\bar{A}}{\bar{\chi}} \tag{3-97}$$

式中 $A_1, A_2, \cdots, A_m$——各断面测量的断面面积；

$\chi_1, \chi_2, \cdots, \chi_m$——每一断面面积对应的湿周；

m——施测断面数；

$\bar{R}$——河段平均水力半径。

选择河段的条件，必须满足测站布设中比降水尺河段选择的条件。为了保证精度，河段水面落差至少要10倍于落差观测误差。河段内要求河槽稳定，糙率稳定。

比降面积法适用于河流不能采用精度较高的测流方法施测流量时的近似计算方法。

第六节　其他测流方法

一、量水建筑物测流

量水建筑物测流属于水力学法测流。它是将测得的水位或水深、水头等，代入水力学公式计算出流量。该方法比流速仪法测流简单，观测人员少，量测精度较高，使用方便（主要是用于小流量的测定），而且容易实现遥测和便于电子计算机处理数据。常用的量水建筑物有量水槽、量水堰等。量水建筑物类型的选择，主要根据流量大小、河床特性及排沙情况而定。下面介绍几种量水建筑物及其适用条件。

（一）量水槽（巴歇尔水槽）

巴歇尔水槽是我国采用的量水建筑物之一，最适合在含沙量大的河流或渠道上使用，测定流量的范围为0.006～90 m^3/s。

标准的量水槽是一个特制的水槽，由进水段、出水段和喉道三部分组成。进口呈漏斗形，逐渐缩小后形成平行的喉道，然后逐渐扩散，如图3-36所示。水流经过量水槽的两壁和起伏不一的槽底时，使水流在喉道以上产生了降落和壅水现象。出喉道后水面下降，上下游之间有明显的水位差，在上、下游设置水尺观测水位，根据水位和不同喉道宽就可以代入流量公式求出流量。

量水槽的各部分尺寸，由试验研究得出，它们大致保持一定的比例，由喉道宽度ω决定：

进水段长度　$L = 0.5\omega + 1.2$

出口宽度　$B_1 = \omega + 0.3$

进口宽度　$B = 1.2\omega + 0.48$

进水段斜边长　$A = 0.51\omega + 1.22$

以上尺寸均以米计。

量水槽的流量的计算公式如下：

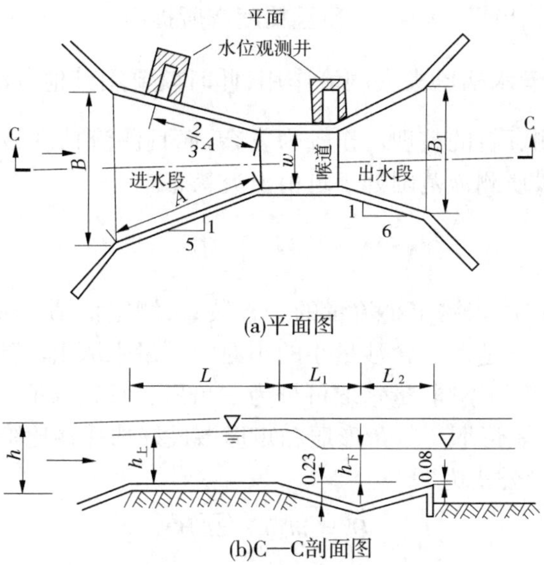

图 3-36　巴歇尔水槽

当水流为自由出流，即$\frac{h_下}{h_上}\leqslant 0.677$ 时

$$Q = 0.372\omega\left(\frac{h_上}{0.305}\right)^{1.569\omega^{0.026}} \tag{3-98}$$

$h_上$、$h_下$ 的含义如图 3-36 所示，其余符号含义同前。

采用式(3-98)计算流量很麻烦，陕西省洛惠渠经过实地试验，将公式简化为

$$Q = 2.4\omega h_上^{1.57} \tag{3-99}$$

同样可得良好的结果。

当 $\omega = 2.44 \sim 15.24$ m 时，美国使用的简化式为

$$Q = (3.688\omega + 2.5)h_上^{1.6} \tag{3-100}$$

当为淹没出流，即 $0.7 < \frac{h_下}{h_上} < 0.95$ 时，按自由出流公式计算出来的流量，再减去按下式计算出来的改正值 $\Delta\omega$：

$$\Delta\omega = \left\{0.07\left[\frac{h_上}{\left[\left(\frac{1.8}{K}\right)^{1.8} - 2.45\right]\times 0.305}\right]^{4.57-3.14K} + 0.007\right\}\omega^{0.815} \tag{3-101}$$

式中的 $K = \frac{h_下}{h_上}$为淹没度，故淹没出流时的流量 Q' 为

$$Q' = Q - \Delta\omega \tag{3-102}$$

鉴于淹没出流采用式(3-69)～式(3-71)来计算十分麻烦，安徽省水文总站刘芳建议，不论自由出流或淹没出流，都统一采用下式：

$$Q = 6.25K\sqrt{1-K}\omega h_上^{1.57} \tag{3-103}$$

式中　K——淹没度。

当 $K > 0.677$ 时，以实际值代入计算；当 $K \leqslant 0.677$ 时，均以 $K = 0.677$ 代入计算。根

据实际资料验证，不仅计算大为简化，而且精度有所提高。

当$\frac{h_{下}}{h_{上}}>0.95$时，量水槽已失去测流作用，此时就要用其他方法进行测流。当量水槽处于淹没出流时，观测资料的整理工作较为复杂，而且测流精度显著降低。因此，在决定量水槽高程时，应尽量使测流范围处于自由出流状态。

（二）量水堰

1. 薄壁堰

薄壁堰是在试验中用来测定小流量的一种装置，测定范围一般为0.000 1～1.0 m^3/s。由于堰前容易淤沙，所以适用于含沙量小的小河上。量水堰由溢流堰板、堰前引水渠及护底等组成。按出口形状的不同，量水堰可分为三角形、矩形、梯形、抛物线形等。常用的有三角形堰（顶角90°）、矩形堰。三角形堰和矩形堰最好选择在比降较大的河道上建造。

（1）矩形堰的流量公式为

$$Q = m_0 b\sqrt{2g}H^{3/2} \tag{3-104}$$

式中 Q——流量，m^3/s；

b——堰顶宽度，m；

g——重力加速度，$g=9.81\ m/s^2$；

H——水头，m；

m_0——流量系数，由公式算出或试验求得。

无侧向收缩的矩形堰流量系数为

$$m_0 = \left(0.405+\frac{0.0027}{H}\right)\left[1+0.55\left(\frac{H}{H+P}\right)^2\right]$$

式中 P——上游堰高，m。

有侧向收缩的矩形堰流量系数为

$$m_0 = \left(0.405+\frac{0.0027}{H}-0.03\frac{B-b}{B}\right)\left[1+0.55\left(\frac{H}{H+P}\right)^2\left(\frac{b}{B}\right)^2\right]$$

式中 B——进水渠（两侧墙之间）的宽度，m。

在实际应用中，根据矩形堰堰顶宽度 b 及侧向收缩系数，分别按上述两种公式制成不同水头与过堰流量的关系，以备查用，见图3-37。

（2）三角形堰的流量公式为

$$Q = \frac{4}{5}m_0\tan\frac{\theta}{2}\sqrt{2g}H^{\frac{5}{2}} \tag{3-105}$$

式中 θ——三角形堰顶角，若$\theta=90°$，流量公式可简化为

$$Q = 1.4H^{\frac{5}{2}} \tag{3-106}$$

在实际应用时，也可制成不同水头与过堰流量的关系，见图3-37。

2. 三角形剖面堰

三角形剖面堰由引水渠、测量建筑物和下游渠道组成。测量建筑物的纵剖面为三角形，其上游坡降为1∶2，下游坡降为1∶5，横断面为矩形。其结构如图3-38所示。

由于三角形剖面堰具有测流范围大，堰前不淤沙，可在含沙量较大的河流中使用，也

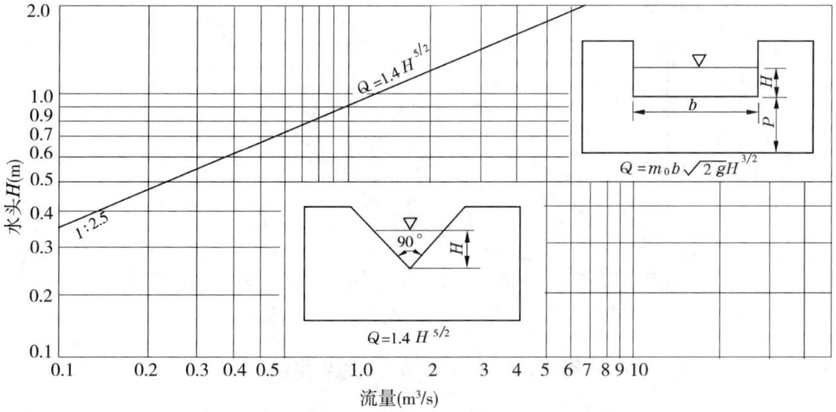

图 3-37　三角形堰和矩形堰过堰流量与水头的关系

可在水面比降不大的河流上应用等许多优点，故得以迅速发展。

三角形剖面堰的流量公式（国际标准化组织采用公式）为

$$Q = \left(\frac{2}{3}\right)^{\frac{3}{2}} C_D C_v \sqrt{g} b h^{\frac{3}{2}} \qquad (3\text{-}107)$$

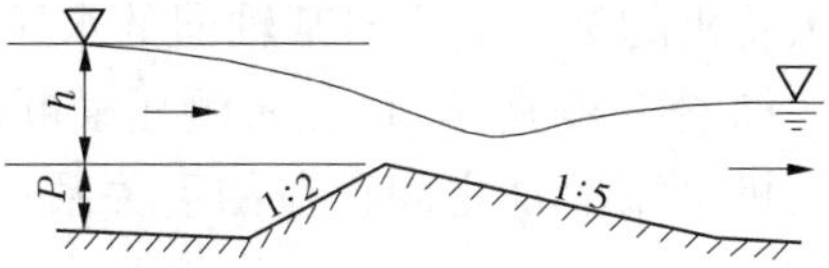

图 3-38　三角形剖面

式中　C_D——流量系数；

C_v——考虑行近流速$\left(\frac{H}{h}\right)^{3/2}$影响的系数；

H——总水头；

b——堰宽；

g——重力加速度；

h——实测水头。

系数 C_v 由图 3-39 查得，图中 A 代表堰上游过水断面面积。系数 C_D 一般不随 h 变化而变化，当 $h \geq 0.15$ m 时，$C_D = 1.150$，当 $h < 0.15$ m 时，C_D 可按下式计算：

$$C_D = \frac{1}{150}\left(1 - \frac{0.0003}{h}\right)^{3/2}$$

式中，h 的单位为 m。

各种堰的不确定度的大致范围（95% 的置信水平）为：三角形剖面堰为 2% ~5%，矩形薄壁堰为 1% ~4%，三角形薄壁堰为 1% ~2%。

二、水电站测流

水电站测流，可以在引水渠、压力水管、水轮机蜗壳或尾水渠上进行。在引水渠和尾水渠上可以采用一般河流上的测流方法，应用最广的是流速仪法。在压力水管和蜗壳中测流的方法有流速仪法、盐溶液法、指数法、抽水法、压力时间法、毕托管法、文德利管法、摩擦损失落差法等。下面仅介绍指数法（蜗壳测流法）。

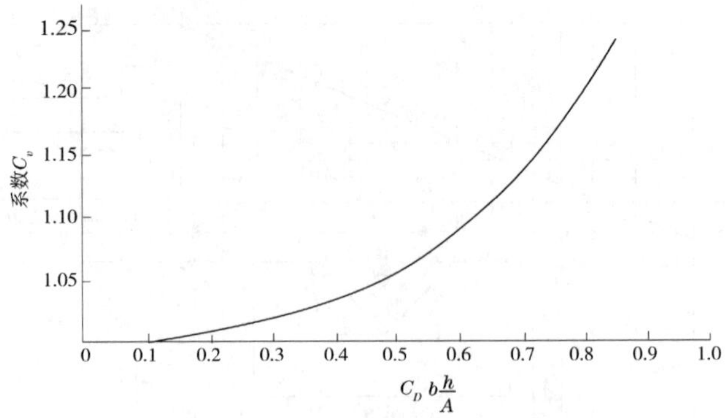

图 3-39　C_v—$C_D b \dfrac{h}{A}$关系曲线

在管道的直段很短，或管内流水夹杂很多漂浮物会冲坏流速仪，或引水渠至各水轮机分成几段，须测出各个水轮机的流量，以便准确测定水轮机的效率系数时，可用指数法。在水轮机的蜗壳上测出某轴向的水压力差，借以算出流量。

如图 3-40 所示，设任一测压横断面与止水断面的夹角为β，则测压横断面的流量 q 与水轮机总流量 Q 之间存在如下关系：

$$Q = \frac{360°}{\beta} q \tag{3-108}$$

任一测压横断面的流量 q 为

$$q = v_n F$$

式中　v_n——断面平均流速；

　　F——断面面积。

则

$$Q = \frac{360°}{\beta} v_n F \tag{3-109}$$

由式(3-109)可见，β 是可以选择的，F 也可以算出来。只要测出断面平均流速，即可算出流量。

蜗壳中水流情况近似螺旋形式的自由涡流，沿断面的流速按面积常数定律分布，即某点的流速 v 与半径 R 成反比关系，即

$$vR = K \tag{3-110}$$

将流速分解成径向流速 v_r 和切向流速 v_u，则

$$v_r R = K_r$$

$$v_u R = K_u$$

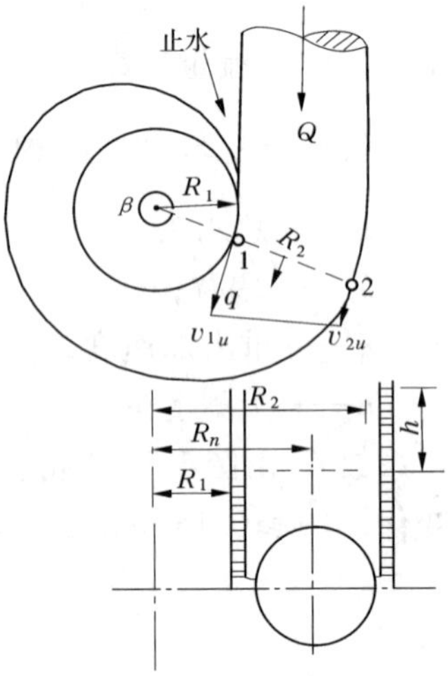

图 3-40　蜗壳测流布置

试在径向断面上取 1、2 两点，其流速分别为 v_1、v_2。因 $v_1R_1 = v_2R_2 = K$（K 为常数），且 $R_2 > R_1$，故 $v_1 > v_2$，则测点 1 的压力水头小于测点 2 的压力水头。根据伯努利定律，其压力水头差 h 应为

$$h = \frac{v_1^2}{2g} - \frac{v_2^2}{2g} \tag{3-111}$$

由于流速的方向与大小不易测得，因此取其切线分量 v_{1u}、v_{2u}，并假定断面平均流速 v_n

在横断面的形心，且形心距轴心的半径为 R_n，根据面积常数定律得出下列关系：

$$v_{1u}R_1 = v_{2u}R_2 = v_nR_n$$

因此

$$h = c\frac{v_{1u}^2 - v_{2u}^2}{2g} \tag{3-112}$$

式中的 c 为试验常数，随测压断面和测压管的位置不同而变，1956 年河海大学水动实验室模型试验得出 $c = 0.96 \sim 1.04$。

因

$$v_{1u}R_1 = v_{2u}R_2,\quad v_{2u} = \frac{R_1}{R_2}v_{1u}$$

$$h = c\frac{v_{1u}^2 - v_{2u}^2}{2g} = c\left[1 - \left(\frac{R_1}{R_2}\right)^2\right]\frac{v_{1u}^2}{2g}$$

$$v_{1u} = \sqrt{\frac{2gh}{c\left[1 - \left(\frac{R_1}{R_2}\right)^2\right]}}$$

故测压断面形心的平均流速 v_n 为

$$v_n = \frac{R_1}{R_n}v_{1u} = \frac{R_1}{R_n}\sqrt{\frac{2gh}{c\left[1 - \left(\frac{R_1}{R_2}\right)^2\right]}} = K\sqrt{h} \tag{3-113}$$

$$K = \frac{R_1}{R_n}\sqrt{\frac{2gh}{c\left[1 - \left(\frac{R_1}{R_2}\right)^2\right]}} \tag{3-114}$$

所以水轮机的总流量 Q 为

$$Q = \frac{360^\circ}{\beta}KF\sqrt{h} = K_0\sqrt{h} \tag{3-115}$$

我国某水电站 4 台机组率定系数 K_0 分别为 7.2、6.5、8.6、8.7。

三、超声波测流

超声波测流方法是利用超声波传播具有很强的方向性的特点，超声波传播速度与水流流速成正比例变化，以及超声波的多普勒效应。在实际应用中可分为 3 大类：第一类是利用超声波在水中传播时间的变化来反映水流速度的变化，包括时差法、频差法和相位差法；第二类是利用声波波束偏移的方法，即声束偏移法；第三类是用多普勒原理即多普勒法。这里仅介绍超声波测流的时差法和频差法的基本原理。

（一）时差法（脉冲时差法）

时差法测速布置如图 3-41 所示。在河流两岸边水下某深度处，相对地装置一对电声可逆的换能器，其间距为 L，该层水流平均速度为 v，水流方向与 AB 的夹角为 θ，水流在 AB 方面的分速度为 v_1，$v_1 = v\cos\theta$，超声波在静水中传播速度为 C。

如果上游换能器 A 作为发射器向对岸发射超声波（顺流），经 T_1 时间后，被作为接收器的下游换能器 B 所接收，此时超声波的速度是 $C + v_1$，超声波在水流中的传播历时为

$$T_1 = \frac{L}{C + v_1}$$

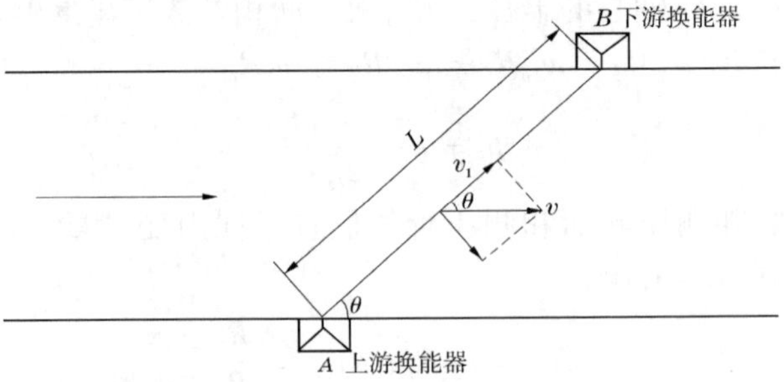

图 3-41　时差法测流原理

反之,若以 B 作为发射器,A 作为接收器(逆流),在相同的水流速度影响下,超声波的速度应是 $C-v_1$,其传播历时 T_2 为

$$T_2=\frac{L}{C-v_1}$$

则

$$v_1=\frac{L}{2}\left(\frac{1}{T_1}-\frac{1}{T_2}\right)$$

$$v=\frac{v_1}{\cos\theta}=\frac{L}{2\cos\theta}\left(\frac{1}{T_1}-\frac{1}{T_2}\right) \tag{3-116}$$

可见,只要测出超声波顺、逆流传播时间 T_1、T_2,即可求出 v。

若用直接测出时差的方法,则

$$\Delta T=T_2-T_1=\frac{2Lv_1}{C^2-v_1^2}$$

因 $C\gg v_1$,所以 $C^2-v_1^2\approx C^2$,即

$$v_1=\frac{\Delta TC^2}{2L}$$

$$v=\frac{v_1}{\cos\theta}=\frac{\Delta TC^2}{2L\cos\theta}$$

这种方法除需要测时差外,还增加了一项静水中超声波波速 C,它受水温、压力和水中杂质含量的影响。若求出 T_1+T_2,即

$$T_1+T_2=\frac{2LC}{C^2-v_1^2}\approx\frac{2L}{C}$$

$$C=\frac{2L}{T_1+T_2}$$

则

$$v=\frac{2L}{\cos\theta}\frac{\Delta T}{(T_1+T_2)^2} \tag{3-117}$$

所以,已知 L、θ,只要测定 T_1 和 T_2,也就可以求出某一水层中的平均流速。

根据测得的水层平均流速,就可计算出全断面的流量。计算流量的方法随测流量方法不同而异。超声波测流量有两种方法:一是沿河岸边安设多对换能器,测得几个水层的平均流速 v_i;二是沿河岸边选择一个合适的固定位置安放一对换能器。前者称为分层测流法,后者称为单层测流法。

1. 分层测流法

换能器的安放如图 3-42 所示。在断面上测出各水层的平均流速 v_i，用 v_i 乘以相对应的河宽 b_i，得到单深流量 v_ib_i。以纵坐标为水深，横坐标为 v_ib_i，绘制垂直流量分布图，如图 3-42 所示。用求积仪量出垂直流量分布曲线图的面积，即全断面的流量：

$$Q = \int_0^h vb_i\mathrm{d}h \tag{3-118}$$

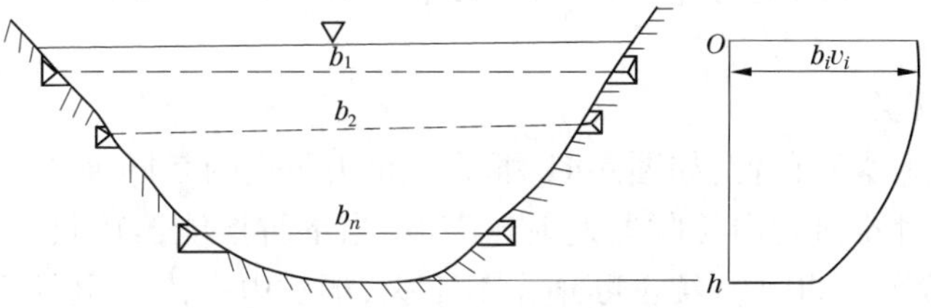

图 3-42 分层测流

2. 单层测流法

换能器的布置，如图 3-43 所示。换能器测得该层的平均流速为 v_1，用 v_1 代表全断面的平均流速 $\bar{v}$，那么 $Q = v_1F$，其中 F 为全断面面积。

必须选择一个换能器的位置，使得 $v_1 = \bar{v}$。1973 年，英国在泰晤士河上游某站利用多层（7 层）测流法测深的 15 次资料进行分析的结果表明，换能器的位置应放在平均水位下水深为 h 之处（如图 3-43 所示），而 $\dfrac{h}{\bar{h}} = 0.641$，其中 $\bar{h}$ 是断面平均水深。

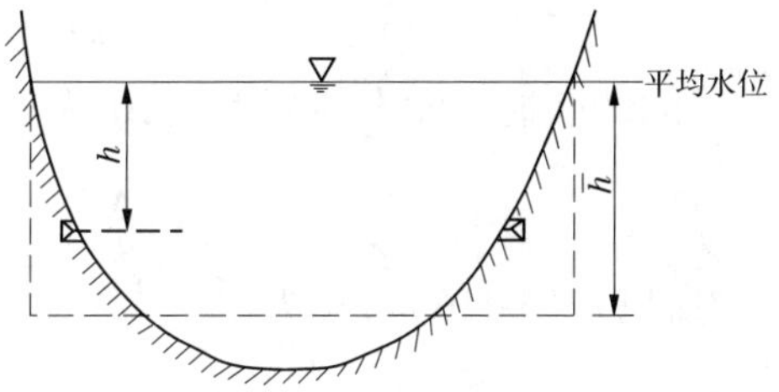

图 3-43 单层测流

1969 年美国西北部哥伦比亚河下游的某一测站，最大水面宽 450 m，最大水深 37 m，超声波换能器放在正常水位下 11 m 处。

单层测流法是很简便的方法，但是使用该法时必须注意如下问题。

设单层测流的流量为 $Q_1 = v_1F$，而用多层测流测得的流量为 $Q = \bar{v}F$。令 $C_1 = \dfrac{Q}{Q_1}$，单层测流法就是必须使 $C_1 = 1$。可是由于换能器位置固定，随着水位的变化，换能器的相对位置改变，C_1 也就随着变化。为了研究 C_1 随水位的变化规律，前述英国泰晤士河上的某站曾绘制了一条水位—系数（$Z—\bar{C}_1$）关系曲线，$\bar{C}_1$ 为多次 C_1 的平均值，如图 3-44 所示。从图中可知，该站在平均水位下 $C_1 = 1$，而水位大于平均水位时 $C_1 > 1$，Q_1 系统偏小；反之 Q_1 系统偏大。我国 × × 站用超声波测流时，某水位以上的流量系统偏小，而低水系统偏大。该站 1977 年 6 月 8 ~ 27 日，用超声波测流推

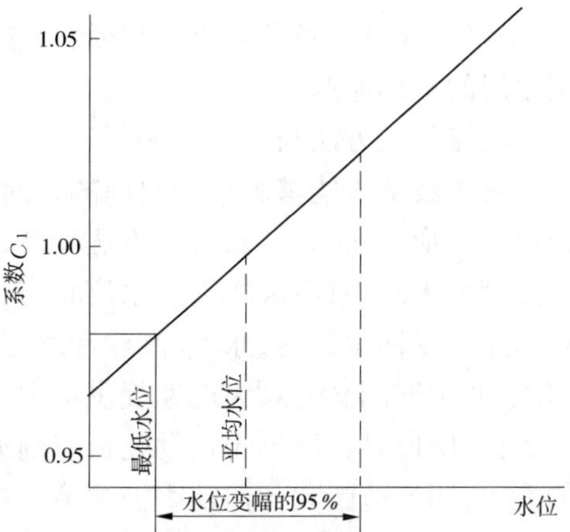

图 3-44 系数 C_1 与水位关系

出的径流总量偏小 1.7%，原因就在于此。要使超声波测流推得的径流总量不改变，选择换能器安放位置是重要的条件之一。为此，泰晤士河某站选择换能器位置放在平均水位下 $C_1 = 1$ 处。

假如 C_1 变化引起流量误差超出允许范围，测流方法必须加以改进。改进的方法有两个：一是随时更换换能器的位置；二是用试验求得 $Z—\overline{C_1}$ 曲线，将 Q_1 加以改正，在 $Z—\overline{C_1}$ 曲线上查得 $\overline{C_1}$，那么实际流量为 $Q = Q_1\ \overline{C_1}$。综上所述，若水位变幅大，变化剧烈，就不宜采用单层测流法。

（二）频差法（环路法）

频差法测速换能器的布置，如图 3-41 所示。此法测定的是顺逆水发声、收声的频率。如上游换能器作发射器向对岸接收器发射超声波，当下游换能器接收到声波后，通过专门电路系统，使上游发射器自动持续不断地发射下去，形成电—声—电的环路。单位时间声波循环的次数就是频率，则顺水发声的频率为

$$f_1 = \frac{1}{T_1}$$

反之，逆水发声的频率为

$$f_2 = \frac{1}{T_2}$$

那么顺、逆水发声的频率差 Δf 为

$$\Delta f = f_1 - f_2 = \frac{1}{T_1} - \frac{1}{T_2}$$

所以式（3-116）可化为

$$v = \frac{L}{2\cos\theta}\Delta f$$

当消除脉动影响，超声波发射持续时间为 T 时，令

$$n = \Delta f T$$

则

$$v = \frac{Ln}{2\cos\theta T} \tag{3-119}$$

式（3-119）不考虑声速，因此频差法不受水温影响，已知 L、θ，只要测定 Δf 就可求出某水层的平均流速 $\bar{v}$。

测流量的方法与时差法相同。

超声波测流能够测得全断面的瞬时流速、流量及其连续变化的过程，并可直接以数字或过程线形式显示。因此，该方法简单，内业工作量小。它不需要过河设备，操作安全，劳动强度大大减小；不破坏天然水流状态，测速历时短，不仅为抢测洪峰提供了有利条件，而且适用于受回水顶托、冰凌、潮汐和水工建筑物的影响导致水位流量关系不稳定的河段的测流；便于遥测、遥控，为迅速提供江河水情，及时作出洪水预报，指挥防洪抢险创造了有利条件，所以是江河测流自动化最有前途的方法之一。同时，超声波测流有测低速和高速的能力，测流范围大。但超声波测流对站址的选择和技术要求都比较严格，而且在含沙量大，水中气泡很多的情况下，将带来较大的误差。

第四章　误差理论与水文测验误差分析

第一节　误差及其分类

一、误差的基本概念

误差是从测量开始的，只要有测量就有误差存在。对自然界所发生的量变现象的研究，常常需要借助于各种各样的试验与测量来完成。由于受认识能力和科学水平的限制，试验和测量所得到的数值和它的客观真值并非完全一致，这种差异在数值上的表现即为误差。人们经过长期的观察和研究，已证实误差产生有必然性，即测量结果都具有误差，误差自始至终存在于一切科学试验和测量过程中。

在科学研究和实际生产中，通常需要对测量误差进行控制，将使其限制在一定范围内，并需要知道所获得的数值的误差可能是多少。一个没有标明误差指标的测量结果，几乎是一个没有用的资料。因此，一个科学的测量结果不仅要给出其数值的大小，同时要给出其误差范围。研究影响测量误差的各种因素、测量误差的内在规律，对带有误差的测量资料进行必要的数学处理，并评定其精确度，是水文测验工作中的又一项重要的工作。

二、真值和真误差

观测者感觉器官的鉴别能力、测量仪器精密灵敏程度、外界自然条件的多样性及其变化，以及目标本身的结构和清晰状况等因素，都直接影响观测质量，使观测结果不可避免地带有或大或小的误差。一般将直接与观测有关的人、仪器、自然环境及测量对象这四个因素，合称为测量条件。显然，测量条件好，产生的误差小；测量条件差，产生的误差大；测量条件相同，误差的量级应该相同。测量条件相同的观测，称为等精度观测。反映一个量真正大小绝对准确的数值，称为这一量的真值。与真值对应，凡以一定的精确程度反映这一量的大小的数值，统称为此量的近似值或估计值（包括测得值、试验值、标称值、近似计算值等），又简称估值。一个量的观测值或平差值，都是此量的估值。

设以 X 表示一个量的真值，L 表示它的某一观测值，Δ 表示观测误差，则有

$$\Delta = L - X \tag{4-1}$$

其中，Δ 是相对于真值的误差，称为真值误差，也称绝对误差。

真值通常是未知的，一般情况下真误差也无法获得。只有在一些特殊情况下，真值有可能预知，如平面三角形三内角之和为 180°；同一值自身之差为零，自身之比为 1 等。

三、误差分类

测量误差按性质可分为以下三类。

(一)粗差

由有关人员的粗心大意或仪器故障所造成的差错,称为粗差,也称伪误差。如测错、读错、记错、算错等。粗差是一种不该有的失误,应采取检测(变更仪器或程序)和验算(按另一途径计算)等方式及时发现并纠正。提交的测量结果中不允许粗差存在,否则就会造成严重的后果。因此,粗差应在测量过程中及时发现并予以剔除。

(二)系统误差

由测量条件中某些特定因素的系统性影响而产生的误差,称为系统误差。在同等测量条件下的一系列观测中,系统误差的大小和符号常固定不变,或仅呈系统性的变化。对于一定的测量条件和作业程序,系统误差在数值上服从一定的函数规律。

测量条件中能引起系统误差的因素有许多。如由于观测者的习惯,误以为目标偏于某一侧为恰好,因而使观测成果带有的系统误差,称为人为误差,是观测者的影响所致;又如,用带有一定误差的尺子量距时,测量结果带有系统误差,属于仪器误差;再有,风向、风力、温度、湿度、大气折光等外界因素,也都可能引起系统误差。

系统误差常有一定的累积性,所以在测量结果中,应尽量消除或减弱系统误差的影响。为达到这一目的,通常采取如下措施:

(1)找出系统误差产生的规律并设法求出它的数值,然后对观测结果进行改正。

(2)改进仪器结构并制订有效的观测方法和操作程序,使系统误差按数值接近、符号相反的规律交错出现,使其在观测结果中能较好地抵消。

(3)通过对观测资料的综合分析,发现系统误差,在计算中将其消除。

(三)偶然误差

由测量条件中各种随机因素的偶然性影响而产生的误差,称为偶然误差,也称随机误差。偶然误差的出现,就单个而言,无论数值和符号,都无规律性,而对于误差的总体,却存在一定的统计规律。

整个自然界都在永不停息地运动着,即使在相同的测量条件,也在不规则地变化着,这种不断的偶然性变化,就是引起偶然误差的随机因素。在一切测量中,偶然误差是不可避免的。

系统误差与偶然误差在一定条件下是可以相互转化的,即在一定条件下是系统误差,而在另一种条件下又可能是偶然误差;反之亦然。如水准测量误差,在某一段可能是系统误差,但就整个测线来看,这种误差又变成偶然误差。测量误差按形式和用途又分为极限误差、平均误差、均方误差、允许误差、绝对误差、相对误差等,这种误差的定义将在下列各节中应用时予以介绍。

第二节　偶然误差的概率特性

偶然误差是水文测验误差研究的重点,因此下面专门讨论偶然误差的特性。

一、偶然误差的统计性质

偶然误差是由无数偶然因素影响所致,因而每个偶然误差的数值大小和符号的正负都是偶然的。然而,反映在个别事物上的偶然性,在大量同类事物统计分析中则会呈现一定的规律。例如在射击中,由于许多随机因素的影响,每发射一弹命中靶心的上、下、左、右都有可能,但当射击次数足够多时,弹着点就会呈现明显规律,越靠近靶心越密;越远离靶心越稀疏,差不多依靶心为对称。偶然误差具有与之类似的规律。一般总认为偶然误差是服从正态分布的。对于这一点,概率论中的中心极限定理给出了理论上的证明。中心极限定理指出:若随机变量 y 是众多随机变量 $x_i(i = 1,2,\cdots,n)$ 之和,各 x 相互独立,且对 y 之影响均匀的小,则当 n 很大时,随机变量 y 趋于服从正态分布。偶然误差正是这一类型的随机变量。

偶然误差表现出如下的规律:

(1)在一定测量条件下,偶然误差的数值不超出一定限值,或者说超出一定限值的误差出现的概率接近于零,即小概率事件,小概率事件是不应该发生的。

(2)绝对值小的误差比绝对值大的误差出现的概率大。

(3)绝对值相等的正负误差出现的概率相同。

这就是偶然误差的三个概率特性,或简称偶然误差三特征。这三条特性,可简要概括为:界限性、聚中性及对称性,它们充分体现了表面上似乎并无规律性的偶然误差的内在规律。掌握这一规律并加以运用是很重要的。

偶然误差第一特性表明,在一定的测量条件下,偶然误差的数值是有一定范围的。因而,我们有可能根据测量条件来确定误差的界限。显然,测量条件愈好,可能出现的最大偶然误差愈小;反之,则愈大。

偶然误差第二特性表明,偶然误差愈接近0,其分布愈密。这一特性,测量条件越好,也越相对明显和突出。

偶然误差第三特性表明,正负偶然误差 Δ 的分布对称于0,故其密度函数 $f(\Delta)$ 必为偶函数,于是得偶然误差的数学期望:

$$E(\Delta) = \int_{-\infty}^{+\infty} \Delta f(\Delta)\,\mathrm{d}\Delta = 0 \tag{4-2}$$

这说明,偶然误差有相互抵消性,当误差个数足够多时,其算数平均值趋于0,即

$$\lim_{n\to\infty} \frac{\sum_{i=1}^{n} \Delta_i}{n} = 0 \tag{4-3}$$

式(4-3)与式(4-2)在含义上是一样的。由此又知,偶然误差的分布以其数学期望为对称中心,此中心常称作离散中心或扩散中心。

二、真值的统计学定义

一个量的真值即准确反映其真正大小的数值。由于自然界中的一切事物都是在不停地发展变化着,作为测量对象的任何一个量也不例外,它的真正大小也是随时变化的,固定的量如此,运动的量更是如此。所以,一个量的真值,只能是指该量在观测瞬间或变化极微的一定时间段内的确切大小。按照这一观点,一个量的真值是客观存在的,但是由于观测误差的不可避免,依靠观测所得到的,只能是一定条件下的估值。所以,真值一般是

无法确定的理论值。

依照统计学观点，设以 X 表示一个量的真值，L 表示此量仅含偶然误差的观测值，Δ 表示对应的偶然真误差，则由式(4-1)取数学期望并兼顾式(4-2)得

$$X = E(L) \tag{4-4}$$

此式表明，仅含偶然误差的一个量的观测值的数学期望，就是这一量的真值。这就是真值的统计学定义。

将式(4-4)代入式(4-1)，则得偶然误差的表达式：

$$\Delta = L - E(L) \tag{4-5}$$

由此可知，偶然误差间的相互差异与对应观测值之间的相互差异相同，故观测值 L 与它所带有的偶然误差 Δ 具有类型一致的分布——正态分布。且可看出，Δ 就是 L 的中心化随机变量。

第三节 精度标准

观测质量与误差的分布状况有着直接的关系，它们都取决于测量条件。测量条件好，误差分布的离散度小，观测质量高；测量条件差，则相反。同等测量条件下，误差分布的离散度相同，此时所获得的测量结果，应视为有同等质量。给出确定的数值，用以表示一定测量条件下测量结果的质量，即为精度评定。质量好即精度高；质量差即精度低。反映误差分布离散程度的数值，可作为精度指标。这就是说，标志精度的数值应经统计得出。显然，只有将一定测量条件下所有可能出现的误差都计算在内，即从误差的总体分布中，才能得出反映这一测量条件下观测精度的真实数据。这在实际工作中是不可能做到的。现实可行的只能是通过对有限个观测误差的统计，即通过样本统计，得出代表一定测量条件下观测精度的估计数值。所以精度评定这一工作，又称精度估计。

常用的精度标准，有以下几种。

一、均方误差

由概率论数理统计知，描绘随机变量离散度的特征值是方差。随机变量与其数学期望之差的平方的数学期望，即定义为此随机变量的方差。设以 $D(L)$ 表示随机变量 L 的方差，则有

$$D(L) = E\{[L - E(L)]^2\} = \int_{-\infty}^{+\infty} [L - E(L)]^2 f(L)\,\mathrm{d}L \tag{4-6}$$

由此可以明显地看出：随机变量的全部取值越密集于其数学期望，则方差值越小；反之，方差值越大。这里，方差反映的是随机变量总体的离散程度，又称总体方差或理论方差。在测量问题中，当仅有偶然误差存在时，观测值 L 的数学期望 $E(L)$ 即为真值，而方差的大小则反映了总体观测结果靠近真值的程度。方差小，观测精度高；方差大，观测精度低。当测量条件一定时，误差有确定的分布，方差为定值。

在式(4-6)中，代入 $\Delta = L - E(L)$ 则得

$$D(L) = E(\Delta^2) \tag{4-7}$$

由方差定义并利用式(4-2)可以推出：

$$D(\Delta) = E\{[\Delta - E(\Delta)^2]\} = E(\Delta^2) \tag{4-8}$$

式(4-7)、式(4-8)表明，观测值 L 及其偶然真误差 Δ 具有相同的方差，此方差即为偶然真误差 Δ 之平方的数学期望。

在正态分布函数中，参数 σ 的平方正是随机变量的方差。此后即常以 σ^2 表示方差。于是式(4-7)及式(4-8)均可写成：

$$\sigma^2 = E(\Delta^2) \tag{4-9}$$

为了与随机变量的量纲一致，常以方差的算术平方根

$$\sigma = \sqrt{E(\Delta^2)} \tag{4-10}$$

作为一个误差指标，称 σ 为均方差。

由式(4-9)及式(4-10)知，计算方差或均方差必须已知随机变量的取值总体，但实际上是做不到的。应用中，总是依据有限次观测计算方差的估计值，并以其算术平方根作为均方差的估计值，称为中误差。由此可知，在相同测量条件下的一组真误差平方中数的平方根即为中误差。用 m 表示中误差的估值，在实际应用中，通常用贝塞尔(Bessl)公式

$$m = \pm\sqrt{\frac{\sum_{i=1}^{n}\Delta_i^2}{n-1}} \tag{4-11}$$

计算中误差。式中的 n 为真误差 Δ_i 的个数。

二、平均误差

一定测量条件下的偶然真误差绝对值的数学期望，称为平均误差。若以 θ 代表平均误差，则

$$\theta = E(|\Delta|) = \int_{-\infty}^{+\infty} |\Delta| f(\Delta)\mathrm{d}\Delta \tag{4-12}$$

实用中，总是以其估计值 t 来代替，即

$$t = \pm\frac{1}{n}\sum_{i=1}^{n}|\Delta_i| \tag{4-13}$$

估计值 t 仍称为平均误差，“±”是习惯上添加的。式中的 n 是误差个数，n 愈大，此统计值就愈能代表理论值，当 $n\to\infty$ 时，$t=\theta$。

依上述定义，平均误差的大小同样反映了误差分布的离散程度，可以证明：

$$\theta = \sqrt{\frac{2}{\pi}}\sigma \tag{4-14}$$

即同一测量条件下平均误差的理论值 θ 与均方差 σ 存在 $\sqrt{\frac{2}{\pi}}$ 的关系，以相应估值代换式(4-12)之值，则有平均误差 t 与中误差理论的关系：

$$t = 0.7979m \tag{4-15}$$

三、或然误差

若有一正数 C，使得在一定测量条件下的误差总体中，绝对值大于和小于此数值的两

部分误差出现的概率相等,则称此数值为或然误差,即

$$\int_{-C}^{C} f(\Delta)\,\mathrm{d}\Delta = \frac{1}{2} \tag{4-16}$$

可以证明或然误差的理论值 C 与均方差的关系为

$$C = 0.674\,5\sigma \tag{4-17}$$

四、绝对误差与相对误差

(一)绝对误差

绝对误差是指观测值与真值之差。其计算公式与式(4-1)相同,即

$$\Delta = L - X$$

(二)相对误差

对于衡量精度来说,在很多情况下,仅仅知道观测的中误差大小,还不能完全表达观测精度的好坏。例如,我们测量了两段距离,一段为1 000 m,另一段为 50 m,误差均为 ±0.2 m,尽管绝对误差一样,但这两段距离中单位长度的观测精度显然是不相同的,前者的精度高于后者。因此,必须再引入一个衡量精度的标准,即相对误差。

相对误差是绝对误差值与真值之比。因真值常常未知,而观测值与估计值或真值接近,所以将绝对误差与其观测量之比作为相对误差,即

$$\delta = \frac{\Delta_i}{\overline{L}} \tag{4-18}$$

式中 δ——相对误差;

$\overline{L}$——观测量的估值。

五、相对中误差(相对均方差)

一个观测量的中误差与其似真值之比,称为这一量的相对中误差(或相对均误差),即

$$s = \frac{m}{\overline{L}} \tag{4-19}$$

式中 s——相对中误差。

上例中距离为 1 000 m 的相对中误差为 0.02% ,而距离为 50 m 的相对中误差为 0.4%。显然前者的相对中误差比后者小。

相对误差和相对中误差一般用于长度、面积、体积、流量等物理量测量中,角度测量不采用相对误差。因为,角度误差的大小主要是观测两个方向引起的,它并不依赖角度大小而变化。

相对误差、相对中误差水文测验上常用百分数表示。

六、极限误差

从偶然误差第一特性得知,在一定测量条件下,偶然误差的大小不会超出一定的界限,超出此界限的误差出现的概率几乎为零。按照这个道理,在实际工作中,常依一定的

测量条件规定一适当数值,使在这种测量条件下出现的误差,绝大多数不会超出此数值,而对超出此数值者,则认为属于反常,其相应的观测结果应予废弃。这一限制数值,即称作极限误差。

容易理解,极限误差应依据测量条件而定。测量条件好,极限误差应规定得小;测量条件差,极限误差应规定得大。在实际测量工作中,通常以标志测量条件的中误差的整倍数作为极限误差。

由概率论可知:当方差 σ^2 一定(测量条件一定)时,服从正态分布的偶然误差值出现于区间($-\sigma$, $+\sigma$)、(-2σ, $+2\sigma$)及(-3σ, $+3\sigma$)之外的概率分别是0.312 3、0.045 5和0.002 7。近似地以中误差 m 代替均方差 σ,上面的数字即表明,在随机抽取的100个观测误差中,可能有5个误差大于2倍中误差;在1 000个误差中,可能有3个大于3倍中误差。可见,大于 $3m$ 的误差出现是小概率事件。在观测数目有限的情况下,通常就认为,绝对值大于 $3m$ 的误差是不应该出现的。所以一般取3倍中误差作为极限误差,即

$$\Delta_{限} = 3m \tag{4-20}$$

在要求严格时,也可采用 $2m$ 作为极限误差。在我国现行作业中,以2倍中误差作为极限误差的较为普遍,即

$$\Delta_{限} = 2m \tag{4-21}$$

极限误差通常作为规定作业中限差的依据。

七、精度

反映观测结果与真值接近程度的量,称为精度。误差小,其精度高,两者有相反的意义。习惯上人们称相对误差为精度。如果测量结果的相对误差为1%,但是这个误差是随机误差部分或是系统误差部分,或者是两者合成的误差,从含义统一的“精度”一词上得不到明确的反映。因此,有必要进一步明确叙述如下:

(1)精密度。表示测量结果中的随机误差大小的程度。

(2)正确度。表示测量结果中的系统误差大小的程度。

(3)准确度。是系统误差与随机误差的综合,表示测量结果与真值的一致程度。

这样,如果上述误差是由随机误差引起的,则说明其精密度为1%;如果是由系统误差引起的,则说明正确度为1%;如果由系统误差和随机误差共同引起,则说明其准确度为1%。因此,对于测量结果来说,精密度好,则正确度不一定好;正确度好,则精度也不一定好,但准确度好则说明精确度、正确度都好,即随机误差和系统误差都小。

第四节　误差的传播理论

在实际测量中,一些未知量是直接观测求得的,如距离、水位等,它们的各种误差可以用上述方法进行统计计算。而有些未知量常常不能直接测定,而是要通过由观测值所组成的函数计算得出,如河流中的流量,是通过测深、测宽、测速计算而得的。

容易理解,计算所得函数值精确与否,主要取决于作为自变量的观测值的质量好坏。一般地说,自变量带有的误差,必然依一定规律传播给函数值。所以,对这样求得的函数值,也有个精度估计的问题,即由具有一定中误差的自变量计算所得的函数值,也应具有相应的中误差。观测量的中误差与观测量组成的函数的中误差之间的关系式,称为误差传播定律。

一、误差传播定律的推导

由于中误差的平方是方差的估值,所以中误差的传播关系应服从于方差的传播关系。设有函数:

$$z = f(x_1, x_2, \cdots, x_n) \tag{4-22}$$

为推求方差及中误差的传递关系,首先找出真误差的关系式。设以 Δ_i 表示自变量 $x_i(i=1,2,\cdots,n)$ 的真误差,Δ_z 表示由此引起的函数值 z 的真误差,当误差值都很小时,取式(4-22)的全微分,并代之相应的增量——真误差,得

$$\Delta_z = \left(\frac{\partial f}{\partial x_1}\right)_0 \Delta_1 + \left(\frac{\partial f}{\partial x_2}\right)_0 \Delta_2 + \cdots + \left(\frac{\partial f}{\partial x_n}\right)_0 \Delta_n \tag{4-23}$$

式中 $\left(\frac{\partial f}{\partial x_i}\right)_0$——$x_1, x_2, \cdots, x_n$ 取给定值处函数对 x_i 的偏导数;

Δ_i——对应自变量 x_i 的真误差,即 $x_i - E(x_i)(i = 1,2,\cdots,n)$。

若设:

$$x = \begin{bmatrix} x_1 \\ x_2 \\ \vdots \\ x_n \end{bmatrix}; \quad \Delta = \begin{bmatrix} x_1 - E(x_1) \\ x_2 - E(x_2) \\ \vdots \\ x_n - E(x_n) \end{bmatrix} = \begin{bmatrix} \Delta_1 \\ \Delta_2 \\ \vdots \\ \Delta_n \end{bmatrix}; \quad K = \begin{bmatrix} \left(\frac{\partial f}{\partial x_1}\right)_0 \\ \left(\frac{\partial f}{\partial x_2}\right)_0 \\ \vdots \\ \left(\frac{\partial f}{\partial x_n}\right)_0 \end{bmatrix} = \begin{bmatrix} k_1 \\ k_2 \\ \vdots \\ k_n \end{bmatrix}$$

则式(4-23)用矩阵表示可写成:

$$\Delta_z = K^{\mathrm{T}} \Delta \tag{4-24}$$

将上式取平方:

$$\Delta_z^2 = K^{\mathrm{T}} \Delta \cdot \Delta^{\mathrm{T}} K \tag{4-25}$$

再取数学期望:

$$\sigma_z^2 = K^{\mathrm{T}} E(\Delta\Delta^{\mathrm{T}}) K \tag{4-26}$$

其中:
$$E(\Delta\,\Delta^{\mathrm{T}}) = E\left\{\begin{bmatrix} \Delta_1 \\ \Delta_2 \\ \vdots \\ \Delta_n \end{bmatrix} (\Delta_1\ \Delta_2 \cdots \Delta_n)\right\} = \begin{bmatrix} \sigma_{11}^2 & \sigma_{12} \cdots \sigma_{1n} \\ \sigma_{21} & \sigma_{22}^2 \cdots \sigma_{2n} \\ \vdots & \vdots \quad \vdots \\ \sigma_{n1} & \sigma_{n2} \cdots \sigma_{nn}^2 \end{bmatrix} \tag{4-27}$$

式(4-27)即为向量 X 的协方差阵。此式表示函数的方差与自变量的协方差阵之间的关系。一般称此式为方差传播定律。将协方差阵 $E(\Delta\Delta^{\mathrm{T}})$ 代入估值矩阵得

$$M = \begin{bmatrix} m_{11}^2 & m_{12}\cdots m_{1n} \\ m_{21} & m_{22}^2\cdots m_{2n} \\ \vdots & \vdots \quad \vdots \\ m_{n1} & m_{n2}\cdots m_{nn}^2 \end{bmatrix} \tag{4-28}$$

则得

$$m_z^2 = K^{\mathrm{T}}MK \tag{4-29}$$

式(4-29)就是一般形式的误差传播定律。

当自变量 $x_1, x_2, \cdots, x_n$ 相互独立时, $\sigma_{ij} = E(\Delta_i\Delta_j) + E(\Delta_i)E(\Delta_j) = 0$,故有

$$m_z^2 = \sum_{i=1}^{n} \left(\frac{\partial f}{\partial x_i}\right)_0^2 m_i^2 \tag{4-30}$$

式(4-30)为变量相互独立时的方差和误差传播定律。

二、误差传播定律应用

为便于应用和理解误差传播定律,现将变量独立时几种特殊情况的误差传播定律具体应用介绍如下:

(1)线性函数关系:

$$Z = \sum_{i=1}^{n} k_i x_i$$

其中误差传播关系为

$$m_z^2 = \sum_{i=1}^{n} k_i^2 m_i^2 \tag{4-31}$$

(2)倍函数关系:

$$Z = kx$$

其中误差传播关系为

$$m_z = km_x \tag{4-32}$$

(3)积函数关系(部分流量计算的误差传递关系推导):

$$q = bhv$$

则 $k_1 = \frac{\partial q}{\partial b} = vh, k_2 = \frac{\partial q}{\partial h} = bv, k_3 = \frac{\partial q}{\partial v} = bh$。

将 k_1、k_2、k_3 代入式(4-29)或式(4-30),并化简得

$$m_q^2 = (bhv)^2(m_b^2 + m_h^2 + m_v^2) \tag{4-33}$$

以相对误差表示有

$$s_q = \frac{m_q}{q} = \sqrt{m_b^2 + m_h^2 + m_v^2} \tag{4-34}$$

(4)和差函数关系:

$$Z = x_1 \pm x_2 \pm \cdots \pm x_n$$

其中误差传播关系为

$$m_z^2 = \sum_{i=1}^{n} m_i^2 \tag{4-35}$$

将 $x_1, x_2\cdots$ 分别用 $q_1, q_2\cdots$（q_i 为部分流量）代替，取总流量 $Q=f(q)=\sum_{i=1}^{n} q_i$，因 $\frac{\partial f}{\partial q}=1$，则 $m_Q^2=\sum_{i=1}^{n} m_{qi}^2$。若各部分流量及相对误差均相等，则有

$$s_{q1}=s_{q2}=\cdots=s_q, \quad q_1=q_2=\cdots=\frac{Q}{n}$$

则

$$s_Q=\frac{1}{Q}\sqrt{\sum_{i=1}^{n}\left(\frac{Q}{n}S_q\right)^2}=\frac{s_q}{\sqrt{n}}$$

第五节　流速仪法流量测验总不确定度估算

一、流量测验总不确定度

现行流量测验规范将流量测验误差分为伪误差、随机误差和系统误差（系统误差又分为未定系统误差、已定系统误差）。测量成果含有伪误差的必须剔除；含有已定系统误差的，应进行修正；含有随机误差的，按正态分布，采用置信水平为95%的随机不确定度描述，不确定度的数值以百分数表示。

当在相同条件下对流量的独立分量作 n 次独立测量时，该独立分量的相对标准差按下式估算：

$$S_y=\frac{1}{Y}\sqrt{\frac{1}{n-1}\sum_{i=1}^{n}(Y_i-\bar{Y})^2} \tag{4-36}$$

式中　Y——流量的独立分量；

S_y——流量的独立分量的相对标准差（%）；

$\bar{Y}$——流量的独立分量的 n 个测量值的算术平均值；

Y_i——流量的独立分量的第 i 个测量值。

进行流量测验各独立分量的随机不确定度计算时，当测量系列的样本容量大于或等于30时，置信水平为95%的随机不确定度，其数值等于2倍相对标准差，即

$$x'_i=2s_i \tag{4-37}$$

式中　s_i——相对标准差；

x'_i——不确定度。

流量测验仪器的不确定度，可根据生产厂家给出的仪器精度确定；当流量可表示为若干个独立分量的函数时，其随机不确定度应按下式计算：

$$X_Q'^2=\sum_{i=1}^{K}\left(\frac{\partial Q}{\partial Y_i}\right)^2\left(\frac{Y_i}{Q}\right)^2X_i'^2 \tag{4-38}$$

式中　X'_Q——流量总随机不确定度（%）；

K——独立分量的个数；

X_i'——流量的独立分量 Y_i 的随机不确定度(%)。

二、流量测验的误差来源分析

当采用流速仪法测流并用平均分割法计算流量时,其误差包括以下5个方面:

(1)测深误差和测宽误差;

(2)流速仪检定误差;

(3)由测点有限测速历时不足导致的误差;

(4)由测速垂线测点数目不足导致的垂线平均流速计算误差;

(5)由测速垂线数目不足导致的误差。

测深误差和测宽误差,应由观读的随机误差和仪器本身所造成的未定系统误差组成。流速仪检定误差,应由检定的随机误差和仪器本身在测量中所造成的未定系统误差组成。

流速仪法测流由测点有限测速历时不足导致的流速脉动误差(简称Ⅰ型误差),为随机误差。由测速垂线测点数目不足导致的误差(简称Ⅱ型误差),以及由测速垂线数目不足导致的误差(简称Ⅲ型误差),由随机误差和已定系统误差组成。

三、流速仪法流量测验误差试验

测站的流量测验误差通过试验获得。流量测验误差试验,应分别在高水、中水、低水和分别在涨水、落水时均匀布置,并应在水流较稳定的条件下进行。

流速仪法的Ⅰ型误差试验,应在测流断面内具有代表性的3条以上的垂线上进行,并取2~3个测点,在高、中、低水位级分别作长历时连续测速。在测量中应每隔一个较短的时段观测一个流速,使测得的等时段时均流速的个数不得小于100个。每条垂线的Ⅰ型误差试验,应符合表4-1的规定。

表4-1　Ⅰ型误差试验

水文站类	各级水位试验测次(次)	测点相对水深		测点测速历时(s)
		二点法	三点法	
一类精度 二类精度 三类精度	>1 >1 >1	0.2 0.8	0.2 0.6 0.8	≥2 000 ≥1 000 ≥600

流速仪法的Ⅱ型误差试验,应根据已有的流速分布资料,选取中泓处的垂线和其他有代表性的垂线5条以上作为试验垂线,在高、中、低水位级分别进行试验,在每条垂线上的每次试验,应符合表4-2的规定。

流速仪法的Ⅲ型误差试验,应在高、中、低水位级共进行20次以上的试验,并按表4-3的规定进行误差试验。

表 4-2　Ⅱ型误差试验

水文站类	各级水位试验测次（次）	水位变幅（m）	垂线上测点数（点）	重复施测流速次数（次）	测点测速历时（s）
一类精度	>2	≤0.1	11	10	100～60
二、三类精度	>2	≤0.3	11	10	80～60

表 4-3　Ⅲ型误差试验

水面宽（m）	垂线数目（条）	垂线平均流速施测方法		测点测速历时（s）	
$B>25$	≥50	一类精度的水文站	二、三类精度的水文站	一类精度的水文站	二、三类精度的水文站
$B\geqslant50$	按$\frac{B}{b}$确定	二点法或一点法	二点法或一点法	100～60	60～50

注：b 为垂线间距，取 0.5～1.0 m。

四、流量测验各分量随机不确定度的估算

（1）测点的Ⅰ型相对标准差按下式估算：

$$S^2(nt_0)=\frac{S^2(t_0)}{n}\left[1+2\sum_{i=1}^{n-1}\left(1-\frac{i}{n}\right)\hat{\rho}(i)\right] \tag{4-39}$$

$$\hat{\rho}(i)=\frac{N}{N-i}\frac{\sum_{j=1}^{N-i}(v_j-\bar{v})(v_{i+j}-\bar{v})}{\sum_{j=1}^{N}(v_j-\bar{v})^2} \tag{4-40}$$

式中　t_0——原始测量时段，s；

n——原始测量时段的倍数；

$S(nt_0)$——测速历时为 nt_0 的测点Ⅰ型相对标准差（%）；

$S(t_0)$——原始测量系列的相对标准差（%）；

$\hat{\rho}(i)$——时段位移为 i 的原始测量系列的自相关函数；

v_j——原始测量系列中第 j 个测点流速值，m/s；

v_{i+j}——原始测量系列中第 $i+j$ 个测点流速值，m/s；

$\bar{v}$——原始测量系列的算术平均值，m/s；

N——原始测量系列的样本容量。

（2）垂线的Ⅰ型相对标准差按下式估算：

$$S_{ei}^2(nt_0)=\sum_{k=1}^{P}d_k^2S_k^2(nt_0) \tag{4-41}$$

式中　$S_{ei}(nt_0)$——测点测速历时为 nt_0 的第 i 条垂线的Ⅰ型相对标准差（%）；

P——用以确定垂线平均流速的垂线测点数；

d_k——确定垂线平均流速时测点流速的权系数；

$S_k(nt_0)$——测点 k 处的测速历时为 nt_0 的Ⅰ型相对标准差(%)。

(3)断面的Ⅰ型相对标准差按下式估算：

$$S_e^2(nt_0) = \frac{1}{m}\sum_{i=1}^{m} S_{ei}^2(nt_0) \tag{4-42}$$

式中 $S_e(nt_0)$——测点测速历时为 nt_0 时的断面Ⅰ型相对标准差(%)；

m——用以确定单次流量Ⅰ型误差的测速垂线数。

(4)流速仪法的Ⅱ型误差应按下列公式估算：

$$\bar{v}_{r(i)} = \frac{1}{J}\sum_{j=1}^{J} v_{r(i,j)} \tag{4-43}$$

$$\hat{S}_i = \bar{v}_{r(i)} - 1$$

$$\hat{\mu}_s = \frac{1}{I}\sum_{i=1}^{I} \hat{S}_i$$

$$S_p^2 = \frac{1}{I-1}\sum_{i=1}^{I}(\hat{S}_i - \hat{\mu}_s)^2 \tag{4-44}$$

式中 $\bar{v}_{r(i)}$——第 i 组试验的垂线相对平均流速相对误差的算术平均值(%)；

J——在第 i 组试验中垂线平均流速重复测量次数,次；

$v_{r(i,j)}$——第 i 组试验中第 j 测次的相对垂线平均流速的相对误差(%)；

$\hat{S}_i$——对第 i 组试验的Ⅱ型相对误差(%)；

$\hat{\mu}_s$——断面的Ⅱ型相对误差平均值,即已定系统误差(%)；

I——Ⅱ型误差试验总组数；

S_p——断面的Ⅱ型相对标准差(%)。

(5)流速仪法的 Ⅲ 型误差按下列公式估算：

$$\hat{\mu}_m = \frac{1}{I}\sum_{i=1}^{I}\left(\frac{Q_m}{Q}\right)_i - 1 \tag{4-45}$$

$$S_m^2 = \frac{1}{I-1}\sum_{i=1}^{I}\left[\left(\frac{Q_m}{Q}\right)_i - \overline{\left(\frac{Q_m}{Q}\right)}\right]^2 \tag{4-46}$$

式中 $\hat{\mu}_m$——Ⅲ型相对误差平均值,即已定系统误差(%)；

I——Ⅲ型误差试验总次数；

Q_m——少线流量值,m^3/s；

S_m——Ⅲ型相对标准差(%)；

Q——流量的近似真值,m^3/s；

$\left(\frac{Q_m}{Q}\right)_i$——第 i 个相对流量值(%)；

$\overline{\left(\frac{Q_m}{Q}\right)}$——$I$ 个相对流量值的平均值(%)。

五、流量测验总不确定度的计算

流速仪法的流量测验总不确定度,由流量测验总随机不确定度和总系统不确定度组

成,其计算方法如下:

(1)流量测验总随机不确定度按下式估算:

$$X'_Q \approx \pm \left[X'^2_m + \frac{1}{m+1}(X'^2_e + X'^2_p + X'^2_c + X'^2_d + X'^2_b) \right]^{1/2} \tag{4-47}$$

式中 X'_Q——流量总随机不确定度(%);

X'_m——断面Ⅲ 型随机不确定度(%);

X'_e——断面Ⅰ型随机不确定度(%);

X'_p——断面Ⅱ型随机不确定度(%);

X'_c——断面的流速仪率定随机不确定度(%);

X'_d——断面的测深随机不确定度(%);

X'_b——断面的测宽随机不确定度(%);

(2)总系统不确定度按下式估算:

$$X''_Q = \pm \sqrt{X''^2_b + X''^2_d + X''^2_c} \tag{4-48}$$

式中 X''_Q——流量总系统不确定度(%);

X''_b——测宽系统不确定度(%);

X''_d——测深系统不确定度(%);

X''_c——流速仪检定系统不确定度(%)。

(3)总不确定度按下式估算:

$$X_Q = \pm \sqrt{X'^2_Q + X''^2_Q} \tag{4-49}$$

式中 X_Q——流量总不确定度(%)。

现行流量测验规范规定,各类精度的水文站应每年按高、中、低水各计算一次总不确定度和已定系统误差,并填入流量记载表中。

第六节 流速仪测流方法的精简分析

流速仪测流精简分析的目的是在保证一定精度的前提下,精简垂线、测点及测速历时,以减少测流工作量,缩短测流时间。由于精测法测流工作量较大,测流历时较长,故不适于经常性的流量测验工作,特别是在洪水期,更是如此。流量测验成果的好坏,除流量测验本身精度高低外,还和所确定的相应水位的代表性有关。测流历时过长,水位变幅大,相应水位难以求准,建立的水位流量关系曲线就不真实,用水位在关系线上推出的流量也就缺乏代表性。因此,缩短测流历时,是精简分析的主要目的,但精简分析是有原则的,要用一个精度指标作限制,见表3-11的误差界限。

一、常测法的精简分析

常测法的精简分析,是利用流速仪精测法实测流量资料或单项高精度实测资料,分析精简确定日常应用的测流方法。其精简分析方法有两种:一种是有精测资料的测站,可用精测资料进行分析,直接得出分析后的误差,与误差限比较,以决定方案的取舍;另一种是无精测资料的测站,可进行单项分析,利用误差公式进行综合,得出总的误差,再与误差限比较。现将这两种方法分别介绍如下。

(一)用精测资料进行精简分析

此法要求,流速仪用精测法测流,在收集 30 次以上且均匀分布在各级水位下的精测资料后,分别抽取一部分测速、测深垂线,垂线上采用较少的流速测点,重新计算流量,然后以精测法流量为准,计算精简后流量的随机误差及系统误差,与表 3-11 所列指标比较,若误差在规定范围内,则精简方案成立。否则,再适当增加垂线或测点数,重新计算流量、统计误差,直至符合误差指标要求。其大体的分析步骤如下:

(1)绘制垂线平均流速、水深横向分布图。在高、中、低水分选有代表性的精测资料绘图,如图 4-1 所示(若有悬移质输沙率测验的站,还应绘出垂线平均含沙量的横向分布)。根据该图情况,合理布设精简后的测速、测深垂线,使精简后的测速、测深垂线,能基本上保持流速、水深的横向分布形态。

(2)绘制垂线流速分布图。选择主流及断面内各个部位有代表性的测速垂线绘制。为便于进行不同位置垂线流速分布型态的比较,纵、横坐标最好用相对水深及相对流速绘制。相对流速是用水面流速作分母,各相对水深的流速作分子计算。把不同水位、不同部位处的垂线流速分布套绘在一起,以便全面了解垂线流速分布曲线规律,为垂线上精简流速测点作准备。精简后的垂线测速点,一般为 3 点、2 点或 1 点。

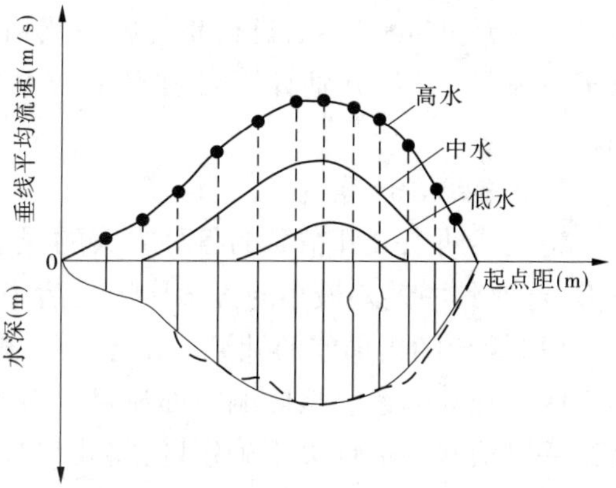

图 4-1 垂线平均流速、水深横向分布曲线综合

(3)初选方案。根据上述精简后的垂线、测点,用少数典型精测资料,计算垂线平均流速及单宽流量,绘出单宽流量横向分布图。比较不同精简方案的上述图形,选择流量误差较小的几种方案,为全面流量精简分析作准备。

(4)精简分析。将所有精测资料,按拟订的几种方案,根据各方案精简后的垂线、测点,重新计算断面流量。然后,用每种精简方案的每次流量 Q 与相应精简流量 Q_0 进行误差计算,分别求出每个方案的下列 3 个指标:随机误差为 ±3%、±5% 以内的累计频率,以及系统误差。

(5)确定精简方案。点绘各种精简方案的水位流量误差相关图,分析流量误差沿水位级的分布情况,据以判断各种精简方案在高、中、低水时的适用情况,挑选累计频率为 75%、95% 的随机误差及系统误差较小,且误差在各级水位分布比较均匀的方案,作为选定的方案。若误差在一部分水位级超过了规定的界限,而其余部分未超过,则不超过部分的水位级精简方案成立,超过部分的水位级应重新选择精简方案。当采用水位分级精简垂线、测点时,最好在各水位级都分别收集到 30 次以上的精测资料。有困难时,亦不宜少于 20 个测次。

如同时考虑缩短测速历时,当能达到规定的要求时,测速历时也可以缩短,但一般不宜小于 50 s。

(二)无精测资料时的精简分析

无条件采用精测法测流的测站,可采用垂线、测点分开精简的方法,求出各自的误差,然后进行误差综合,只要综合后的误差符合表3-11的要求,则其精简方案成立,这种方法又称分开精简法。其分析步骤大致如下。

1. 测点精简

在测流断面上选择有代表性的少数测速垂线,在各级水位下,用多点法和长历时分别进行测速,取得30条垂线以上的资料,然后分别计算各种精简测点方案的垂线平均流速,与多点法计算的垂线平均流速进行比较,计算相对误差,并统计出累计频率为75%、95%的随机误差和系统误差。

2. 垂线精简

在各级水位下,按精测法测流的要求,布置测速垂线,垂线上用少点法测速,取得30次以上的流量资料,然后进行单纯的垂线精简(垂线上的测速点数不变),重新计算流量,以多线流量为准,分别计算各种精简方案的累计频率为75%、95%的随机误差及系统误差。

3. 误差综合计算

将上述两项分开精简的各种方案的误差分别进行综合,从而产生若干少线少点精简方案,选取其中误差最小的方案作为最后确定的方案。其综合步骤如下:

(1)综合随机误差的计算。由于在垂线上精简流速测点和在断面内精简测速垂线,属于两个独立因素直接影响断面流量的误差,其误差的综合可使用式(4-49)的形式。若在某一置信水平下计算不确定度,将式(4-49)演变成如下公式:

$$X'_Q = (X'^2_x + X'^2_d)^{1/2}$$

式中 X'_x——断面内多线少点资料精简垂线引起的某一置信水平下断面流量的不确定度;

X'_d——垂线上用多点法资料精简垂线引起的某一置信水平下断面流量的不确定度;

X'_Q——某一置信水平下断面流量综合不确定度。

在实际应用中,累计频率相当于置信水平,所以累计频率误差相当于不确定度,两者意义相同。累计频率误差的统计方法是:将误差取绝对值,由小到大进行排列,然后进行累计频率统计,当统计到某一累计频率百分数时,其对应误差,即为要求的累计频率误差。

(2)综合系统误差的计算。综合系统误差的计算公式为

$$X''_Q = (X''^2_x + X''^2_d)^{1/2}$$

式中 X''_x——断面内用多线少点资料精简垂线引起的某一置信水平下断面流量的系统误差;

X''_d——垂线上精简测点引起的某一置信水平下断面流量的系统误差;

X''_Q——流量的综合系统误差。

经上述误差的综合,当综合后的随机误差和系统误差符合表3-11的要求时,精简方案成立,否则调整方案重新进行。

二、简测法精简分析

简测法是适用于洪水暴涨暴落、抢测洪峰的方法，因此测验时要用尽可能少的测速垂线和测点测速，尽量缩短测流历时。简测法的精简分析，可用精测资料或常测资料进行。精简后的精度指标，应符合表3-11的要求。在精简分析时，要根据断面情况采用合适的方法。

（一）断面比较稳定的测站

（1）选择中、高水阶段精度较高的几次精测法或常测法资料，绘制综合断面图及$v_m/\bar{v}$分布曲线（v_m、$\bar{v}$分别代表垂线平均流速和断面平均流速），以了解水深和流速的横向变化。

（2）在综合断面图中选择$v_m/\bar{v}$比较稳定的部位，将全部流量资料在该处的测速垂线摘出，选出若干测点（如选用一线一点法、一线两点法、两线一点法等），取垂线平均或测点平均，计算流速作为单位流速。

（3）用各次精测法或常测法的断面平均流速与单位流速点绘关系图，通过点群中心绘出关系曲线（一般为直线），或按不同的流量变幅绘几条相关线。统计关系点偏离曲线的误差，并计算累计频率为75%、95%的误差（随机不确定度），若误差符合表3-11的要求，精简方案成立，否则调整方案重新进行。

（二）断面不稳定的测站

当断面冲淤变化比较大时，在绘制的$v_m/\bar{v}$横向分布曲线上没有稳定部位，因此不能采用一线一点法、一线两点法或两线一点平均值法作单位流速。此时可采用多线一点法，即在断面内取多条测速垂线，每条垂线取水面点或0.2相对水深点的流速，作为垂线的虚流速，计算部分虚流量及断面虚流量，与相应的精测流量点绘关系图，求各关系点偏离关系曲线的相对误差，统计累计频率为75%、95%的误差，若误差符合表3-11的要求，精简方案成立，否则调整方案重新进行。

第五章　泥沙测验

第一节　概　述

一、泥沙测验的意义

河流中挟带不同数量的泥沙，淤积河道，使河床逐年抬高，容易造成河流的泛滥和游荡，给河道治理带来很大的困难。黄河下游泥沙长期沉积，形成了举世闻名的"悬河"，正是水中含沙量大所致。泥沙的存在，使水库淤积，缩短工程寿命，降低工程的防洪、灌溉、发电能力；泥沙还会加剧水力机械和水工建筑物的磨损，增加维修费用和工程造价等。泥沙也有其有利的一面：粗颗粒是良好的建筑材料；细颗粒泥沙进行灌溉，可以改良土壤，使盐碱沙荒变为良田；抽水放淤可以加固大堤，从而增强抗洪能力等。

对一个流域或一个地区，为了达到兴利除害的目的，就要了解泥沙的特性、来源、数量及其时空变化，为流域的开发和国民经济建设提供可靠的依据。为此，必须开展泥沙测验工作，系统地收集泥沙资料。

二、河流泥沙的分类

泥沙分类形式很多，从泥沙测验方面来讲，主要考虑泥沙的运动形式和在河床上的位置，如图5-1所示。

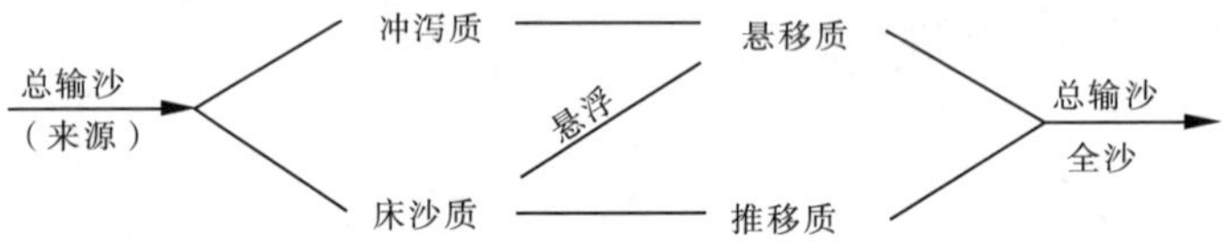

图5-1　泥沙分类

按运动形式，河流泥沙可分为悬移质、推移质、河床质。悬移质是指悬浮于水中，随水流一起运动的泥沙；推移质是指在河床表面，以滑动、滚动或跳跃形式前进的泥沙；河床质是组成河床活动层处于相对静止的泥沙。

按在河床中的位置，河流泥沙可分为冲泻质和床沙质。冲泻质是悬移质泥沙的一部分，它由更小的泥沙颗粒组成，能长期悬浮于水中而不沉淀，它在水中的数量多少，与水流的挟沙能力无关，只与流域内的来沙条件有关；床沙质是河床质的一部分，与水力条件有关，当流速大时，可以成为推移质和悬移质，当流速小时，沉积不动成为河床质。

因泥沙运动受到本身特性和水力条件影响，各种泥沙之间没有严格的界限。当流速小时，悬移质中一部分粗颗粒泥沙可能沉积下来成为推移质或河床质；反之，推移质或河床质中的一部分,在水流的作用下悬浮起来成为悬移质。随着水力条件的不同,它们之间可以相互转化,这也是泥沙治理困难的关键所在。

河流泥沙测验的内容,包括悬移质、推移质的数量和颗粒级配,以及河床质的颗粒级配。

三、河流泥沙的脉动现象

与流速脉动一样,泥沙也存在着脉动现象,而且脉动的强度更大。在水流稳定的情况下,断面内某一点的含沙量是随时在变化的,它不仅受流速脉动的影响,而且与泥沙特性等因素有关。图 5-2 是黄河上诠水文站进行悬移质泥沙采样器比较试验时的实测资料,可见,用横式(属于瞬时式)采样器测得的含沙量有明显的脉动现象,变化过程呈锯齿形。而真空抽气式(属于积时式)采样器变动不太大,长时间的平均值稳定在某一数值上,即时均值是一个定值。

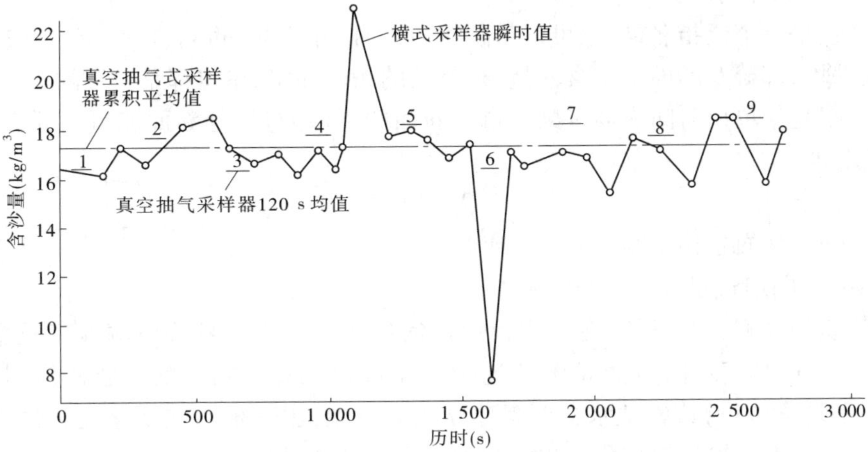

图 5-2　黄河上诠水文站泥沙脉动分析

据研究,河流泥沙脉动强度与流速脉动强度及泥沙特性等因素有关,且大于流速脉动强度。泥沙脉动是影响泥沙测验资料精度的一个重要因素,在进行泥沙测验及其仪器的设计和制造时,必须充分考虑。

四、悬移质泥沙在断面内的分布

悬移质含沙量在垂线上的分布,一般是从水面向河底呈递增趋势。含沙量的变化梯度随泥沙颗粒粗细的不同而不同。颗粒越粗,梯度变化越大;颗粒越细,梯度变化越小,这是细颗粒泥沙属冲泻质,不受水力条件影响,能较长时间漂浮在水中不下沉所致。由于垂线上的含沙量包含所有粒径的泥沙,故含沙量在垂线上的分布呈上小下大的曲线形态。

悬移质含沙量沿断面的横向分布,随河道情势、横断面形状和泥沙特性而变。如河道是顺直的单式断面,当水深较大时,含沙量横向分布比较均匀。在复式断面上,或有分流漫滩、水深较浅、冲淤频繁的断面上,含沙量的横向分布将随流速及水深的横向变化而变化。一般情况下,含沙量的横向变化较流速横向分布变化小,如岸边流速趋近于零,而含沙量却不趋近于零。这是由于流速与水力条件主要影响悬移质中的粗颗粒泥沙及床沙质的变化，而对悬移质中的细颗粒（冲泻质）泥沙影响不大。因此，河流的悬移质泥沙颗粒越细，含沙量的横向分布就越均匀，否则相反。

第二节　悬移质泥沙测验

河流中悬移质的多少及其变化过程，是通过测定水流中的含沙量和输沙率来确定的。

含沙量是指单位体积水样中所含干沙的质量，其表达式为

$$C_s = \frac{W_s}{V} \tag{5-1}$$

式中　C_s——含沙量，kg/m^3 或 g/m^3；

W_s——水样中干沙的质量，g 或 kg；

V——水样的体积，m^3。

含沙量是一个泛指名词，它可以是瞬时、日、月、年平均，也可以是单沙、相应单沙、测点、垂线平均、部分及断面平均含沙量，视所处的条件而定，单位都是一样的。

输沙率是指单位时间内通过某一过水断面的干沙质量，是断面流量与断面平均含沙量的乘积，即

$$Q_s = QC_s \tag{5-2}$$

式中　Q_s——断面悬移质输沙率，t/s 或 kg/s；

Q——断面流量，m^3/s。

悬移质泥沙测验的目的，在于测得通过河流测验断面的悬移质输沙率及变化过程。由于输沙率随时间变化，要直接测获连续变化过程无疑是困难的。通常是利用输沙率（或断面平均含沙量）或其他水文要素建立相关关系，由其他水文要素变化过程的资料，通过相关关系求得输沙率变化过程。我国绝大部分测站的实测资料分析表明，一般断面平均含沙量与断面上有代表性的某垂线或测点含沙量（单位含沙量，简称单沙）存在着较好的相关关系。测断面输沙率的工作量大，测单沙简单。一般可用施测单沙以控制河流的含沙量随时间的变化过程，以较精确的方法，在全年施测一定数量的断面输沙率，建立相应的单沙断沙关系，然后通过相关关系由单沙过程资料推求断沙过程资料，进而计算悬移质的各种统计特征值。因此，悬移质测验的主要内容除测定流量外，还必须测定水流含沙量。悬移质泥沙测验包括断面输沙率测验和单沙测验。

一、悬移质泥沙测验仪器及使用

目前，悬移质泥沙测验仪器分瞬时式、积时式和自记式三种。为了正确测取河流中的天然含沙水样，必须对各种采样仪器的性能有所了解，通过合理使用，以取得正确的水样。

（一）悬移质泥沙采样器的技术要求

（1）仪器对水流干扰要小。仪器外形应为流线型，器嘴进水口设置在扰动较小处。

（2）尽可能使采样器进口流速与天然流速一致。当河流流速小于 5 m/s 和含沙量小于 30 kg/m^3 时，管嘴进口流速系数为 0.9 ~ 1.1 的保证率应大于 75%；当含沙量为

30 ~ 100 kg/m^3 时，管嘴进口流速系数为 0.7 ~ 1.3 的保证率应大于 75%。

(3)采取的水样应尽量减少脉动影响。采取的水样必须是含沙量的时均值，同时取得水样的容积还要满足室内分析的要求，否则就会产生较大的误差。

(4)仪器能取得接近河床床面的水样，用于宽浅河道的仪器，其进水管嘴至河床床面距离宜小于 0.15 m。

(5)仪器应减少管嘴积沙、器壁粘沙。

(6)仪器取样时，应无突然灌注现象。

(7)仪器应具备结构简单、部件牢固、安装容易、操作方便，对水深、流速的适应范围广等特点。

(二)常用采样器结构形式、性能特点及采样方法介绍

1. 横式采样器

横式采样器属于瞬时采样器，器身为一圆管，容积为 500 ~ 3 000 mL，两端有筒盖，筒盖关闭后，仪器密封。取样时张开两盖，将采样器下放至测点位置，水样自然地从筒内流过，然后操纵开关关闭筒盖。开关形式有拉索、锤击和电磁吸闭三种。横式采样器的形式如图 5-3 所示。

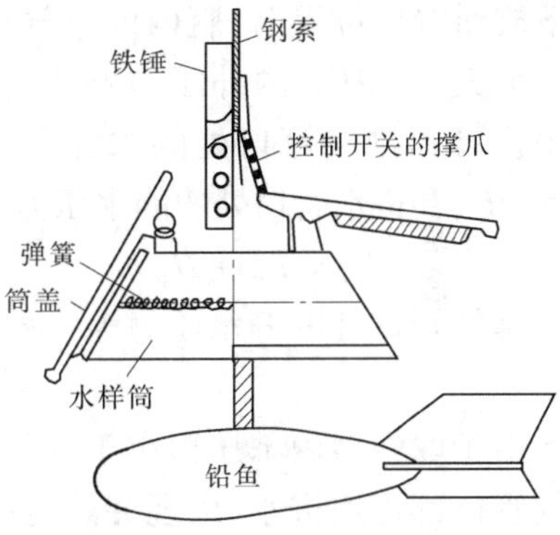

图 5-3 横式采样器

横式采样器的优点是仪器的进口流速等于天然流速，结构简单，操作方便，适用于各种情况下的逐点法或混合法取样；其缺点是不能克服泥沙的脉动影响，且在取样时，严重干扰天然水流，采样器关闭时口门击闭影响水流，如图 5-4 所示，加之器壁粘沙，使测取的含沙量系统偏小。据有关单位试验，其偏小程度为 0.41% ~ 11.0%。

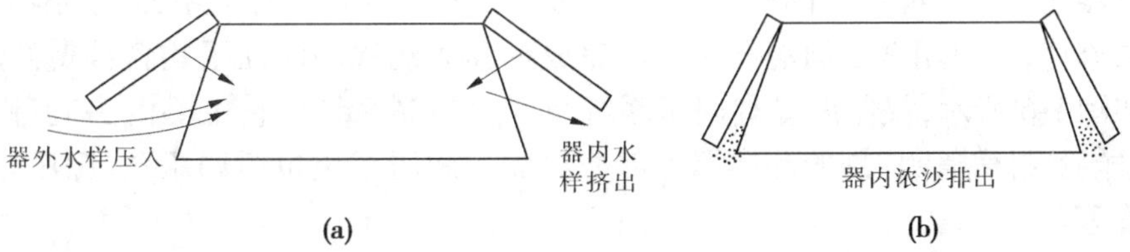

图 5-4 横式采样器口门击闭对水样的影响

横式采样器主要应考虑脉动影响和器壁粘沙。在输沙率测验时，因断面内测沙点较多，脉动影响相互可以抵消，故每个测沙点只需取一个水样即可。在取单位水样含沙量时，采用多点一次或一点多次的方法，总取样次数应不少于 2 ~ 4 次。所谓多点一次，是指在一条或数条垂线的多个测点上，每点取一个水样，然后混合在一起，作为单位水样。一点多次是指在某一固定垂线的某一测点上，连续测取多次混合成一个水样，以克服脉动影响。为了克服器壁粘沙，在现场倒过水样并量过容积后，应用清水冲洗器壁，一并注入盛样筒内。采样器采取的水样应与采样器本身容积一致，其差值一般不得超过 10%，否则应废弃重取。

2. 普通瓶式采样器

普通瓶式采样器的结构如图 5-5 所示，由容积 500 ~ 2 000 mL 的玻璃瓶制成，瓶口加有橡皮塞，塞上装有进水管和排气管，调整进水管和排气管出口的高差 ΔH，选用粗细不同的进水管和排气管来调整进口流速。采样器最好设置有开关装置，否则不适于逐点法取样。

瓶式采样器结构简单，操作方便，属于积时式的范畴，可以减少含沙量的脉动影响。但它也存在一些问题，当采样器下放到取样位置时，瓶内的空气压力是一个大气压 P_0，内外压力不等，假设进水管口和排气管口处的水深分别为 H_1 和 H_2，在进水管口处的静水压力为

$$P_1 = P_0 + H_1$$

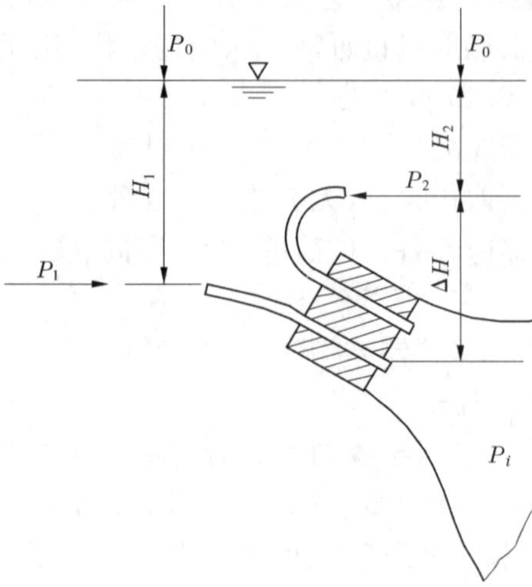

图 5-5　瓶式采样器

排气管口处的静水压力为

$$P_2 = P_0 + H_2$$

由于取样器内部压力小于外部压力，在打开进水管口和排气管口的瞬间，进水管口和排气管口都迅速进水，出现突然灌注现象。在这一极短的时段内，进口流速比天然流速大得多。进入取样器的水样含沙量，与天然情况差别很大，水深越大，这种误差越大。所以，该仪器不宜在水深较大的河流中使用。

该仪器仅适用于水深为 1.0 ~ 5.0 m 的双程积深和手工操作取样。

3. 调压积时式采样器

该仪器适用于在缆道上同时进行测流、取沙。在一次行车过程中，测量断面内每个固定测点的流速，同时用全断面混合法一次完成悬移质泥沙的断面平均含沙量测验。仪器的结构如图 5-6 所示，仪器设置有调压系统及开关控制系统。它主要由头舱、铅鱼体、调压舱、取样舱、排气管、控制舱和尾翼等部分组成。调压系统包括调压孔、调压舱、水样舱和排气管等。

在取样前，调压孔进水，压缩调压舱内空气经连通管至水样舱，使水样舱内的空气压力与器外静水压力平衡。当用控制系统打开进水管开关取样时，排气管开始排气，使水样舱内气压接近于排气管口的压力（静水压力和动水压力之和），使进口流速与天然流速一致。调压历时与调压孔的大小有关，一般为 5 s。

该仪器适用于积点法、垂线混合法和积深法取样，也适用于缆道测流取沙。存在的问题是管嘴容易积沙。

4. 皮囊积时式采样器

皮囊积时式采样器，借助皮囊容器的柔性以传导和调整仪器内压力与仪器外静水压力使其平衡，不另设调压系统。仪器主要由取样系统和铅鱼体壳两大部分组成。取样系统包括管嘴、进水管、电磁开关和皮囊。铅鱼体壳侧面设有弧形活门和若干进水小孔。其

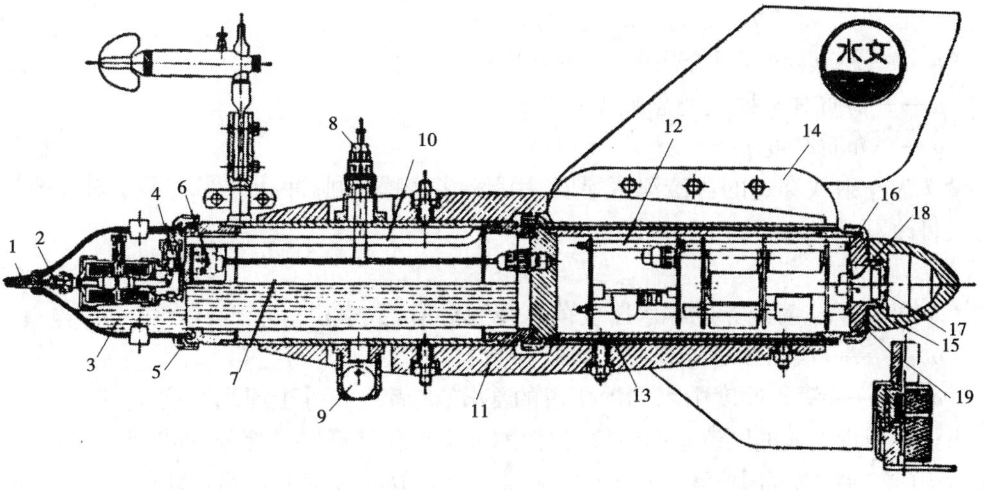

1—进水口；2—电磁开关；3—取样舱；4—转换开关；5—头帽；6—排气孔；7—调压舱；
8—引出线；9—浮球；10—调压管；11—铅鱼；12—指令舱；13—密封舱；14—尾翼；
15—尾帽；16—压圈；17—压盖；18—电源开关；19—河底信号

图 5-6 调压积时式缆道采样器结构

形式如图 5-7 所示。取样前，将皮囊内空气排出，并由电磁铁将管道封闭。取样时，电磁铁接通电流，开启管道，水样在动水作用下即可通过管道注入可以张开的皮囊容器内，皮囊内外始终保持压力平衡。该采样器是利用柔性极强的乳胶皮囊作盛水容器，仪器本身可保证内外静水压强相等，没有排气孔，也不需要设置调压舱，就可达到瞬时调压的目的。

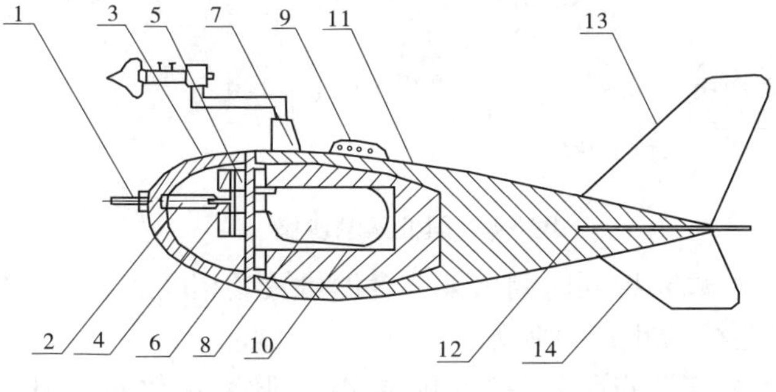

1—管嘴；2—进水管；3—头舱；4—滑阀；5—电磁铁；6—阀座；7—悬杆；8—皮囊；
9—挂钣；10—皮囊门；11—配重；12—横尾；13—上纵尾；14—下纵尾

图 5-7 皮囊积时式采样器结构

该仪器结构简单，操作方便，同调压积时式一样能克服脉动影响，具有不干扰天然水流，进口流速接近天然流速等优点。它适用于高流速、大含沙量和不同水深条件下的积点法、垂线混合法和积深法取样等。

5. 同位素测沙仪

同位素测沙仪是利用 γ 射线穿过水样时，强度将发生衰减的原理而制成的，其衰减程度与水样中含沙量的大小有关，从而可利用 γ 射线衰减的强度反求含沙量。

γ 射线穿过物质时，其强度衰减可用下式表示：

$$I = I_0 e^{-\mu d} \tag{5-3}$$

式中　I_0、I——γ 射线穿过介质前、后的强度；

μ——物质对 γ 射线的总吸收系数；

d——介质厚度。

设 d 为 γ 射线穿过的含沙浑水厚度，用脉冲探测器的脉冲计数率表示 γ 射线的强度，则上式可改写为

$$N = N_0 e^{-(\mu_\omega d_\omega + \mu_s d_s)} \tag{5-4}$$

式中　N、N_0——γ 射线穿过浑水厚度前、后的脉冲计数率；

μ_ω、μ_s——水和沙对 γ 射线的吸收系数；

d_ω、d_s——浑水厚度中水和沙所占的部分，二者之和等于浑水厚度 d。

由上述原理制成的同位素测沙仪，包括测量探头和计算器两部分，如图 5-8 所示。测量由放射源（铯、钼、镉等同位素）和闪烁探测器组成。放射源安放在铅鱼体内，γ 射线经由准直孔射出而直指闪烁探测器，放射源管道和准直孔均严格止水，信号由电缆送至计数器。

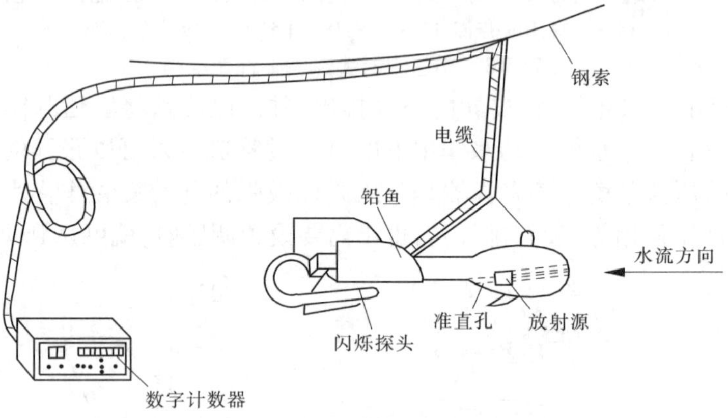

图 5-8　同位素测沙仪

测沙前应进行比测试验，即同时测出某一含沙量及其相应的脉冲计数率，建立脉冲计数率与含沙量的相关曲线，如图 5-9 所示。

测沙时，将仪器下放至测点位置，打开仪器，测出脉冲计数率（一般取数次计数率的平均值），在率定曲线上读含沙量即得。

同位素测沙仪，可以在现场测得瞬时含沙量，省去采取及水样处理工作，操作简单，测量迅速。其缺点是放射性同位素衰变的随机性对仪器的稳定性有一定影响；探头的效应、水质及泥沙矿物质对施测含沙量会产生一定影响。另外，要求的技术水平和设备条件较高。

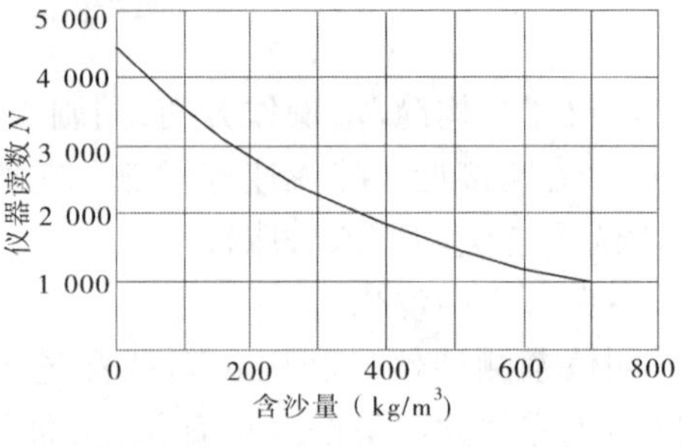

图 5-9　同位素测沙仪率定曲线

6. 光电测沙仪

光电测沙仪是利用光电原理测量水体中含沙量的仪器。当光源透过含有悬移质泥沙

的水体后,一部分光能被悬沙吸收,一部分光能被悬沙散射,因此透过浑水的光能只是入射光能的一部分。利用悬移质泥沙的这种消光作用,使光能透过悬移质泥沙的衰减转换成电流值,从而测定含沙量。光学中的比尔定律描述了光线通过介质时的吸收效应:

$$\Phi = \Phi_0 e^{-kL} \tag{5-5}$$

式中 Φ——透射光通量;

Φ_0——入射光通量;

L——光通过的路程。

当光线通过含沙水体时表现为

$$\Phi_i = \Phi_0 e^{-kANL} \tag{5-6}$$

式中 Φ_i——光电器件通过清水的光通量;

Φ_0——光电器件通过悬移质水体的光通量;

A——泥沙颗粒投影面积;

N——单位体积水体中泥沙的颗粒数;

L——透过水体的厚度;

k——消光系数(颗粒的有效横截面与几何横截面之比,它与辐射波长 λ、颗粒的折光系数 m、颗粒的粒径 d 等因素有关)。

把 $A=\dfrac{bV}{d}$,$N=\dfrac{\rho}{\gamma V}$,代入式(5-6),则有

$$\Phi_i = \Phi_0 e^{\left(-kb\frac{C_s}{\gamma d}L\right)} \tag{5-7}$$

式中 b——形状系数;

V——颗粒体积;

γ——颗粒相对密度;

C_s——悬移质含沙量。

利用光电器件通过清水的光通量 Φ_0 转换为电流量 I_0;通过悬移质水体的光通量 Φ_i 转换为电流量 I_i,相应的光通量公式变为

$$\frac{I_i}{I} = e^{\left(-k\frac{C_s}{d}\right)} \tag{5-8}$$

将上式取对数,便可推求含沙量。光电测沙仪可采用激光或红外光。尽管采用的光源不同,它们的基本原理是相同的。但一般光电测沙仪将光通量转换成相应的电流量,并不直接测量光通量,而是通过测量电流获得含沙量。光电测沙仪的测量成果受水深、含沙量、粒径大小、泥沙颜色等众多因素影响。现在,由于光电器件稳定性能好,还可以利用光电通信技术,使光电测沙仪受外部条件影响减少,有利于仪器的进一步发展。

7. 振动管测沙仪

物体(或单位体积的物质)的固有频率与其质量(或密度)有确定的关系。振动管测沙仪就是测定金属传感器的振动频率,从而确定流经金属棒体内水体的悬移质泥沙含沙量。这种金属传感器是由特殊材料制成的振动管,该振动管的管壁厚度、直径、长度和管两端的连接方式,都是确定的。当液体流经振动管时,振动管的振动频率就会发生变化。振动管的自由振动方程为

$$\frac{\partial^2 r}{\partial t^2} + \frac{EI}{\rho}\frac{\partial^4 r}{\partial x^4} = 0 \tag{5-9}$$

式中　r——振动管的半径；

ρ——密度；

E——弹性模量；

I——截面绕转动中心的转动惯量。

如果金属棒两端固定，又不影响在振动时所产生的转角，则在端点上挠度弯矩都为零。经推导后得

$$\rho = \frac{\pi^2}{4L^4}\frac{EI}{f^2} = \frac{\pi^2 EI}{4L^4}T^2 \tag{5-10}$$

式中　f——谐振频率，$f = 1/T$，T 为振动周期；

L——振动管长度。

从式(5-10)可知，金属棒的密度和棒体振动周期的平方成正比。如果金属棒空管内充满含有悬移质的水体，则这一棒体的密度既与管子材料有关，又与悬移质水体的质量有关。由于管壁的密度基本不变，因此对应于不同含沙量的水体就有不同的振动周期，只要建立好两者的关系，测量时只需测出传感器的棒体振动周期，便可得到水体的含沙量。

8. *超声波测沙仪*

由于超声波在含沙水流中传播时，其衰减规律与浑水中悬浮颗粒浓度有关，因此可根据这一原理实现对水体含沙量的测量。根据武汉水利电力学院试验，传感器由超声探头和一块反射挡板构成，若超声探头和挡板之间的距离为 L，L 的长度可以根据含沙量的大小选定，建立下列关系式：

$$p_1 = p_0 e^{-2L\alpha} \tag{5-11}$$

式中　p_0——初始声压；

p_1——传播 L 行程后的声压；

α——声波衰减系数。

当超声波在发射面与挡板之间来回传播衰减到零时，改写式(5-11)可得到专用吸收系数 α：

$$\alpha = -\frac{1}{2L}\ln\frac{p_0}{p_1} \tag{5-12}$$

声波衰减系数的 α：

$$\alpha = \alpha_p + \alpha_0 \tag{5-13}$$

式中　α_p——泥沙对超声波的衰减系数；

α_0——清水对超声波的衰减系数。

而 α_p 可用下式表示：

$$\alpha_p = kc \tag{5-14}$$

式中　k——与泥沙特性有关的系数；

c——水中悬浮粒子的浓度。

由以上分析知，如果泥沙的种类(特性)确定，超声波的衰减系数只与悬浮粒子浓度

有关，因此通过测量超声波振幅的衰减，可以测定水中泥沙的浓度。

二、悬移质输沙率测验

悬移质输沙率测验的目的是用比较精确的方法，测定单位时间内通过的悬移质干沙质量，结合同时的流量资料确定断面平均含沙量，利用单断沙关系或断沙过程线以推求不同时期的断沙数值。

（一）输沙率测验的工作内容

理论上的悬移质输沙率用下式表示：

$$Q_s = \int_0^B \int_0^h C_s v \mathrm{d}h \mathrm{d}B$$

式中 C_s、v——断面上某一测点上的含沙量、流速，二者的乘积为测点输沙率；

h、B——垂线水深和水面宽；

Q_s——过水断面内的悬移质输沙率。

$v\mathrm{d}h$ 表示单宽 $\mathrm{d}h$ 水层内每秒钟通过的水流体积，$C_s v\mathrm{d}h$ 表示单宽 $\mathrm{d}h$ 水层内的输沙率（每秒钟通过的干沙质量），$\int_0^h C_s v\mathrm{d}h$ 表示单宽输沙率，由于 $C_s v$ 在断面内的函数关系不易找到，所以在测验中一般用有限差的形式表示：

$$Q_s = \sum C_s v \Delta A \tag{5-15}$$

式中把过水断面划分成许多小块，在每块面积上测速、测沙，$C_s v\Delta A$ 表示通过每块小面积上的输沙率，全断面内的各小块输沙率之和即为断面输沙率。

常用的悬移质泥沙测验方法有两种：直接测量法和间接测量法。

1. 直接测量法

在一个测点上，用一个仪器直接测得时段平均悬移质输沙率。要求水流不受扰动，仪器进口流速等于或接近天然流速。单位面积上的时段平均悬移质输沙率由下式表示：

$$\bar{q}_{si} = \frac{1}{t}\int_0^t \alpha q_{si} \mathrm{d}t \tag{5-16}$$

式中 q_{si}、$\bar{q}_{si}$——测点瞬时输沙率、时段平均输沙率；

α——无量纲系数，随泥沙粒径、流速和仪器管嘴类型而变，是瞬时天然输沙率与测得输沙率的比值；

t——测量历时。

断面输沙率为

$$Q_s = \sum_0^m \bar{q}_{si} \Delta A_i \tag{5-17}$$

2. 间接测量法

在一个测点上，分别用两个仪器几乎同时进行时段平均含沙量和时段平均流速的测量，两者乘积为测点输沙率：

$$Q_s = \sum_0^m \overline{C}_{si} \bar{v}_i \Delta A_i \tag{5-18}$$

我国目前采用的间接测量法与直接测量法因误差大，不能保证仪器进口流速等于天然流速，故很少采用。实际测验时仍采取与流量模相同的概念，将断面分割成许多平行的垂直部分块，计算每部分块的输沙率，然后累加得断面输沙率：

$$Q_s = \sum \overline{C}_{sb} q \tag{5-19}$$

式中　$\overline{C}_{sb}$、q——某一部分块的平均含沙量和流量，二者之积得部分块的输沙率。

上述分析是指在测沙、测速分开进行时的悬移输沙率测验公式。测沙的同时要求测流，其工作内容为：

（1）包含流量测验的全部项目：观测水位、比降、各垂线的水深、起点距离及流速等。

（2）在选定的测沙垂线上测取水样（测沙垂线应在测速垂线中选取），若作颗粒分析，须同时加测水温。

（3）采用单断沙关系进行资料整编的测站，在测输沙率的同时，测取相应单位水样。

（二）悬移质输沙率测次要求

一年内悬移质输沙率的测次，应主要分布在洪水期。采用断面平均含沙量过程线法进行资料整编时，每次较大洪峰的测次不应少于5次，平、枯水期，一类站每月测5～10次，二、三类站每月测3～5次。采用单断沙关系整编资料时，一类站单断沙关系与历年综合关系比较，其变化在3%以内时，一年测次不少于15次；二、三类站作同样的比较，其变化在5%以内时，一年测次不少于10次，历年变化在2%以内时，一年测次不少于6次，并应均匀分布在含沙量变幅范围内。单断沙关系随水位级或时段不同而分为2条以上曲线时，每年悬移质输沙率测次，一类站不应少于25次，二、三类站不应少于15次，在关系曲线发生转折变化处，应增加测次；采用单断沙关系比例系数过程线法整编资料时，测次应均匀分布并控制比例系数转折点，在流量和含沙量的主要转折变化处，应增加测次；采用流量输沙率关系曲线法整编资料时，年测次分布应能控制各主要洪峰变化过程，平、枯水期分布少量测次。

（三）测沙垂线的布置

断面内测沙垂线的布置应根据含沙量横向分布的规律布设，一般情况下，其分布应为大致均匀，中泓密，两边疏，以能控制含沙量横向变化，正确测定断面输沙率为原则。测沙垂线数目一般应根据试验资料分析确定：一类站不少于10条，二类站不少于7条，三类站不少于3条。

断面与水流稳定的测站，测沙垂线应该随测速垂线一起固定下来。用全断面混合法测输沙率时，测沙垂线的数目和位置应按全断面混合法的要求布置。

（四）垂线上取样方法

垂线上取样的目的在于推求垂线平均含沙量和分析研究含沙量沿垂线的分布规律，其取样方法有选点法、积深法和垂线混合法三种。

1. 选点法

在测沙垂线有代表性的相对位置上，逐点测取水样，同时测流速，按流量加权的原理计算垂线平均含沙量。选点法有以下几种：

（1）畅流期：

一点法：在水面下0.6相对水深处，测速取沙。

二点法：在水面下 0.2 和 0.8 相对水深处，测速取沙。

三点法：在水面下 0.2、0.6、0.8 相对水深处，测速取沙。

五点法：在水面下 0.2、0.6、0.8 相对水深处和河底附近，测速取沙。

(2)封冻期：

一点法：在水面下 0.5 相对水深处，测速取沙。

二点法：在水面下 0.15、0.85 有效相对水深处，测速取沙。

六点法：在冰底或冰花底，0.2、0.4、0.6、0.8 有效相对水深及河底附近，测速取沙。

2. 垂线混合法

在测沙垂线的有关测点上，按规定的要求分别取样，混合成一个水样，处理后的含沙量即为垂线平均含沙量。根据仪器的不同，有以下两种取样方法。

(1)积时式采样器取样。使用此种仪器，可根据不同的测点，按表 5-1 列出的取样历时比例取样，然后进行混合。

表 5-1 积时式采样器取样位置历时比例对照

采样方法	采样位置(相对水深)					说明
	水面下	0.2	0.6	0.8	河底	
	各测点的采样历时					
二点法		$t/2$		$t/2$		t 为垂线采样总历时
三点法		$t/3$	$t/3$	$t/3$		
五点法	$t/10$	$3t/10$	$3t/10$	$2t/10$	$t/10$	

(2)横式采样器取样。可按一定容积比例取样，进行垂线混合。在畅流期用 2∶1∶1或 1∶1混合法；封冻期用 1∶1混合法等，此类方法不太符合流量加权的原理，粗沙部分常产生较大误差，应通过试验分析确定。

3. 积深法

用积时式采样器在垂线上匀速提放，采取整个垂线上的水样，经处理求得的含沙量即为垂线平均含沙量。当不宜用选点法，且有 1 m 以上水深时，可用此法。为避免采样器进口流向偏斜过大，提放速度应不超过垂线平均流速的 1/3。取样时，可单程取样，也可以双程取样。在双程取样时，下放和上提的速度可以不同，但无论用何种方法取样，采样器均不得装满。

(五)相应单位含沙量的取样

输沙率测验期间，在单沙取样位置上取得的水样，称为相应单位含沙量(简称相应单沙)。由于输沙率测验不能在瞬间完成，因此相应单沙也不能用一次单沙与之适应，应视沙情变化，通过采用取多次单沙，以推求相应单沙。相应单沙质量的高低直接影响单断沙关系。测取相应单沙时，应注意以下几点：

(1)取样次数。在水情平稳时取 1 次；有缓慢变化时，应在输沙率测验开始、终了各取 1 次；水沙变化剧烈时，应增加取样次数，并控制转折变化。

(2)取样要求。在取样位置，取样的方法、使用仪器的类型，应与经常性的单沙取样相同，以不失去相应单沙的代表性。兼作颗粒分析的输沙率测次，应同时观测水温。当单样与单粒取样方法相同时，可用相应单样作颗粒分析；不同时，应另取水样作颗粒分析。

三、全断面混合法

全断面混合法，是指在断面上按一定的规则测取若干个水样，混在一起处理求得含沙量，作为断面平均含沙量。断面平均含沙量再乘以取样时相应的流量，求得断面输沙率。对于以确定断面平均含沙量为主要目的的输沙率测验，不需要同时施测流量，可使用等部分流量等取样容积全断面混合法；等水面宽、等速积深全断面混合法；面积、历时加权全断面混合法等来施测断面平均含沙量。

（一）等部分流量等取样容积全断面混合法

该法简称等部分流量法，取样垂线可按"等部分流量中线法"布设。该法适用于稳定河床和使用横式采样器的测站。

1. 原理

将断面流量划分成若干个大致相等的部分，在每个部分流量的中间位置布设测沙垂线，测取水样，由下式得

$$\overline{C_s} = \frac{Q_s}{Q} = \frac{C_{sm1}q + C_{sm2}q + \cdots + C_{smn}q}{nq} = \frac{C_{sm1} + C_{sm2} + \cdots + C_{smn}}{n} \tag{5-20}$$

若每条测沙垂线上所取水样的体积相等，即

$$V_1 = V_2 = \cdots = V_n = V$$

则式(5-20)可改为

$$\overline{C_s} = \frac{\dfrac{W_{s1}}{V} + \dfrac{W_{s2}}{V} + \cdots + \dfrac{W_{sn}}{V}}{n} = \frac{W_{s1} + W_{s2} + \cdots + W_{sn}}{n \cdot V} = \frac{\text{混合水样的总沙重}}{\text{混合水样的总容量}} \tag{5-21}$$

式中 Q_s——断面输沙率；

$\overline{C_s}$——断面平均含沙量；

Q——断面流量；

q——等部分流量；

$C_{sm1}, C_{sm2}, \cdots, C_{smn}$——位于各部分流量中心的垂线平均含沙量；

$W_{s1}, W_{s2}, \cdots, W_{sn}$——各相应垂线的干沙重；

V——各垂线取样容积。

上式表明，将断面内各测沙垂线测取的水样混合在一起，作为一个水样，处理后求得的含沙量即为断面平均含沙量。同时得知，用等部分流量法作全断面混合法测验时，应满足以下两个条件：

(1)断面内每条测沙垂线所代表的部分流量，彼此应大致相等。

(2)每条测沙垂线所取水样容积应大致相等，一般相差不得超过±10%。

2. 操作方法

利用实测资料，绘制部分流量累计百分数等值线图。在制作等值线图时，根据测站情况不同，操作方法有以下两种：

(1)部分流量累计百分数等值线图法。该方法适用于单宽流量横向分布稳定的测站，其操作步骤如下：

第一步，根据流速仪实测资料，计算各测速垂线的部分流量的累计百分数$\frac{\sum_{i=1}^{n} q_i}{Q} \times 100\%$，$\sum_{i=1}^{n} q_i$为第$i$根测速垂线至起点桩一侧水边各部分流量的累加值。

第二步，以水位为纵坐标、起点距为横坐标，点绘各次流量各测速垂线的部分流量累计百分数关系图。

第三步，根据图中各点所代表的部分流量累计百分数，内插出10%，20%，…，90%各等值线，如图5-10所示。

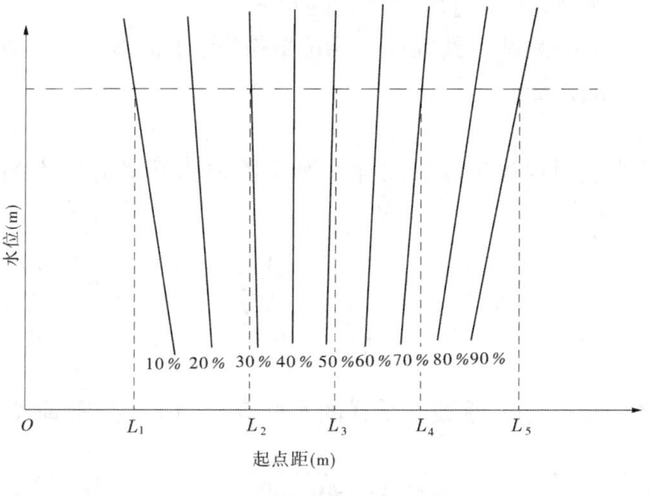

图5-10 部分流量累计百分数等值线

第四步，确定测沙垂线的位置。根据水位及含沙量情况，拟定测沙垂线数目，确定各相等的部分流量点总流量的百分数。假设取样垂线数为5条，每部分流量占总流量的20%，按照“等部分流量中线法”的布线原则，5条测沙垂线位置分别应为总流量的10%、30%、50%、70%、90%，用观测时水位画一水平线，与10%、30%、50%、70%、90%等值线相交，从交点向下作垂线，求得的起点距L_1、L_2、L_3、L_4、L_5，即为测沙垂线位置。

以上解决了本法中的第一个条件。至于第二个条件，取样时只要各垂线取样容积相等即可。

(2)部分流量累计百分数曲线法。该方法适用于主流摆动，断面冲淤较大，用等部分流量法绘部分流量累积百分数等值线图有困难的情况。其操作步骤如下：

第一步，计算各测速垂线的部分流量累计百分数(方法同上)。

第二步，以部分流量累计百分数为纵坐标，起点距为横坐标点绘图，通过各点绘制光滑曲线，即为部分流量累计百分数曲线，如图 5-11 所示。

第三步，根据测沙垂线数，可在曲线上查出相应的取样起点距位置。假设仍为 5 条测沙垂线，则每个部分流量为 20%，取样垂线应在每个部分流量的中心所对应的起点距，即在 10%、30%、50%、70%、90% 处绘水平线与曲线相交，再作垂线截取的起点距，即为取沙垂线位置。

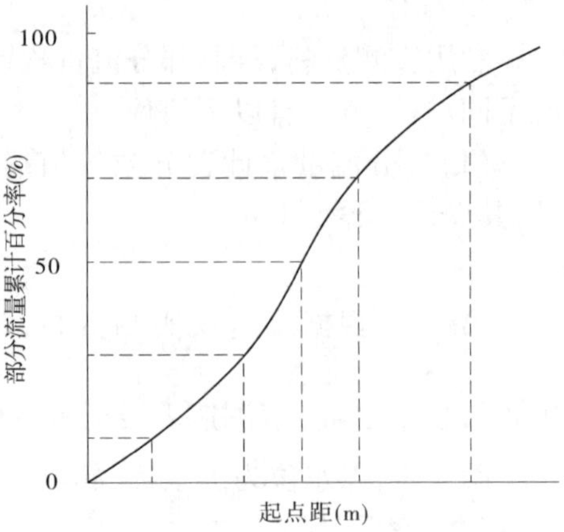

图 5-11　部分流量累计百分数曲线

在断面冲淤变化大的测站，一次作图只能短期使用。当水位变化大，主流摆动后，应重新作图。

以上是按等部分流量中线法布设测沙垂线。若各测沙垂线取样方法和取样容积不一致，各垂线水样应分别处理，然后取各垂线平均含沙量的算术平均值，即为断面平均含沙量。

（二）等水面宽、等速积深全断面混合法

此法简称等水面宽法，主要适用于稳定的单式河槽和使用积深采样器的测站。其取样垂线位置按“等水面宽中心线法”确定，是一种直接测取悬移质输沙率的方法。

1. 原理

在每条测沙垂线上用双程积深法取样。设仪器匀速升降的速度为 u，双程取样的历时为 T_i，则垂线水深 d_i 与 u、T_i 的关系为

$$2d_i = T_i u$$

则

$$d_i = \frac{T_i u}{2}$$

当仪器的进水口面积为 a、垂线上采样的水样容积为 V_i 时，则垂线平均流速 v_{mi} 与 V_i、T_i 及 a 有以下关系：

$$V_i = v_{mi} a T_i$$

则

$$v_{mi} = \frac{V_i}{a T_i}$$

式中的 $v_{mi}a$ 表示在仪器进口面积 a 上的流量，与 T_i 之积表示在历时 T_i 内流过的水量，即水样容积 V_i。

单宽流量 q_{mi} 等于垂线平均流速 v_{mi} 与垂线水深 d_i 之积：

$$q_{mi} = \frac{V_i}{a T_i} \frac{T_i u}{2} = \frac{V_i u}{2a}$$

部分流量 q_{bi} 等于单宽流量与部分宽之积：

$$q_{bi} = \frac{V_i u}{2a} b_i$$

断面流量 Q 是各部分流量的累加：

$$Q = \sum_{i=1}^{n} q_{bi} = \sum_{i=1}^{n} \frac{V_i u}{2a} b_i$$

当各部分宽相等，即 $b_1 = b_2 = \cdots = b_n = b$ 时，则上式为

$$Q = \frac{ub}{2a} \sum_{i=1}^{n} V_i$$

单宽输沙率 q_{smi} 等于单宽流量与垂线平均含沙量之积：

$$q_{smi} = q_{mi} C_{smi} = \frac{V_i u}{2a} \frac{W_{si}}{V_i} = \frac{uW_{si}}{2a}$$

部分输沙率 q_{sbi} 等于单宽输沙率与部分宽之积：

$$q_{sbi} = q_{smi} b = \frac{uW_{si}}{2a} b$$

断面输沙率 Q_s 是各部分输沙率之和：

$$Q_s = \sum_{i=1}^{n} q_{sbi} = \sum_{i=1}^{n} \frac{uW_{si}}{2a} b = \frac{ub}{2a} \sum_{i=1}^{n} W_{si}$$

断面平均含沙量 $\overline{C_s}$ 为

$$\overline{C_s} = \frac{Q_s}{Q} = \frac{\frac{ub}{2a}\sum_{i=1}^{n} W_{si}}{\frac{ub}{2a}\sum_{i=1}^{n} V_i} = \frac{\sum_{i=1}^{n} W_{si}}{\sum_{i=1}^{n} V_i} \tag{5-22}$$

2. 操作步骤

第一步，根据测沙垂线数等分河面宽，各测沙垂线位于各部分宽的中间。

第二步，用积深法双程取样，采样器在各垂线的提放速度应相等。

第三步，仪器的进口流速应等于天然流速，每次取样，采样器容积不得装满。

第四步，混合测定总沙重和容积，用式(5-22)计算断面平均含沙量。

（三）面积加权全断面混合法

该方法分为等部分面积和不等部分面积两种。

1. 等部分面积全断面混合法

该方法是指按等部分面积中心线，在每条垂线上用同一种方法取样，每条垂线取样历时相等，仪器进水管嘴不变，水样混合处理，即得断面平均含沙量。因为

$$\begin{aligned}\overline{C_s} &= \frac{Q_s}{Q} = \frac{A\frac{V_1}{at}\frac{W_{s1}}{V_1} + A\frac{V_2}{at}\frac{W_{s2}}{V_2} + \cdots + A\frac{V_n}{at}\frac{W_{sn}}{V_n}}{A\frac{V_1}{at} + A\frac{V_2}{at} + \cdots + A\frac{V_n}{at}} \\ &= \frac{W_{s1} + W_{s2} + \cdots + W_{sn}}{V_1 + V_2 + \cdots + V_n} = \frac{\overline{W_s}}{\overline{V}} \\ &= \frac{\text{混合水样的总沙重}}{\text{混合水样的总容量}}\end{aligned} \tag{5-23}$$

式中　A——等部分面积；

t——垂线取样历时；

其他符号含义同前。

此法适用于河床稳定、测沙垂线固定，并使用调压积时式采样器取样的测站。

2. 部分面积不等的全断面混合法

该方法是指按部分面积的权重系数（部分面积与总面积的比值）来分配各垂线的取样历时。各垂线按分配的取样历时，再由采用的垂线混合法，确定各测点的取样历时，全断面取得的水样混合处理，即得断面平均含沙量。因为

$$\overline{C_s} = \frac{Q_s}{Q} = \frac{q_1 C_{sm1} + q_2 C_{sm2} + \cdots + q_n C_{smn}}{q_1 + q_2 + \cdots + q_n}$$

$$= \frac{A_1 \dfrac{V_1}{t_1 a} \dfrac{W_{s1}}{V_1} + A_2 \dfrac{V_2}{t_2 a} \dfrac{W_{s2}}{V_2} + \cdots + A_n \dfrac{V_n}{t_n a} \dfrac{W_{sn}}{V_n}}{A_1 \dfrac{V_1}{t_1 a} + A_2 \dfrac{V_2}{t_2 a} + \cdots + A_n \dfrac{V_n}{t_n a}}$$

已知 $t_1 = \frac{A_1}{A}T, t_2 = \frac{A_2}{A}T, \cdots, t_n = \frac{A_n}{A}T$，代入上式并整理得

$$\overline{C_s} = \frac{W_{s1} + W_{s2} + \cdots + W_{sn}}{V_1 + V_2 + \cdots + V_n} = \frac{\overline{W_s}}{\overline{V}}$$

$$= \frac{\text{混合水样的总沙重}}{\text{混合水样的总容量}} \tag{5-24}$$

式中 $A_1, A_2, \cdots, A_n$——各部分面积；

$V_1, V_2, \cdots, V_n$——各垂线取样容积；

$t_1, t_2, \cdots, t_3$——各垂线取样历时；

A——断面面积；

其他符号含义同前。

确定全断面取样总历时及每条测沙垂线历时。全断面取样总历时由下式算出：

$$T = \frac{\overline{W_s}}{aV} \tag{5-25}$$

每条垂线取样历时分别为

$$t_1 = \frac{A_1}{A}T, t_2 = \frac{A_2}{A}T, \cdots, t_n = \frac{A_n}{A}T$$

垂线上各测沙点的取样历时，按表(5-1)的规定进行分配。

按照上述规定，根据各垂线及各测点的取样历时，把采集的水样混合在一起，求得的含沙量即为断面平均含沙量。

以上用各种全断面混合法测得混合水样，经颗粒分析求得的颗粒级配曲线，即为断面平均颗粒级配曲线。

四、单样含沙量测验

对用单断沙关系推算断沙的测站，应作单样含沙量测验。单样含沙量测验的目的，是控制含沙量随时间的变化过程，结合流量资料推算不同时期的输沙量及特征值。

采取单样时，应同时观测水位、测沙垂线起点及垂线水深。所取水样需作颗分时，应

加测水温。

单样含沙量测验,应考虑以下问题。

(一)单样含沙量取样位置的确定

单样含沙量的测验方法,应能使一类站单断沙关系线的比例系数为0.95～1.05,二、三类站为0.93～1.07。单样测沙垂线位置在断面内的选择,应使单沙与断沙有着稳定的关系,具体选择时应根据情况而定。

(1)当断面稳定、主流摆动不大时,应根据不同水位下的实测输沙率资料,以各垂线的相对平均含沙量(垂线平均含沙量与断面平均含沙量的比值)为纵坐标,以起点距为横坐标,绘制相对平均含沙量的横向分布曲线,选择各分布曲线最为集中地区的垂线,初步定为单样取样垂线。再在全部输沙率资料中,以该位置的垂线平均含沙量与断面平均含沙量点绘相关曲线,若相对标准差不超过8%,该位置即可作为单样取样位置。若1条垂线达不到上述要求,可用2条垂线的平均值作为单样,进行分析。

(2)当断面不稳定,主流摆动较大时,可在中泓部分选2～3条垂线混合,作为单沙,与断沙点绘关系,进行分析。

(3)当河道宽浅、主流分散,按上述方法分析成果不好时,可在断面均匀选取若干垂线,用算术平均值作为单沙;也可按部分流量中线法及等水面宽、等提放速度积深法布设垂线,进行混合后作为单沙。垂线数的多少由分析确定。

(二)单样在垂线上的取样方法

单样在垂线上的取样方法,应使单沙与垂线平均含沙量保持稳定的关系。一般应与输沙率测验时的垂线取样方法相同,通常应用积深法或垂线混合法取样,除高含沙河流或某些紊动强烈的山区河流外,不得采用一点法取样。

(三)单沙测次的布置

单沙测次,主要应布置在洪水期,平、枯水只需适当布置测次。洪水期,对每次较大的洪峰,一类站不得少于8次,二类站不得少于5次,三类站不得少于3次。当洪峰重叠、水沙峰不一致或含沙量变化急剧时,应增加测次;在含沙量转折处,应布设测次;在沙峰的起涨、峰顶、落平等转折处,都应布置测次。为了及时掌握含沙量的变化过程,可用比色法、简易比重计法进行估测,以便选择测验、停测和恢复测验的时机。汛期的平水期,在水位定时观测时取样1次;非汛期含沙量变化平缓时,一类站可每2～3 d取样一次,二、三类站可每5～10 d取样一次;含沙量有周期性日变化时,应经试验确定在有代表性的时间取样。

五、水样处理

(一)概述

水样处理,就是通过量积、沉淀、称重等工序,求得含沙量的过程,其计算式为

$$C_s = \frac{W_s}{V} \tag{5-26}$$

式中 W_s——水样中的干沙质量,g;

V——水样容积,L;

C_s——含沙量，kg/m^3。

1. 量积

为了避免水样蒸发、散失，一般在现场应及时量积，量积的读数误差，不得大于水样容积的1%，所取水样应全部参加处理，不得仅取其中的一部分。

2. 水样沉淀、浓缩与称重

水样沉淀、浓缩，是为称重作准备的。水样经过一定时间的沉淀后，吸出上部清水，称水样浓缩。水样浓缩时间应根据试验确定，不得少于24 h。因沉淀时间不足而产生沙重损失的相对误差，一、二、三类站，分别不得大于1.0%、1.5%和2.0%，当洪水期与平水期的细颗粒泥沙相对含量相差悬殊时，应分别由试验确定沉淀时间。然后将浓缩后的水样倒入烘杯、滤纸或比重瓶中，经处理再放入天平中称重。

沉淀可采用自然沉淀或加速沉淀两种。对于不作颗粒分析的水样，可加入氯化钙或明矾以加速沉淀，凝聚剂的浓度及用量应经试验确定。对于作颗粒分析的水样，不能用上述方法加速沉淀。

（二）沙样处理方法

沙样的处理方法很多，常用的处理方法有烘干法、过滤法、置换法等。

1. 烘干法

将浓缩后的水样倒入烘杯，放入烘箱内进行烘干。冷却后，用天平称出烘杯加泥沙的质量，再减去烘杯质量，即得干沙质量。此法处理水样精度较高。

沙样烘干称重应符合有关规定：用少量的清水将浓缩水样全部冲入烘杯，加热至无流动水时，移入烘箱，在温度为100～110 ℃时烘干。烘干所需时间由试验确定（试验要求相邻两次时差2 h的烘干沙重之差，不大于天平感量时，可采用前次时间为烘干时间）；烘干后的沙样，应及时移入干燥器中冷却至室温称重。

但由于水的溶解质在烘干后也作为泥沙的一部分称重，因此常引起一定的误差。当溶解质量与沙量之比，一、二、三类站分别大于1.0%、1.5%和3.0%，其他站大于2.0%时，应对溶解质的影响进行改正，改正方法如下：

（1）溶解质含量的确定。取一定容积的澄清河水，烘干称重，求出溶解质含量C_j：

$$C_j = \frac{W_j}{V_w} \tag{5-27}$$

式中 C_j——河水中溶解质含量，g/cm^3；

W_j——溶解质质量，g；

V_w——河水体积，cm^3。

（2）溶解质的改正。根据浓缩水样容积，求出烘杯中的溶解质改正量，则烘杯中沙质量为

$$W_s = W_{bsj} - W_b - C_j V_{nw} \tag{5-28}$$

式中 W_s——烘杯中的干沙质量，g；

W_{bsj}——烘杯加泥沙加溶解质的总质量，g；

W_b——烘杯质量，g；

C_j——溶解质含量，g/cm^3；

V_{nw}——浓缩水样容积,cm^3。

2. 过滤法

当含沙量较大,烘杯装不下浓缩水样时,可用过滤法处理。过滤法有一般过滤、直接过滤和强制过滤三种:一般过滤是将滤纸铺在漏斗或专用的过滤筛上,将浓缩水样倒在滤纸上自然过滤;直接过滤是当水样容积不大时,不经沉淀,将盛水样瓶倒置于滤纸之上,内加通气管,靠水样自重流到滤纸上过滤;强制过滤是当含沙量很小时,将特制的强制过滤器用气筒向密封的盛水样容器内打气加压,使水样迅速通过滤纸过滤。

过滤后的工序与烘干法相同。烘干、称重后减去滤纸重,即得干沙重。

3. 置换法

置换法处理水样适用于多沙河流,能节省工序,效率较高。其原理为:将浓缩后的水样,装入比重瓶内称重,量比重瓶内水温,即可用下式计算:

$$W_{ws} = W_b + V_s\gamma_s + (V - V_s)\gamma_w \tag{5-29}$$

$$W_w = W_b + V\gamma_w \tag{5-30}$$

则

$$W_{ws} - W_w = V_s(\gamma_s - \gamma_w)$$

$$V_s = \frac{W_{ws} - W_w}{\gamma_s - \gamma_w} \tag{5-31}$$

沙重

$$W_s = V_s\gamma_s = \frac{\gamma_s}{\gamma_s - \gamma_w}(W_{ws} - W_w) = K(W_{ws} - W_w) \tag{5-32}$$

式中 W_{ws}——比重瓶加浑水质量,g;

W_b——比重瓶质量,g;

V_s——干沙所占体积,cm^3;

γ_s——干沙密度,g/cm^3;

W_w——同温度下瓶加清水质量,g;

K——置换系数,$K = \dfrac{\gamma_s}{\gamma_s - \gamma_w}$;

V——比重瓶容积,cm^3;

γ_w——水的密度,g/cm^3。

上述公式表明,比重瓶加浑水质量等于比重瓶质量加瓶内沙质量和清水质量;沙质量等于干沙所占体积与干沙密度的乘积,清水质量等于清水所占容积与水的密度的乘积,通过两式相减即把泥沙所占体积置换出来。

式(5-32)即为用置换法求泥沙沙重的公式,公式中只需称出瓶加浑水质量及量出水温,因 K、W_w 中水的密度都与水温有关,而瓶加清水质量可在检定好的曲线上查得。

用置换法处理水样,需事先对比重瓶进行检定,求出各个比重瓶在不同温度下的瓶加清水质量,绘制各个比重瓶的工作曲线,以备查用。

由于泥沙的磨蚀,比重瓶在使用过程中将逐渐变轻,因此每年应对比重瓶检定一次,每月要进行检查,当测定点与曲线差超过最小沙重的2.0%时,该比重瓶应停止使用,重新检定。

为了消除溶解质的影响,比重瓶检定时应取澄清河水进行 ,利用式(5-32)计算时,瓶加浑水质量减去瓶加清水质量,即可把溶解质的影响消除。

泥沙密度的取值是否恰当，对所求泥沙影响较大，为使所选泥沙密度符合实际，应在同时期，不同垂线的不同位置上采取水样，实测密度，取平均值作为采用的泥沙密度。

六、实测悬移质输沙率计算

在实际应用中，计算垂线平均输沙率的方法有直接测量法和间接测量法两种。

直接测量法：

$$\bar{q}_s = \frac{1}{n}\sum_{i=1}^{n}\frac{\bar{q}_{si}}{\alpha_i} \tag{5-33}$$

间接测量法：

$$\bar{q}_s = \frac{1}{n}\sum_{i=1}^{n}\frac{\overline{C}_{si}v_i}{\alpha_i} \tag{5-34}$$

式中 $\bar{q}_s$——垂线平均输沙率，kg/s；

α_i——比例系数，等于$\frac{\bar{q}_{si}}{\bar{q}_s}$；

$\bar{q}_{si}$——测点时均输沙率，kg/s；

$\overline{C}_{si}$、v_i——测点时均含沙量，kg/s，测点时均流速，m/s。

目前，计算断面输沙率的方法是：先求出各测沙垂线平均含沙量，然后求两测沙垂线间部分平均含沙量，再与部分流量相乘，得部分输沙率，累加后得断面输沙率。在计算方法上，又分为分析法和图解法两种，因图解法不常用，下面只对分析法进行介绍。

（一）垂线平均含沙量的计算

用积深法或垂线混合法取样时，经处理求得的含沙量，即为垂线平均含沙量。用逐点法取样时，均需用流速加权法计算垂线平均含沙量。按定义，垂线平均含沙量是在单宽流量中平均单位水体中所含的干沙重，可用单宽输沙率与单宽流量之比求得。

1. 畅流期

常用的计算法有多点取样时的面积包围法和简易的算术平均法两种。

（1）五点取样时的面积包围法：

$$C_{sm} = \frac{1}{10V_m}(C_{s0.0}v_{0.0} + 3C_{s0.2}v_{0.2} + 3C_{s0.6}v_{0.6} + 2C_{s0.8}v_{0.8} + C_{s1.0}v_{1.0}) \tag{5-35}$$

（2）三点法：

$$C_{sm} = \frac{C_{s0.2}v_{0.2} + C_{s0.6}v_{0.6} + C_{s0.8}v_{0.8}}{v_{0.2} + v_{0.6} + v_{0.8}} \tag{5-36}$$

（3）二点法：

$$C_{sm} = \frac{C_{s0.2}v_{0.2} + C_{s0.8}v_{0.8}}{v_{0.2} + v_{0.8}} \tag{5-37}$$

（4）一点法：

$$C_{sm} = \eta_1 C_{s0.6} \tag{5-38}$$

2. 封冻期

（1）六点法。同畅流期一样，用面积包围法计算，只是多加 1 个 0.4 相对水深点：

$$C_{sm} = \frac{1}{10V_m}(C_{s0.0}v_{0.0} + 2C_{s0.2}v_{0.2} + 2C_{s0.4}v_{0.4} + 2C_{s0.6}v_{0.6} + 2C_{s0.8}v_{0.8} + C_{s1.0}v_{1.0}) \tag{5-39}$$

(2)二点法:

$$C_{sm} = \frac{C_{s0.15}v_{0.15} + C_{s0.85}v_{0.85}}{v_{0.15} + v_{0.85}} \tag{5-40}$$

(3)一点法:

$$C_{sm} = \eta_2 C_{s0.5} \tag{5-41}$$

式中 C_{sm}——垂线平均含沙量,kg/m^3 或 g/m^3;

$C_{s0.0},C_{s0.2},\cdots,C_{s1.0}$——垂线中各取样点的含沙量,kg/m^3 或 g/m^3;

$v_{0.0},v_{0.2},\cdots,v_{1.0}$——垂线中各取样点的流速,m/s;

η_1、η_2——一点法系数,应根据多点法实测资料分析确定,无试验资料时可采用 1.0。

(二)断面输沙率和断面平均含沙量的计算

1. 使用流速仪测流

采用选点法、垂线混合法与积深法测定垂线平均含沙量,并使用流速仪法测流时,断面输沙率和断面平均含沙量计算步骤是:首先要计算部分输沙率,部分输沙率是以测沙垂线为分界,计算垂线间部分平均含沙量和部分流量,见图5-12。图中为测沙、测速、测深垂线示意图。部分面积的计算是以测深垂线为分界,部分流量是以测速垂线为分界。

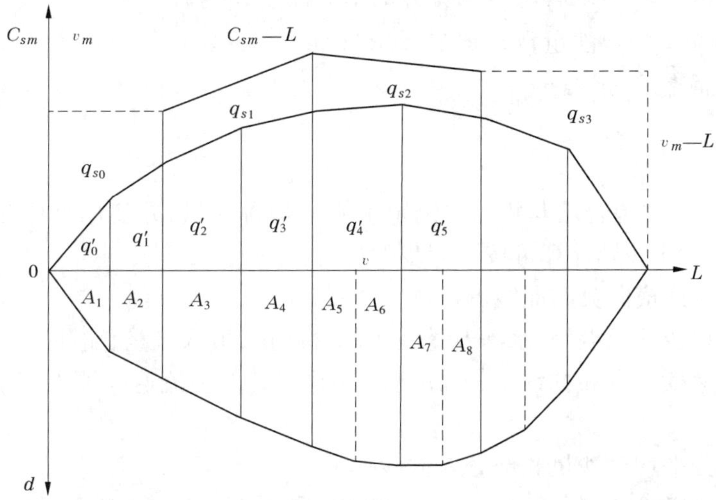

图 5-12 部分输沙率计算

(1)部分平均含沙量计算。岸边部分因含沙量不为零,且横向变化不大,故以第 1 根与第末根测沙垂线的垂线平均含沙量代替,如:

$$\overline{C}_{sb0} = C_{sm1} \quad \overline{C}_{sbn} = C_{smn}$$

其余部分采用两测沙垂线的算术平均值:

$$\overline{C}_{sb1} = \frac{C_{sm1} + C_{sm2}}{2} \quad \overline{C}_{sb2} = \frac{C_{sm2} + C_{sm3}}{2}$$

(2)部分流量的计算。以测沙垂线为分界,累计各部分流量之和,如第一部分为

$$q_0 = q'_0 + q'_1, q_1 = q'_1 + q'_2$$

(3)部分输沙率的计算。以上两者相乘得积:

第一部分

$$q_{s0} = \overline{C}_{sb0} q_0 = C_{sm1}(q'_0 + q'_1)$$

第二部分

$$q_{s1} = \overline{C}_{sb1} q_1 = \frac{C_{sm1} + C_{sm2}}{2}(q'_1 + q'_2)$$

(4)断面输沙率计算。为各部分输沙率累计和:

$$Q_s = C_{sm1} q_0 + \frac{C_{sm1} + C_{sm2}}{2} q_1 + \frac{C_{sm2} + C_{sm3}}{2} q_2 + \cdots + \frac{C_{smn-1} + C_{smn}}{2} q_{n-1} + C_{smn} q_n \tag{5-42}$$

(5)断面平均含沙量:

$$\overline{C}_s = \frac{Q_s}{Q} \tag{5-43}$$

式中 Q_s——断面输沙率,t/s 或 kg/s;

$C_{sm1}, C_{sm2}, \cdots, C_{smn}$——各取样垂线的垂线平均含沙量,kg/m^3 或 g/m^3;

$q_0, q_1, \cdots, q_n$——以取样垂线为分界的部分流量,m^3/s;

$\overline{C}_s$——断面平均含沙量,kg/m^3 或 g/m^3;

Q——断面流量,m^3/s。

具体采用列表法计算。

2. 使用浮标法测流

采用选点法、垂线混合法与积深法测定垂线平均含沙量,并使用浮标法测流时,断面输沙率和断面平均含沙量计算可按下列步骤进行:

(1)绘制虚流速横向分布曲线图。

(2)将取样垂线的起点距、水深及垂线平均含沙量,填入流量、输沙率记载计算表。

(3)在虚流速横向分布曲线上,查出各取样垂线处的虚流速并填入流量、输沙率记载计算表。

(4)计算部分平均含沙量和部分虚输沙率。

(5)计算断面虚输沙率(部分虚输沙率之和)和断面输沙率(断面虚输沙率乘以断面浮标系数)。

(6)计算断面平均含沙量(方法同分析法)。

3. 采用全断面混合法测沙

实测输沙率应按下式计算:

$$Q_s = Q\overline{C}_s \tag{5-44}$$

当取样与测流同时进行时,Q 为实测流量;不同时进行时,则 Q 为推算的流量。

（三）相应单样含沙量的计算

为了提高相应单样含沙量的精度，除在测验时掌握含沙量变化过程，采用合理的方法取样外，还要根据具体情况采用合理的计算方法来计算相应单样含沙量。目前，生产上常用的方法有算术平均法和输沙率加权法两种。

1. 算术平均法

在输沙率测验期间，含沙量变化不大时，开始和终了各测 1 次单沙，或含沙量均匀变化实测几次单沙时，求其含沙量的算术平均值作为相应单样含沙量。

2. 输沙率加权法

在输沙率测验期间，含沙量变化大，且测了多次单沙时，相应单样含沙量可按下式计算：

$$\overline{C}_{su} = \frac{\overline{C}_s}{K} \tag{5-45}$$

$$K = \frac{1}{Q}\left[\frac{q_0 C_{sm1}}{C_{su1}} + \frac{\frac{1}{2}q_1(C_{sm1}+C_{sm2})}{\frac{1}{2}(C_{su1}+C_{su2})} + \cdots + \frac{\frac{1}{2}q_{n-1}(C_{smn-1}+C_{smn})}{\frac{1}{2}(C_{sun-1}+C_{sun})} + \frac{q_n C_{smn}}{C_{sun}}\right] \tag{5-46}$$

式中 $\overline{C}_{su}$——相应单样含沙量，kg/m^3 或 g/m^3；

$\overline{C}_s$——输沙率测得的断面平均含沙量，kg/m^3 或 g/m^3；

K——系数；

$q_0, q_1, \cdots, q_n$——各部分流量，m^3/s；

$C_{sm1}, C_{sm2}, \cdots, C_{smn}$——测输沙率时各测沙垂线的垂线平均含沙量，$kg/m^3$ 或 g/m^3；

$C_{su1}, C_{su2}, \cdots, C_{sun}$——各垂线测沙时实测或相应的瞬时单样含沙量，$kg/m^3$ 或 g/m^3；

Q——断面流量，m^3/s。

式(5-46)中，括号内每一项的分子是部分输沙率，分母则是部分平均单样含沙量。计算时，可按以下步骤进行：

(1)根据实测单沙资料，点绘单样含沙量过程线。

(2)按每条测沙垂线的实测时间，在上述过程线上，查得同时的单样含沙量。

(3)计算每两条测沙垂线间的平均单样含沙量。

(4)求每一部分的部分输沙率与实测该部分时段平均单样含沙量之比，并求其总和，再除以总流量，即得 K 值。

(5)断面平均含沙量除以 K，即得相应单样含沙量。

七、悬移质泥沙测验误差分析

悬移质泥沙测验的误差主要来源于仪器、水样处理、泥沙脉动、垂线上取样方法，以及断面内测沙垂线数目的多少等。其误差包含有随机误差和系统误差两种。随机误差服从正态分布，置信水平取 95%，其数值用不确定度表示，不确定度在数值上等于 2 倍的标准差。因此，欲求不确定度，须先求出各个项目的标准差。

(一)一次断面平均含沙量测验的总随机不确定度的组成

1. 引起垂线平均含沙量的误差

(1)仪器误差,为仪器处于标准工作状态下,同参证仪器比测的误差。

(2)水样处理误差,为不同的水样处理方法或操作带来的误差。

(3)C_s Ⅰ型误差,为垂线上用单点取样的有限取样历时引起的脉动误差。

(4)C_s Ⅱ型误差,为由垂线上布设有限的取样点数和计算规则所引起的垂线平均含沙量的误差。

2. 引起断面平均含沙量的误差

C_s Ⅲ型误差,为由垂线数目和计算规则所引起的断面平均含沙量的误差。

(二)分项不确定度的估算及控制指标

1. C_s Ⅰ型误差

C_s Ⅰ型误差的相对标准差的计算公式为

$$S_{\mathrm{I}} = \sqrt{\frac{\sum_{i=1}^{n}\left(\frac{C_{si}}{C_{st}} - 1\right)^2}{n-1}} \tag{5-47}$$

式中 S_{I}——C_s Ⅰ型误差的相对标准差;

C_{si}——第 i 点的测点含沙量;

C_{st}——每试验组以算术平均值计算的测点含沙量的近似真值;

n——每组的取样个数。

当垂线平均含沙量采用积点法计算时,C_s Ⅰ型误差可按下式计算:

$$S_{\mathrm{I}(V)}^2 = \sum_{(k=1)}^{P} W_k^2 S_{\mathrm{I}}^2 \tag{5-48}$$

式中 $S_{\mathrm{I}(V)}$——按一定历时取样的垂线的 C_s Ⅰ型相对标准差(%);

P——垂线测点数;

W_k——测点含沙量的权重系数。

2. C_s Ⅱ型误差

C_s Ⅱ型误差可按下式计算:

$$E_{\mathrm{II}(n)} = \frac{C_{smi(n)}}{C_{smti}} - 1 \tag{5-49}$$

$$\hat{u}_{\mathrm{II}} = \frac{1}{I}\sum_{i=1}^{I} E_{\mathrm{II}(n)} \tag{5-50}$$

$$S_{\mathrm{II}}^2 = \frac{1}{I-1}\sum_{i-1}^{I}\left(E_{\mathrm{II}(n)} - \hat{u}_{\mathrm{II}}\right)^2 \tag{5-51}$$

式中 $E_{\mathrm{II}(n)}$——某试验组第 i 条垂线的 C_s Ⅱ型误差;

$C_{smi(n)}$——用第 i 次测量成果,按 n 个测点计算的垂线平均含沙量;

C_{smti}——第 i 条垂线的垂线平均含沙量的近似真值;

$\hat{u}_{\mathrm{II}}$——C_s Ⅱ型误差平均值,即系统误差;

I——试验组数;

$S_{\text{Ⅱ}}$——C_sⅡ型误差的相对标准差。

3. C_sⅢ型误差

C_sⅢ型误差可按下式计算：

$$E_{\text{Ⅲ}(m)} = \frac{\overline{C}_{si(m)}}{\overline{C}_{sti}} - 1 \tag{5-52}$$

$$\hat{u}_{\text{Ⅲ}} = \frac{1}{I}\sum_{i=1}^{I}\left(\frac{\overline{C}_{si(m)}}{\overline{C}_{sti}} - 1\right) \tag{5-53}$$

$$S_{\text{Ⅲ}}^2 = \frac{1}{I-1}\sum_{i-1}^{I}(E_{\text{Ⅲ}(m)} - \hat{u}_{\text{Ⅲ}})^2 \tag{5-54}$$

式中 $E_{\text{Ⅲ}(m)}$——某试验组第 i 次断面的 C_sⅢ型误差；

$\overline{C}_{si(m)}$——用第 i 次测量成果，按 m 条垂线计算的断面平均含沙量；

$\overline{C}_{sti}$——第 i 次断面平均含沙量的近似真值；

$\hat{u}_{\text{Ⅲ}}$——C_sⅢ型误差平均值，即系统误差；

I——试验组数；

$S_{\text{Ⅲ}}$——C_sⅢ型误差的相对标准差。

各类站应根据不同的精度要求，对各分项随机不确定度与系统误差进行控制，其控制指标如表 5-2 所示。

表 5-2 各分项随机不确定度与系统误差控制指标 (%)

站类	仪器		水样处理		C_sⅠ型	C_sⅡ型		C_sⅢ型	
	X'	S_e	X'	S_e	X'	X'	S_e	X'	S_e
一类站	10	±1.0	4.2	−2.0	$\frac{6.6}{\sqrt{n}}$	12	±1.0	4.0	±1.0
二类站	16	±1.5	4.2	−3.0		16	±1.5	6.0	±1.5
三类站	20	±3.0	4.2	−4.0		20	±3.0	10.0	±3.0

注：X'为随机不确定度；S_e 为系统误差。

（三）总随机不确定度和系统误差的估算

一次断面平均含沙量测验的总随机不确定度和系统误差的估算如下。

1. 总随机不确定度计算方法

$$X' = \left[X'^{\,2}_{\text{Ⅲ}} + \frac{1}{m+1}(X'^{\,2}_{\text{Ⅰ}} + X'^{\,2}_{yq} + X'^{\,2}_{cl} + X'^{\,2}_{\text{Ⅱ}})\right]^{1/2} \tag{5-55}$$

式中 X'——总随机不确定度；

$X'_{\text{Ⅰ}}$、$X'_{\text{Ⅱ}}$、$X'_{\text{Ⅲ}}$——C_sⅠ型、C_sⅡ型与 C_sⅢ型误差的随机不确定度；

X'_{yq}、X'_{cl}——仪器与水样处理的随机不确定度；

m——垂线数目。

2. 总系统误差的计算方法

$$X'_{Q_s} = (X'^{\,2}_{\overline{C}_s} + X'^{\,2}_{Q})^{1/2} \tag{5-56}$$

式中 X'_{Q_s}——一次断面输沙率测验的总随机不确定度；

$X'_{\overline{C}s}$——一次断面平均含沙量测验的总随机不确定度；

X'_Q——一次流量测验的总随机不确定度。

(四)对测不到层的处理

由于受仪器条件限制,临近河床附近的水样无法测到,河底处的含沙量往往用河底以上某一位置测得的含沙量代替,这样就形成误差。近年来,我国专家学者经研究证明,若将垂线上最低一点置于相对水深为0.95的位置取样,则计算出的垂线平均含沙量的误差不大,可不予修正。

第三节　推移质及河床质泥沙测验

一、推移质泥沙测验的目的、工作内容

(一)推移质泥沙测验的目的

推移质泥沙运动是河流输送泥沙的另一种基本形式,泥沙的推移质数量一般比悬移质少,但在一些上游山区性河流,其推移质数量往往很大。由于推移质泥沙颗粒较粗,常常淤塞水库、灌渠及河道,不易冲走,对水利工程的管理运用、防洪、航运等影响很大。为了研究和掌握推移质运动规律,为修建港口、保护河道、兴建水利工程、大型水库闸坝设计、管理等提供依据,以及为验证水工物理模型与推移质理论公式提供分析资料,开展推移质测验具有重要意义。

(二)推移质输沙率测验工作内容

(1)在各垂线上采取推移质沙样。

(2)确定推移质移动地带的边界。

(3)采取单位推移质水样。

(4)进行各项附属项目的观测,包括取样垂线的平均流速,取样处的底速、比降、水位及水深,当样品兼作颗粒分析时,还应加测水温。

(5)推移质水样的处理。当推移质测验与流量、悬移质输沙率测验同时进行时,上述大多数附属项目可以从流量成果中获得。

(三)推移质测验中存在的问题

目前,国内外对推移质测验普遍存在着测验仪器不完善、测验方法不成熟的问题。同时,由于推移质运动形式极为复杂,它的泥沙脉动现象远比悬移质大得多。在不同的水力条件下,推移质颗粒变化范围很大,小至0.01 mm的细沙,大至数十千克的卵石。运动形式随着流速的大小不同,也不断地变化,当流速小时,停顿下来成为河床质,流速较大时,又可以悬浮起来变为悬移质,所有这些都给推移质测验带来很大困难。

二、推移质泥沙测验仪器及测验方法

(一)推移质泥沙测验仪器及其测验方法

1. 对推移质采样器的性能要求

(1)仪器进口流速应与测点位置河底流速接近。

(2)采样器口门要伏贴河床,对附近床面不产生淘刷或淤积。

(3)取样效率高,效率系数稳定,进入器内的泥沙堆沙部位合理。

(4)外形合理、有足够的取样容积,并有一定的自重以保持取样位置不因水流冲击而改变。

(5)结构简单、牢固,操作方便灵活。

2.采样器种类

推移质采样器按用途分为卵石采样器和沙质采样器两类。

1)卵石推移质采样器

该类仪器又可分为以下几种:

(1)64型卵石推移质采样器,如图5-13所示。仪器底网用钢丝编织而成,尾翼为双直向尾翼,可控制仪器正对水流方向,加重铅块附在仪器两侧,形成封闭式。它适用于中等粒径的卵石,取样效率系数为10%。

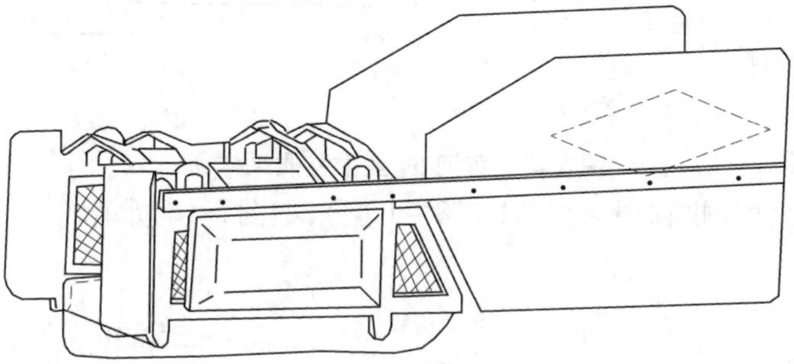

图5-13　64型卵石推移质取样器

(2)80型卵石推移质采样器。该仪器是在64型采样器的基础上作了某些改进,如仪器口门改成向外倾斜,骨架迎水面为唇刀形,加重铅块成流线形,网底改用许多小钢板连接而成并适当加重底网质量,减少底网表面的粗糙度等。平均取样效率系数为55%。

(3)大卵石推移质采样器。该仪器适用于粒径较大的卵石(粒径为10~300 mm)推移质测验。根据采样器口门形状不同,又可分成矩形、倾口形、梯形等三种。现常用的是矩形采样器,如图5-14所示。仪器口门宽60 cm、高50 cm、长120 cm,器身上部两侧和尾部(1/2器身)由3~5 cm孔径的金属链编成柔度较大的软底,能较好地与河底相吻合。同时器顶无盖,减少了采样器对水流的阻力,加载铅块固定在器顶两侧。取样效率系数为30%。

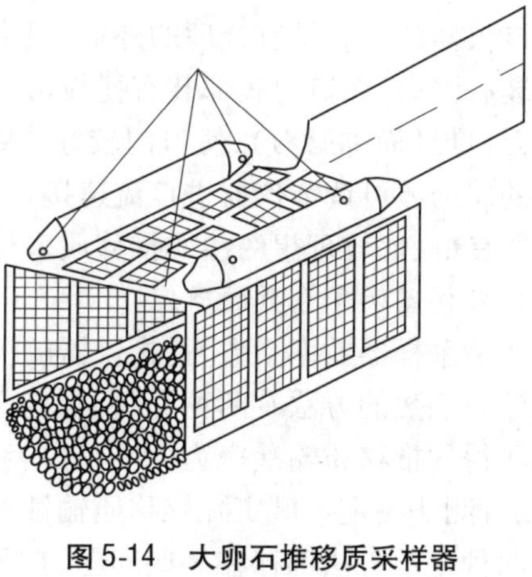

图5-14　大卵石推移质采样器

2)沙质推移质采样器

沙质推移质采样器又称压差式采样器。

其设计原理:在采样器的出口处制造一个压力差,来抵消仪器进口处因阻力引起的能量损失。具体做法是,将采样器的器身制造成向下游方向扩散的形式,使仪器尾门所承受的压力比进口处低,形成压力差。现对以下两种型号的仪器进行介绍。

(1)黄河 59 型推移质采样器,如图 5-15 所示。采样器的器身是一个向后方扩散的方匣,水流进入器内后,流速减小,有利于泥沙的沉积。该仪器存在问题是,口门不易吻贴河床,致使附近河床产生局部冲刷。

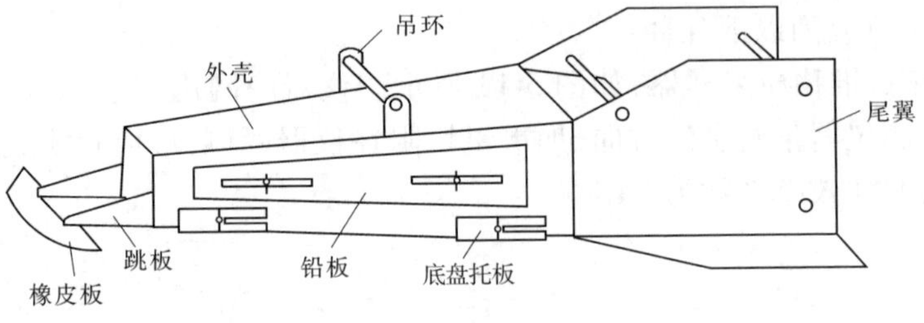

图 5-15 黄河 59 型推移质采样器

(2)长江大型沙质推移质采样器(Y78-1 型),如图 5-16 所示。

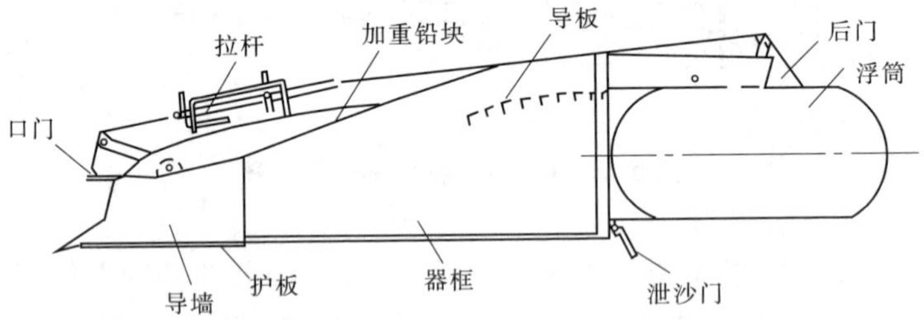

图 5-16 长江 Y78-1 型推移质采样器

该仪器的特点是有合理的外形、阻水较小,器内集沙稳定,仪器前半身装有加重铅块,尾部装有浮筒,在口门底部装有托板可防止因仪器头部加重而下陷,托板前沿做成向前倾斜的刀口形(简称唇刀),使口门较好吻贴河床,仪器出口面积比进口面积大 30%,由此所形成的压力差可调节仪器进口流速接近于天然流速。该仪器目前被国内外一致认为是一种性能良好、比较理想的沙质推移质采样器。

3. 采样器效率系数的率定

所谓采样器效率系数,是指仪器的测得值与河流实际的推移质输沙率的比值。通常,率定效率系数的方法有两种:一种是在天然河道(或渠道)用仪器做取样试验,以标准集沙坑测得的推移质输沙率为标准;另一种是在人工大型水槽中用仪器(或模型)做取样试验,以坑测法测定水槽实际推移质输沙率作标准,进行比较。

两种率定方法都存在一些问题,在天然水流中测定标准推移质输沙率尚无理想的完善方法,而在水槽中率定的结果又不能完全反映和代表天然河流的真实情况。同时,还因天然河道水流情况及河床地形千差万别,变化很大。在实际应用时,所率定的采样器效率系数还会因各种因素的影响而改变。对此,尚有待进一步研究解决。

(二)推移质泥沙测验的其他方法

除用采样器施测推移质外,还有其他一些方法,简述如下。

1. 坑测法

在天然河道河床上设置测坑,以测定推移质,是目前直接测定推移质输沙率最准确的方法,主要用来率定推移质采样器的效率系数。坑测法有以下几种形式:

(1)在卵石河床断面上设置若干测坑,坑沿与河床高度齐平。洪水后,测量坑内推移质淤积体积,计算推移质数量。

(2)在沙质河床断面上埋设测坑,用抽泥泵连续吸取落入坑内的推移质。此法可施测到推移质输沙率的变化过程。

(3)沿整个河槽横断面设置集沙槽,槽内分成若干小格,利用皮带输送装置,把槽内的推移质泥沙输送到岸上进行处理。

坑测法效率高,准确可靠,但投资大,维修困难,适用于洪峰历时短,推移量不大的小河。

2. 沙波观测法

沙质河床的推移质,常以轮廓分明的沙波形式运动,可用超声波测深仪连续观测断面各垂线位置高度的变化,通过测定沙波的平均移动速度和平均高度,推算单位宽度推移质的输沙率:

$$q_b = \alpha\gamma_s \frac{h_b L}{t} \tag{5-57}$$

式中 q_b——单位宽度推移质输沙率,kg/s;

α——形状系数;

γ_s——推移质泥沙容重;

h_b——沙波高度;

L——t 时间内沙峰移动距离;

t——两次观测的时间间隔。

该法的优点是对推移质运动不产生干扰,不需在河床上取样。但由于沙波的发育、生长与消亡与一定水流条件有关,用沙波法一般只局限于沙垄和沙纹阶段,而无法获得全年各个不同时间的推移质泥沙,再加上公式的一些参数难以确定,如形状系数、容重等,在使用中受很大限制。

此外,间接测定推移质的方法还有体积法、紊动水流法、水下摄影和水下电视、示迹法、岩性调查法、音响测量法等。这些方法都有很大的局限性,效果也不十分理想。

(三)推移质输沙率测验方法

用采样器施测推移质,因仪器不够完善,测验工作缺少可靠的基础,而且测沙垂线的布设、取样历时、测次等尚无成熟经验。现只能根据少数站开展推移质测验的情况,提出一些基本要求。

1. 测次与取样垂线

推移质输沙率的测次主要布设在汛期,应能控制洪峰过程的转折变化,并尽可能与悬移质、流量、河床质测验同时进行,以便于资料的整理、比较和分析。

取样垂线应布设在有推移质的范围内，以能控制推移质输沙率横向变化，准确计算断面推移质输沙率为原则。推移质取样垂线最好与悬移质输沙率取样垂线相重合。

2. 取样历时与重复取样次数

为消除推移质脉动影响，需要有足够的取样历时并应重复取样。对沙质推移质，每条垂线需重复取样3次以上，每次取样历时达到3～5 min，推移量很大时，也不应少于30 s。对卵石推移质强烈的推移带，每条垂线重复取样2～5次，累积取样历时不少于10 min，其余垂线可只取样1次，历时3～5 min。

每次取样数量以不装满采样器最大容积的2/3为宜。

3. 推移质运动边界的确定

一般用试探法确定推移质运动的边界。做法是将采样器置于靠近垂线的位置，若10 min以上仍未取到泥沙，则认为该垂线无推移质泥沙，然后继续向河心移动试探，直至查明推移质泥沙移动地带的边界。对卵石推移质，还可用空心钢管插入河中，俯耳听声，判明卵石推移质的边界，该法适用于水深较浅，流速较小的河流。

4. 采取单位推移质输沙率

为建立单位推移质输沙率与断面推移质输沙率的相关关系，以便用较简单的方法来控制断面推移质输沙率的变化过程，可在断面靠近中泓处选取1～2条垂线，作为单位推移质取样垂线，该垂线最好与断面推移质取样垂线相重合，这样在进行推移质测验时，可不再另取单位推移质沙样。

三、实测推移质输沙率的计算

用采样器测定推移质输沙率的计算方法分为图解法与分析法两种。这两种方法均须首先计算各取样垂线的单位宽度推移质输沙率，也叫作推移质基本输沙率。

（一）垂线基本输沙率的计算公式

其表达式为

$$q_b = \frac{100W_b}{tb_k} \tag{5-58}$$

式中 q_b——垂线基本输沙率，g/(s·m)；

W_b——干沙质量，g；

t——取样历时，s；

b_k——取样器口门宽度，cm。

（二）断面推移质输沙率的计算

（1）图解法。该法便于了解推移质基本输沙率沿断面的分布情况，对于新开展推移质测验的测站，宜采用此法。做法是以各垂线基本输沙率 q_h 为纵坐标，以垂线起点距为横坐标，绘制推移质基本输沙率沿断面的分布曲线，如图5-17所示。

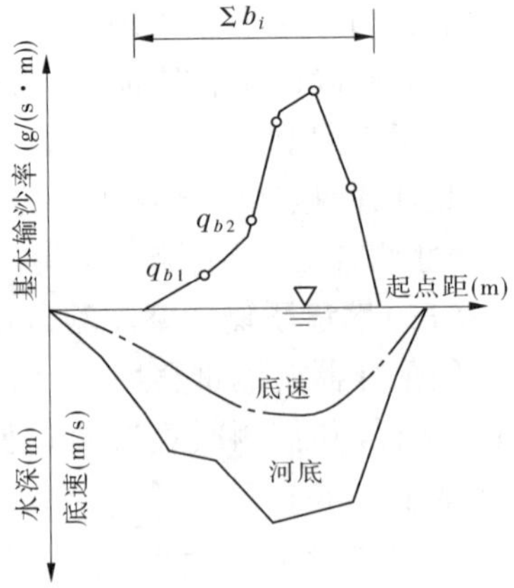

图5-17 图解法计算推移质输沙率

图中左、右分界点为输沙率为零处，如果未能测到边界点位置，可在线两端按趋势延长绘出。在图中还应绘出底速分布曲线。

用求积仪或数方格法，量出基本输沙率分布曲线与水面线所包围的面积，按纵横比例尺换算，即得修正前断面推移质输沙率。

实际断面推移质输沙率按下式计算：

$$Q_b = kQ'_b \tag{5-59}$$

式中 Q_b——断面推移质输沙率，kg/s 或 t/s；

Q'_b——修正前断面推移质输沙率，kg/s 或 t/s；

k——修正系数，采样器采样效率的倒数，通过率定采样器效率系数求得。

如果修正系数 k 未知，可先不加修正，但应在资料中加以说明。

(2)分析法。先按下式计算修正前断面推移质输沙率：

$$Q'_b = 0.001\left(\frac{q_{b1}}{2}b_0 + \frac{q_{b1}+q_{b2}}{2}b_1 + \cdots + \frac{q_{bn-1}+q_{bn}}{2}b_{n-1} + \frac{q_{bn}}{2}b_n\right) \tag{5-60}$$

式中 Q'_b——修正前断面推移质输沙率，kg/s；

$q_{b1},q_{b2},\cdots,q_{bn}$——各垂线基本输沙率，g/(s·m)；

$b_1,b_2,\cdots,b_{n-1}$——各取样垂线间距，m；

b_0、b_n——两端取样垂线与推移质移动地带边界的距离，m。

实际断面推移质输沙率仍按式(5-59)计算。

四、河床质泥沙测验

(一)河床质泥沙测验的目的

测取测验断面或测验河段的河床质泥沙，进行颗粒分析，取得泥沙颗粒级配资料，供分析研究悬移质含沙量和推移质基本输沙率的断面横向变化；同时，河床质又是研究河床冲淤变化，研究推移质输沙量理论公式和河床糙率等的基本资料。

(二)河床质采样仪器

对采样器的性能，要求能采集到河床表层 0.1 ~0.2 m 以内，具有级配代表性的沙样。在仪器上提时，器内沙样不被水流冲走，仪器结构牢固简单、操作方便，易于维修。

根据不同的河床组成、水深与流速等因素，床沙质的采样器有以下几种类型。

1.适用于卵石河床质的采样器

目前国内常见的有锹式采样器、蚌式采样器、犁式床沙采样器等。图 5-18 为犁式床沙采样器，它与网式推移质采样器形状相似，口门前沿有一排尖锐锯齿，器身两侧各有一个向外支出的弧形脚，器后有两高脚，使器身向前倾斜成 10°，采样器重心位于前部，这种结构有利于刮取河床卵石。

2.沙质河床质采样器

用于沙质河床的采样器有圆锥式采样器、钻头式采样器、悬锤式采样器、锥式采样器、挖斗式采样器等。图 5-19 为挖斗式采样器示意图。该仪器由挖斗、限定挖斗位置的卡爪以及铅鱼壳体等构成。采样器下放至河底时，接触杆抬升带动一套联动装置，使挖斗的限位卡爪松开，随后收绞起重索，借仪器自重，带动挖斗翻转取样。该仪器适用于粗沙、砾石和直径小于 30 mm 的小卵石河床。

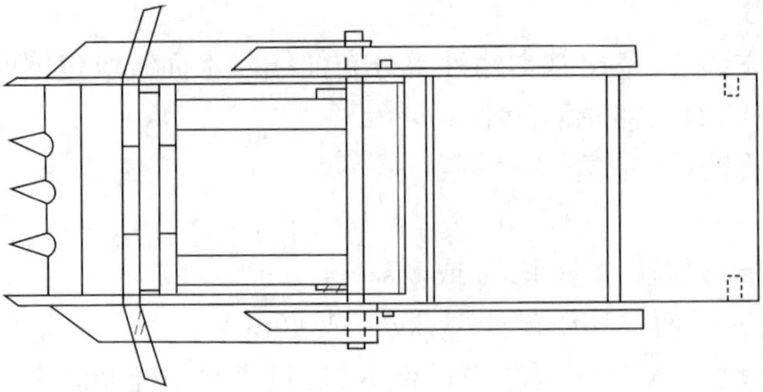

图 5-18　犁式床沙采样器

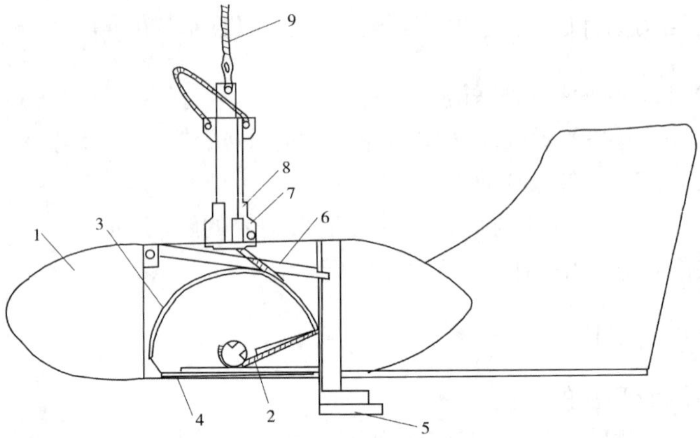

1—铅鱼;2—钢索;3—挖斗;4—底板;5—触杆;6—压杆;7—卡爪;8—套管;9—悬索

图 5-19　挖斗式采样器

(三)河床质测验方法

河床质测验的测次,应满足测得不同水情、沙情条件下的河床质颗粒级配,或根据需要确定。一般只在悬移质和推移质测验作颗粒分析的各测次,同时采取河床质泥沙。

河床质取样垂线,应尽可能和悬移质、推移质输沙率各测验垂线位置相同。采取河床质容量的多少,取决于取样方法、取样位置、河床质的变化情况以及颗粒分析所要求的精度。

将取得的河床质泥沙经过处理后,先按质量计算各种粒径组的泥沙所占的百分比,以求得其颗粒级配。

第四节　泥沙颗粒分析

一、泥沙颗粒分析的意义及内容

泥沙颗粒级配,是影响泥沙运动形式的重要因素,在水利工程设计管理、水库淤积部位的预测、异重流产生条件与排沙能力、河道整治与防洪、灌溉渠道冲淤平衡与船闸航运设计，以及水力机械的抗磨研究工作中，都离不开泥沙级配资料。泥沙颗粒分析，是确定泥沙样品中各粒径组泥沙量占样品总量的百分数，并以此绘制级配曲线的操作过程。泥沙颗粒分析工作的内容包括：悬移质、推移质及床沙质的颗粒组成；在悬移质中，要分析测点、垂线（混合取样）、单样含沙量及输沙率等水样颗粒级配组成和绘颗粒级配曲线；计算并绘制面平均颗粒级配曲线；计算断面平均粒径和平均沉速等。图 5-20 为某站实测资料颗粒级配曲线，纵坐标为对数坐标，代表泥沙粒径，横坐标为概率格坐标，代表小于某粒径沙重的百分数。

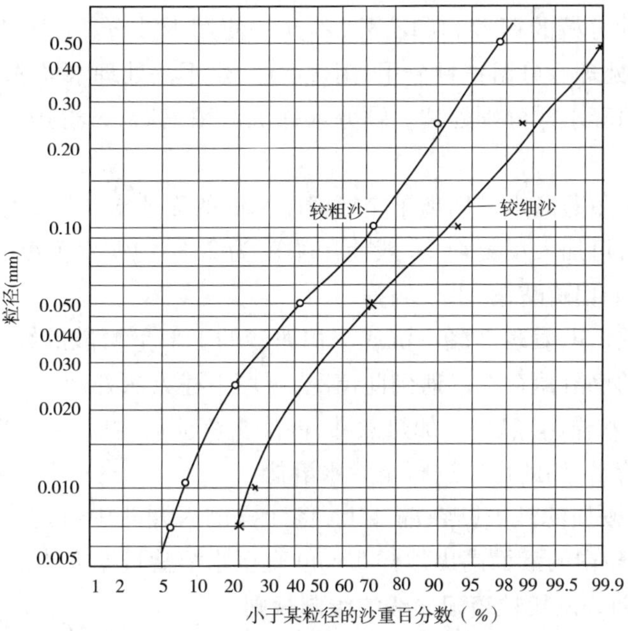

图 5-20　某站实测资料颗粒级配曲线

二、泥沙颗粒分析一般规定

（一）悬移质泥沙颗分的测次布置及取样方法

进行泥沙颗分的目的是掌握断面的泥沙颗粒级配分布及随时间的变化过程。常规的颗粒分析是：以单样含沙量的颗分测次（单颗），了解洪峰时期泥沙颗粒级配的变化过程，以输沙率颗分测次（断颗），建立单颗—断颗关系，再由单颗换算成断颗。输沙率颗分测次的多少，应以满足建立单颗—断颗关系为原则，测次主要应分布在含沙量较大的洪水时期。

输沙率测验中，同时施测流速时，颗分的取样方法与输沙率的取样方法相同，即用选点法（一、二、三、五、六点等）、积深法、垂线混合法和全断面混合法等。输沙率测验的水样，可作为颗粒分析的水样。用选点法取样时，每点都作颗分，用测点输沙率加权求得垂线平均颗粒级配。再用部分输沙率加权，求得断面平均颗粒级配。

按规定做的各种全断面混合法的采样方法，可为断颗的取样方法。其颗分结果，即为断面平均颗粒级配。

在输沙率测验中，根据需要，同一测沙垂线上，可用不同的方法，另取一套水样，专作颗分水样用。断颗级配曲线仍用部分输沙率加权法求得。

（二）取样数量及沙样处理

作颗分沙样的取样数量，应根据采用的分析方法、天平感量及粒径大小来确定。筛分析法主要考虑粒径大小，水分析法根据采用的具体分析方法来确定。根据最小沙重的要求及取样时含沙量的大小，确定采取水样容积的数量，具体规定见有关规范。

用水分析法分析沙样时，必须使用新鲜的天然水样（悬移质）或湿润沙样（推移质、河床质），除全部使用筛分析的粗沙和卵石外，不允许使用干沙分析。为此，用置换法作水样处理的测站，水样处理后可留作颗分用；用过滤法、烘干法处理水样的测站，可用分沙器进行分样或同时取两套水样分别处理。颗分水样沉淀浓缩时，不得用任何化学药品加速沉淀。

水分析法必须使用蒸馏水或用离子交换树脂制取的无盐水。为避免分析时沙样成团下降，在浓缩水样中，可加入反凝剂，一般使用浓度为25%的氨水反凝，也可加入反凝效果更好的其他药品，如偏磷酸钠、水玻璃等。

采取的水样静置1 d，发现絮凝下沉或沉积泥沙的上部呈松散的绒絮状时，说明水中有使泥沙成团下降的水溶盐存在。遇到此情况，可用下述方法处理：

（1）冲洗法。将水样倒入烧杯，加热煮沸，待静止沉淀后，抽出部分清水，再用热蒸馏水冲淡、沉淀，抽去清水，如此反复进行至无水溶盐。

（2）过滤法。将硬质滤纸巾贴在漏斗上，将沙样倒入漏斗中，再注入热蒸馏水过滤。过滤时，应经常使漏斗内的液面高出沙样5 mm，直至水溶盐过滤完毕。

（三）粒径级的划分及颗粒级配曲线的绘制规则

悬移质、推移质和河床质泥沙，按以下粒径级绘制级配曲线（单位为mm）：<0.005（或0.007），0.010，0.025，0.050，0.100，0.25，0.500，1.00，2.00，5.00，10.0，20.0，50.0，100，200。

在进行颗粒分析时，按以上划分的粒径级为界，进行分析计算，即分析沙样中小于某粒径以下沙重占总沙重百分数，从最小粒径级算起，逐渐向上，直至最大粒径。

泥沙颗粒级配曲线，可点绘在纵坐标为对数坐标（表示粒径），横坐标为频率坐标（表示小于某粒径沙重的百分数）的对数频率格纸上，也可点绘在纵坐标为方格（小于某粒径沙重百分数）、横坐标为对数格（粒径大小）的单对数格纸上。

将一沙样分析结果，按粒径为纵坐标，小于该粒径以下沙重占总沙重的百分数为横坐标，将全部分析测点点入图中，然后通过测点重心，连成光滑曲线，即得颗粒级配曲线。

对绘制颗粒级配曲线的要求是：曲线的上限点，累计沙重百分数应在95%以上；下限点应分析到0.007 mm的粒径，或累计沙重百分数在10%以下；曲线中间测点分布应比较均匀，若相邻两点距离过大（两粒径级间沙重所占比重过大），影响级配曲线形状时，颗分不受固定粒径级的限制。为了满足上述要求，颗分工作人员应对各个河流、各个测站泥沙粒径组成及曲线特性有所了解，以便合理划分粒径级，准确地绘出泥沙级配曲线。

三、泥沙颗粒分析方法

泥沙颗粒分析方法，分为直接观测法和水分析法两类。直接观测法中主要有卵石粒径测定法、筛分析法；水分析法中主要有粒径计法、移液法和光学分析法等。

（一）直接观测法

1. 卵石粒径测定法

当颗分沙样是大的卵石或砾石时，可用卡尺直接测量卵石的长(a)、宽(b)、高(c)三轴的尺寸，用几何平均法或算术平均法求其平均粒径 D：

$$D = (abc)^{\frac{1}{3}} \tag{5-61}$$

$$D = \frac{1}{3}(a + b + c) \tag{5-62}$$

也可用等容粒径法求卵石平均粒径。等容粒径法是将与卵石体积相等的球体直径作为卵石粒径。设卵石体积为 $\overline{V}$，等容球体直径为

$$\overline{V} = \frac{4}{3}\pi\left(\frac{D}{2}\right)^3$$

整理得

$$D = \sqrt[3]{\frac{6\overline{V}}{\pi}} = \sqrt[3]{\frac{6W_s}{\pi\gamma_s}} \tag{5-63}$$

式中 W_s——卵石质量；

γ_s——卵石密度。

若 γ_s 稳定不变，则 D 与 W_s 有函数关系，称出 W_s 值，即可计算 D，故可将 D 刻在相应质量的称臂位置上，即可直接测定卵石的粒径。

本法适用于粒径大于 50 mm 的推移质和河床质。分析时，将沙样按粒径为 50 ~ 100 mm、100 ~ 200 mm、200 ~ 500 mm、500 ~ 1 000 mm 分组，然后在每组中选取最大及最小卵石各一个，称重求出粒径，根据测量结果，调整各组卵石，直至认为无误；最后称出各组卵石质量，再按粒径从小到大的累积沙重百分数（包含粒径小于 50 mm 用筛分析作颗分的沙重），作为绘制粒径级配曲线的资料。

2. 筛分析法

筛分析法适用于粒径大于 0. 1 mm 的泥沙，其主要设备有：①粗筛一套，圆孔，各筛孔径分别为 200 mm、100 mm、60 mm、40 mm、20 mm、5 mm、2 mm；②细筛一套，方孔，各筛孔径分别为 5. 0 mm、2. 0 mm、1. 0 mm、0. 5 mm、0. 25 mm、0. 1 mm；③洗筛一只，孔径为 0. 1 mm。其他还有烘箱、天平、振筛机等。

分析、计算的主要方法和步骤如下：

(1)沙样准备。筛分析所用沙样的准备工作主要解决两个问题：一是所用沙样的重量不能过大，以免破坏筛的标准规格，当沙样过大时，应进行均匀分样，取其一部分进行筛分；二是估计所用细沙（小于 0. 1 mm）的含量，然后确定是否使用水洗法作配合分析。当粒径小于 0. 1 mm 的沙重百分数大于 10% 时，此细沙应过洗筛，然后用水分析法分析；否则全部沙样用筛分析法。作筛分的泥沙必须将沙样烘干后称重。用水分析的沙样，先用置换法求出沙重。

(2)过筛。取筛一套,按孔径大小次序重叠放置(大孔径在上小孔径在下),将干沙倒入顶层,加盖过筛(在振动机上振动 15 min)。

(3)分层累计称重。将每个筛上的泥沙,从上到下依次倒入已编号的盛沙皿中,倒 1 个在天平上称重 1 次,从而得到小于某粒径泥沙的质量。

(4)测记最大粒径。在最上层的沙中,取其最大一颗沙粒,量其粒径。

(5)级配计算。当沙样全部用筛分析法时,计算方法为

$$P = \frac{A}{W_s} \times 100\% \tag{5-64}$$

当沙样采用筛分析法和水分析法联合分析时,计算方法是:

筛分析部分

$$P = \frac{A + W'_s}{W_s} \times 100\% \tag{5-65}$$

水分析部分

$$P = \frac{A'}{W_s} \times 100\% \tag{5-66}$$

式中 P——小于某粒径沙重百分数;

A——大于洗筛孔径小于某粒径沙重;

A'——水分析法求得的小于某粒径沙重;

W_s——沙样总沙重;

W'_s——洗筛以下的总沙重。

筛分析法具有设备简单,操作方便,明确直观,并能反映泥沙颗粒的几何尺寸等优点。其缺点是:由于泥沙颗粒形状不同,同体积的泥沙过筛率是不同的,筛析率是不同的,筛分析粒径不能代表等容积球体直径;受筛孔径固定不变的影响,不宜控制泥沙级配转折点;筛孔使用长久后容易变形,使颗分成果产生误差。

(二)水分析法

水分析法是根据不同粒径的泥沙在静水中的沉降速度不同,利用有关沉速公式,测定泥沙颗粒级配的一种方法。泥沙沉速公式按粒径的不同,有以下几种:

司托克公式:

$$\omega = \frac{\gamma_s - \gamma_w}{1\,800\mu}D^2 \tag{5-67}$$

此公式适用于粒径等于或小于 0.1 mm 的泥沙。

冈查洛夫第二式:

$$\omega = 6.77\frac{\gamma_s - \gamma_w}{\gamma_w}D + \frac{\gamma_s - \gamma_w}{1.925\gamma_w}\left(\frac{T}{26} - 1\right) \tag{5-68}$$

此式适用于粒径为 0.15 ~ 1.5 mm 的泥沙。

冈查洛夫第三式:

$$\omega = 33.1\sqrt{\frac{\gamma_s - \gamma_w}{10\gamma_w}D} \tag{5-69}$$

式中　D——球体直径,mm;

μ——水的动力黏滞系数,随水温变化,g · s/cm^2;

ω——沉降速度,cm/s;

γ_w、γ_s——水和泥沙的容重,g/cm^3;

T——试验时悬液的温度,℃。

此式适用于粒径大于1.5 mm的泥沙。

由于粒径为0.1～0.15 mm时,是一空档,因此规定利用司托克公式与冈查洛夫第二式的粒径与沉速关系曲线直接连接查用。

1.粒径计分析法

此法属于清水体系分析法,适用于粒径为0.05～1.0 mm、沙样为0.3～3 g的粗颗粒泥沙。

1)主要设备

(1)粒径计,长约103 cm、内径4 cm,底端内径收缩为0.8 cm的长玻璃管,构造如图5-21(a)所示。

(2)加沙器,为一带柄的玻璃杯和橡皮塞组成,构造如图5-21(b)所示。

(3)接沙杯,容积为20～30 mm^{3}的玻璃杯。

(4)放淤杯,容积为1 500 mm^{3}的玻璃杯。

(5)天平、比重瓶、温度计等。

2)粒径计的安装与画线

(1)安装,粒径计垂直安装在分析架上。

(2)画线,分析管上须刻4条固定线。

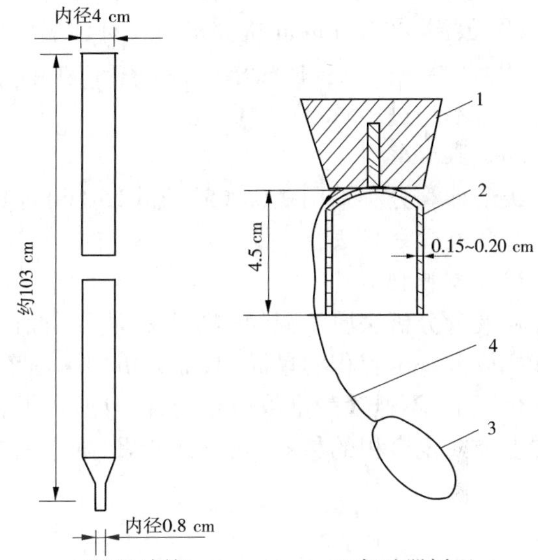

(a)粒径计管　　(b)加沙器剖面

1—橡皮塞;2—玻璃管;3—盖子;4—系绳

图5-21　粒径计

起始线——从下端管嘴向上量取100 cm处刻沉降距离起始线。

终止线——从起始线向下量50 cm和90 cm处,分别刻线,作为观读最大粒径的终止线。

加沙器口下沉线——在加沙器塞紧粒径计管口后,使加沙器的1/2高度处与起始线重合,否则应调整加沙器柄,使其重合。

清水面线——在加沙器口下沉线以上0.5 cm处画一条线,为清水面线。

3)准备沙样

(1)过筛,用孔径为0.5 mm的洗筛以蒸馏水冲洗。粒径大于0.5 mm的用筛分析法分析,小于0.5 mm的用水分析法分析。如果粗沙小于5%,则全部用水分析法分析。

(2)分沙,如果沙样重量过大,用分沙器分沙,一份供分析用,另一份作备用。

(3)用置换法求沙重,求出分析沙样的总沙重。

4)分析步骤

(1)管口下端加止水橡皮套后,加分析用水至预定位置。

(2)调整分析管水面,使管内水面与清水水面线平齐。

(3)放好接沙杯,取 5 ~7 只接沙杯并装满水,按编号次序排列。

(4)测水温,用试验温度计测管内水温。

(5)加沙器调沙,加反凝剂和水,使加沙器沙样装至预定位置,然后加盖倒置摇动 1 min 后缓慢插入粒径计。

(6)测最大粒径,当加沙器接触水面时盖片自动落下,立即开动秒表,若时间超过 25 s,最大粒径尚未达到 50 cm 的终止线,待其达到此线时停表记时;否则,等到达到 90 cm 终止线时停表记时。

(7)按操作时间更换接沙杯。

(8)放淤,按操作时间接完最后一杯沙后,将管内悬液全部放入放淤杯中。

(9)用焙干法或置换法求出各杯中的沙重。要求累计沙重与分析前置换法所求的总沙重之差不超过 ±5% ~ ±10% 。

5)成果计算

级配计算方法采用式(5-65)或式(5-66)计算。

2. 移液管分析法

1)基本原理

移液管分析法属于混匀体系分析法(下面的消光法亦属此法种)。混匀体系,是将分析沙样放入一定容积的量筒内,加分析用水至刻度,充分搅拌均匀后的瞬间,在悬液中的任何位置上,不但含沙量数值相同,而且所含颗粒级配组成亦相同。此时若在悬液内任意位置上吸一定容积的悬液,测定其沙重,则悬液的总沙重为

$$W_{s0} = \frac{W_s}{V_s}V = C_sV \tag{5-70}$$

式中 W_{s0}——量筒内悬液的总沙重;

V——量筒内悬液的总容积;

C_s——量筒内悬液的含沙量。

图 5-22(a)中,假定只有粗、中、细 3 种颗粒,处于混匀状态的情况。

从混匀状态开始,沉降历时为 t 时,如图 5-22(b)所示,由于不同的颗粒沉速不同,上面一层中的粗粒径沉到 C 层处,中粒径沉到 B 层,细粒径沉到 A 层中,在 A 层以上不再含有泥沙。BC 水层中只含中、细泥沙,C 层以下含有全部粒径泥沙,除粗颗粒外,中、细颗粒在 t 时间内沉进、沉出的数量相等,维持原来数量不变。此时,在此区间的水层中,含中、细颗粒的含沙量与混合状态下含中、细颗粒的含沙量相同,若吸取容积为 V_1 的悬液,其沙重为 W_{s1},量筒内全部悬液中含中、细颗粒的总沙重为$\frac{W_{s1}}{V_1}V$,其相应的小于该粒径沙重占总沙重的百分数为

$$P_1 = \frac{W_{s1}}{V_1}\frac{V}{W_{s0}} \times 100\% \tag{5-71}$$

同理,可以求得小于其他粒径的沙重百分数。

为了使泥沙颗粒在量筒中能自由分散地沉降,量筒中必须加反凝剂,且悬液的浓度要适中。

移液管法适用于粒径小于0.1 mm且浓度为0.3 ~2.0 g/100 mL的悬液沙样。

2)主要设备

(1)移液管,容积为20 ~30 mL的玻璃吸管,如图5-23所示。

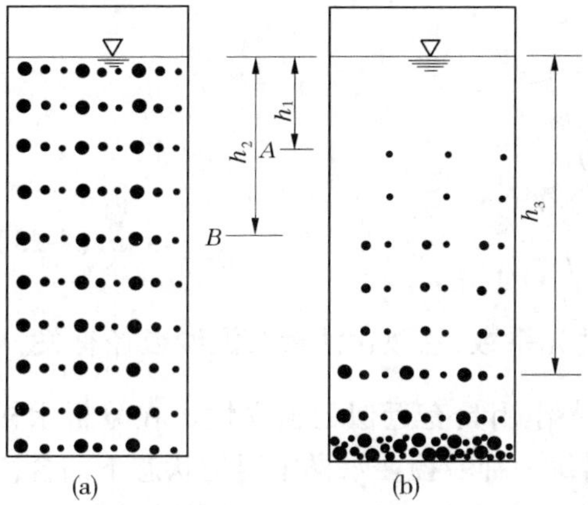

图5-22 混匀沉降

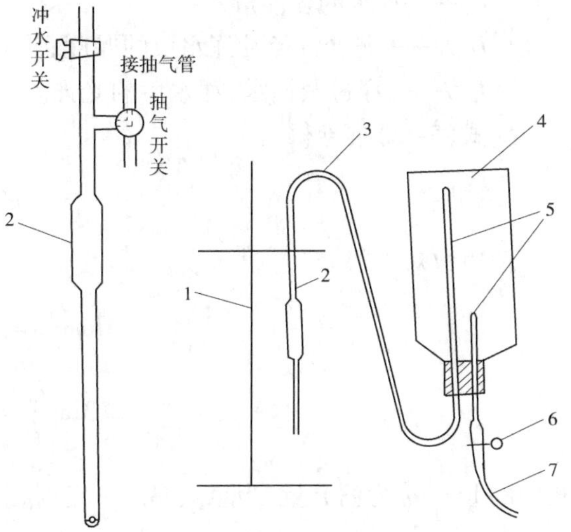

1—仪器架;2—移液管;3—橡皮管;4—玻璃瓶;5—玻璃管;6—弹簧夹;7—橡皮管

图5-23 移液构造

(2)量筒,容积为1 000 mL,高约45 cm。

(3)洗筛,孔径0.1 mm。

(4)其他,天平、烘箱、温度计、干燥器等。

3)操作步骤

(1)将洗筛置于漏斗之上,内放沙样,用高压水冲洗。筛上的粗沙用筛分法分析,筛下的细沙用移液管法分析。

(2)在1 000 mL的量筒中加入沙样和反凝剂后,再加入蒸馏水使悬液恰好为1 000 mL,然后用搅拌器上下搅拌1 min,使悬液均匀分布。

(3)悬液充分搅拌均匀后,立即开动秒表记时,并测记悬液温度。

(4)根据悬液的温度、分组粒径、沉降距离拟定吸样时间,分别在预定时间前5 s将移液管下口放到相应位置上,时间到时吸取水样。取出移液管,放出吸液,并冲洗移液管。处理吸出的水样,求出该粒径组的干沙重。重复上述步骤,求出其他粒径组的的干沙重。

4)成果计算

筛分部分的成果使用式(5-65)计算;移液管分析部分使用式(5-71)计算。

3. 光学分析法

1）基本原理

当光线穿过含沙量为 C_s，厚度为 L 的浑水层时，光强度将被减弱，其减弱的程度与浑水中所含泥沙的多少及颗粒组成有关。其关系可用下式表示：

$$I = I_0 e^{-kC_sL/D} \tag{5-72}$$

式中 k——消光系数，与泥沙颗粒的几何形状有关；

C_s——浑水的含沙量；

D、L——泥沙粒径及浑水层的厚度；

I_0、I——穿过蒸馏水、浑水后的光强。

对式(5-72)推导得

$$\frac{I_0}{I} = e^{kC_sL/D}$$

两边取对数得

$$\ln \frac{I_0}{I} = \frac{kC_sL}{D}$$

$$2.3\lg \frac{I_0}{I} = \frac{kC_sL}{D} \tag{5-73}$$

式中的 $\lg \frac{I_0}{I}$ 称为消光量，当悬液厚度一定时，与消光系数、悬液含沙量及泥沙粒径有关。

在混匀状态的悬液中，各不同粒径泥沙的消光作用具有近似的独立性。在分析水样中，将水样中全部粒径按大小区分开来，分别求出每一种粒径在水样中混匀状态下的含沙量(假设其他粒径不存在)，并测出消光量，则水样中各种粒径混合在一起混匀状态下的消光量，等于各种粒径分别在混匀状态下测得的消光量之和。用公式表示为

$$\lg \frac{I_0}{I} \geqslant \lg \frac{I_0}{I_1} + \lg \frac{I_0}{I_2} + \cdots + \lg \frac{I_0}{I_i} + \cdots \tag{5-74}$$

式中 $I_1, I_2, \cdots, I_i \cdots$——水样中单纯由粒径为 $D_1, D_2, \cdots, D_i \cdots$ 引起消光后的光强；

$\lg \frac{I_0}{I_1}, \lg \frac{I_0}{I_2}, \cdots, \lg \frac{I_0}{I_i} \cdots$——各种粒径单独形成的消光量。

进一步可以推出，悬液中介于某两种粒径之间的含沙量与消光量之间的关系。设水样混匀后 t_1 时刻水面层等于 D_1 粒径的泥沙刚刚沉到入射光线上，此时消光量等于

$$\lg \frac{I_0}{I_{t1}} = \lg \frac{I_0}{I_1} + \lg \frac{I_0}{I_2} + \cdots + \lg \frac{I_0}{I_i} + \cdots$$

在 t_2 时刻，粒径大于 D_2 的泥沙皆沉到入射光线以下，粒径为 D_2 的泥沙则刚沉到入射光线上，其消光量为

$$\lg \frac{I_0}{I_{t2}} = \lg \frac{I_0}{I_1} + \lg \frac{I_0}{I_2} + \cdots + \lg \frac{I_0}{I_i} + \cdots$$

上面两式中：I_1、I_2 分别为对应粒径 D_1、D_2 消光后的光强度。设在 D_1、D_2 的泥沙还有许多粒径，则上两式相减，并用 $I_{1,2}$ 表示粒径介于 $D_1 \sim D_2$ 的泥沙引起消光后的光强度，则

$$\lg\frac{I_0}{I_{t1}}-\lg\frac{I_0}{I_{t2}}=\lg\frac{I_0}{I_{1,2}}$$

$\lg\frac{I_0}{I_{1,2}}$为粒径介于 $D_1\sim D_2$ 的泥沙的消光量。按照式(5-73),上式可写成

$$\lg\frac{I_0}{I_{1,2}}=\frac{1}{2.3}\frac{kC_sL}{D}$$

即

$$\lg\frac{I_0}{I_{t1}}-\lg\frac{I_0}{I_{t2}}=\frac{1}{2.3}\frac{kC_{s1,2}L}{D_{1,2}}$$

因此,粒径介于 $D_1\sim D_2$ 的泥沙含沙量为

$$C_{s1,2}=\frac{2.3D_{1,2}}{kL}\left(\lg\frac{I_0}{I_{t1}}-\lg\frac{I_0}{I_{t2}}\right)\tag{5-75}$$

同理,粒径介于 $D_2\sim D_3$ 的泥沙的含沙量为

$$C_{s2,3}=\frac{2.3D_{2,3}}{kL}\left(\lg\frac{I_0}{I_{t2}}-\lg\frac{I_0}{I_{t3}}\right)$$

由于悬液水样中总的含沙量等于各种粒径含沙量之和,则

$$C_s=C_{s1,2}+C_{s2,3}+C_{s3,4}+\cdots+C_{si,i+1}+\cdots$$

在混匀悬液中,小于某粒径沙重的百分数,可用小于某粒径以下的各粒径组的含沙量与总含沙量之比求得:

$$P_i=\frac{C_{si,i+1}+C_{si+1,i+2}+\cdots}{C_{s1,2}+C_{s2,3}+\cdots+C_{si,i+1}+C_{si+1,i+2}+\cdots}$$

$$=\frac{\sum\limits_{i=i}^{n}C_{si,i+1}}{\sum\limits_{i=1}^{n}C_{si,i+1}}=\frac{\sum\limits_{i=i}^{n}\frac{2.3D_{i,i+1}}{kL}\left(\lg\frac{I_0}{I_i}-\lg\frac{I_0}{I_{i+1}}\right)}{\sum\limits_{i=1}^{n}\frac{2.3D_{i,i+1}}{kL}\left(\lg\frac{I_0}{I_i}-\lg\frac{I_0}{I_{i+1}}\right)}$$

设在各粒径下的消光系数 k 为常数,上式为

$$P_i=\frac{\sum\limits_{i=i}^{n}C_{si,i+1}\left(\lg\frac{I_0}{I_i}-\lg\frac{I_0}{I_{i+1}}\right)}{\sum\limits_{i=1}^{n}C_{si,i+1}\left(\lg\frac{I_0}{I_i}-\lg\frac{I_0}{I_{i+1}}\right)}\tag{5-76}$$

根据上述原理,可以设计出不同型号的光电分析仪。

2)激光粒度分析仪

激光粒度分析法是利用激光(单一波长)的特殊光源,根据颗粒的光散射现象,而进行颗粒分析的一种方法。当一束平行的激光束与颗粒接触时,会产生往各个方向散射且强度不同的散射光,其中在其向前方的散射光强度最大,这一现象称为衍射。由于颗粒大小不同,衍射光线的角度与强弱也不同,这样形成的衍射光环图亦代表了一定大小的颗粒。数目众多的颗粒所造成相互重叠的光环,包含了粒度分布的信息,用多台检测器收集这些信息后,再利用数学及弗蘭侯夫等理论来计算粒度的分布。

COULTER LS 系列仪器,是美国库尔特公司根据上述原理,利用库尔特双镜头技术研

制生产的。由于在颗粒衍射现象中,颗粒的大小不同,产生的衍射角度也不同,一般大颗粒的衍射角度比较小,小颗粒的衍射角度大,如图5-24(b)所示。在一般情况下的激光分析仪器中,要进行一个分布较宽的粒度测量,必须更换或移动镜片以配合不同的衍射角度,收集所有的光线,这样一个样品往往要几次分段地进行测量。采用了库尔特双镜头技术后,如图5-24(a)所示,在一个宽粒度范围内,大小颗粒的衍射光线都能直接被采集到检测器平面上。这种仪器分析效率高,同时避免了用计算机合并多次测量数据造成的误差。

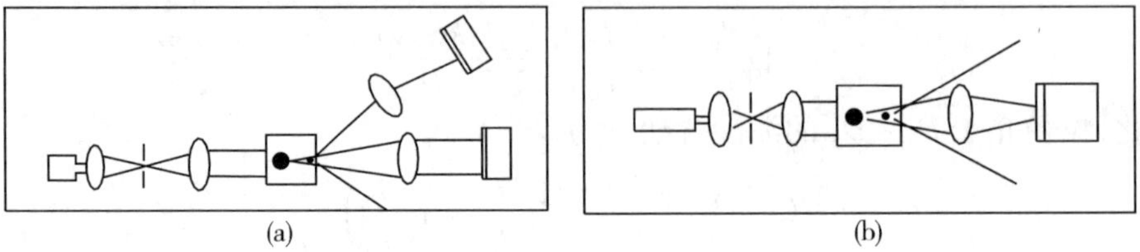

图 5-24　库尔特双镜头技术示意

四、泥沙颗分资料的整理

泥沙颗分资料整理的主要内容是推求悬移质、推移质和河床质的断面平均颗粒级配,断面平均粒径和断面平均沉速。它们的计算方法相似,下面以悬移质泥沙为例进行介绍。

(一)悬移质垂线平均颗粒级配的计算

(1)以垂线取样分析的级配代表垂线平均级配。凡用积深法、垂线定比混合法和十字线法的各垂线取样进行颗分的成果,以及推移质、河床质各取样垂线的颗分成果,都可以作为该垂线的平均颗粒级配。

(2)以测点取样分析的级配计算垂线平均级配。凡用积点法取样分析的垂线,垂线平均颗粒级配均采用计算法求得。计算方法与计算垂线平均含沙量一样,须用加权计算法才能合理地求得垂线平均颗粒级配。现以三点法为例,介绍其计算方法:

图 5-25 为畅流期三点法分析成果推算垂线平均级配曲线示意图。平均级配曲线的“小于粒径 D_i 沙重百分数 P_{m1}”,必须用测点输沙率加权计算,计算公式为

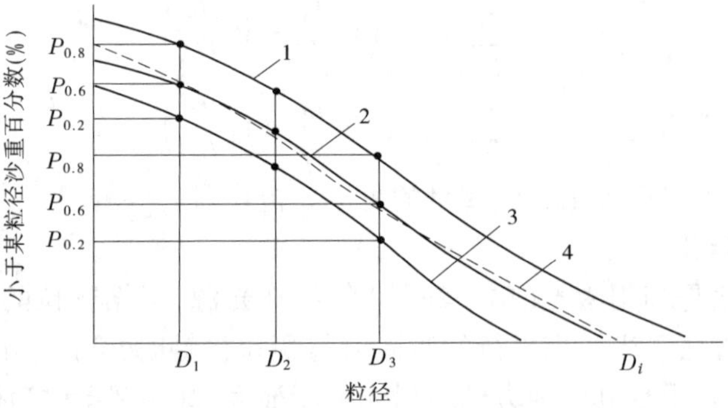

1—0.8 水深级配曲线;2—0.6 水深级配曲线;3—0.2 水深级配曲线;4—垂线平均级配曲线

图 5-25　三点法垂线平均级配曲线的计算

$$P_{m1} = \frac{P_{0.2}C_{s0.2}v_{0.2} + P_{0.6}C_{s0.6}v_{0.6} + P_{0.8}C_{s0.8}v_{0.8}}{C_{s0.2}v_{0.2} + C_{s0.6}v_{0.6} + C_{s0.8}v_{0.8}}$$

$$= \frac{P_{0.2}q_{s0.2} + P_{0.6}q_{s0.6} + P_{0.8}q_{s0.8}}{\sum q_s}$$

$$= \frac{q_{s0.2}}{\sum q_s}P_{0.2} + \frac{q_{s0.6}}{\sum q_s}P_{0.6} + \frac{q_{s0.8}}{\sum q_s}P_{0.8}$$

$$= K_{0.2}P_{0.2} + K_{0.6}P_{0.6} + K_{0.8}P_{0.8} \tag{5-77}$$

式中　$P_{0.2}$、$P_{0.6}$、$P_{0.8}$——0.2、0.6、0.8 相对水深测点沙样的小于粒径 D_1 的沙重百分数；

$C_{s0.2}$、$C_{s0.6}$、$C_{s0.8}$——0.2、0.6、0.8 相对水深测点的含沙量；

$v_{0.2}$、$v_{0.6}$、$v_{0.8}$——0.2、0.6、0.8 相对水深测点流速。

同理，粒径 D_2 的垂线平均沙重百分数 P_{m2} 的计算公式为

$$P_{m2} = \frac{P'_{0.2}C_{s0.2}v_{0.2} + P'_{0.6}C_{s0.6}v_{0.6} + P'_{0.8}C_{s0.8}v_{0.8}}{C_{s0.2}v_{0.2} + C_{s0.6}v_{0.6} + C_{s0.8}v_{0.8}}$$

$$= K_{0.2}P'_{0.2} + K_{0.6}P'_{0.6} + K_{0.8}P'_{0.8}$$

式中　$P'_{0.2}$、$P'_{0.6}$、$P'_{0.6}$——0.2、0.6、0.8 相对水深测点沙样的小于粒径 D_2 的沙重；

其余符号含义同前。

小于其他粒径 $D_3,D_4,D_5,\cdots,D_n$ 的垂线平均沙重百分数 $P_{m3},P_{m4},P_{m5},\cdots,P_{mn}$ 计算公式依此类推。

有了 $P_{m3},P_{m4},P_{m5},\cdots,P_{mn}$ 数值后，即可绘制垂线平均颗粒级配曲线。

同理，可以推出畅流期五点法和二点法的计算公式：

五点法

$$P_{m1} = \frac{P_{0.0}C_{s0.0}v_{0.0} + 3P_{0.2}C_{s0.2}v_{0.2} + 3P_{0.6}C_{s0.6}v_{0.6} + 2P_{0.8}C_{s0.8}v_{0.8} + P_{1.0}C_{s1.0}v_{1.0}}{C_{s0.0}v_{0.0} + 3C_{s0.2}v_{0.2} + 3C_{s0.6}v_{0.6} + 2C_{s0.8}v_{0.8} + C_{s1.0}v_{1.0}}$$

$$= K_{0.0}P_{0.0} + 3K_{0.2}P_{0.2} + 3K_{0.6}P_{0.6} + 2K_{0.8}P_{0.8} + K_{1.0}P_{1.0} \tag{5-78}$$

二点法

$$P_{m1} = \frac{P_{0.2}C_{s0.2}v_{0.2} + P_{0.8}C_{s0.8}v_{0.8}}{C_{s0.2}v_{0.2} + C_{s0.8}v_{0.8}} = K_{0.2}P_{0.2} + K_{0.8}P_{0.8} \tag{5-79}$$

$P_{m2},P_{m3},P_{m4},\cdots,P_{mn}$ 计算公式依此类推。

关于封冻期，计算原理与此相同，读者可以自己推导。

（二）悬移质断面平均颗粒级配的计算

1. 用全断面混合法取样作颗粒分析

用全断面混合法取样作颗粒分析，将其成果作为断面平均级配曲线。

2. 采用其他方法取样作颗粒分析

使用部分输沙率加权法计算断面平均颗粒级配，具体计算方法如图 5-26所示。假定断面上有 5 条取沙颗分垂线的平均级配曲线，现根据这 5 条垂线的平均级配曲线，计算全断面的平均级配曲线。

全断面平均级配曲线的横坐标，仍为粒径 $D_1,D_2,D_3,\cdots,D_n$，但与此对应的纵坐标值 $\overline{P}_1,\overline{P}_2,\overline{P}_3,\cdots,\overline{P}_n$ 应分别根据 5 条垂线平均级配曲线的 $P_{m1},P_{m2},\cdots,P_{m5}$（见图 5-26），应用部分输沙率加权法进行计算。现以小于粒径 D_1 的全断面平均颗粒级配 $\overline{P}_1$ 为例介绍如下。

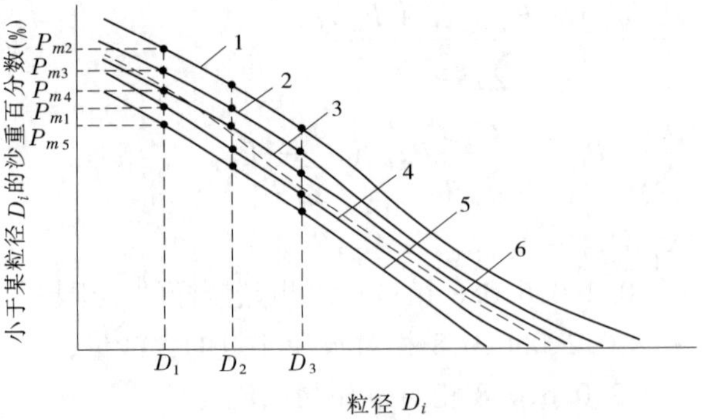

1—垂线(2)平均级配曲线;2—垂线(3)平均级配曲线;3—垂线(4)平均级配曲线;
4—垂线(1)平均级配曲线;5—垂线(5)平均级配曲线;6—断面平均级配曲线

图 5-26　由垂线平均级配曲线求断面平均级配曲线

(1)以各取沙颗分垂线为界计算部分输沙率 $q_{s0},q_{s1},q_{s2},\cdots,q_{s5}$。

(2)确定 $P_{m1},P_{m2},\cdots,P_{m5}$ 的输沙率加权数值如下:

P_{m1} 的加权数值为$(q_{s0}+\frac{1}{2}q_{s1})$

P_{m2} 的加权数值为$(\frac{1}{2}q_{s1}+\frac{1}{2}q_{s2})$

⋮

P_{m5} 的加权数值为$(\frac{1}{2}q_{s4}+q_{s5})$

(3)$\overline{P}_1$ 的加权计算。将 $P_{m1},P_{m2},\cdots,P_{m5}$ 分别与其加权数值相乘,然后求其代数和除以总加权数值($\sum q_s=Q_s$)即得。计算公式如下:

$$
\begin{aligned}
P_1 &= \frac{\left(q_{s0}+\frac{1}{2}q_{s1}\right)P_{m1}+\left(\frac{1}{2}q_{s1}+\frac{1}{2}q_{s2}\right)P_{m2}+\cdots+\left(\frac{1}{2}q_{s4}+q_{s5}\right)P_{m5}}{Q_s} \\
&= \frac{(2q_{s0}+q_{s1})P_{m1}+(q_{s1}+q_{s2})P_{m2}+\cdots+(q_{s4}+2q_{s5})P_{m5}}{2Q_s} \\
&= \frac{2q_{s0}+q_{s1}}{2Q_s}P_{m1}+\frac{q_{s1}+q_{s2}}{2Q_s}P_{m2}+\cdots+\frac{q_{s4}+2q_{s5}}{2Q_s}P_{m5} \\
&= K_1P_{m1}+K_2P_{m2}+\cdots+K_5P_{m5}
\end{aligned}
\tag{5-80}
$$

(三)断面平均粒径的计算

悬移质断面平均级配曲线绘制后,可按以下方法计算断面平均粒径。

(1)将断面平均级配曲线分成若干级。如图 5-27 中把曲线按 $D_i=D_1,D_2,D_3,\cdots,D_7$ 共分 6 组。

(2)用几何平均法计算每一组的平均粒径 $\overline{D_i}$,例如:

$$\overline{D_1}=\frac{D_1+D_2+\sqrt{D_1D_2}}{3}$$

$$\overline{D_2}=\frac{D_2+D_3+\sqrt{D_2D_3}}{3}$$

$$\vdots$$

$$\overline{D}_i = \frac{D_{上} + D_{下} + \sqrt{D_{上} D_{下}}}{3} \tag{5-81}$$

(3)求各种粒径 D_i 对应的沙重百分数 $P(\%)$，见图 5-27 中 D_1 对应的为 $\overline{P}_1$，D_2 对应的为 $\overline{P}_2$，…，D_n 对应的为 $\overline{P}_n$。

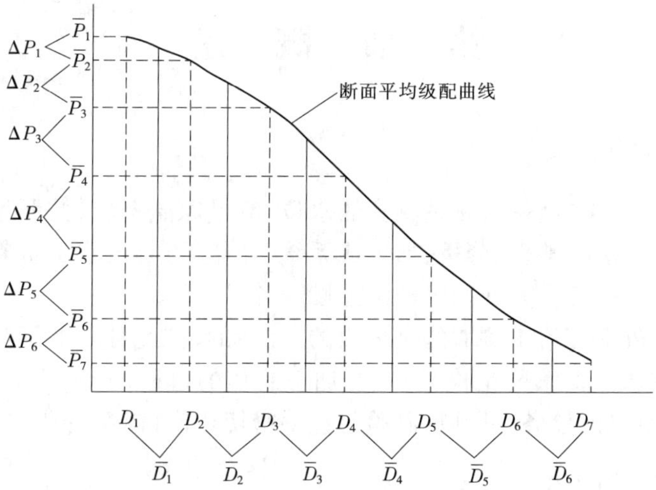

图 5-27　断面平均粒径的计算

(4)计算各组平均粒径 $\overline{D}_i$ 对应的沙重百分数 ΔP_i，如：

$$\Delta P_1 = \overline{P}_1 - \overline{P}_2, \Delta P_2 = \overline{P}_2 - \overline{P}_3 \cdots$$

(5)最后代入下列公式计算断面平均粒径 $\overline{D}_A$：

$$\overline{D}_A = \frac{\sum \Delta P_i \overline{D}_i}{100} \tag{5-82}$$

(四)悬移质断面平均沉降速度(沉速)的计算

断面平均沉降速度的计算与上述断面平均粒径的计算方法相同，做法如下：

(1)将断面平均级配曲线用分级粒径 $D_1, D_2, D_3, \cdots, D_n$ 和施测水温，在水文测验手册的沉降速度表中查出各粒径对应的沉速 $\omega_1, \omega_2, \omega_3, \cdots, \omega_n$。

(2)以 ω_i 和对应的 $\overline{P}_i$ 为坐标即可绘沉降速度的级配曲线。

(3)把曲线分成若干组，计算每一组的平均沉速 ω_i：

$$\omega_i = \frac{1}{3}(\omega_{上} + \omega_{下} + \sqrt{\omega_{上} \omega_{下}}) \tag{5-83}$$

式中　$\omega_{上}$、$\omega_{下}$——某组上限、下限粒径的沉速。

(4)用加权法计算断面平均沉降速度 $\overline{\omega}$，即

$$\overline{\omega} = \frac{1}{100} \sum \Delta P_i \omega_i \tag{5-84}$$

式中　ΔP_i——某组沙重百分数(%)，见图 5-27。

第六章　水位、流量资料整编

第一节　概　述

一、整编工作的意义

水位、流量资料整编，就是将测站测获的水位、流量原始资料，按照科学的方法、统一的格式、规范的标准，进行整理、分析，加工成系统、完整、可靠的水文资料，为防汛、抗旱、水利建设、国防、科学研究及其他国民经济建设服务。

基层水文站在外业测验中测取的是离散的、片断的、彼此独立的资料，其中甚至还夹杂着记录和计算错误。整编就是检验真伪、加工制作的过程，并且还担负着发现测验问题，提出测验改进意见的任务。所以，测验与整编密切相连，相互促进。

二、整编工作的内容

(1)收集水位、流量及有关资料。

(2)审核水位、流量原始资料。审核测验、计算方法是否正确。重点应放在洪水时期对不同测算方法，对缺测、插补、改正等资料的检查。

(3)确定整编方法。根据测站特性，选用合理的定线，推流方法；对于手算，应进行推算制表，满足工序要求；对电算，应进行数据整理，填制有关加工表，上机操作。

(4)作单站合理性检查及编制有关整编说明书。

三、测站考证

测站考证是整编最基础的工作。只有对各种情况进行彻底、清楚的考证，才能正确地进行整编；否则，不加考证，仓促上阵，会给整编工作带来一定损失。

(一)测站附近河流情况及断面布设的考证

测站附近河流情况，主要考证测验河段顺直长度及距下游控制断面如急滩、石梁、弯道、卡口等处的距离；河床组成，冲淤情况；高水分流、漫滩及枯水浅滩、沙洲出现情况；支流的汇入及引排水工程的影响等。

断面布设，主要考证基本水尺断面，流速仪测流断面、浮标上下断面，比降上下水尺断面布设情况和相对位置；断面迁移情况，迁移的原因、时间及距离等。

另外，还要查清基线的位置、长度及变动情况，固定测流设备及测流建筑物的种类、型式等。

(二)基面和水准点的考证

基面考证是为了查清使用基面的变迁情况，把测站采用的冻结基面与绝对基面高程之间的关系考证清楚。

水准点考证是为了查清测站所有水准点有无因自然或人为因素影响，使高程发生变动。若有变动，应判明原因和日期，并对水准点高程作相应改变。若水准点本身没有变动，只因水准网复测、平差或绝对基面变动，使引据水准点高程变动时，本站水准点使用冻结高程时仍保持不变，只把变动差值标注清楚即可。

（三）测站以上（区间）水利工程基本情况的考证

查清测站（区间）以上主要水利工程的分布、名称、类型、标准、效益及变动情况，拦、蓄水情况，引入、引出水情况等。

四、对整编工作的要求

（1）严格工序。原始资料都须经过三道工序：初作、一校、二校，才能进行整编。对于考证、定线、推算、制表及计算机整编的数据加工表，录入数据文件等，也都须做齐三道工序。

（2）分析整编的过程，是如实反映水文要素变化规律的过程，因此要全面了解测验情况。遇到矛盾问题，要深入调查研究，认真分析，力求采用的整编推算方法正确合理，符合测站特性等。

注意事项：①重视日常工作，发现问题，及时解决。要贯彻四随（随测算、随发报、随整编、随分析）制度。②合理安排工作顺序。因整编内容繁多，工作顺序安排不当，可能造成不应有的返工，如水位未经考证而计算日平均值，流量中突出点未经分析评判而定线推流，都会因水尺零点高程变动或定线不当而重新修改计算。③认真执行规范标准。规范标准是整编工作的法规和依据，只有认真贯彻规范标准，才能达到统一标准，统一规格，保证整编质量。

第二节　水位资料整编

水位资料，是最基本的水文要素。在流量和泥沙资料整编工作中，又都以水位为基础进行推算。若水位整编不当，必将引起一系列整编成果的返工。因此，对水位资料整编必须给予高度重视。

一、工作内容

（1）考证水尺零点高程。

（2）审核水位原始资料，计算逐时和逐日平均水位，编制日平均水位或水位月、年统计表。

（3）绘制逐时或逐日平均水位过程线。

（4）编制洪水水位摘录表及水位资料整编说明书。

二、水尺零点高程的考证

水位资料在进行计算前，首先要把所使用水尺的水尺零点高程考证清楚，以免计算资料发生错误。水尺零点高程发生变动的主要原因有：引据水准点发生变动；水准测量过程中发生错误；水尺被浮运或船只碰撞；水尺被冰层上拨等。考证时，可按下述步骤进行。

（1）将本年各次水尺校测记录进行整理，填写水尺零点高程考证表，列表登记各次校测日期，水尺零点高程，引据水准点，校测结果及其他有关情况。其表格形式见表 6-1。

表 6-1　水尺零点高程考证

水尺编号	测量结果					采用高程（m）	使用日期（月-日）	水尺改正时间（月-日）	说明
	时间（年-月-日）	引据水准点	闭合差（m）	允许差（m）	测量高程（m）				
P_3	1980-01-01	校 1	0.003	0.004	45.342	45.342	01-01 ~ 12-31		
P_3	1980-05-13	校 1	0.001	0.004	45.351	45.351			
P_3	1980-12-31	校 1	0.002	0.004	45.345	45.342			
P_4	1980-01-01	校 1	0.004	0.005	44.514	44.514	01-01 ~ 07-18		
P_{4-1}	1980-07-20	校 1	0.003	0.005	44.528	44.528	07-19 ~ 12-31	07-19	07-19 船撞
P_{4-2}	1980-12-31	校 1	0.004	0.005	44.537				

（2）结合水准点考证结果，分析水尺零点高程变动原因和测量误差情况。若本次校测高程与原用的水尺零点高程相差不超过本次测量的允许误差，或虽超过但小于 10 mm，其水尺零点高程仍采用原用高程；否则，应分析水尺变动的原因及日期，一般可绘制逐时水位过程线或本站与邻站的水位相关曲线加以分析；水尺零点高程的变动可能是突变，也可能是渐变。若被漂浮物或船只碰撞，属突变，受结冰上拨则属渐变。应根据不同情况，分析确定每支水尺两次校测期间须采用的水尺零点高程。

三、原始资料的审核

为了保证质量，应对水位原始资料进行全面审核，审核时以水位记载簿为依据，检查每支水尺使用的日期及零点高程是否正确；换读水尺时，2 支水尺计算的水位是否衔接；抽检水位计算的正确性，审查水位的缺测、插补、改正是否妥当；日平均水位的计算及月、年极值的挑选有无错误，以及对河干、断流情况处理是否合理等。

当遇到水位缺测而未插补时，整编时应予以插补，其插补方法有以下几种。

（一）直线插补法

当缺测期间的水位变化平缓，或虽有较大变化，但属单一上涨或下落时，可用此法。其公式为

$$\Delta Z = \frac{Z_2 - Z_1}{n + 1} \tag{6-1}$$

式中　ΔZ——每日插补的水位差值；

n——缺测天数；

Z_1、Z_2——缺测阶段前一日与后一日的水位。

缺测日期的水位为

$$Z_i = Z_1 + i\Delta Z \quad (i = 1,2,\cdots,n) \tag{6-2}$$

（二）水位相关曲线法

当缺测期间水位变化较大，跨越峰、谷，且当本站水位与邻站水位有相关关系时，可点绘水位关系线，用邻站水位插补本站水位。当区间无大支流汇入或无大量引出、引入水量，且河段冲淤变化不大时，应用该法可获得满意的结果。

（三）水位过程线法

当缺测期间水位有起伏变化，上下站间区间径流增减不多，且水位过程又大致相似时，可用此法。制作时，将本站与邻站的水位绘在同一张、同一坐标的过程线纸上，缺测期间的水位参照邻近站的水位过程线趋势，勾绘出本站水位过程线，从而在过程线上查读缺测日期的水位。

四、逐日平均水位表的编制

（一）表内数字符号的填写

表内各日平均水位数字，各种冰情、整编符号，均从审核后的原始记录中抄入。表中水位说明要填清，如本站所用冻结基面与黄海基面高程相差 -1.176 m（冻结基面低于黄海基面），应写成：表内水位（冻结基面以上米数）-1.176 = 黄海基面以上米数。表下边统计栏中的月、年平均水位，分别等于 1 月内和 1 年内日平均水位之和除以相应日之间的总天数。月、年的最高和最低水位，分别从各月和全年的逐时水位中挑选，并注明发生的日期。

（二）各种保证率水位的挑选

在有航运或浮运的河道上，需要挑选保证率水位。保证率水位，是指在 1 年内有多少天高于或等于某一水位。这一数值，供航运部门使用。保证率水位从逐日平均水位表中的日平均水位中挑选，从高向低排列。保证率水位分为年最高平均水位，第 15、30、90、180、270 天平均水位及年最低日平均水位 7 个档次。挑选方法有以下两种：

（1）列表法。该法分两种：一种是水位变幅较大，将一年中日平均水位从高到低分成若干级，分别统计各月在各级水位中发生的次数，横向合计各级水位的总次数，然后从中自高到低纵向累积，求出各水位级分界处的发生次数，再判明指定保证率是在那一水位级中，把这一水位级中的水位从高到低排列，直到找到所求的保证率水位。第二种是水位变幅较小，水位级分得较细。同上，从高到低划分水位级，再逐月将各日平均水位尾数写入表中，从而依次找出各保证率水位。其操作方法见表 6-2。

如找第 15 天的保证率水位，可从累计日数栏里查，15 天正好位于水位级为 42.99 ~ 42.90，必须是这一级尾数最小的那一天，为此应从该水位级各月尾数中，从“0”向上找，没有“0”找“1”，在 6、8 月栏里均有“1”发生，则第 15 天的保证率水位为 42.91。第 30 天的保证率水位，从累计栏中知是位于 42.89 ~ 42.80 水位级中，该级的下限是 31，比 30 多一天，可知该级倒数第 2 个尾数，即是要求的数字，同样先找尾数“0”，没找到，再找“1”，发生两次，故第 30 天保证率水位肯定是 42.81。同理，其他保证率水位，依次类推，皆可找出。

表 6-2　××站水位频率统计表

最高日平均 43.97,第 15 天为 42.91,第 30 天为 42.81,第 90 天为 42.64……最低日平均

水位级	各月发生尾数及次数																								合计	累积
	1		2		3		4		5		6		7		8		9		10		11		12			
43.97														1											1	1
43.52														1											1	2
42.99 ~ 42.90									7 5	2	4,3 1	3	8,6 5,2	4	7,6 3,1	4									13	15
42.89 ~ 42.80	1	1	6	1	4	1	9 8	2	5,4 2	3	6	1	9,3	2	8 4	2	4	1	1	1	5	1			16	31
42.79 ~ 42.70	4 1	2	6 2	2	9,7 1	3	3,7 6,9	4	5,3 0	3	7,4 4	3	8,8 3	3	9,6 0	3	7,7 2	3	2,1 8,7	4	9,2 4	3	6,9 7	3	36	67
42.69 ~ 42.60	7 9	2	8 6	2	5	1	7,0 7	3	6	2	4,5	2	6,8	2	9,2 7	3	5,3 4,6	4	8,3 5	3	6,3 7	3	5,3 6	3	29	96
42.59 ~ 42.50																										
⋮																										

(2)日平均水位过程线法。对日平均水位变化平缓,洪峰涨落缓慢的测站,可用此法。挑选时,可在绘制的日平均水位过程线上直接量取,如挑选第 90 天的保证率水位时,即从高到低,用试错法找一水位,作水平线,使它与水位过程线相交部分的水平长度,恰好等于 90 d;用同法可找出其他保证率水位。具体操作如图 6-1 所示。

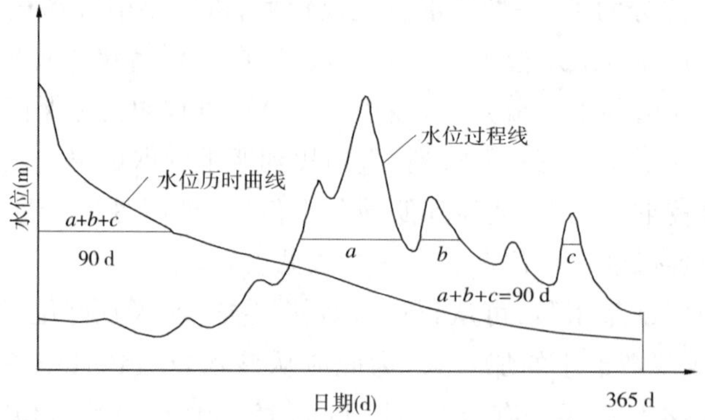

图 6-1　水位过程及水位变化保证率曲线

(3)排序法。对日平均水位数值,按照排序算法,由大到小进行排序,然后根据顺序选取指定的保证率水位。该方法一般在利用计算机统计时使用。

五、水位单站合理性检查

用当年逐日或逐时水位过程线进行分析检查。检查水位变化的连续性、合理性，峰形是否正常，有无突变现象，年头、年尾是否与前后年衔接等；把水位过程线与降雨、冰情对照，检查是否相符和一致；当上、下游有水工建筑物时，检查水位的变化与其影响是否一致。

对检查出的水位不连续或反常现象，应深入调查，分析原因。常见的有水准点或水尺零点的变动、观测、记录或计算的错误，或断面迁移或换读水尺等方面的错误。应查清原因，予以彻底的处理改正，以提高整编资料的准确性。

第三节　水位流量关系分析

在流量资料整编中，最关键的部分是制定水位流量关系曲线，然后用水位在水位流量关系曲线上推求流量，再计算日、月、年平均流量及挑选各种特征流量。水位流量关系是指基本水尺断面的水位与通过该断面的流量之间建立的关系。分析水位流量关系的性质和影响因素，可以帮助我们制定比较合理的，符合测站的特性的水位流量关系曲线，以提高流量推算的精度。

一、稳定的水位流量关系

稳定的水位流量关系，可用曼宁公式加以说明：

$$v = \frac{1}{n}R^{2/3}S^{1/2}$$

$$Q = Av = \frac{1}{n}AR^{2/3}S^{1/2}$$

式中　v——断面平均流速；
　　　Q——断面流量；
　　　A——断面面积；
　　　R——水力半径；
　　　S——水流比降；
　　　n——河道的糙率。

由上式看出，水位流量关系稳定的条件是：在同一水位下，必须使 n、A、R、S 等因素保持不变；或虽有变化，但能相互补偿，只有满足上述条件，水位与流量才能成为稳定的单值关系。

在测验部分已经讲过，要想维持水位流量的单值关系，要使 n、A、R、S 不变，必须有良好的测站控制。测站控制分为河槽控制和断面控制。河槽控制一般多发生在河流的下游，依靠具有一定长度的顺直河段，来实现上述目的。断面控制多发生在河流的上游，特别在山区，利用测站下游的石梁、急滩、卡口、弯道等断面控制，形成临界流，此时水位流量成单一关系，而水位面积、水位流速关系可能散乱，但之间可以相互补偿。

以下对人工渠道和天然河流稳定的水位流量关系进行分析。

（一）人工渠道水位流量关系的分析

人工渠道断面比较规整。假定没有冲淤变化和其他因素影响，则在各级水位下 n、A、S、R 都保持不变，故 v、Q 为定值。由于水深与水位只差一个常数，A、v、Q 也可表示为水深的函数（见表 6-3），点绘出的水深面积、水深流速、水深流量相关曲线都是稳定的单一曲线。研究不同水文要素与水深的关系，对正确掌握各种关系曲线的形态有着指导性意义。下面分为几种断面进行讨论。

表 6-3　人工渠道面积、流速、流量与水深的关系模型

断面形状		$A=f_1(d)$	$v=f_2(d)$	$Q_3=f(d)$
矩形	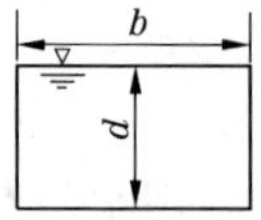	$A=bd$	$v=\frac{S^{1/2}}{n}\left(\frac{bd}{b+2d}\right)^{2/3}$	$Q=Kd^{1.00\sim1.67}$
宽浅矩形	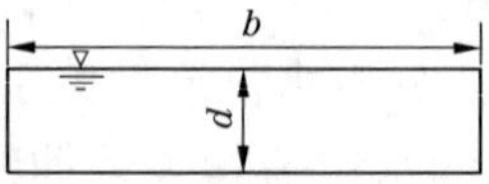	$A=bd$	b/d 甚大时 $v=\frac{1}{n}S^{1/2}d^{2/3}$	$Q=Kd^{1.07}$
抛物线形	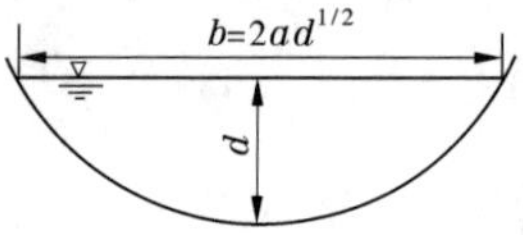	$A=\frac{4}{3}ad^{3/2}$	b/d 甚大时 $v=0.76\frac{1}{n}S^{1/2}d^{2/3}$	$Q=Kd^{2.17}$
梯形	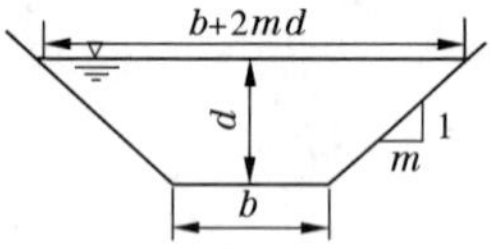	$A=(b+md)d$	$v=\frac{S^{1/2}}{n}\left(\frac{b+md}{b+2d\sqrt{1+m^2}}\right)^{2/3}d^{2/3}$	$Q=Kd^{1.67\sim2.67}$
三角形	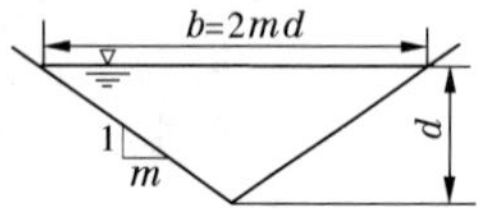	$A=md^2$	$v=\frac{S^{1/2}}{n}\left(\frac{m}{2\sqrt{1+m^2}}\right)^{2/3}d^{2/3}$	$Q=Kd^{2.67}$

1. 矩形断面

（1）当 b/d 很小时，即窄深断面，此时

$$R=\frac{bd}{2d+b}\approx\frac{b}{2}$$

$$v=\frac{1}{n}S^{1/2}(b/2)^{2/3}$$

$$Q=vA=\frac{1}{n}S^{1/2}(b/2)^{2/3}bd=Kd$$

（2）当 b/d 很大时，$R=d$，则

$$Q=vA=\frac{1}{n}S^{1/2}d^{2/3}bd=Kd^{1.67}$$

综合以上两种情况：

$$Q = Kd^{1.00 \sim 1.67}$$

2. 梯形断面

(1) b/d 很小时：

$$R = \frac{(b + md)d}{2d\sqrt{1 + m^2} + b} \approx \frac{md}{2\sqrt{1 + m^2}}$$

$$v = \frac{1}{n}S^{1/2}\left(\frac{md}{2\sqrt{1 + m^2}}\right)^{2/3} = \frac{1}{n}S^{1/2}\left(\frac{m}{2\sqrt{1 + m^2}}\right)^{2/3} d^{2/3}$$

$$Q = vA = \frac{1}{n}S^{1/2}\left(\frac{m}{2\sqrt{1 + m^2}}\right)^{2/3} d^{2/3}(b + md)d = Kd^{8/3} = Kd^{2.67}$$

(2) b/d 很大时：

$$v = \frac{1}{n}S^{1/2}\left(\frac{b + md}{b + 2d\sqrt{1 + m^2}}\right)^{2/3} d^{2/3} = \frac{1}{n}S^{1/2}d^{2/3}$$

$$Q = vA = \frac{1}{n}S^{1/2}d^{2/3}(b + md)d = Kd^{5/3} = Kd^{1.67}$$

综合以上两种情况，得

$$Q = Kd^{1.67 \sim 2.67}$$

对于上述的宽浅人工渠道，表 6-3 中的公式可归纳为

$$A = K_1 d^{\alpha} \qquad \alpha \geqslant 1 \tag{6-3}$$

$$v = K_2 d^{\beta} \qquad \beta < 1 \tag{6-4}$$

$$Q = K_3 d^{\gamma} \qquad \gamma > 1 \tag{6-5}$$

因水深 d 等于水位 Z 与断流水位 Z_0 之差，则

$$A = K_1(Z - Z_0)^{\alpha} \tag{6-6}$$

$$v = K_2(Z - Z_0)^{\beta} \tag{6-7}$$

$$Q = K_3(Z - Z_0)^{\gamma} \tag{6-8}$$

即可用水位与面积、水位与流速、水位与流量建立关系，同样为单一关系曲线。

(二)天然河流稳定水位流量关系的分析

天然河流稳定水位与流量、面积、流速的相关曲线，同宽浅的人工渠道相似。在分析天然河流各种相关曲线的性质时，可近似地使用上述各公式。

1. 水位面积关系曲线

稳定的水位面积关系曲线，是指断面没有冲淤变化，其关系曲线的型态呈单一曲线关系（ΔZ 很小时，河宽变化可视为常数）：

$$\frac{\Delta Z}{\Delta A} = \frac{\Delta Z}{\Delta ZB} = \frac{1}{B}$$

从而得知，稳定的水位面积关系曲线，其重要的特征是曲线的斜率等于河宽的倒数。

随着天然河流断面形状的不同，水位面积关系曲线有如下性质：

(1)一般河流过水断面的水面宽随水位升高而逐渐增大，关系曲线斜率即水面宽的倒数是逐渐减小的，故水位面积关系曲线为一条凹向横轴的曲线，见图 6-2。

(2)当河槽为复式断面时，在漫滩水位处，河面宽发生突变，其水位面积关系曲线相应地发生突变，见图6-3。

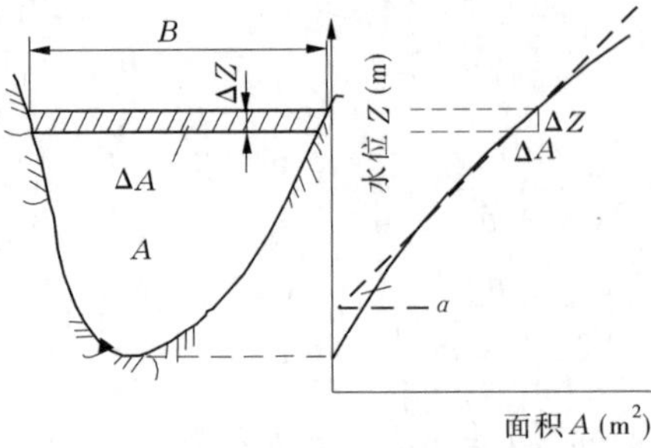

图6-2 面积曲线的斜率

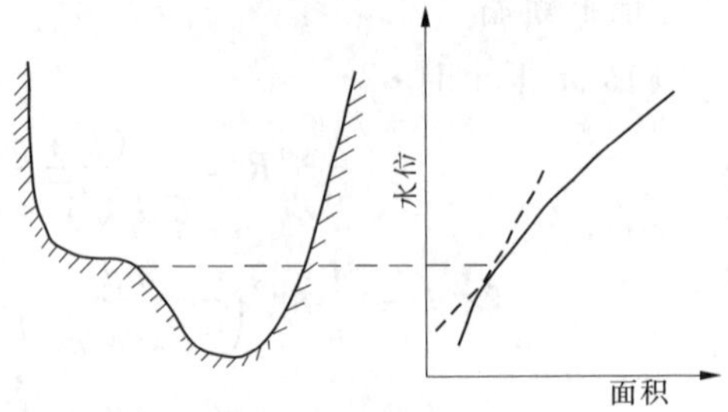

图6-3 复式河槽的水位面积关系

(3)当断面为矩形或U形时，由于水面宽等于或接近一常数，其水位面积关系曲线等于或接近一条直线，见图6-4。

(4)当河槽呈上窄下宽，河面宽随水位的升高而减小时，水位面积曲线将出现反曲，如图6-5所示。

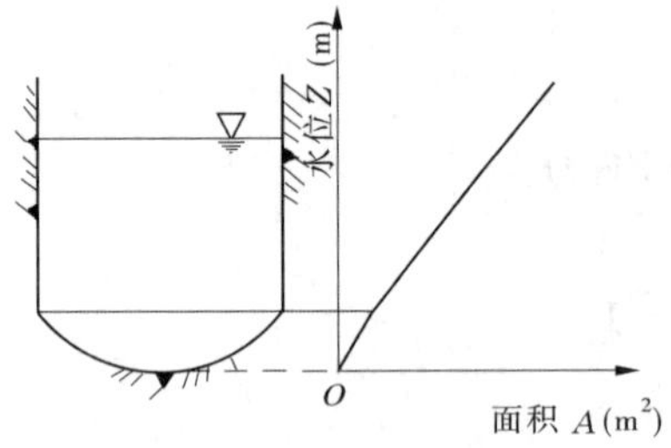

图6-4 U形河的面积曲线

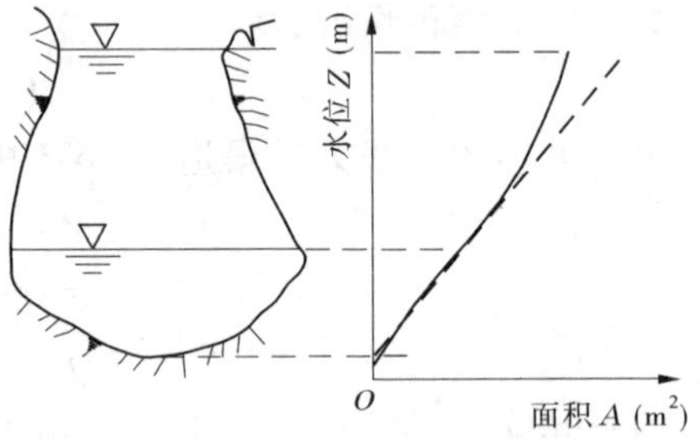

图6-5 悬崖突出的面积曲线

2. 水位流速关系曲线

稳定的水位流速关系服从式(6-4)。为了分析其关系曲线的性质，对式(6-4)求一阶和二阶导数：

$$\frac{\mathrm{d}v}{\mathrm{d}d} = K_2\beta d^{\beta-1}$$

$$\frac{\mathrm{d}^2v}{\mathrm{d}d^2} = K_2\beta(\beta-1)d^{\beta-2}$$

因$\beta<1$，所以$\beta-1<0$，二阶导数$\frac{\mathrm{d}^2v}{\mathrm{d}d^2}<0$，曲线是凹向纵轴的。又因$\beta>0$，$\frac{\mathrm{d}v}{\mathrm{d}d}>0$，说明$v$是渐增函数，但$v$随$d$的增大是有限度的，可由下式说明：

$$\lim_{d\to\infty}\frac{\mathrm{d}v}{\mathrm{d}d} = \lim_{d\to\infty}K_2\beta d^{\beta-1} = K_2\beta\lim_{d\to\infty}\frac{1}{d^{1-\beta}} = 0$$

因此，水位流速关系曲线为一渐增的凹向纵轴并以平行纵轴的某一直线为渐近线的曲线，如图6-6所示。

当断面有漫滩或深潭时，水位流速关系曲线会出现转折或反曲。图6-7为断面出现漫滩，滩地上流速很小，断面平均流速偏小，从而使水位流速关系发生突变和转折。图6-8为断面发生在深潭处的情形，因断流水位下有死水面积，当水位从断流水位处上涨时，断面平均流速比无深潭时减小很多，使断流水位以上至某一水位级范围内，曲线反曲且偏小。

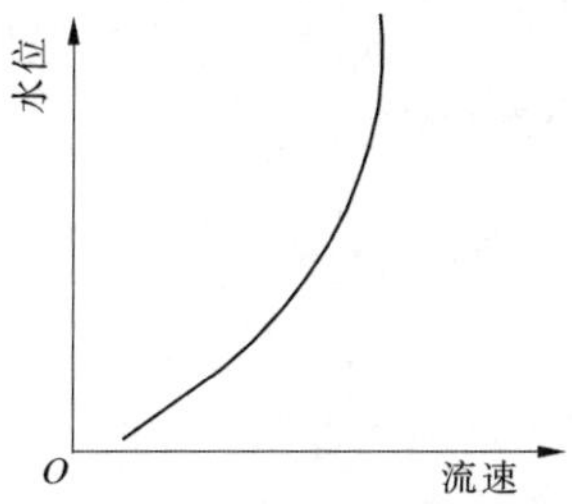

图 6-6　水位流速关系曲线

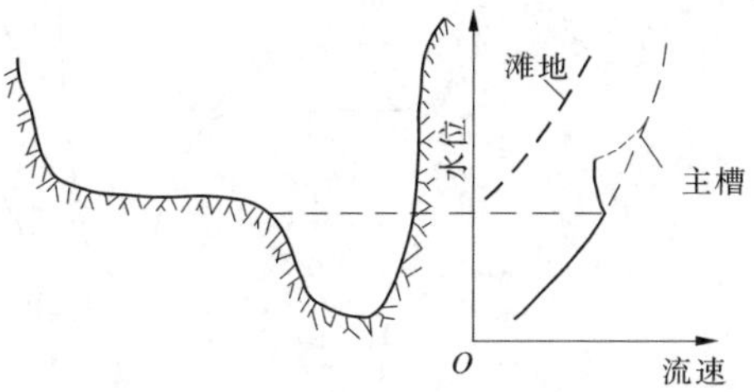

图 6-7　漫滩时的水位流速关系曲线

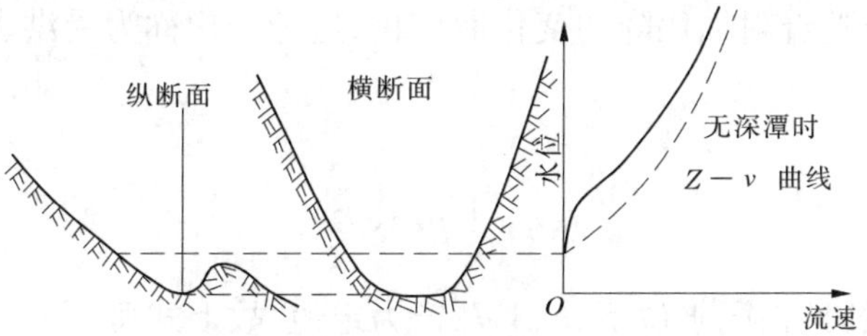

图 6-8　深潭时水位流速关系曲线

3. 水位流量关系曲线

稳定的水位流量关系，用式(6-5)分析：

一阶导数为

$$\frac{dQ}{dd} = K_3\gamma d^{\gamma-1}$$

二阶导数为

$$\frac{d^2Q}{dd^2} = K_3\gamma(\gamma-1)d^{\gamma-2}$$

因 $\gamma>1$，则 $(\gamma-1)>0$，所以 $\frac{dQ}{dd}$ 和 $\frac{d^2Q}{dd^2}$ 都为正，说明水位流量关系曲线是渐增加且凹向函数 Q 一边的曲线。当断面发生漫滩或深潭时，也会影响水位流量关系曲线，出现反曲和转折，如图 6-9 所示。

二、不稳定的水位流量关系

天然河流因受洪水涨落、冲淤变化、变动回水、水草、冰凌等多种因素影响，其水位流量关系曲线多呈不稳定的型态。具体的曲线型态将随水力因素的不同而异。其共同的特点是：在同一水位下，将有多个流量值与之对应。这种关系称为水位与流量多值关系。以下将根据所受水力因素的不同，分别论述。

(一)受洪水涨落影响的水位流量关系

洪水波在河道中传播时，由于附加比降的影响，测流断面的比降不断发生变化，与同水位下稳定流的正常比降相比，涨水时偏大，落水时偏小。当断面没有其他因素影响时，

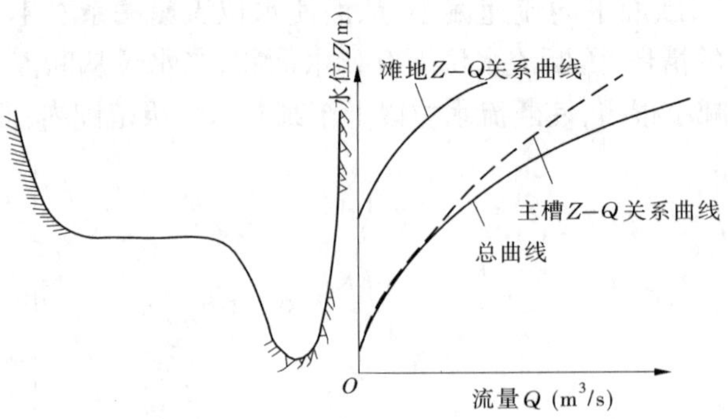

图6-9　复式河槽的水位流量关系曲线

同水位下实测流量将随着附加比降的变化而变化，这种变化称为受洪水涨落影响。

1. 基本流量公式

由曼宁公式知

$$v = \frac{1}{n}R^{2/3}S^{1/2}$$

当断面没有冲淤时，在同水位下，n、A、R 皆为定值，故上式可写成

$$Q = KS^{1/2} \tag{6-9}$$

附加比降的计算。在图6-10中，ΔZ 为在 Δt 时段内水位上涨的幅度。$u\Delta t$ 为洪水在 Δt 时段内传播的距离，u 为洪水波波速，则附加比降 ΔS 为

$$\Delta S = \frac{\Delta Z}{u\Delta t} \tag{6-10}$$

由图中可以看出，洪水涨落影响下的比降由正常比降 S_c 和附加比降 ΔS 两部分组成，即

$$S = S_c + \Delta S = S_c + \frac{\Delta Z}{u\Delta t} \tag{6-11}$$

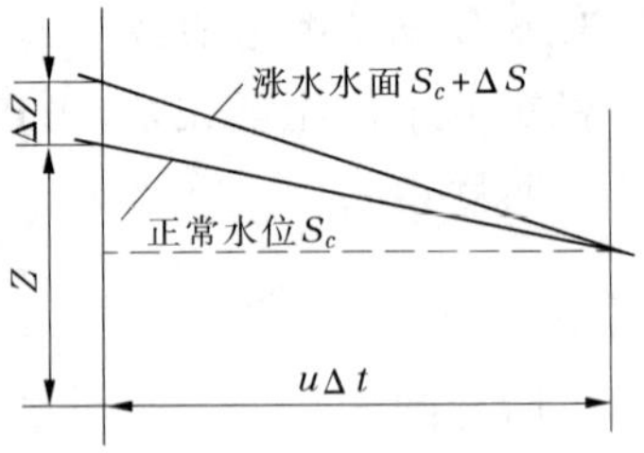

图6-10　洪水涨落对比降影响

则式(6-9)可表示为

$$Q = K\left(S_c + \frac{\Delta Z}{u\Delta t}\right)^{1/2} = KS_c^{1/2}\left(1 + \frac{1}{uS_c}\frac{\Delta Z}{\Delta t}\right)^{1/2}$$

已知正常流量 $Q_c = KS_c^{1/2}$，故上式为

$$Q = Q_c\left(1 + \frac{1}{uS_c}\frac{\Delta Z}{\Delta t}\right)^{1/2} \tag{6-12}$$

式(6-12)即为受洪水涨落影响下的基本流量公式，式中$\frac{\Delta Z}{\Delta t}$为测流时的水位涨落率。

2. 关系曲线特征

在单纯受洪水涨落影响的测站，水位面积曲线为单一型、水位流量与水位流速关系测点分布相应，即偏大都偏大、偏小都偏小。当涨水时，$\Delta Z/\Delta t$ 为正，$Q > Q_c$，测点在正常曲线右边；落水时，$\Delta Z/\Delta t$ 为负，$Q < Q_c$，测点在正常曲线左边；在峰顶、峰谷处，$\Delta Z/\Delta t = 0$，

$Q=Q_c$，测点分布在正常曲线上。因此，在一次洪水涨落过程中，依时序连接各实测点，水位流量、水位流速关系曲线皆呈现为一逆时针绳套曲线。绳套幅度的大小，与洪峰的涨落率大小有关，洪峰越尖瘦，幅度越宽；反之，洪峰越矮胖，绳套曲线的幅度越窄。

3. 各水力因素极值出现的顺序

根据理论分析，在断面稳定的河流，一次洪水涨落影响的过程中，各水力因素极值出现的顺序依次为最大比降（最大涨率）、最大流速、最大流量、最高水位。反映在绳套曲线上如图 6-11 所示。了解这些规律，对确定水位流量关系曲线和审查历史洪水成果的合理性很有帮助。下面对涨水阶段极值出现的顺序进行分析。

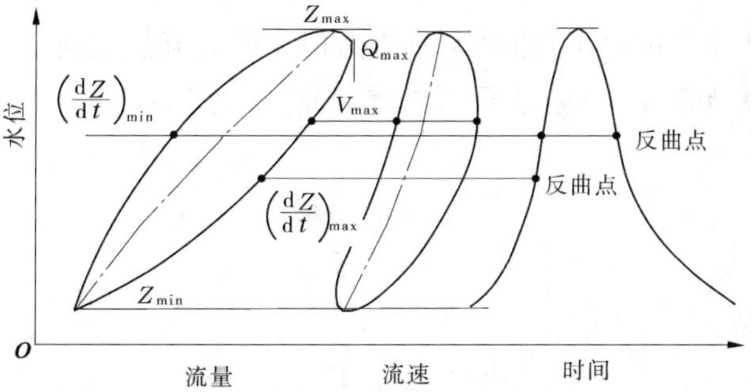

图 6-11　洪水涨落过程中各因素极值出现次序

1）最大流量出现在最高水位之前

若取某一距离很小的河段 AB，因洪水波在运动中发生展开与扭曲变形，使下游流量过程线变胖。涨水时上 A 断面的流量大于 B 断面的流量，落水时 A 断面流量减小速度比 B 断面快。到 t 时刻将会有 $Q_A=Q_B$，如图 6-12 所示，此时流量随距离的变化 $\frac{\partial Q}{\partial L}=0$。

由不稳定流时圣维南方程组的连续方程中知：

$$\frac{\partial Q}{\partial L}+\frac{\partial A}{\partial t}=0$$

故

$$\frac{\partial A}{\partial t}=0$$

即在 t 时刻出现了最高水位。由于 t 时刻处在 A 断面的退水段，所以最大流量已经出现，也就是最大流量出现在最高水位之前，以上连续方程是用的微分方程，因此 AB 间距离极小。若 AB 间距离很大，也会有一时刻 $Q_A=Q_B$，但此时 $\frac{\partial Q}{\partial L}\neq 0$，也不会是最高水位出现的时刻，因为这个时刻是在 A 断面的退水阶段。

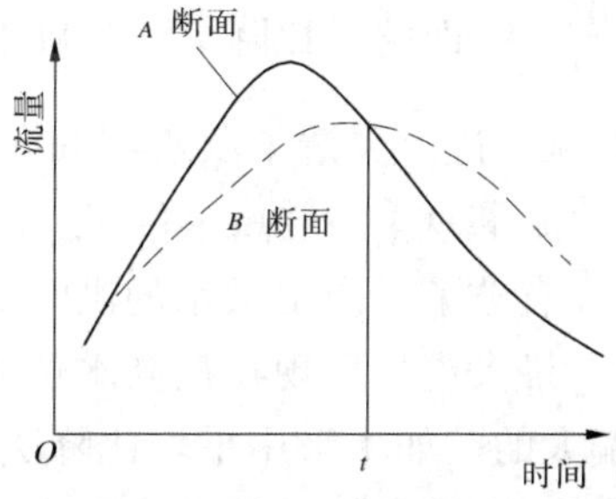

图 6-12　最大流量出现在最高水位之前示意图

2）最大流速出现在最大流量之前

由

$$Q=Av$$

可得
$$\frac{dQ}{dt} = v\frac{dA}{dt} + A\frac{dv}{dt}$$

当出现最大流量时，$\frac{dQ}{dt}=0$，即

$$v\frac{dA}{dt} + A\frac{dv}{dt} = 0$$

由上述证明可知，此时最高水位尚未出现，即还在涨水，因此$\frac{dZ}{dt}>0$，在断面稳定时$\frac{dA}{dt}>0$。这样，要使上式成立，必有$A\frac{dv}{dt}<0$。而A是大于零的，因此$\frac{dv}{dt}<0$。这说明流速已在减小，最大流速已经出现过了，即最大流速出现在最大流量之前。

3）最大比降（最大涨率）出现在最大流速之前

由谢才公式知：

$$v = C\sqrt{hI}$$
$$v^2 = C^2hI$$

对时间t求导数

$$2v\frac{dv}{dt} = C^2h\frac{dI}{dt} + C^2I\frac{dh}{dt}$$

当最大流速出现时，$\frac{dv}{dt}=0$，故

$$h\frac{dI}{dt} + I\frac{dh}{dt} = 0$$

h和I均为正数，前述已证明，最大流速出现时，最高水位尚未出现，即$\frac{dh}{dt}>0$，要使上式成立，必须$\frac{dI}{dt}<0$，即此时比降I已在减小，说明最大比降出现在最大流速之前。

我们从理论上弄清了洪水期间各水力因素出现的顺序是：最大比降I_{max}→最大流速v_{max}→最大流量Q_{max}→最高水位Z_{max}，确定水位流量关系曲线和审查历史洪水的洪峰流量时，就心中有数了。历史洪水的洪峰流量，一般都是根据调查到的最高水位来推算的。由上述可知，最大流量出现在最高水位之前，采用最高水位时的断面来推算流量，这个断面面积是偏大的。如果采用平均比降法，按曼宁公式来计算流量，显然水力半径偏大，对比降若取最大值，则所得的流速也偏大，因而所得的最大流量必然偏大，这些都是在工作中应该注意的。

4.复式洪峰水位流量关系曲线的特点

当前次洪峰没有落尽，后一次洪峰接着又来，如此数个洪峰连接在一起时，表现在流量关系曲线上称为复式绳套曲线，如图6-13所示。

复式绳套中后一个绳套曲线较前一个偏左，这是由于前一次洪水没有落尽，下游河槽蓄水产生顶托，比降还没有恢复到正常比降。如峰谷点c、e，虽涨落率等于零，但其比降较同水位正常比降小，故其流量也偏小，从而使整个绳套曲线偏左。

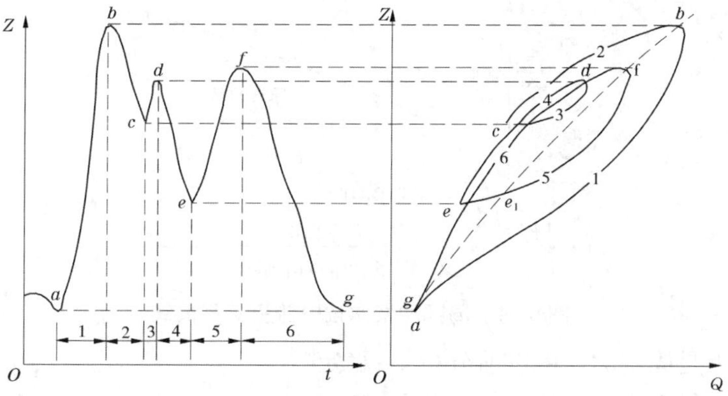

图 6-13　复式洪峰绳套曲线

（二）受冲淤影响的水位流量关系

测站受冲淤影响时，水位面积关系曲线将发生变动，从而使水位流速、水位流量关系曲线亦发生变动。在冲淤过程中，按冲淤发生时间的持续性，可分为经常性冲淤和不经常性冲淤；按冲淤前后横断面的变化情况，可分为普遍冲淤和局部冲淤。

1. 冲淤情况分类

根据冲淤的不同情况，可分为以下几类。

1）经常性冲淤

表现为冲淤变化频繁，冲淤虽有程度不同之分，但分不出相对稳定的阶段，反映在关系曲线，测点分布非常散乱。

2）不经常性冲淤

这种冲淤只发生在几次较短的时间里，两次冲淤之间，有较长的稳定时间，关系测点随时间可分成几条有规律的带组，冲淤变化期间，测点表现为从一带组过渡到另一个带组。

3）普遍冲淤

测流断面与测流河段冲淤变化一致，即冲淤前后的河底坡降及断面形态基本相似。此时，冲淤前后的关系曲线呈纵移状态。

4）局部冲淤

冲淤前后断面形状及测验河段剧烈改变，河底比降明显变化。反映在关系曲线上，冲淤前后的趋势大幅度改变，无一定规律可循。

有时测流断面虽有冲淤，但高水时控制良好，或因冲淤增减的面积占高水面积的比重很小，常使关系曲线上部单一、下部呈扫帚的形状，见图 6-14。

2. 冲淤情况的分析

为了正确地绘制水位面积、水位流量关系曲线，应对冲淤情况进行分析，分析方法有切线比较法、冲淤过程线法及横断面图比较法等。

1）切线比较法

此法适用于普遍性冲淤的情形，即冲淤只发生在河底附近的测站。此时各级水位下

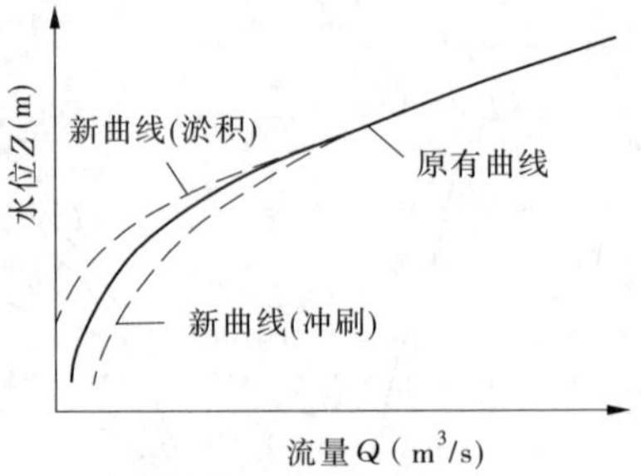

图6-14　局部冲淤水位—流量关系曲线

的河面宽基本上是固定的。由以前分析知:稳定面积曲线的斜率等于水面宽的倒数,当河底有冲淤时,上述关系发生变化,见图6-15。当水位增加ΔZ时,引起面积的增大为ΔA_1,河底部分因冲刷又增大了ΔA_2,在水位—面积关系曲线上,两点连线的斜率为

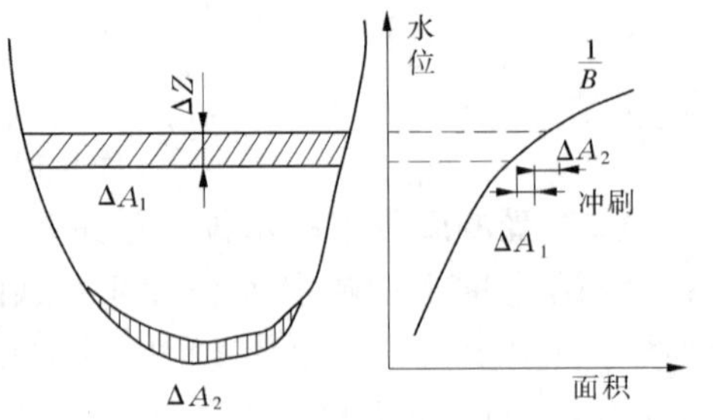

图6-15　切线比较法冲淤关系

$$\frac{\Delta Z}{\Delta A}=\frac{\Delta Z}{\Delta A_1+\Delta A_2}$$

若断面没有冲淤,其斜率为$\frac{\Delta Z}{\Delta A_1}=\frac{1}{B}$,其关系为

$$\frac{\Delta Z}{\Delta A}<\frac{\Delta Z}{\Delta A_1}=\frac{1}{B} \tag{6-13}$$

用水位面积关系上的两相邻测点的连线作为实测斜率,与稳定斜率相比较,若两者重合,表示不发生冲淤,若相互交叉,说明断面发生冲淤变化。判断的标准是用后一个测点与前一个测点相比较。

由式(6-13)可得出如下结论:当实测斜率小于河宽倒数时,涨水表示冲刷,落水表示淤积;反之,当实测斜率大于河宽倒数时,涨水表示淤积,落水表示冲刷。

利用上述方法,可对水位面积曲线进行冲淤分析。在图6-16中,序号表示时间先后,短虚线为用河宽倒数表示的斜率,短实线为面积曲线的斜率。

从图6-16可以看出,若以标准水位面积曲线为准,标准线的左半部,即1、2、3、B连线,属于淤积阶段;右半部,即B、4、5、6、7线段,属冲刷阶段。若不以标准曲线为准,而以时间顺序分析冲淤情况,可用切线比较法,判断出各点或各时段的冲淤情况。其方法是将同水位河面宽倒数绘到实测面积曲线点处,与各点处切线进行比较,如1,2,3,…,7等点处的短虚线与短实线所示。

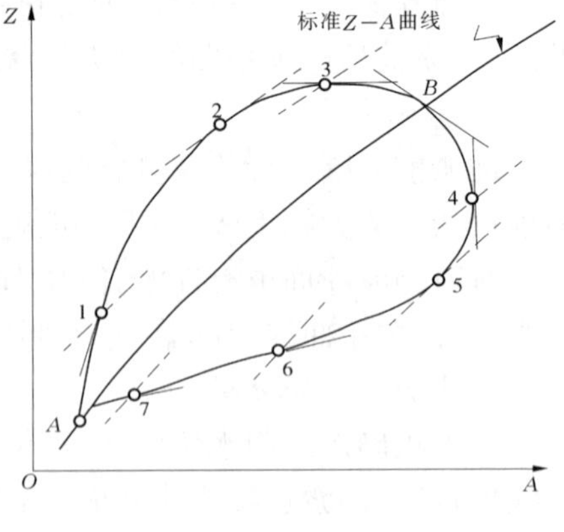

图6-16　水位面积曲线冲淤分析

分析时从A点开始:A—2点,实测曲线斜率大

于各点的河宽倒数，为涨水段，由上述法则，此段属于淤积；2 点处两短线重合，属不冲不淤，实际上该点为达到淤积最大处。

2—3 点，这一阶段实测曲线斜率小于河宽倒数，仍为涨水段，根据法则判断属冲刷，即后一时间的断面与前一时间相比都在冲刷，但都还没有恢复到涨水的标准水位面积线上，在 3 点达最高水位，此处的斜率为最小值，趋于 0。

3—4 点，这一阶段斜率均为负值，上述判断冲淤性质的法则不适用，但可直观看出，该阶段水位在降落，断面面积反而增大，故可判断出属于冲刷。在 B 点，实际面积曲线与标准面积曲线相交，说明断面面积已回到与标准断面面积相等的程度；在 4 点处面积曲线斜率达最大值，为无限大。

4—5 点，实测曲线斜率大于河宽倒数，为落水段，故仍属冲刷，由图上看出，冲刷的势头在减小；在 5 点处，两种斜率重合，此处处于不冲不淤的稳定阶段，实际上是冲刷最大处。

5—7 点，实测曲线斜率小于河宽倒数，仍为落水段，由法则判断属淤积。

由以上分析可知，利用切线比较法，可以判断任何点处和任何阶段的冲淤变化情况。在分析过程中均需要绘制稳定状态下的水位面积曲线的斜率。

稳定斜率（河宽倒数）的绘制。先找出该点的河面宽，则稳定斜率 $= \dfrac{1}{B} = \dfrac{1\Delta Z}{B\Delta Z}$，设 ΔZ 为 1 m，可求出 $B\Delta Z$ 表示的面积。在图的空当处，按关系曲线图的纵横比例，横标上取 $B\Delta Z$ 面积数字的长度，纵标取 1 m 的长度，连斜线即为稳定的斜率线，再用推平行线的办法将其平移到测点处，即得虚线表示的斜率线

2）冲淤过程线法

用表示冲淤的某一指标为纵坐标，时间为横坐标，以时序绘制变化过程线，能明显地表示出冲淤变化情况。其绘制方法有以下几种：①平均河底高程过程线法。此法是将实测断面的相应水位减去平均水深，得平均河底高程，以平均河底高程为纵坐标，测流平均时间为横坐标。该过程线纵坐标高时，表示淤积；低时，表示冲刷。此法适用于矩形或 U 形断面，发生普遍冲淤的情形。②同水位面积过程线法。选择一标准水位，此水位以上，面积无冲淤变化。将各实测断面面积，加减一条形面积后，都换算到标准水位下的面积数值，此面积称同水位下的面积，并以其作纵坐标，时间为横坐标，绘制过程线，也能直观地反映冲淤变化过程。纵坐标大时表示冲刷，纵坐标小时表示淤积。

3）横断面图比较法

对一次洪峰断面冲淤变化进行分析时，将各实测断面套绘在一起，可以看出断面内冲淤变化的部位和演变方向。此法工作量大，主要在分析突出点时使用，绘图时，纵坐标以河底高程表示，横坐标以起点距表示，如图 6-17 所示。

（三）受变动回水影响下的水位流量关系

由于下游壅水引起水位流量关系的变化成为变动回水影响，因此产生变动回水的原因，主要是下游水体的影响：支流涨水影响干流，干流涨水影响支流；下游水工建筑物的蓄水或闸门的关闭；湖泊或海洋潮汐的顶托；壅冰或水草生长壅水等。

1. 关系曲线的特性

当测站单纯受下游变动回水影响时，水位面积测点分布在稳定的带状内，水位流速、

水位流量测点分布散乱,无规律可循。但仔细检查,会发现流量测点与流速测点是相应的,即流速点偏大,流量点也偏大;流速点偏小,流量点也偏小。当把各实测点的落差值注在点子旁边时,在水位基本相同的各测点,落差值大的偏右,落差值小的偏左,如图 6-18 所示。

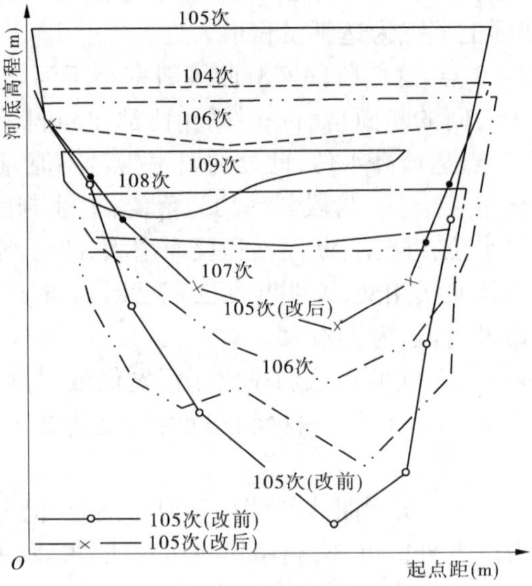

图 6-17　断面水深分析

2. 变动回水影响下的流量公式

同样,根据曼宁公式,在某一水位下当 n、A、R 为定值时,流量的变化完全由比降的变化所造成,即

$$Q = f(Z, S)$$

同水位下,两流量的比值为

$$\frac{Q_1}{Q_2} = \frac{\frac{1}{n}AR^{2/3}S_1^{1/2}}{\frac{1}{n}AR^{2/3}S_2^{1/2}} = \left(\frac{S_1}{S_2}\right)^{1/2}$$

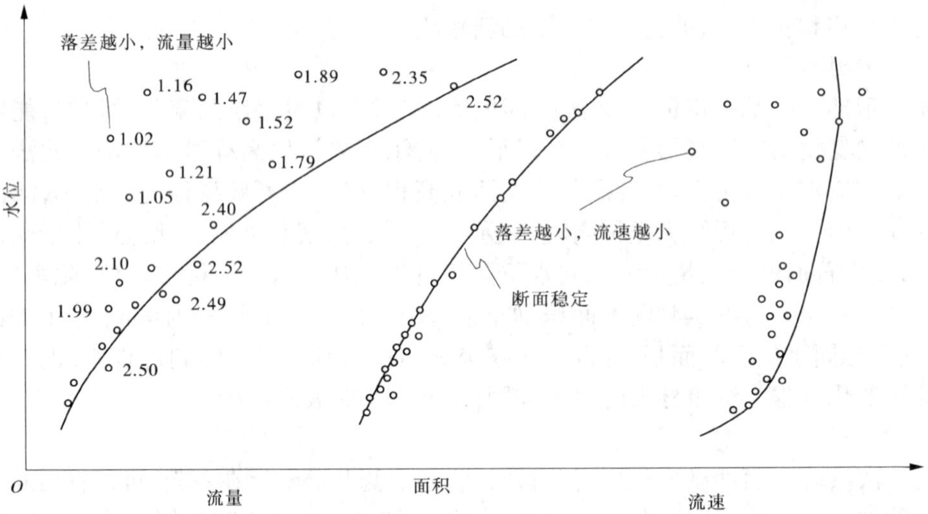

图 6-18　受回水影响的水位流量关系曲线

用落差代替比降,可写成

$$\frac{Q_1}{Q_2} = \left(\frac{\Delta Z_1}{\Delta Z_2}\right)^{1/2} \tag{6-14}$$

在回水顶托下的水面线为一条弧线,而用上下比降水尺测得的比降,是把水面线当作弦线,二者是有差别的。当基本水尺位于上下比降的中间时,二者的比降基本一致,落差

指数可为1/2;当基本水尺兼作上比降或下比降时,求得的比降与基本水尺处的比降是不一致的,故落差指数不为1/2,而用β代替,则式(6-14)可改写成如下形式:

$$\frac{Q_1}{Q_2}=\left(\frac{\Delta Z_1}{\Delta Z_2}\right)^{\beta} \tag{6-15}$$

上式即为受变动回水影响下的基本流量公式。

(四)受水草及结冰影响的水位流量关系

1. 水草影响

在平原地区某些气温较高、雨量充沛的河流,水草生长茂盛,会造成水位流量测点散乱,关系变动。水草影响主要是使有效过水断面减小,糙率加大,产生壅水,使流量偏小。水草影响一般始于初夏、夏末,秋初最盛,中秋以后,气温降低,水草逐渐枯萎,流量测点恢复正常。

2. 结冰影响

在我国北方结冰河流,冰期水位流量关系曲线反常,流量测点偏小甚多,有时发生水位大幅度上涨,而流量反而有减小的现象,水位流量关系成反比变化。

结冰影响主要是使过水断面减小,摩阻加大。当下游发生冰塞、冰坝及沿河结冰时,不仅发生壅水,而且使流量偏小,这就是造成流量关系线反常的原因。

(五)混合影响下的关系曲线

天然河流的水位流量关系,常受多种(又称混合)因素影响,如冲淤与洪水涨落,冲淤与回水;冲淤、回水、洪水涨落等。

在混合因素影响下,关系曲线更加复杂,测点分布更加散乱,给制定关系曲线带来很大的困难。但若能进行仔细分析,找出各个时期的主要影响因素,仍然可以绘制出比较合理的关系曲线。

第四节　河道流量资料整编

一、一般要求

(一)关系曲线的绘制

在同一张方格纸上,以水位为纵坐标,自左至右,依次以流量、面积、流速为横坐标,点绘实测点。纵横比例尺要选取1、2、5的10的整数倍,以便方便地读图;根据图纸的大小及水位、流量、面积、流速变幅,确定的比例要使水位流量、水位面积、水位流速关系曲线分别与横轴大致成45°、60°、60°的交角,并使三关系线互不相交;测流次数较多,关系线比较复杂的测站,可分期或以洪峰为界,分期点绘关系图,然后综合绘制一张总图。绘制多张图时,要注意各图曲线的互相衔接。

为了便于分析测点的走向变化,应在每个测点的右上角或同一水平线以外的一定位置,注明测点序号。测流方法不同的测点,用不同的符号表示(○—流速仪法测得的点;Δ—浮标法测得的点;∇—深水浮标或浮杆法测得的点;×—用水力学法推算的或上年末、下年初的接头点)。为保证前后年资料的衔接,在图中还应将上年末和下年初的点绘入。为了突出重要洪峰的定线,可用不同的颜色作标记。此外,在关系图上还要注明河名,站名,年份及水位流量、水位面积、水位流速关系曲线标题;在图下方要填写点图、定线、审查者的姓名;三关系线的纵、横坐标及名称都要填写清楚。

(二)低水放大图的绘制

在一般情况下,水位流量关系曲线的低水部分,都要另绘放大图,其目的是保证读图精度。按照规范标准规定,读图的最大误差应小于或等于 2.5%,这样不论流量比例如何,放大界限一律位于从零点算起的 20 mm 处。其根据如下:在推流时,一般读图误差不超过方格图纸的半个小格(1 小格为 1 mm),设放大界限为 x 格,则读数相对误差为 $0.5/x$,为满足精度要求,应有

$$\frac{0.5}{x} \leqslant 2.5\% \tag{6-16}$$

解得

$$x \geqslant \frac{0.5}{2.5\%} = 20 \text{ 格}$$

由此证明,放大界限 x 应大于或等于 20 小格(mm)。低水放大比例仍按 1、2、5 的 10 的整数倍,即 1 cm 代表 0.1,1,10,100…也可代表 0.2,2,20…或 0.5,5,50…

(三)编制推流时段表

全年各个时期水位流量关系曲线定好后,要按顺序注上线号,并在图内适当空当处,编写推流时段表。推流时段表的结构如表 6-4 所示。

表 6-4 推流时段

线号	推流时段						依据测次	接头	
	起			止				水位	流量
	月	日	时:分	月	日	时:分			
1	1	1	00:00	2	8	12:00	①~⑧	112.11	35.6
2	2	8	12:00	3	4	20:00	⑨~⑭	113.32	43.2
3	3	4	20:00	5	18	23:00	⑮~㉖	113.56	50.5

表内线号与流量关系线的线号一一对应,每个线号都要注明推流时间,接头水位、流量。接头水位和流量,是指该线号推流终止时分的水位和流量,也是下一线号开始推流的水位和流量,其作用是检查两条曲线是否衔接。

(四)绘制逐时水位过程线

绘制关系曲线,离不开逐时水位过程线。抛开逐时水位过程线,直接定线,将是盲目的,往往不能成功。若平时没有分月的逐时水位过程线,可绘汛期洪峰过程线,水位过程线的比例,最好与关系线比例一致。

(五)突出点的检查分析

从水位流量关系点分布中,常可发现一些比较突出反常的点,称为突出点,对这些点应进行认真的分析,找出原因。分析是否正确,也是决定水位流量关系曲线和认识测站特性的重要步骤。对一些在定线上关键的点,往往由于错误的判断,而对水位流量关系曲线

的改动很大,返工不少。

什么样的点算突出点?一般认为,偏离所定平均线超过测验误差的测点,就可以认为是突出点。

1. 突出点的检查方法

一般可以从以下几方面去发现突出点:

(1)根据水位流量、水位面积、水位流速三条关系曲线的一般性质,结合本站特性、测验情况,从线型、曲度、点据分布带的宽度等方面,去研究分析三条关系线的相互关系,检查偏离原因。

(2)通过本站水位和流量过程线对照,以及在水位过程线上点绘各实测流量的相应水位点,在流量过程线上绘入各实测流量的点,去检查分析,发现问题。

(3)通过与历年水位流量关系曲线比较,如果发现趋势不一致,可能是突出点造成定线不当所致。

2. 分析图表

在充分了解本站测验情况和测站特性的基础上,根据上述问题的所在,有目的地绘制一些分析图表,分析追查问题的原因。常用的分析图表有:

(1)横断面和流速横向分布曲线图。横断面和流速横向分布曲线如图6-19所示。流速的横向分布一般和断面形状相似,主流流速最大,两岸及水深较浅处流速较小。此图可以检查垂线平均流速的合理性,也可进行对比分析。如把突出点的流速横向分布图与相邻测次对比,与不同时期的同水位的正常测次对比等,检查流速有无问题。

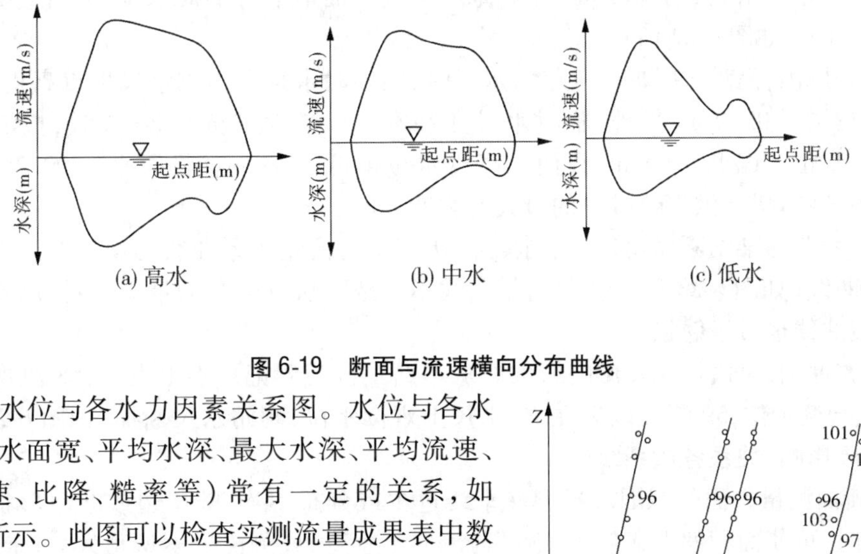

图6-19 断面与流速横向分布曲线

(2)水位与各水力因素关系图。水位与各水力因素(水面宽、平均水深、最大水深、平均流速、最大流速、比降、糙率等)常有一定的关系,如图6-20所示。此图可以检查实测流量成果表中数据是否有错误,分析各水力因素的变化规律及其相互关系。若根据某水力因素在突出点前后的变化情况,探求其反常原因,找出对突出点起决定性作用的水力因素。

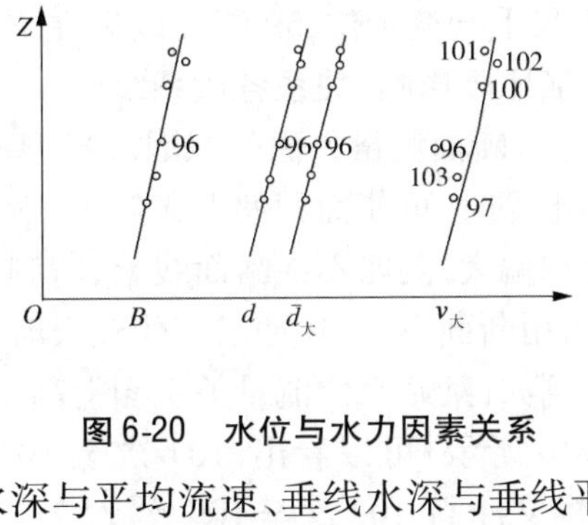

图6-20 水位与水力因素关系

(3)水深与流速关系图。水深与流速(如平均水深与平均流速、垂线水深与垂线平均流速或测点流速等)有较密切的关系,如图 6-21 所示。此图可以检查某垂线水深或流速存在的问题,也可在发现问题的基础上,用此图深入分析问题的原因。

(4)横断面分析图。横断面分析图如图 6-17 所示,主要用于分析断面变化情况,如冲淤情况、变化幅度、变化时间、河底高程变化是否符合冲淤规律等,也可将突出点的横断面图与相邻测次的横断面图对比,分析断面变化有无问题。

此外,还有水面比降图、平均河底高程过程线图等。

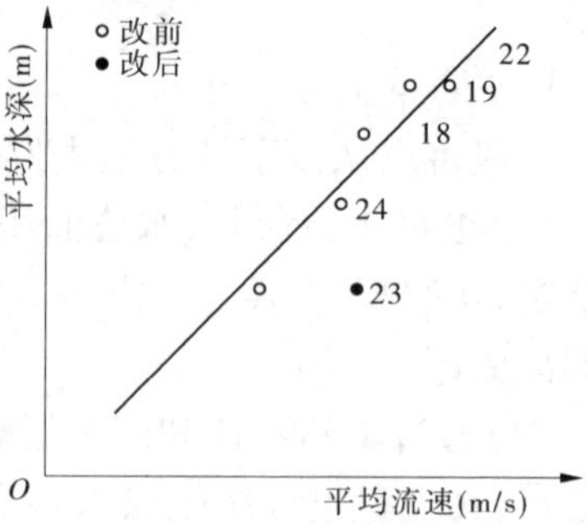

图 6-21　水深与流速的关系

3. 原因检查

突出点的产生原因,可能是人为错误,也可能是特殊水情变化。检查突出点可先从点绘着手,检查是否点错,如点绘不错,再仔细复核原始记录,检查计算方法和计算过程(着重检查经过改正部分)有无错误;若点绘与计算都没有错误,再从测验及特殊水情方面找原因。测验方面的原因主要有以下几个方面:

(1)水位方面的原因。水准点高程错误、水尺校测或计算错误等,会造成关系点系统偏离;水位观测或计算错误、相应水位计算错误等,也会使关系点突出偏离。

例如,大凌河某站 1962 年最高洪水位处无实测流量,推得的最大流量经上下游对照发现偏小。从本站水位过程线上看,该洪峰峰值部分涨率突然变缓,明显不合理;在水面比降图上,利用洪水调查资料,点绘本站基本水尺断面上下游洪痕水位,本站最高洪水位偏低约 0. 34 m,如图 6-22 所示。

经检查原因,是洪水时期设立临时水尺时,用临时水准点引测水尺零点高程,而临时水准点高程错了 0. 30 m;另外,临时水尺在基本水尺断面下游约 20 m 处,按洪水比降 19‰计算,水位又偏低 0. 04 m,致使最高洪水位偏低 0. 34 m。将原水位 99. 75 m 加上 0. 34 m,由 100. 09 m 洪水位推得的最大流量就合理了。

又如,六股河某站断面稳定,控制良好,历年水位流量关系曲线为单一线。本年水位流量关系曲线(如图 6-23 所示),与历年曲线不一致。从点分布的带宽上看,已超过允许范围,过渡曲线也过于勉强。

经检查原因,是由横比降影响所致。从本站水位观测记录本上发现,58 测次以前在 P_2 水尺上观读水位,59 测次以后在 P_1 水尺上观读水位,测站水尺断面,如图 6-24 所示,由于横比降影响,关系各成系统。

(2)断面测量方面的原因。当测深垂线过少或分布不均,陡岸边或断面形状转折处未测水深时,可使面积偏大或偏小;断面与流向不垂直,或测深悬索偏角太大,未加改正,使面积偏大;测船不在断面线上,所测垂线水深可能偏大或偏小;浮标测流时,如无实测断面,借用断面不当,在冲淤变化较大时,常会发生较大误差。

例如,某站水位流量关系图上高水实测流量偏大,成为突出点。从横断面分析图(如图 6-16 所示)可以看出,104 次至 105 次涨水冲刷,105 次至 106 次落水淤积,106 次至 107 次又冲刷,107 次至 109 次又淤积。本站冲淤规律是涨水冲,落水也冲,落水到一定程

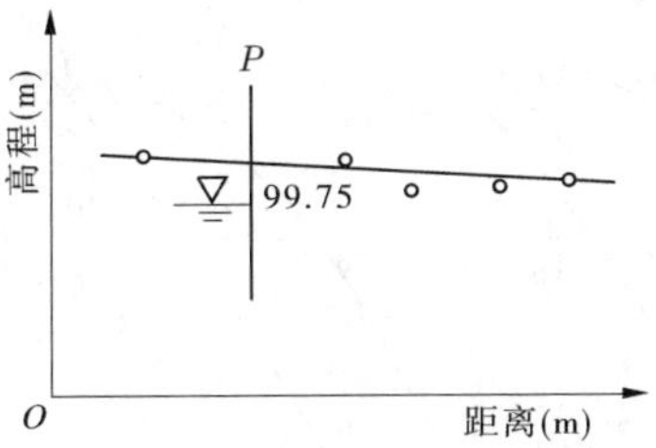

图 6-22　洪水比降

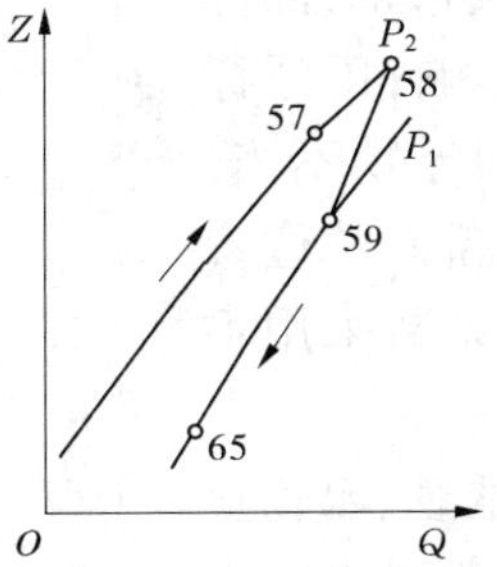

图 6-23　过渡线

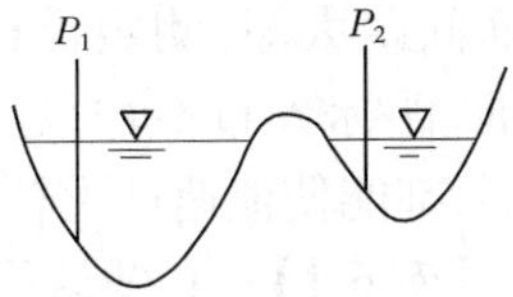

图 6-24　基本水尺断面

度后才淤积,故 104 次至 107 次冲、淤、又冲与本站测站特性不符。

另从本站平均河底高程过程线图(见图 6-25)也可看出,最低河底高程出现在洪峰以后一定时间,符合本站特性。105 次高程突降是不合理的,问题在 105 次水深偏大。经了解,为本站洪水期 105 次用悬索悬吊铅鱼测深,因偏角较大而未加改正所致。

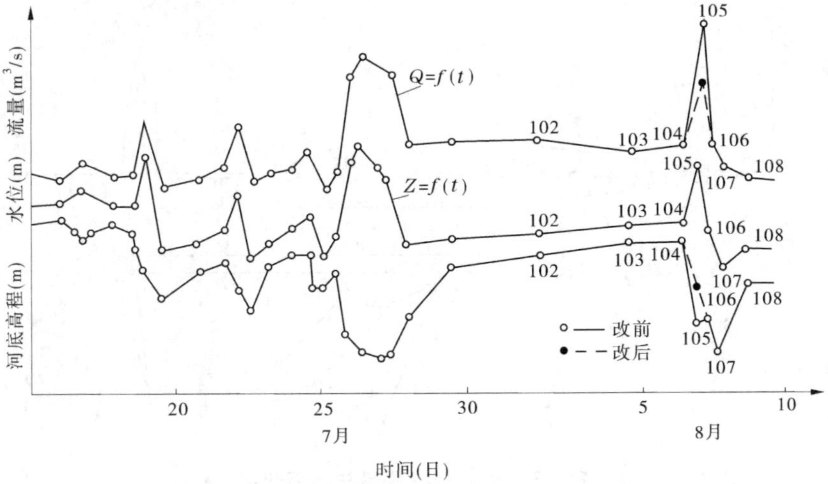

图 6-25　平均河底高程过程线

又如,某站 1978 年水位流量、水位面积关系曲线,其趋势与历年线不一致,如图6-26所示。该年高水水位—流量关系曲线只有 31、32 两浮标测次,整编时通过该两点中心定线,使高水部分流量增值太大,与流量曲线线型不符。

从断面分析图(如图 6-27 所示)分析,该年最大流量 32 测次借用断面不当,原借用 30 次流量断面,在起点距 400 ~475 m 间用直线连接使断面面积偏大。因此,在汇审时将借用断面改为起点距 400 ~ 480 m 用 31 次实测断面,480 ~ 500 m 用 33 次实测断面,500 ~532 m用 30 次和 33 次断面的平均值,将 32 次流量改算。这样,水位—流量关系曲线趋势合理,与历年水位—流量关系曲线趋势也一致了。

(3)流速测验方面的原因。测验仪器问题及测验方法不当等,使流速测验发生较大的误差。当用流速仪测流时,流速超过仪器性能范围或因未及时检定,而使流速产生较大误差;测速垂线和测点过少或分布不当,测速历时过短,可使流速偏大或偏小;测船不在断面线上，流速仪悬索偏角太大及水草、漂浮物、冰花冰塞、风向风力等的影响；用浮标测流时，浮标类型不同，选用漂浮物不当，断面间距太短，测定浮标通过断面的位置不准，浮标分布不均以及浮标系数采用不当等，都能使流速产生较大误差。

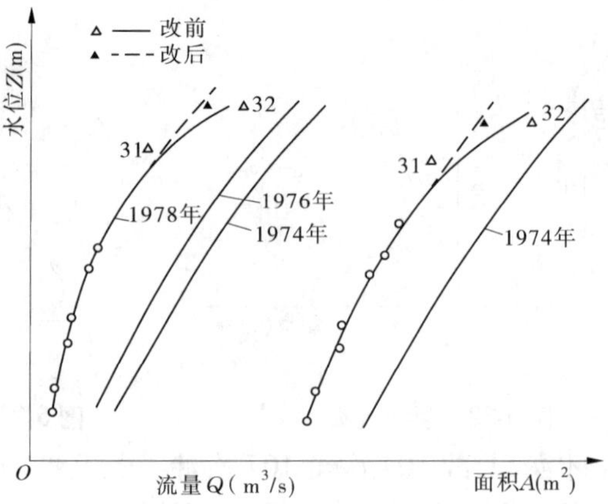

图 6-26　水位流量关系曲线与历年线

【例 6-1】 在某站的水位流量、水位面积、水位流速关系图上，50、51 两测次突出偏离，成为突出点，如图 6-28 所示。从水位流速关系曲线线型上看，明显不合理。一般流速随水位升高而逐渐增大，该站正好相反，与水位流速关系曲线性质不符。另

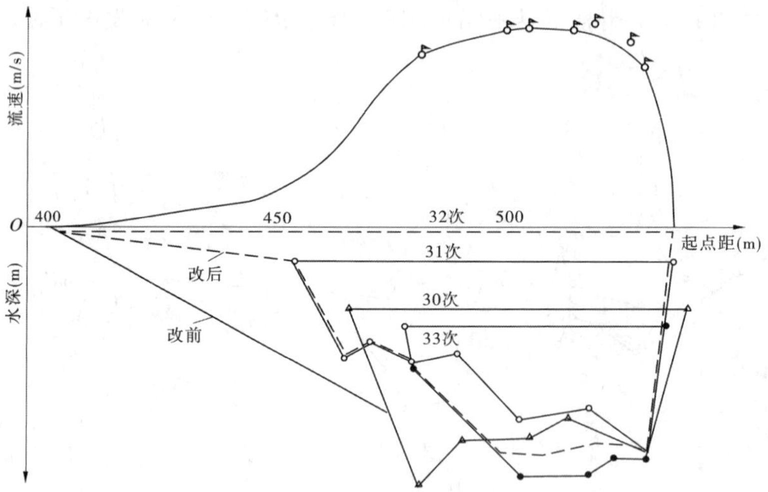

图 6-27　流速分布曲线与断面分析

外，在水位过程线上看，50、51 测次是在落水阶段，水量没有增加流速也不会增加，故判定流速有问题从而影响流量。经检查原始记录，发现是测速历时过短所致。

【例6-2】 某站水位流量关系曲线，如图6-29所示，通过23测次又定了一条水位流

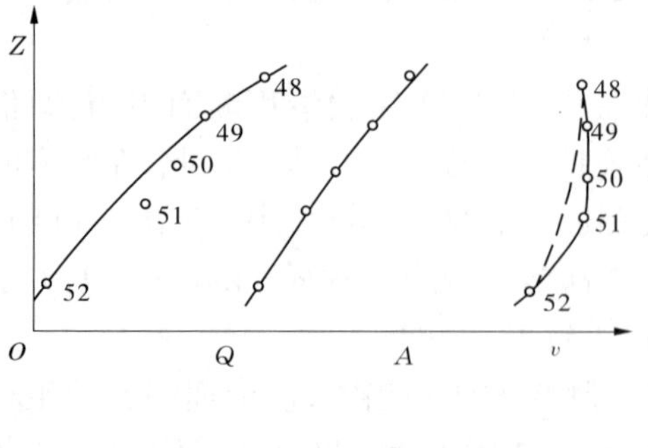

图 6-28　水位流速关系曲线线型不合理

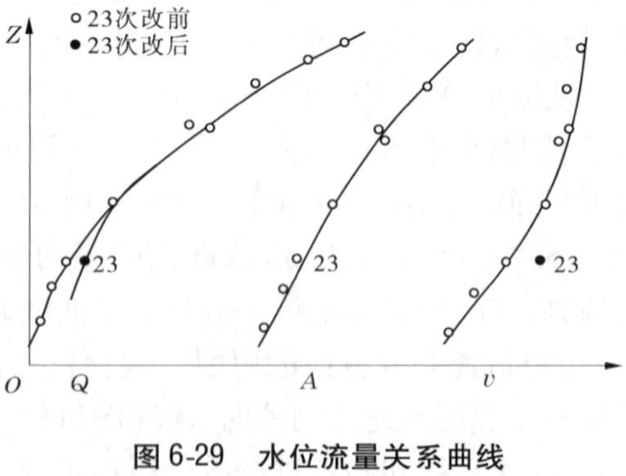

图 6-29　水位流量关系曲线

量关系曲线。23测次流速横向分布与断面形状不相应,如图6-30所示。从原始记录中查得,本次是流速仪五线五点法测流,整编时误认为主流三条垂线流速有问题,参考图6-30所示断面情况修改了流速曲线,使流速偏大造成流量也偏大,并据此错定了一条水位流量关系曲线。

审查时,将23测次及前后各测次流量的水深和流速点绘了平均水深和平均流速关系,如图6-30所示;主流三条垂线的垂线水深和垂线流速关系,如图6-31所示。可以看出,修改后的流速偏大,由此可知整编时将主流三条垂线流速修大是不妥的。经过分析,发现起点距118 m处垂线流速偏大,点绘起点距离118 m处前后各测次垂线水深和垂线流速关系,如图6-32所示,23测次(118 m处)的测点突出偏离,说明整编时未发现而误用了偏大的流速。

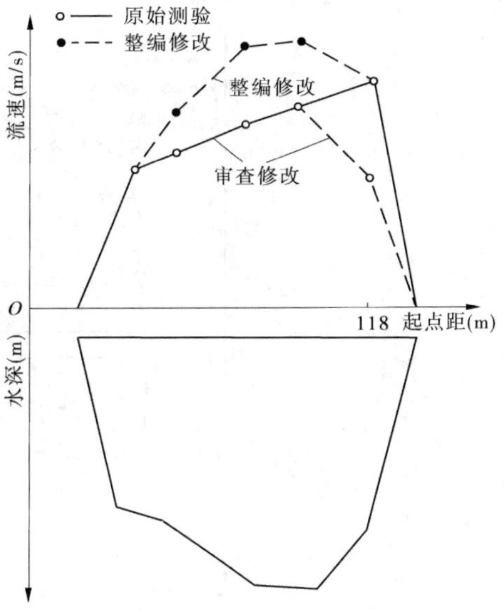

图6-30　23测次流速分布曲线

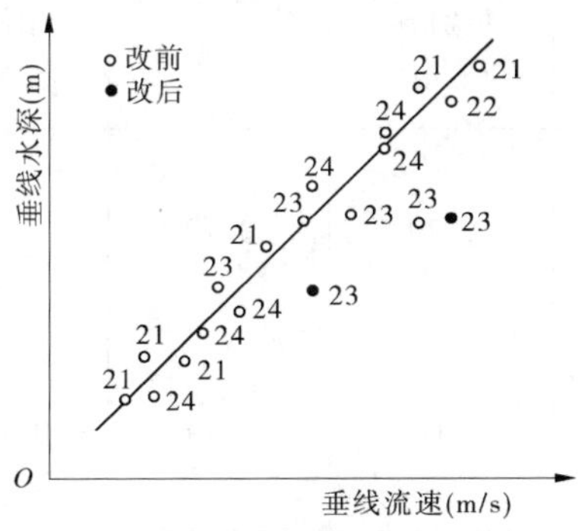

图6-31　垂线水深垂线流速关系

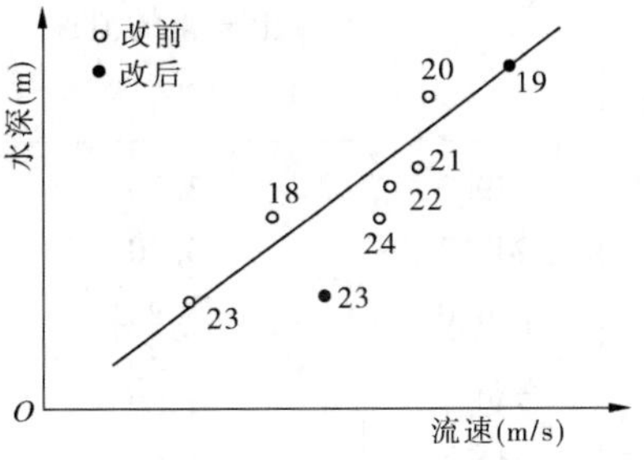

图6-32　起点距118 m处水深流速关系

汇审时认为,应修改23测次118 m处起点距的流速,主流三条垂线流速的原始资料正确,将成果修改后,23测次流速、流量点都落在正常的关系曲线上了(见图6-29)。

【例6-3】　某站因浮标系数取用不当,致使96测次在水位流量关系曲线上偏小约22%,成为突出点。

根据实测流量成果表绘制洪水期水位与各水力因素关系图,如图6-20所示,96测次最大流速偏小。

检查原始测速记录,三个中泓浮标分布在起点距分别为239.7 m、242.7 m和270.0 m处,绘制横断面与流速横向分布曲线图(用与96测次水位接近的95、97、98三测次,该三测次均为全断面均匀投放浮标),如图6-33所示。240～270 m间浮标流速与断面平均流速的关系分析结果见表 6-5。

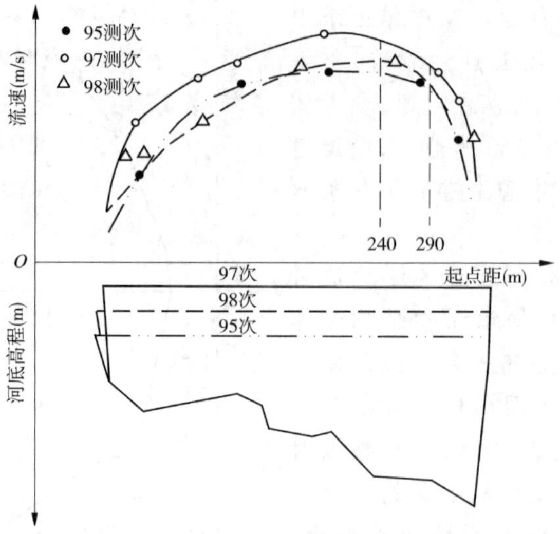

图 6-33 断面与流速横向分布曲线

表 6-5 95～98 测次流量中泓浮标系数计算

测次	起点距(m)	垂线流速曲线上查得的流速(m/s)	中泓三点平均流速(m/s)	断面平均流速(m/s)	中泓系数	平均中泓系数
95	239.7 242.7 270.0	3.70 3.70 3.20	3.53	2.79	0.79	0.78
97	239.7 242.7 270.0	4.00 4.00 3.40	3.80	3.02	0.79	
98	239.7 242.7 270.0	3.72 3.72 3.60	3.68	2.78	0.76	

由表 6-5 可见，三次中泓浮标平均中泓系数为 0.78，而 96 测次系用三个中泓浮标施测，系数采用 0.65，偏小很多。将原中泓浮标系数改为 0.78，改正流量后 96 测次靠近了水位流量关系曲线。

特殊水情方面的原因，有上、下游溃坝或闸门启闭，冰花、冰塞或冰坝影响，支流及局部径流的顶托等，现不再一一举例。

4. 问题处理

突出点经检查分析后，应根据情况，予以处理。

(1)若突出点是由水力因素变化或特殊水情所造成的，则应作为可靠资料看待，必要时可说明其情况。

(2)若突出点为测验错误所造成,能够改正的应予改正,无法改正的,可以舍弃。但除计算错误外,都要说明改正的根据或舍弃的原因。

(3)暂检查不出突出点的反常原因,可作为可疑资料,有待继续调查研究分析,并作适当处理和说明。

5. 对突出点处理应注意的事项

对突出点的分析处理应持慎重态度,不论情况怎样,应注意:

(1)避免采取主观片面的做法。如将测验误差与天然情况颠倒,将造成定线和对测站特性的误解。

如在某站水位流量关系图上,56、57 两测次突出偏离,如图 6-34 所示。原整编时作为突出点处理,认为是测验误差。经调查,实际是受下游拦河坝关闸回水影响。又由本站水位比降关系图得到证实,故流量偏小是合理的。

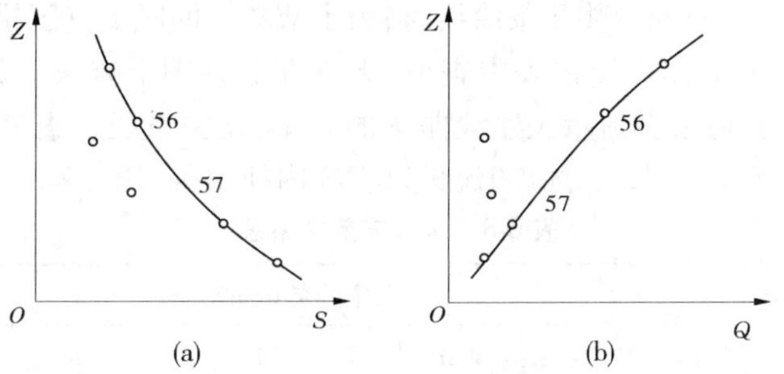

图 6-34 某站水位流量、水位比降关系曲线

(2)不要采取消极草率的做法。若对突出点不作具体分析,不深入调查,草率地认为是测验误差,不研究能否改正就舍弃,将造成定线上的错觉。

(六)定线

水位流量、水位面积、水位流速关系点经突出点检查分析后,便可定线,即用图解的方法率定水位流量关系曲线。

1. 初步定线

在点绘的水位流量、水位面积、水位流速关系图上,先用目估的方法,通过点群中心徒手勾绘出三条关系曲线。然后用曲线板修正,务必使曲线平滑,关系点均匀分布于曲线两旁,并使曲线尽可能靠近测验精度较高的测点(如流速仪精测法的点)。

2. 修正曲线

初步绘出的水位流量关系曲线必须同水位面积、水位流速关系曲线互相对照。办法是将初步绘制的曲线分为若干水位级,查读各级水位的流量,应近似等于相应的面积和流速的乘积,其误差一般不超过 ±2% 或 ±3%,即

$$\frac{Q - vA}{Q} < \pm 2\% \text{ 或 } \pm 3\%$$

式中 Q——水位流量关系曲线上查得的流量;

v——水位流速关系曲线上查得的同水位流速;

A——水位面积关系曲线上查得的同水位面积。
则认为曲线定好，否则应调整修正关系曲线。

定线注意事项如下：

(1)通过点群中心定出一条平滑的关系曲线，这样可以消除一部分测验误差。不经分析顺点连线，在一定程度上是否认测验存在的误差。

(2)要防止系统误差，对突出点产生的原因和处理方法，要作具体说明。

(3)要参照水位过程线，关系线线型应符合测站特性，高低水延长方法要恰当。

(4)所定曲线前后年份要衔接，分期定线要注意前后期曲线衔接，以及与主图、放大图衔接，避免由此产生误差。

(5)曲线初步定好后，应与历年关系曲线进行比较，检查其趋势及各线相互关系是否合理，如不合理应查明原因进行修改。

(七)编制水位流量关系推流表

当关系曲线为单一型或少数几条曲线时，为了节省时间减少读图错误，可以编制水位流量关系表，推流时由水位直接在表中查取，无需在关系图上查读。其格式如表 6-6 所示。在编制推流表时，应根据流量关系线曲率的大小，在关系线上查读流量的分级水位，可密可疏，两水位级间的各水位对应的流量以直线内插求得。

表 6-6　水位流量关系表　　（单位：m/s）

水位(m)	水位尾数(cm)										流量级差
	0	1	2	3	4	5	6	7	8	9	
51.1	120	124	126	128	129	130	132	135	140	145	20
51.2	155	158	159	162	165	168	171	172	175	180	30
51.3	185	188	190	192	193	195	196	199	204	210	

二、单一曲线法

(一)关系曲线的特征

测站控制良好，各级水位流量关系都保持稳定的站，如果关系点密集成带状，无明显系统偏离，75% 以上的中、高水流速仪法流量测点偏离水位流量关系曲线不超过 ±5%；低水流速仪测点及浮标法测点，偏离曲线不超过 ±8%（流量很小或非控制站可放宽到 ±8% 和 ±11%）时，可通过点群中心，绘制一条单一水位流量（面积、流速）关系曲线，其曲线型态如图 6-35 所示。图中，流量很小时，移至基本水尺下游 500 m 处测流，使得面积、流速曲线发生突变，而区间没有水量的加入和流出，故流量曲线仍是稳定的。

(二)定线推流方法

应根据定线的原则，用目估的方法，通过点群中心，分别绘出水位流量、水位面积、水位流速单一的光滑曲线，测点应均匀地分布于关系曲线的两旁，不允许测点有系统偏离现象。对初步制定的关系曲线，应检查调整。检查方法是：在三关系曲线的各级水位上，分

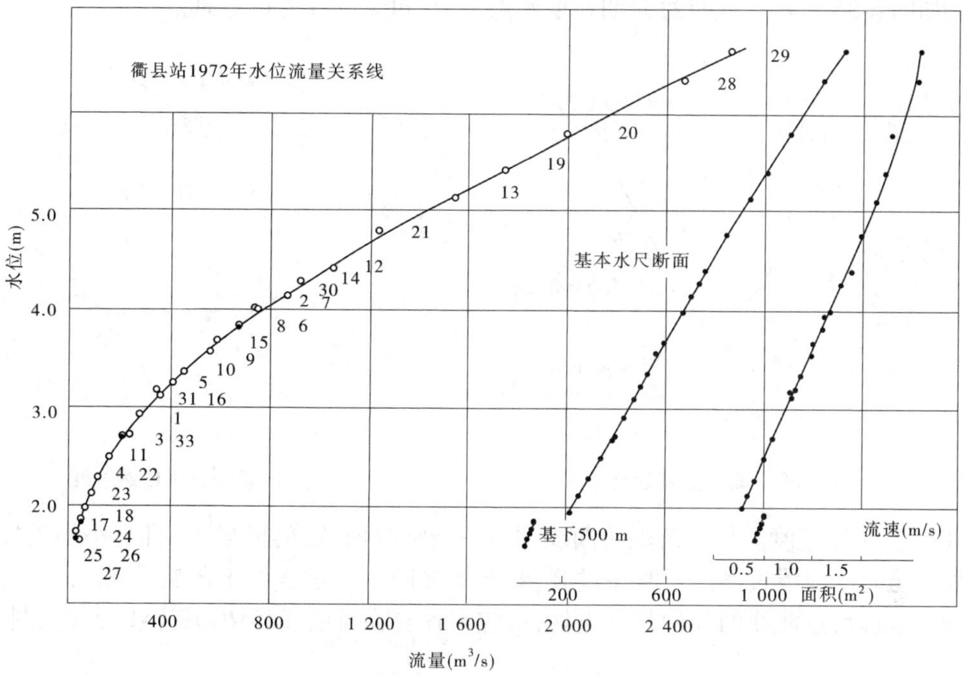

图 6-35　××水文站水位流量关系

别查出流量、面积、流速，然后进行面积乘流速计算，看计算值是否等于查出的流量，若计算值与查出的流量值误差不超过 ±2% 或 ±3%，即认为合理；否则，应调整曲线，直到符合。

三、临时曲线法

(一)关系曲线的特征

在点绘的水位流量关系图上，若明显地发现测点有规律地分布成几个带状，各带状之间有少数测点变动，说明水力因素的变动只发生在短暂的时间里，大部分时期都处于相对稳定阶段，整个关系线可定出少数几条稳定的单一曲线。本法主要适用于不经常性发生冲淤的测站，有时也用于受结冰影响时期的推流。

(二)定线推流方法

首先依时序了解测点的分布及走向，参照逐时水位过程线的变化，分析和确定各相对稳定阶段测点的分布规律，分别定出单一曲线，然后考虑各单一线之间的过渡问题，把各条稳定曲线连接成一个完整的整体。

临时曲线法的关键问题，是过渡曲线的处理，其处理方法有以下几种：

(1)自然过渡。常用于冲淤变化不大的测站，对两条稳定的单一曲线，利用一部分重合而过渡，称自然过渡。如某些水文站高水部分发生冲淤，但冲淤影响不大，其对流量的影响幅度不及测验误差大，因此高水部分仍表现为单一曲线。在低水时，冲淤影响逐渐显露出来，低水部分则明显地显示出两条曲线，如图 6-35 所示。过渡期在高水部分时，无须专门处理。有时，低水控制良好，而高水时发生冲淤变化，也会出现低水重合，高水分开的情况,如图 6-36 所示。此时过渡期在低水部分时,也无须作专门处理。

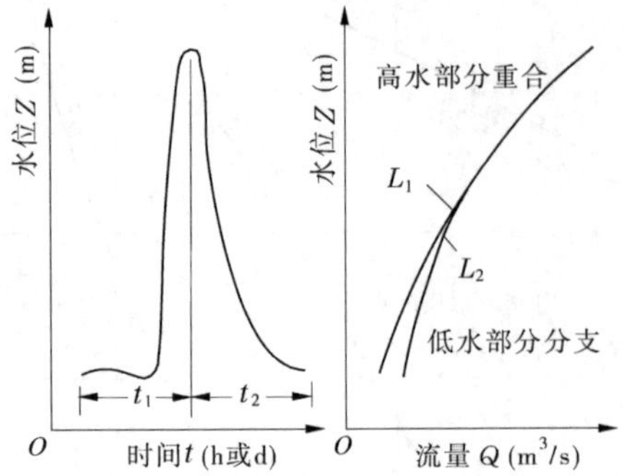

图 6-36　高水自然过渡

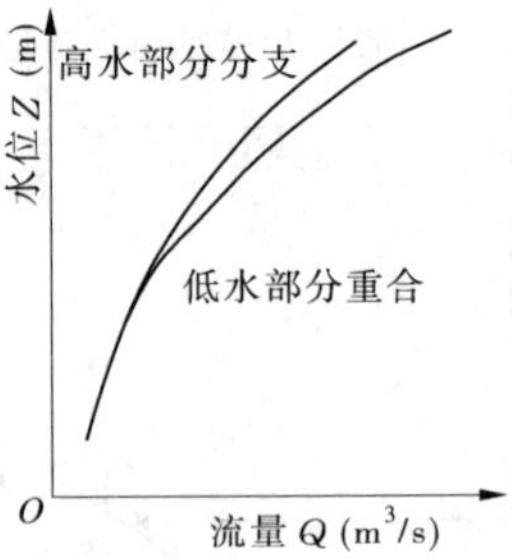

图 6-37　低水自然过渡

(2)连时序过渡。从一条临时曲线到另一条临时曲线,间距较大,且有小的洪峰出现时,采用连时序曲线过渡。连时序过渡,要严格参照水位过程线的趋势及测点分布,连成平滑曲线过渡,过渡线的开始与终止处,都应与各自临时曲线相切,其连线形式见图6-38。

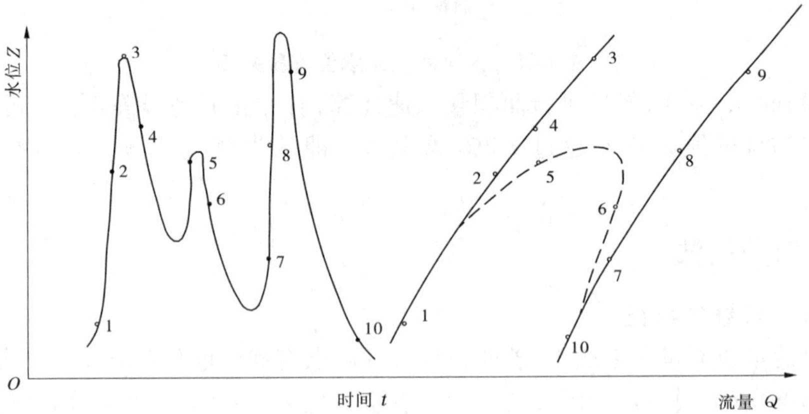

图 6-38　连时序法过渡临时曲线

(3)内插曲线过渡。在过渡期水位变化平缓,而测点横向变化幅度较大,用连时序法过渡确有困难时,可采用内插曲线过渡。所谓内插曲线过渡,即在两条临时曲线之间,均匀平行地绘若干条趋势相同的短线。内插曲线的数量,视过渡期水位摘录次数的多少而定,内插曲线高低的幅度,视过渡水位变化高低而定,如图 6-39 所示。推流时采取跳线形式,从一条临时曲线开始,均匀地通过内插曲线跳到另一条临时曲线上。此时,推出的流量可能产生不连续现象。

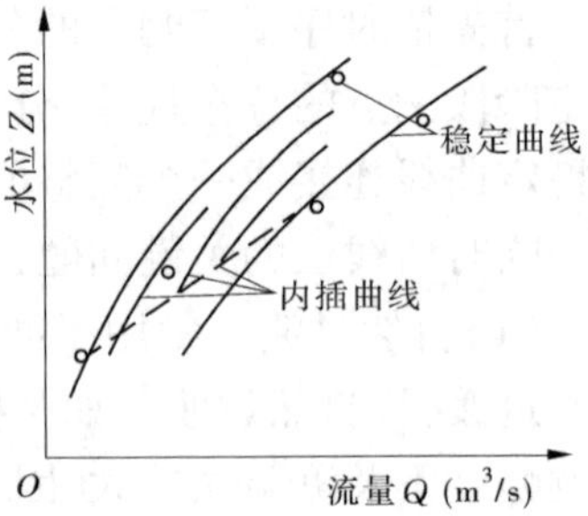

图 6-39　内插曲线过渡

四、改正水位法

改正水位法是将复杂的水位流量关系曲线，进行单值化处理的一种方法。本法只需要绘制出一条标准的水位流量关系曲线，逐时水位通过改正，即可在标准曲线上直接推流。

水位改正法，适用于受经常性冲淤但变化较缓慢的测站，也适用于水草生长或结冰影响的时期，要求有足够的精度较高且分布均匀的测点，并能控制主要水力要素变化的转折点。

（一）定线推流方法

（1）绘制标准曲线。通过流量测点的重心，绘制一条单一的水位流量关系曲线作为标准曲线，如图 6-40 中点画线所示。

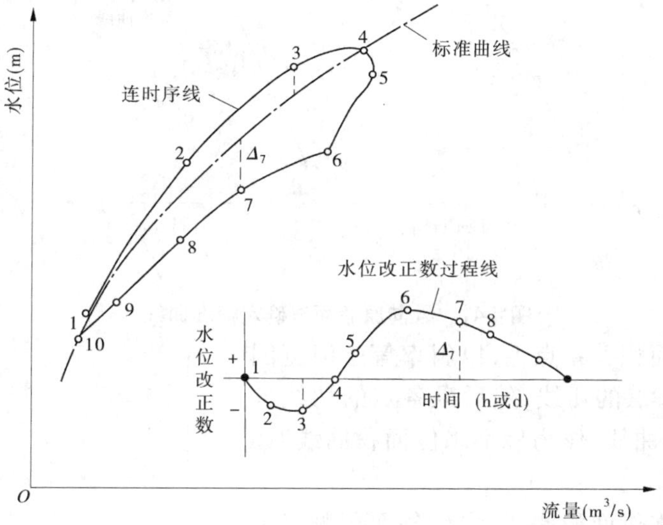

图 6-40 改正水位法示意图

（2）求水位改正数。在每个实测流量测点上作垂线，与标准曲线相交。以标准曲线的水位为准，减去实测流量的水位，所得数值称水位改正数，即

$$\Delta Z = Z - Z_m$$

式中 Z、Z_m——同流量下标准线和实测流量点的水位。

（3）点绘水位改正数过程线。以求得的水位改正数为纵坐标，实测流量的平均时间为横坐标，点绘水位改正数过程线，参照水位的变化趋势，连成平滑过程线即得，见图 6-40。

（4）推流。依推流水位的时间，在水位改正数过程线上查取水位改正数，加到该水位上，即为改正后水位 Z_g：

$$Z_g = Z + \Delta Z$$

以 Z_g 在标准水位流量关系曲线上推流，即得所要推求的流量。

（二）标准曲线的确定

（1）导向原断面法。本法适用于受普遍性冲淤的河段，水位面积、水位流量关系呈纵

移状态，且二者的纵移幅度基本相同。做法为：在水位面积关系曲线中，选择居中的一次大断面或实测断面作标准断面，以绘制的水位面积关系曲线，作标准面积曲线，然后自每一面积测点作垂线与此标准面积曲线相交，求得纵差。将相应的流量测点，以同方向移动相同的纵差，得导向原断面后的流量测点，用符号“+”表示，导向后的测点明显较前集中，通过点群中心即可定出标准水位—流量关系曲线，如图6-41所示。

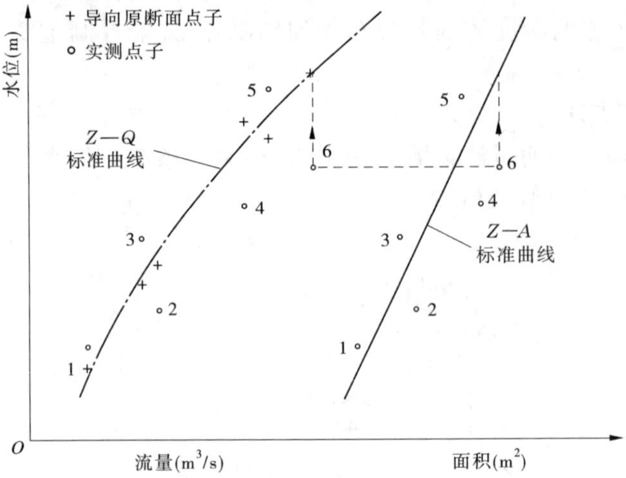

图6-41　导向原断面法确定标准曲线

也可在水位面积关系点上，以斜率等于河宽倒数的斜短线，作该点的切线，然后顺各点的切线方向，居中定出一条曲线，作为标准水位面积曲线，如图6-42所示。

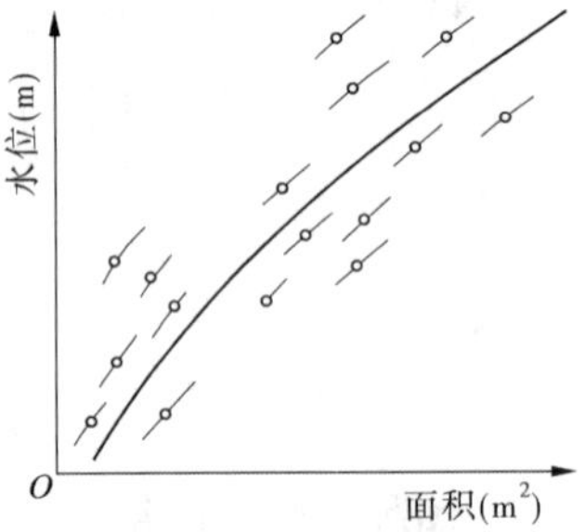

图6-42　顺各点切线方向确定标准曲线

有了标准的水位面积曲线，再量各面积测点与曲线的纵差，将相应流量测点也同距离移动，即得导向后的流量测点，通过导向后的流量点的中心定出一条标准水位流量关系曲线。

(2)直接定线法。当断面受局部冲淤影响严重，用导向原断面法效果不好，或冲淤变化不大，流量测点分布成一带状时，可直接在流量测点中间绘制一条曲线作标准水位流量关系曲线，再据以求各流量测点的纵差。

五、改正系数法

（一）关系曲线特性

改正系数法，是水位流量关系单值化处理的另一种方法，同样需要定出一条标准水位流量关系曲线。各实测流量与对应水位在标准曲线上查得的流量的比值，称为改正系数。以该系数为纵坐标、时间为横坐标，绘制的过程线，称为改正系数过程线。本法适用于冰期无冰塞、冰坝壅水，水位流量关系不稳定的时期，也适用于水草生长影响的时期，并要求测站测点多，精度高，控制性好。

（二）定线推流方法

（1）标准流量曲线制定。冰期或受水草影响的时期，流量测点都偏少，偏少的幅度随影响程度而变，关系点散乱。定线时，通过最右边不受影响的畅流期测点，定出一条标准水位流量关系曲线，如图6-43所示。然后计算改正系数并绘制改正系数过程线：方法是由实测点流量与在同水位标准曲线上查得流量的比值，得改正系数K，以K为纵坐标，时间为横坐标，绘制改正系数过程线。绘制K值过程线时，若在冰期，应加绘冰厚、气温过程线，对于水草生长期，应加绘水温、气温过程线，以帮助绘K值过程线。

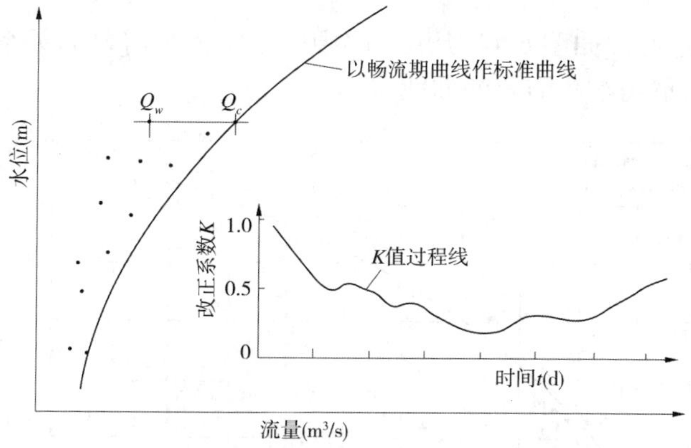

图6-43　改正系数法的标准曲线与K值过程线

（2）推流。用水位标准流量曲线上查读的正常流量Q_c，再从K值过程线上查得相应K值，二者相乘即得所推流量。

六、受洪水涨落影响的定线推流方法

（一）校正因数法

1. 原理

校正因数法是利用式(6-12)进行定线推流的，其基本流量公式为

$$Q_m = Q_c\left(1 + \frac{1}{uS_c}\frac{\Delta Z}{\Delta t}\right)^{1/2}$$

式中　Q_m、$\frac{\Delta Z}{\Delta t}$——实测流量及对应的水位涨落率；

Q_c、S_c——同水位下稳定流的流量和比降；

$\left(1 + \frac{1}{uS_c}\frac{\Delta Z}{\Delta t}\right)$——校正因数。

对一次实测流量而言，Q_m及$\frac{\Delta Z}{\Delta t}$是已知数，$Q_c$、$\frac{1}{uS_c}$是未知数，一个公式、两个未知数，无法解出。为此，先试定一条不受洪水涨落影响的正常水位流量关系曲线$Z—Q_c$，从而解决一个未知数Q_c，再用上述公式可求出$\frac{1}{uS_c}$，用Q_m的水位与$\frac{1}{uS_c}$点关系，并通过测点中心

定出 $Z-\frac{1}{uS_c}$ 曲线。

2. 校正

校正是利用上述基本流量公式，反求 Q_c。该公式中 Q_m 及 $\frac{\Delta Z}{\Delta t}$ 已知，用水位在 $Z-\frac{1}{uS_c}$ 曲线上查出 $\frac{1}{uS_c}$ 值，即可用公式反求 Q_c，再将 Q_c 点绘在试定的 $Z-Q_c$ 关系图上。若 Q_c 点均匀的分布在曲线两旁，偏离曲线的程度在允许范围以内，则原定的 $Z-Q_c$ 曲线及绘制的 $Z-\frac{1}{uS_c}$ 曲线成立；若偏离甚远，则须重复上述步骤，重新试定和校正，直至成功。

校正因数法所定曲线如图 6-44 所示。图中两条实线为需要的关系曲线，虚线通过测点连绘的洪水绳套，不是本法需要的曲线。

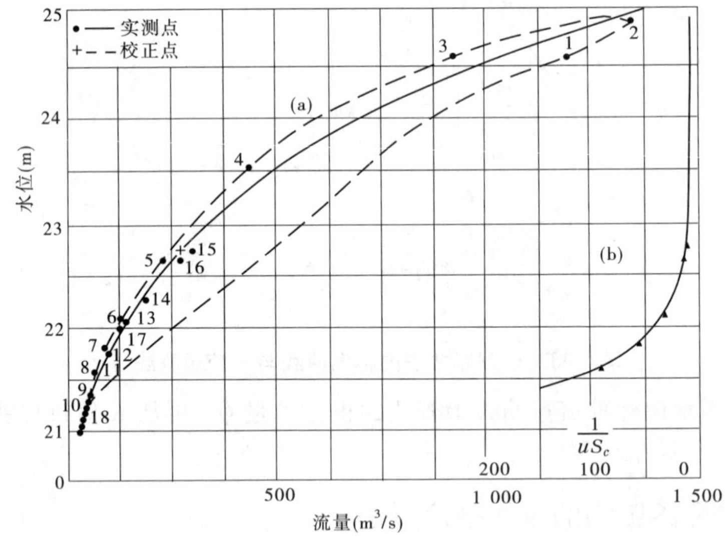

图 6-44 校正因数法水位流量关系曲线

3. 定线推流方法

(1) 定线。校正因数法需进行列表计算，表格形式如表 6-7 所示。

根据实测流量资料，计算 ΔZ、Δt 及 $\Delta Z/\Delta t$，连同正负号一起填入表中。试定正常 $Z-Q_c$ 线，曲线应由通过 $\Delta Z/\Delta t$ 为零的测点试定，$\Delta Z/\Delta t$ 为零的测点，一般为发生在起涨前及峰顶的实测点，中间水位变幅很大的范围内并没涨落率为零测点，因此贸然定线，任意性很大。为克服盲目性，可在各水位级上，用同水位附近涨水与落水流量点的涨落率，直线内插涨落率为零的流量测点，然后根据这些内插点，便可比较方便地大致定出正常的 $Z-Q_c$ 曲线，再用每个实测点水位查出相应的正常流量 Q_c，计算 $\frac{1}{uS_c}$。由公式

$$\frac{1}{uS_c}=\frac{\left(\frac{Q_m}{Q_c}\right)^2-1}{\frac{\Delta Z}{\Delta t}}$$

表 6-7　校正因素法校正计算表

测次	施测日期			水位 Z(m)		ΔZ (m)	Δt (h)	$\frac{\Delta Z}{\Delta t}$ (m/h)	Q_m (m³/s)	Q_{c1} (m³/s)	$\frac{Q_m}{Q_{c1}}$	$\left(\frac{Q_m}{Q_{c1}}\right)^2-1$	算的 $\frac{1}{uS_c}$	曲线上查的 $\frac{1}{uS_c}$	$\frac{1}{uS_c}\frac{\Delta Z}{\Delta t}$	$\sqrt{1+\frac{1}{uS_c}\frac{\Delta Z}{\Delta t}}$	Q_c (m³/s)	附注
	月	日	起讫时分	起讫水位	相应													
1	2	3	4:00	5	6	7	8	9	10	11	12	13	14	15	16	17	18	19
45	7	20	7:22 10:33	24.50 72	24.61	0.22	3.18	0.069 2	1 200	1 050	1.143	0.31	4.48	4.34	0.300	1.14	1 050	
46		20	13:42 17:15	24.86 94	24.90	0.08	3.55	0.022 5	1 350	1 290	1.047	0.10	4.44	4.50	0.101	1.05	1 290	
47		21	9:26 12:28	24.62 50	24.56	−0.12	3.03	−0.039 6	904	1 010	0.895	−0.20	5.05	4.82	−0.191	0.899	1 010	

求出每个测点的值，在关系图中点绘 $Z—\frac{1}{uS_c}$关系点，并绘出 $Z—\frac{1}{uS_c}$关系曲线。校正 Q_c，用实测流量的水位，在 $Z—\frac{1}{uS_c}$曲线查读$\frac{1}{uS_c}$，利用基本流量公式可反求出 Q_c。再将 Q_c 点绘在试定的 $Z—\frac{1}{uS_c}$曲线上，若测点密集在原定曲线两旁，则原试定正常的 $Z—Q_c$ 曲线及 $Z—\frac{1}{uS_c}$曲线满足要求，不再变动，即可用来推流。否则，若涨水点仍落在曲线右边，落水点仍落在曲线左边，且偏离幅度不大，可将 $Z—\frac{1}{uS_c}$曲线略加修大；反之，若涨水点位于曲线左边，落水点位于曲线右边，应将 $Z—\frac{1}{uS_c}$曲线略加修小。若测点分布散乱，偏离曲线，需重新试定正常 $Z—\frac{1}{uS_c}$曲线，重新校正，直到符合要求。

(2)推流。推流仍采用列表进行：ΔZ、Δt 及 $\Delta Z/\Delta t$ 的计算，以每次逐时推流水位的前后相邻时间相减得 Δt，ΔZ 是由下一次水位减前一次水位得之，涨水为正，落水为负，并计算涨落率 $\Delta Z/\Delta t$。为了提高 $\Delta Z/\Delta t$ 的计算精度，水位应进行等距摘录；利用要推流的逐时水位，在 $Z—Q_c$ 及 $Z—\frac{1}{uS_c}$曲线上分别读取 Q_c 及$\frac{1}{uS_c}$值，再用基本流量公式计算逐时流量 Q_m 值。

当基本流量公式中的$\frac{1}{uS_c}$接近一常数 K 时，即

$$\frac{Q_m}{Q_c} = \left(1 + K\frac{\Delta Z}{\Delta t}\right)^{\frac{1}{2}} \tag{6-17}$$

可应用涨落比例法进行校正。校正方法是：试定正常 $Z—Q_c$ 曲线；查出 Q_c，并求比值$\frac{Q_m}{Q_c}$；点绘$\frac{Q_m}{Q_c}—\frac{\Delta Z}{\Delta t}$曲线；反校 Q_c 点，用实测点的$\frac{\Delta Z}{\Delta t}$在$\frac{Q_m}{Q_c}—\frac{\Delta Z}{\Delta t}$曲线上查读$\frac{Q_m}{Q_c}$值，用 Q_m 除以$\frac{Q_m}{Q_c}$的比值，得 Q_c，点绘在原定正常曲线上检验。其校正与推流方法同校正因数法，这里不再赘述。

（二）洪水绳套曲线法

对受洪水涨落影响的流量资料，生产上多采用绘制洪水绳套曲线的方法，用逐时水位直接在绳套曲线上查读流量。该法工作量较小，使用方便。校正因数法由于工作量大，计算麻烦，因此除理论研究和特殊需要外，一般不多使用。

连洪水绳套曲线，要求测点多，涨落水部分均有测点控制，适用于单式、复式和连续起伏的洪峰。为使连绘的绳套曲线符合洪水涨落的特性，一定要配合洪峰水位过程线来定线。有些单位则直接把洪水过程线绘在关系图的左方，便于对照定线。定线时要掌握洪峰特性，当实测点涨落率大时，偏离正常曲线远；涨落率小时，偏离正常曲线近；最大流量出现在最高水位之前；最高水位处，绳套曲线与正常曲线相交；绳套曲线在最高水位转弯处，应光滑连续，不应有陡弯、陡尖和突变型态；参照水位过程线，在无测点处，当涨落率变

小时，绳套曲线应离正常曲线近些，在洪水涨落过程中，当发现涨落率为零时，绳套曲线应接近正常曲线。以上这些特性说明，连洪水绳套曲线不同于连时序法，不能见点连线，应判断每个测点涨落率与偏离正常曲线是否相符，还要严格参照水位过程线的变化趋势。

当洪峰涨水支线无测点或稀少（多发生在暴涨暴落河流），连洪水绳套曲有困难时，可借用校正因数法计算插补各级水位或转折处的流量，作辅助测点，帮助勾绘绳套曲线，克服任意性，能取得较为满意的结果。

（三）抵偿河长法

抵偿河长法适用于受洪水涨落影响，断面及测验河段均较稳定，不受回水影响的测站。它是一种能使洪水绳套曲线变成单一曲线的方法。

1. 原理

若一河段的中断面水位 $Z_中$ 与下断面流量 $Q_下$ 及河段槽蓄量 W 三者之间成单值关系时，则此河段长称为抵偿河长，即

$$Q_下 = f(Z_中) \tag{6-18}$$

在洪水波中，任一断面流量是该断面处水位与比降的函数：

$$Q = f(Z,S) \tag{6-19}$$

对上式求微分，得

$$dQ = \frac{\partial Q}{\partial Z}dZ + \frac{\partial Q}{\partial S}dS \tag{6-20}$$

当抵偿河长的中断面水位不变时，其下断面处的流量也不变，即

$$0 = \frac{\partial Q}{\partial Z}dZ + \frac{\partial Q}{\partial S}dS \tag{6-21}$$

从图 6-45 中可看出，抵偿河长上断面处，附加比降 dS 与水位的增量 dZ 成反比关系，即下断面水位下降时，dZ 为负值，dS 则为正值；反之，dZ 为正值，dS 则为负值。从而可得

$$dZ = -dS\frac{L}{2} \tag{6-22}$$

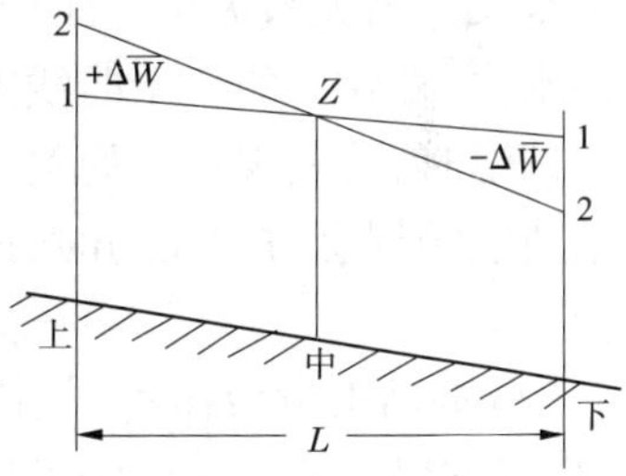

图 6-45 抵偿河长

代入式(6-21)得

$$\frac{\partial Q}{\partial Z}dS\frac{L}{2} = \frac{\partial Q}{\partial S}dS$$

$$\frac{\partial Q}{\partial Z}\frac{L}{2} = \frac{\partial Q}{\partial S}$$

由谢才公式 $Q = K\sqrt{S}$，对 Z、S 求偏导数：

$$\frac{\partial Q}{\partial Z} = \sqrt{S}\frac{\partial K}{\partial Z} \quad \frac{\partial Q}{\partial S} = K\frac{1}{2}\frac{1}{\sqrt{S}}$$

代入上式得

$$\sqrt{S}\frac{\partial K}{\partial Z}\frac{L}{2} = \frac{K}{2\sqrt{S}}$$

两边同乘以 $\sqrt{S_0}$，得

$$\sqrt{S}\ \frac{\sqrt{S_0}\,\partial K}{\partial Z}\,\frac{L}{2} = \frac{K\ \sqrt{S_0}}{2\sqrt{S}}$$

因 $Q_0 = K\ \sqrt{S_0}$，且$\frac{\partial Q_0}{\partial Z} = \sqrt{S_0}\frac{\partial K}{\partial Z}$，则

$$\sqrt{S}\ \frac{\partial Q_0}{\partial Z}L = \frac{Q_0}{\sqrt{S}}$$

$$L = \frac{Q_0}{S}\,\frac{\partial Z}{\partial Q_0} \tag{6-23}$$

令 $S = S_0$，则

$$L = \frac{Q_0}{S_0}\,\frac{\partial Z}{\partial Q_0} \tag{6-24}$$

式中 Q_0、S_0——稳定流时的流量和比降；

$\partial Z/\partial Q_0$——稳定流时正常水位流量关系曲线的斜率；

L——抵偿河长的长度。

同一断面不同水位时，Q_0、S_0、$\partial Z/\partial Q_0$ 不同，求出的 L 值也不同，故可分水位级求几个 L 值，再取其平均值。

2. 定线推流方法

抵偿河长法定线推流，多采用试错法，试错法分以下两种：

（1）上游站水位法。在测流断面上游，大致相当于半个抵偿河长的距离处，设立多组水尺，同时观读水尺水位，分别用其水位与各测流断面的同时流量，建立相关关系，当发现某组水尺点出关系为单一曲线时，此组水尺即是所求的一组水尺。推流时，用该组水尺观读的水位，在建立的关系曲线上推流，即是测流断面的流量。

试错时，若发现建立的关系曲线仍为绳套，仅幅度缩小，说明间距短，应拉长间距；当关系曲线的绳套方向反向时，说明间距过大，应缩小距离，如此能较快地试出上游水尺的位置。

（2）本站水位后移法。用实测流量平均时间后移不同时段的水位与实测流量建立关系，进行试错。后移时段的长度，应是洪水波从抵偿河长中断面到下断面的传播时间。当发现某一后移时段的水位与实测流量建立的关系成单一曲线时，该时段即是所求的后移时段。

试错时，可在洪水绳套曲线上挑选几个有代表性的、涨落率大的实测点，分别量取各测点距正常曲线的水位纵差，再除以该实测点的涨落率得历时，取其平均值作为后移时段的初值，再进行试错；当后错历时水位与流量点出的相关曲线仍为逆时针绳套时，说明后移时段过小，应加大时段；当点绘的关系呈顺时针绳套时，说明后移时段过长，应缩小时段，直至后移时段成单一关系。当后移时段无观测水位时，可点绘水位过程线进行内插。

当各级水位后移时段相差较大时，可按水位级分别确定各自的后移时段。

推流时，用各级水位确定的后移时段水位，在确定的单一关系曲线上，直接查读流量，即为未后移时段时的流量。

七、受变动回水影响的定线推流方法

受回水影响的定线推流方法，有等落差法、定落差法和落差开方根法等，可根据具体情况选用合适的方法。

（一）等落差法

1. 方法特点

本法的基本假定是：断面稳定，用上下落差水尺计算的比降能代表基本水尺断面的水面比降。此时，流量可表示为水位落差的函数：

$$Q = f(Z, \Delta Z) \tag{6-25}$$

当落差 ΔZ 不变，Q 是 Z 的单值函数时，可定出一条单一的稳定曲线；当 Z 不变，Q 是落差 ΔZ 的函数时，同水位下，流量将随落差的不同而不同。本法的特点是：以落差为参数，绘制各种落差下的水位流量关系曲线，形成曲线簇。该法要求流量测点较多，且能分布于各级水位和各种落差值。

2. 定线推流方法

（1）在水位流量关系图上，点绘关系点，并将落差值注在测点旁边。

（2）依据测点落差值相近，高低水控制较好的测点，绘制已确定的等落差下的流量相关曲线，如图 6-46 所示。从图中可看出，应先绘出 $\Delta Z = 0.20$ m、0.30 m 两条曲线。

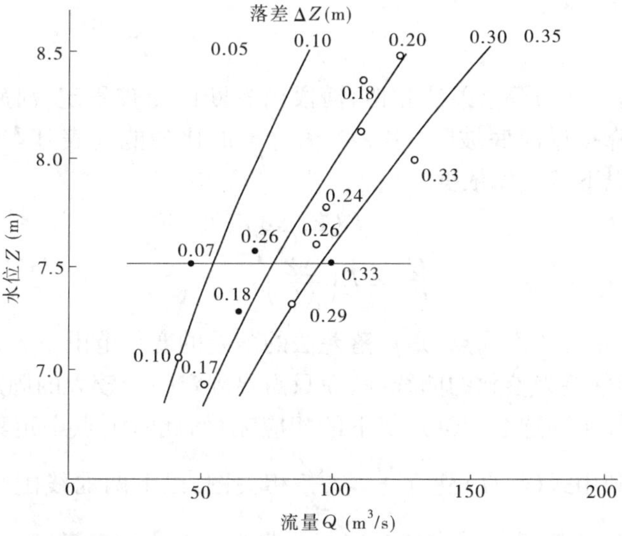

图 6-46 等落差水位流量关系

（3）曲线簇的调整，应按照式(6-15)进行，两相邻曲线的落差 ΔZ_1、ΔZ_2 为已知，其比值的 β 次方亦为定值。因此，在各级水位的同水位下，Q_1/Q_2 应为定值，若有变化，表示不符合上式，应进行调整曲线，直至使之基本符合。

（4）插补曲线。有时确定的落差值的测点太少，无法据以定线，此时可根据上述公式的特性，插补一些测点，从而确定和延长某些定落差下的相关曲线。方法是将式(6-15)取

对数,求出 β 值,即

$$\lg\left(\frac{Q_1}{Q_2}\right)=\beta\lg\left(\frac{\Delta Z_1}{\Delta Z_2}\right)$$

整理得

$$\beta=\frac{\lg\left(\frac{Q_1}{Q_2}\right)}{\lg\left(\frac{\Delta Z_1}{\Delta Z_2}\right)} \qquad (6\text{-}26)$$

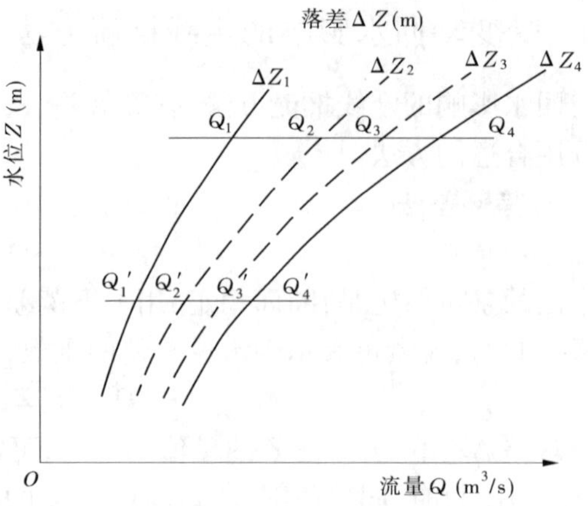

图 6-47 等落差流量曲线插补

如图 6-47 所示,ΔZ_1、ΔZ_4 两条等值线相关曲线已定出,欲插补 ΔZ_2、ΔZ_3 的曲线,可用已知的 ΔZ_1、ΔZ_4 两条曲线反求出 β 值,再按 $\frac{Q_2}{Q_1}=\left(\frac{\Delta Z_2}{\Delta Z_1}\right)^{\beta}$、$\frac{Q_3}{Q_1}=\left(\frac{\Delta Z_3}{\Delta Z_1}\right)^{\beta}$ 分水位级算出各级水位下的 Q_2、Q_3,从而可定出定落差值 ΔZ_2、ΔZ_3 下的水位流量关系曲线。

推流以基本水尺处的水位及其落差值,在曲线簇中相应的落差曲线上直接查读流量。当无此落差值的曲线时,推流可通过在两已知落差曲线内插得出。

(二)定落差法

1. *方法特点*

定落差法要求的条件与等落差法相似,河段内各断面比较稳定,河底比较平坦,不受回水影响时,水面比降接近河底坡降;用落差值计算的比降能代表基本水尺断面的比降等。此时,定线可用以下两式作依据:

$$\begin{aligned} Q &= f_1(Z,\Delta Z) \\ \frac{Q}{Q_c} &= f_2\left(\frac{\Delta Z}{\Delta Z_c}\right)^{1/2} \end{aligned} \qquad (6\text{-}27)$$

定落差法与等落差法的不同点,是定落差法的落差的变化范围不大,不能也不需要像等落差法那样定出以落差为参数的曲线簇,而只需要确定一个较大的固定落差值,称为定落差,将所有测点都校正到这个定落差值下的相应流量,此时测点必定集中,从而定出单一水位流量曲线,再利用式(6-27)建立 $\frac{Q}{Q_c}$ 与 $\frac{\Delta Z}{\Delta Z_c}$ 相关图,以上两曲线配合即可推算流量。式中的 Q、Q_c 分别为实测流量与同水位在定落差曲线上查读的流量;ΔZ、ΔZ_c 分别为实测点落差与确定的定落差。

2. *定线推流方法*

(1)试定定落差 ΔZ_c 下的 $Z—Q_c$ 曲线。在关系图中流量测点旁,注上实测落差值,从中选取较大者为定落差值,用式(6-27)计算出各实测点的校正流量 Q_c,点绘在原关系图上,通过校正点中心试定出 $Z—Q_c$ 曲线,如图 6-48 所示。

(2)试定 $\frac{Q}{Q_c}—\frac{\Delta Z}{\Delta Z_c}$ 相关曲线。以各实测流量 Q 与同水位在 $Z—Q_c$ 曲线上查得流量

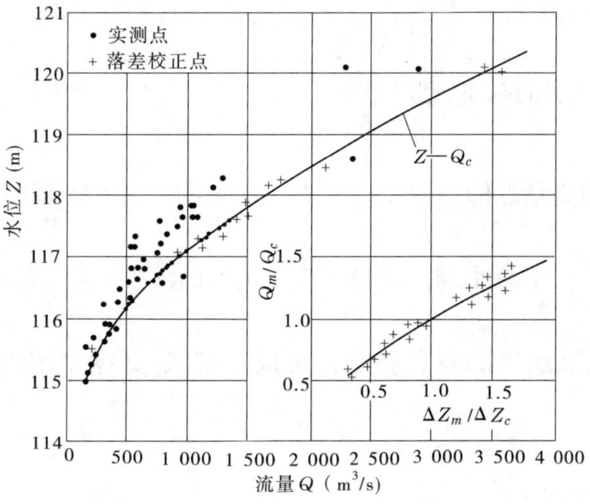

图 6-48　定落差水位流量关系

Q_c 的比值为纵坐标，以$\dfrac{\Delta Z}{\Delta Z_c}$为横坐标，点相关图，通过测点中心定一曲线，曲线要通过坐标(1,1)点，因为$\dfrac{\Delta Z}{\Delta Z_c}$为 1 时，$\dfrac{Q}{Q_c}$必然为 1，如图 6-48 所示。

(3)反校 $Z—Q_c$ 曲线。以各实测流量的 ΔZ 与定落差 ΔZ_c 的比值，在$\dfrac{Q}{Q_c}—\dfrac{\Delta Z}{\Delta Z_c}$相关曲线上查读$\dfrac{Q}{Q_c}$值，用此值去除每个测点的 Q 得 Q_c，将 Q_c 与相应实测点的水位，用其他符号点绘在原 $Z—Q_c$ 曲线图上，若测点密集在原定曲线两旁，则校正工作结束；否则，应修改原定 $Z—Q_c$ 曲线，重新试算，直到符合要求。

推流时，根据推流水位及其落差值 ΔZ，求得比值$\dfrac{\Delta Z}{\Delta Z_c}$，并用其比值在$\dfrac{\Delta Z}{\Delta Z_c}—\dfrac{Q}{Q_c}$曲线上查读$\dfrac{Q}{Q_c}$，再用推流水位在 $Z—Q_c$ 曲线上查得 Q_c，二者相乘得所求流量 Q。

(三)落差开方根法

1. 原理及特征

本法要求条件比较严格：河段顺直、断面稳定，由落差算出的比降与基本水尺断面的比降基本一致。此时，落差的指数近似用 1/2 代替，这即是落差开方根法的思想。

当断面不冲不淤时，同水位下的流量模数不变，即

$$\frac{Q}{\sqrt{S}} = K$$

将比降换成落差 ΔZ，上式可写成：

$$\frac{Q}{\sqrt{\Delta Z}} = C$$

式中 C 为常数，则有

$$\frac{Q_1}{\sqrt{\Delta Z_1}} = \frac{Q_2}{\sqrt{\Delta Z_2}} = \cdots = C \tag{6-28}$$

式(6-28)为落差开方根法的基本流量公式。

2. 定线推流方法

(1)计算每个实测流量点的落差 ΔZ,并求出流量与落差开方根的比值$\frac{Q}{\sqrt{\Delta Z}}$。

(2)点绘 Z—$\frac{Q}{\sqrt{\Delta Z}}$相关曲线。用每个实测点的水位 Z 与计算出的$\frac{Q}{\sqrt{\Delta Z}}$点图,若测站符合上述条件,则点绘出的测点必然密集成一带状,并据以定出 Z—$\frac{Q}{\sqrt{\Delta Z}}$单一曲线,如图 6-49 所示。

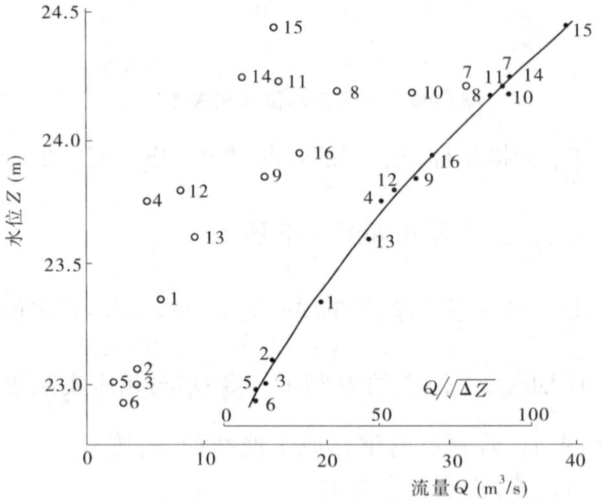

图 6-49　落差开方根法关系曲线

推流时用推流时刻的水位在Z—$\frac{Q}{\sqrt{\Delta Z}}$曲线上查读$\frac{Q}{\sqrt{\Delta Z}}$比值,用其落差 ΔZ 算出$\sqrt{\Delta Z}$值,二者相乘即得所推流量。

八、连时序法

(一)方法的特点

按照实测流量点的先后顺序,勾绘关系曲线的方法,称为连时序法。连时序法适用于受单因素或混合因素影响的河段,但主要的还是解决受混合因素影响的水位流量关系。在河流的下游,测站无控制或控制不好,冲淤变化很大,主流摆动严重,下游回水顶托及洪水波影响,使关系图上的关系点分布散乱,左右摆动幅度较大,用前面所讲方法定线有困难时,可使用此法。

用本法定线,要求流量测次多,精度较高,在主要水力因素变化的转折点即关系曲线的转折处,都应有测点控制。

（二）定线推流方法

（1）在点绘的关系图上，根据测点顺序，了解测点的走向及变化规律，找出各个时期的主要影响因素，当某些测点成一相对独立的系列，可以连线时，应先连出关系曲线。

（2）连时序法的主要参考工具，是逐时水位过程线。将实测点按平均时间及相应水位，点绘在水位过程线上，一方面可以与关系图中的测点对照，同时也可以查看实测点的控制情况。定线时，参照水位过程线，勾绘连时序曲线。当连时序曲线为绳套曲线时，其绳套曲线的顶部及底部应分别与相应洪峰的峰顶和峰谷相切，图 6-50 是连时序法的一个实例。从图中可以看出，该次洪峰的主要影响因素是冲淤变化。由水位过程线可知，5 号测点是峰后测点，在关系线上表现为偏小，从而判断出属于涨冲落淤类型，应绘制反时针绳套，绳套的最高转弯处应与峰顶水位相切，落水后绳套曲线通过 5 号测点。

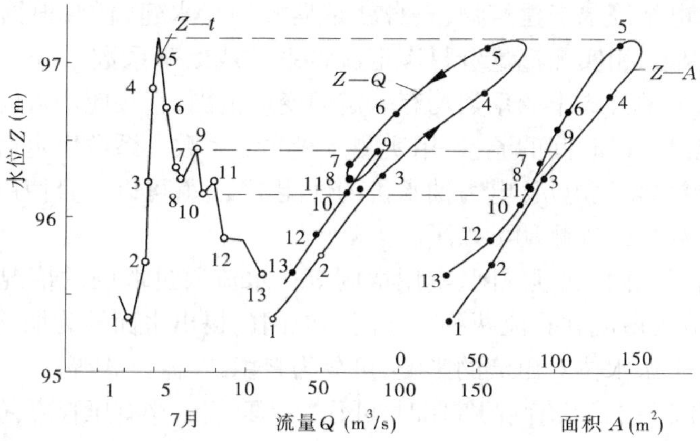

图 6-50　连时序水位流量关系曲线

（3）若测点较多、较散乱，在一张图上定线有困难，易发生混乱，可分图定线，但各图曲线之间应相互衔接。

当关系曲线定好并标出线号后，即可用逐时水位直接在相应时段的曲线上查读流量。

九、连实测流量过程线法

（一）方法特点

本法不绘制水位流量关系曲线，而是用实测流量点，绘制流量过程线（纵坐标为流量，横坐标为时间），任何时刻的流量，都可在此流量过程线上查读。

受冲淤、变动回水、水草生长或结冰等因素影响，使测点散乱，用上述各种方法定线都困难时，可采用此法。

此法要求测点多，测点准确，能基本上控制流量的变化过程。

（二）定线推流方法

（1）根据流量的变幅，选定纵坐标比例，将所有实测流量点，按流量的数值及平均时间，点在过程线上。在同图的上部，绘出相应的水位过程线。

（2）比较实测流量点与水位过程线的趋势，如发现突出点或峰、谷缺少测点，应将其附近测点另外绘制三关系曲线，或用高低水延长法插补相应峰、谷流量点。将插补出的流量点，点绘在流量过程线上，连成平滑曲线。

(3)在冰期的封冻期阶段，水位变化大，而流量变化甚微，此时可通过实测点直接连绘过程线。在冰期与畅流期的过渡阶段，当缺少测点或测点稀少时，可参照水位过程线的变化趋势，连绘实测流量过程线。

推流时可根据推流时间，直接在实测流量过程线上查读流量。

第五节　堰闸、电站流量的推算方法

一、概述

堰闸、涵管、水电站等水工建筑物，自身就是良好的量水建筑物，根据建筑物的型式、开启情况、流态等因素，用实测流量资料率定流量系数或效率系数后，即可用水力学公式推算流量。由于水力学公式中的系数均有一定的变动范围，直接应用可能产生误差，所以在使用时一般先施测一段时间的流量，用实测流量率定系数。系数率定后，只要建筑物的情况无大的变化，或水轮发电机、电力抽水机的性能不变，就可以一直使用，以后只需每隔一定时间进行必要次数的校测就可以了。

堰闸的类型有平底闸、宽顶堰闸、实用堰闸等。水流通过堰闸的情况，按建筑物对水流的影响不同，可分为堰流和孔流两种。无闸门或闸门提出水面转为堰流，闸门未提出水面的为孔流。按其下游水位对出流的影响，可分为自由式、淹没式等。

涵管、隧洞的出流流态，当有闸门控制时，可分为有压管流、半有压管流、孔流、无压流等。

一般堰闸的流态分类，如图 6-51 所示，堰闸、涵管、隧洞流量系数的计算公式见表 6-8。

流态的判别，是正确选用计算公式的依据之一，一般应以实际观测为准。如无观测资料，可根据不同堰闸类型、有关水力因素等，参照水力学有关方法进行判别。

对堰闸、涵管流量资料进行整编时，首先要计算流量系数。由于流量系数并非一个常数，而是随某些因素变化的，故必须先与有关因素建立相关曲线，然后从曲线上查出流量系数，代入相应的流量计算公式算出流量。其推流步骤如下：

(1)计算流量系数。根据闸涵型式、开启情况、流态和实测流量，选用流量计算公式，反算流量系数。

(2)点绘流量系数与相关因素关系曲线。影响流量系数的因素很复杂，可参照表 6-8 选取 1 ~ 2 个能经常观测到的主要因素，与流量系数建立相关关系。

(3)绘制查算流量工作曲线。将实测流量点绘入，检查工作曲线有无系统偏离。推流时可直接查读曲线，也可制成推流表在表中直接查读。

(4)用计算机进行整编时，可用数学模型拟合关系曲线或流量系数曲线进行推流。

二、堰闸站的定线推流方法

(一)流量系数法

当堰上无闸门设备或闸门已提出水面以上时，称为堰流。

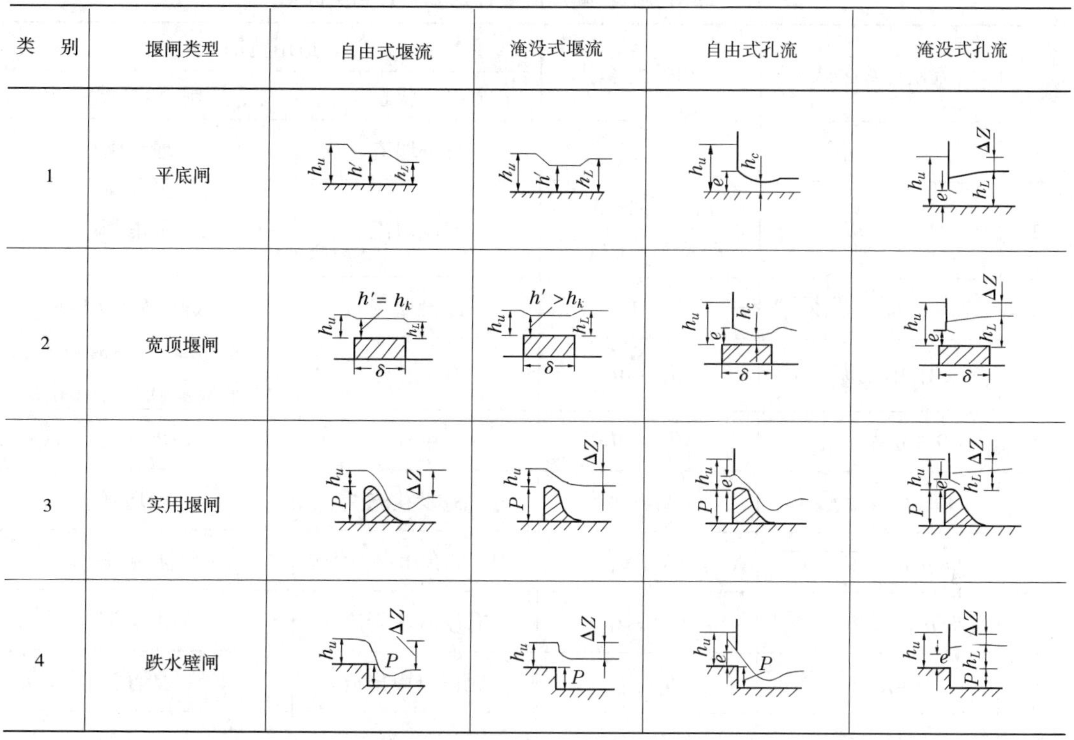

h'—闸底（或堰顶）水深（m）；h_k—临界水深（m）；P—堰顶高度（m）；

δ—宽顶堰厚度（m）；e—闸门开启高度（m）；其余符号含义同表 6-7

图 6-51　堰闸流态分类

1. 自由式堰流

当下游水位不影响出流时，为自由式出流，其流量公式为

$$Q = C_1 B h_u^{3/2} \tag{6-29}$$

流量 Q 随上游水头 h_u 而变，h_u 主要取决于上游水位 Z_u，则 Q 与 Z_u 之间具有稳定的关系。具体的定线推流的操作方法步骤如下：

（1）计算流量系数 C_1。由实测流量资料按下式计算 C_1，即

$$C_1 = \frac{Q}{Bh_u^{3/2}}$$

（2）绘制流量系数与相关因素关系曲线。一般选用上游水位 Z_u 为相关因素，点绘流量系数 C_1 与上游水位 Z_u 相关图，通过点群中心定出一条 $Z_u—C_1$ 关系曲线，如图 6-52（a）所示。

（3）绘制水位流量关系曲线。选取各级上游水位 Z_u，在 $Z_u—C_1$ 关系曲线上查出各 C_1 值，代入式（6-29）算出相应的流量，按照计算结果，绘制 $Z_u—C_1$ 关系曲线，如图 6-52（b）所示。

表 6-8　堰闸、涵管、隧洞流量计算公式及相关因素

公式编号	流量计算公式	相关因素	适用范围	
			出流状态	堰闸、涵管类型
1	$Q = C_1 B h_u^{3/2}$	$h_u - C_1$	自由堰流	一般堰闸
2	$Q = \sigma C_1 B h_u^{3/2}$	$h_L/h_u - \sigma$ 或 $\Delta Z/h_u - \sigma C_1$	淹没堰流	一般堰闸
3	$Q = C_2 B h_L \sqrt{\Delta Z}$	$h_L - C_2$	淹没堰流	平底闸、宽顶堰闸
4	$Q = M_1 B e \sqrt{h_u - h_c}$	$e/h_u - M_1$	自由孔流	平底闸、宽顶堰闸、平板及弧形闸门闸
5	$Q = M_1 B e \sqrt{h_u}$	$e/h_u - M_1$	自由孔流	实用堰、跌水壁堰、平底闸
6	$Q = M_2 B e \sqrt{\Delta Z}$	$e/\Delta Z - M_2$	淹没孔流	一般堰闸
7	$Q = \mu_1 \alpha \sqrt{h'_u - h_p}$	$e/d - \mu_1$	有压、半有压自由管流	一般涵洞、长洞
8	$Q = \mu'_1 \alpha \sqrt{h'_u - h_p}$	$e/d - \mu_1$	有压淹没管流	一般涵洞
9	$Q = \mu_2 b h^{3/2}$	$h - \mu_2$	无压自由出流	一般涵洞
10	$Q = \mu_\sigma b h^{3/2}$	$h_L/h - \mu_\sigma$	无压淹没流	一般涵洞
11	$Q = \mu_3 \alpha' \sqrt{h}$	$e/d - \mu_3$	自由孔流	进口设置有短管无压隧洞

注：表中及相关符号说明：Q—流量，m^3/s；Z_u—上游水位，m；Z_L—下游水位，m；h_u—上游水头，m，$h_u = Z_u - Z_\alpha$；h_L—下游水头，m，$h_L = Z_L - Z_\alpha$；Z_α—闸底或堰顶高程，m；h_c—收缩断面处水深，m；h'_u—涵管出口中心以上水头，m；h_p—下游势能；h—涵管进口水头，m；ΔZ—上下游水位差，m，$\Delta Z = Z_u - Z_L$；e—闸门开启高度，m；B—闸孔总宽或开启净宽，m；b—涵管宽度，m；d—涵管高度，m；α—涵管断面面积，m^2；α'—涵管进口闸孔过水面积，m^2；C_1、C_2—自由、淹没堰流流量系数；M_1、M_2—自由、淹没孔流流量系数；μ_1、μ'_1—有压、半有压自由、淹没管流流量系数；μ_2、μ_σ—无压自由、淹没孔流流量系数；μ_3—进口设置有短管无压隧洞自由孔流流量系数；σ—淹没系数。

(4)推流。推流时可直接以上游水位在该曲线上查读流量，也可制成 Z_u—C_1 关系检数表，供经常查用。

2. 淹没式堰流

当堰闸下游水位影响出流的大小及溢流的状态时，称为淹没式堰流。其流量计算公式有两种：

适用于一般堰闸自由式堰流和淹没式堰流都有发生的情况：

$$Q = \sigma C_1 B h_u^{3/2} = \sigma Q_0 \quad (6\text{-}30)$$

式中　σ——淹没系数；

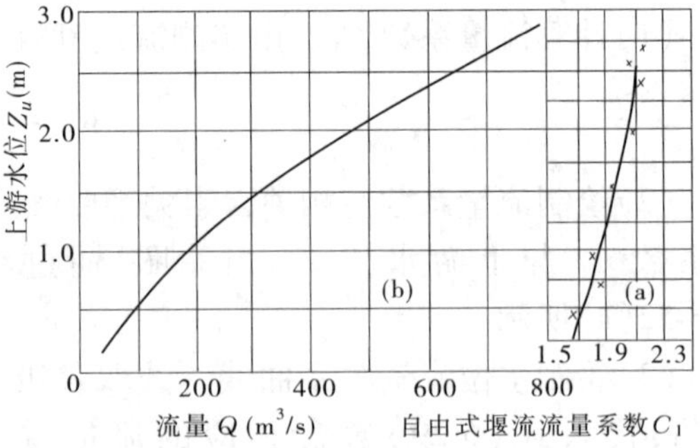

图 6-52　自由式堰流水位流量关系曲线

Q_0——自由式堰流流量,m^3/s。

适用于平底闸和宽顶堰闸的淹没式堰流流量计算公式:

$$Q = C_2 B h_L \sqrt{\Delta Z} \tag{6-31}$$

(1)用 σ、C_1 系数定线推流。按式(6-30)整编时,定线推流又可分为两种情况:

当淹没式堰流与自由式堰流皆有出现时,由式(6-30)可知,在此情况下淹没式堰流流量 Q 为自由式堰流流量 Q_0 与淹没系数 σ 的乘积。自由出流时,$\sigma = 1$;不完全淹没时,$\sigma < 1$,σ 值随上下游水头比 h_L/h_u 而变。定线推流步骤如下:

①计算淹没系数 σ。以淹没式堰流的实测流量 Q 除以同一上游水位的自由式堰流流量 Q_0,得淹没系数 σ,即

$$\sigma = \frac{Q}{Q_0}$$

式中的 Q_0 可以在已绘制好的自由式堰流 Z_u—Q_0 关系曲线上查得。

②绘制淹没系数与相关因素关系曲线。因为 σ 值随 h_L/h_u 而变,所以可用 h_L/h_u 和淹没系数 σ 点绘关系曲线,如图 6-53(a)所示。

③绘制水位流量关系曲线,以下游水位 Z_L(或上下游水位差)为参数,绘制上游水位 Z_u 与流量 Q 的关系曲线簇。其步骤如下:

第一步,选定某一下游水位 Z_L 值,并计算其下游水头 h_L 值。

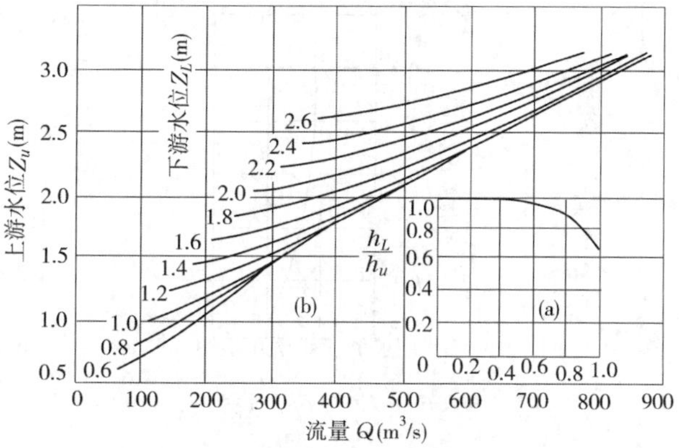

图 6-53　淹没式堰流水位流量关系曲线

第二步,根据各级上游水位,制作淹没式堰流水位流量关系表,并据此点绘 Z_u—Q 关系曲线。

第三步,用同样的方法计算并绘制其他 Z_L 值的 Z_u—Q 关系曲线,最后得到如图 6-53(b)所示的一簇曲线。

第四步,推流。推流时,可直接以下游水位在 Z_u—Z_L—Q 关系曲线上查读(下游水位不是整数时,需进行内插),也可制成 Z_u—Z_L—Q 关系检数表,直接在表中查读。

当只发生淹没式堰流时,可将淹没系数与流量系数合并处理,以实测流量 Q 除以 $Bh_u^{3/2}$,计算淹没式堰流流量系数 σC_1,即

$$\sigma C_1 = \frac{Q}{Bh_u^{3/2}}$$

以上下游水位差 ΔZ 与上游水头 h_u 之比 $\Delta Z/h_u$ 与 σC_1 点绘相关图,并定出关系曲线,如图 6-54(a)所示。

绘制水位流量关系曲线,以不同的水位差 ΔZ,按不同的 Z_u 计算 h_u 和 $\Delta Z/h_u$,查出 σC_1 值,再按式(6-30)算出 Q,绘制以 ΔZ 为参数的 Z_u—Q 关系曲线,如图 6-54(b)所示。

推流时，可根据 Z_u 和 ΔZ 值在关系曲线上查读（ΔZ 值不是整数时，需进行内插）或制成 Z_u—ΔZ—Q 关系检数表，直接在表中查读。

（2）用 C_2 系数定线推流。按式（6-31）整编时，其定线推流步骤为：

根据实测流量按下式计算流量系数 C_2，即

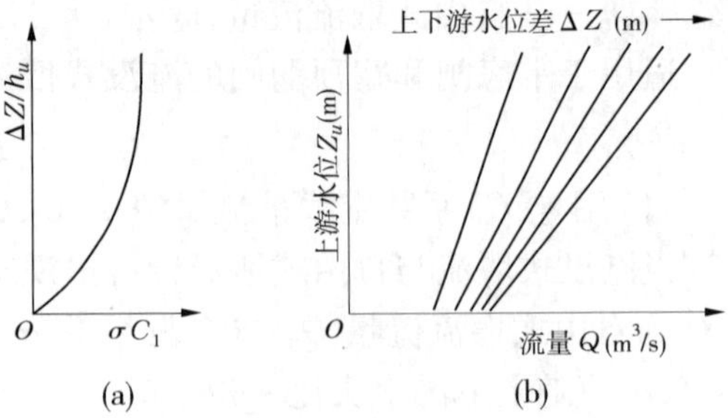

图 6-54　淹没式堰流水位流量关系

$$C_2 = \frac{Q}{Bh_L\sqrt{\Delta Z}}$$

以上下游水位差 ΔZ（或 $\Delta Z/h_u$）与流量系数 C_2 绘制相关图，并定出关系曲线，如图 6-55（a）所示。绘制 Z_u—ΔZ—Q（或 Z_u—Z_L—Q）关系曲线，如图 6-55（b）所示。

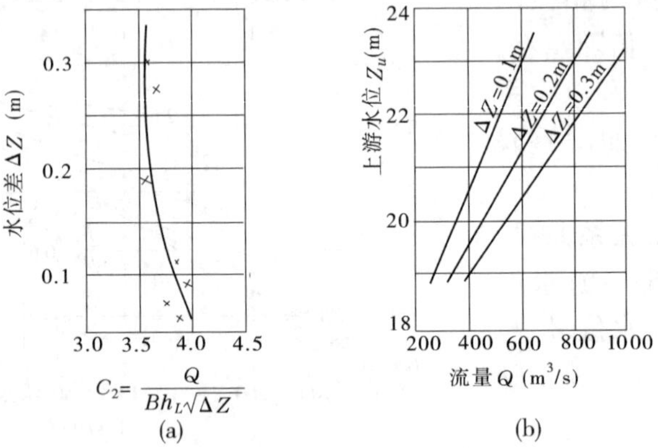

图 6-55　淹没式堰流水位流量关系曲线

推求流量的方法与用 σC_1 系数定线的推流相同。

3. 自由式孔流

当堰闸下游水位低于闸孔，且不影响闸孔出流的大小时，为自由式孔流。其流量计算公式有两种：

适用于平底闸和宽顶堰闸的公式为

$$Q = M_1 Be\sqrt{h_u - h_c} \tag{6-32}$$

式中　h_c——收缩断面处水深，$h_c = \varepsilon e$，ε 为垂直收缩系数，m。

适用于实用堰闸和跌水壁闸的公式为

$$Q = M_1 Be\sqrt{h_u} \tag{6-33}$$

两种情况的定线推流方法相似。现以平底闸为例，介绍如下：

（1）计算流量系数 M_1。由实测流量资料按下式计算 M_1：

$$M_1 = \frac{Q}{Be\sqrt{h_u - h_c}}$$

（2）绘制流量系数与相关因素关系曲线。一般取 e/h_u 为相关因素，点绘 M_1 与 e/h_u 相关图，通过点群中心定出关系曲线，如图 6-56（a）所示。一般 e/h_u 较小时，系数较大；

e/h_u较大时，系数较小，且趋于稳定。

(3)绘制水位流量关系曲线。以闸门开启高度为参数，绘制 $Z_u—e—Q$ 关系曲线，如图 6-56(b)所示。

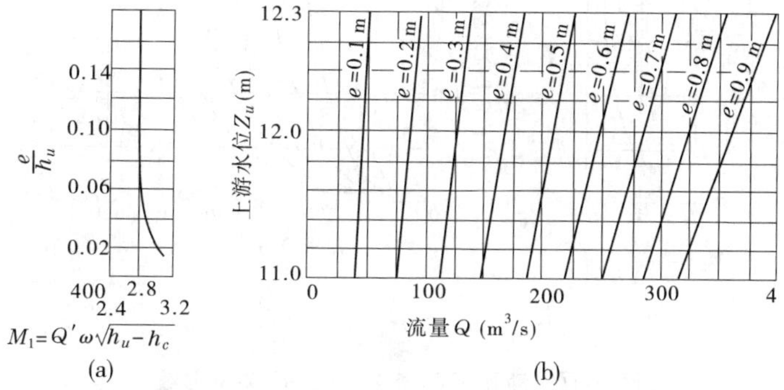

图 6-56 自由式孔流水位流量关系曲线

(4)推流。推求流量时可直接在 $Z_u—e—Q$ 关系曲线上查读。

4. 淹没式孔流

当堰闸下游水位淹没闸孔，且影响出流流量的大小时，称为淹没式孔流。其流量计算公式为

$$Q = M_2 Be\sqrt{\Delta Z} \tag{6-34}$$

式中 ΔZ——上下游水位差。

ΔZ 值在理论上应为上游水位与闸下收缩断面处水位之差，但收缩断面处的水位观测比较困难，一般用下游水面平稳处水位代替。由于这样所得的 ΔZ 值偏小，所以算出来的流量系数稍偏大。

淹没式孔流定线推流方法如下：

(1)计算流量系数 M_2。由实测流量资料按下式计算：

$$M_2 = \frac{Q}{Be\sqrt{\Delta Z}}$$

(2)绘制流量系数 M_2 与相关因素 $e/\Delta Z$ 关系曲线，如图 6-57(a)所示。

(3)绘制以闸门开启高度 e 为参数的 $\Delta Z—Q$ 关系曲线，如图 6-57(b)所示。

(4)推流。根据上下游水位计算的 ΔZ 值，在相应曲线上查读流量。

5. 涵管、隧洞流量系数法

涵管、隧洞有闸门控制时，其流态判别如下：

(1)有压管流。洞内水流除在闸门背后收缩区外，充满全断面。

(2)半有压管流。洞内水流只有部分管段充满全断面。

(3)孔流。洞内进水已受闸门或洞口控制，但洞内水深小于管径，管内有自由水面。

(4)无压流。进口水流水面低于洞顶或闸门下缘。

涵管、隧洞的流量系数法推流步骤与堰闸的做法基本相同。现以自由式孔流为例，介绍如下：

一般涵洞自由式孔流的流量计算公式为

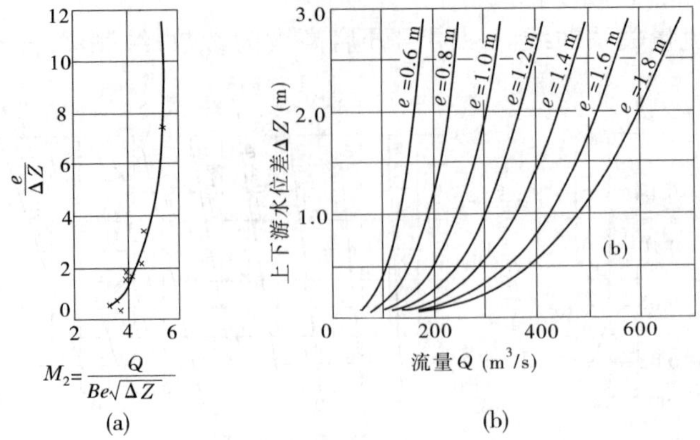

图 6-57　淹没式孔流 Z_u—e—Q 关系曲线

$$Q = \mu_3 \alpha' \sqrt{h} \tag{6-35}$$

其定线推流步骤如下：

计算流量系数 μ_3。以实测流量资料按下式计算

$$\mu_3 = \frac{Q}{\alpha' \sqrt{h}}$$

绘制 μ_3 与相关因素的关系曲线。以涵管进水口的闸门开启高度 e 为相关因素，绘制 e—μ_3 关系曲线，如图6-58(a)所示。

绘制水位流量关系曲线。以 e 为参数绘制 Z_u—Q 关系曲线，如图 6-58(b)所示。

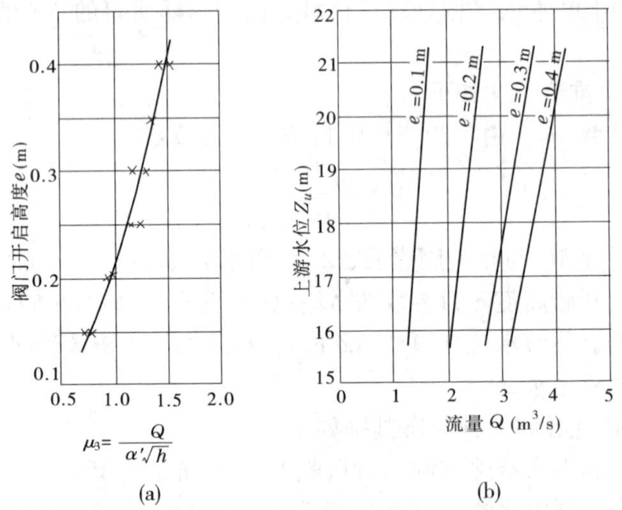

图 6-58　自由式管流水位流量关系曲线

推流。推求流量时可根据 Z_u 和 e 值在 Z_u—e—Q 关系曲线查读。

(二)相关分析法

实际工作中见到的堰闸结构、几何外形等因素，并非严格符合水力学公式的要求；各水力因素观测设备的布设和精度，也不完全符合水力学公式的要求。因此，直接应用水力学公式推流，往往得不到水力学中所要求的数值。这时，可以根据率定资料作综合分析，修订流量系数，得出实用的推流公式，下面介绍两种方法。

1.逐步图解法

逐步图解法是在水力学公式的基础上，依据实测流量资料，用逐步图解法计算，求得适用于本地区或本站的堰闸流量计算公式的形式、流量系数和指数。

(1)图解分析公式。用逐步图解法直接分析流量计算公式时，可将表6-7中的第3、5、6号公式改写成如下形式：

淹没堰流 $$Q = C_c B h_L^{\alpha} \Delta Z^{\beta} \tag{6-36}$$

自由孔流 $$Q = M_b B e^{\alpha} h_u^{\beta} \tag{6-37}$$

淹没孔流 $$Q = M_c B e^{\alpha} \Delta Z^{\beta} \tag{6-38}$$

上式中 C_c、M_b、M_c——流量系数；

α、β——指数。

(2)图解分析步骤。先取公式中与因变量有关的第一自变量，点绘相关图，消除它对因变量的影响后，再点绘第二自变量与因变量的相关图，并消除第二自变量对因变量的影响，然后验证第一自变量与因变量的关系。经过反复验证，直至相关得出的计算公式能满足精度要求。现以平底闸淹没式孔流为例，进行介绍。

由式(6-34)可以看出，流量 Q 与 e 的一次方和 ΔZ 的1/2次方成正比，而实际上 e 和 ΔZ 对 Q 的影响并非简单符合此关系，且 M_c 值亦并非常数，这给流量的计算带来了不便。因此，可把式(6-34)改写成式(6-38)的形式。然后根据率定资料，分析确定 M_c、α、β 三个参数。方法如下：

①为分析流量系数 M_c 和指数 α、β 值，先假设 $\alpha = 1$，将式(6-38)移项得：

$$\frac{Q}{e} = M_c B \Delta Z^{\beta}$$

两边取对数，则

$$\lg \frac{Q}{e} = \lg(M_c B) + \beta \lg \Delta Z$$

②在双对数纸上点绘 $Q/e—\Delta Z$ 关系图，通过点群中心定线，如图6-59所示，初步消除 e 的影响。由图解可求得 M_c、β 的第一次近似值。

图6-59为某闸淹没式孔流1974年及1975年的实测成果相关图。由图求得 $\beta_1 = 0.52$。

③利用求得的 β_1 值，再将式改写为

$$\frac{Q}{\Delta Z^{0.52}} = M_c B e^{\alpha}$$

再两边取对数，得

$$\lg\left(\frac{Q}{\Delta Z^{0.52}}\right) = \lg(M_c B) + \alpha \lg e$$

再在双对数纸上点绘 $Q/\Delta Z^{0.52}—e$ 关系图，通过点群中心定线，如图6-60所示。由图求得 α_1、M_{c1} 值。

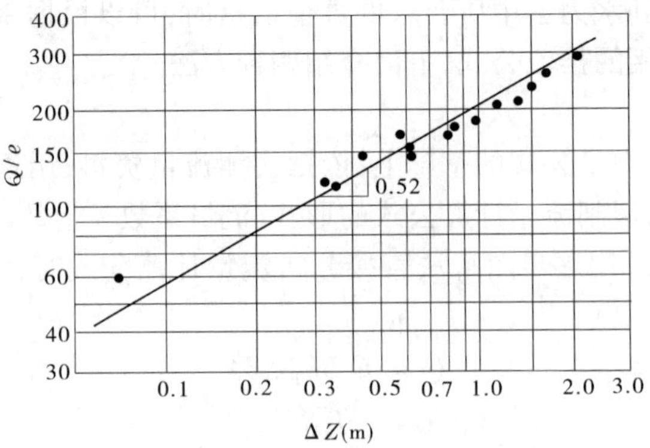

图 6-59　Q/e—ΔZ 关系曲线

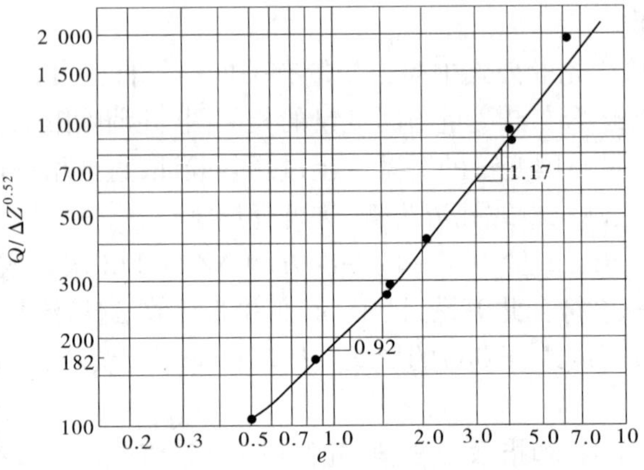

图 6-60　$\dfrac{Q}{\Delta Z^{0.52}}$—$e$ 关系曲线($B=60$ m)

本例图解求得：当 $e \leqslant 1.5$ m 时，$\alpha_1 = 0.92$，$M_cB = 200$（$e=1$ 时，M_cB 值在图中读数值），已知 $B=60$ m，则 $M_{c1} = 200/60 = 3.333$。

④将求得的 M_{c1}、α_1、β_1 三个参数值代入式(6-38)，即得相应的流量计算公式。本例为

当 $e \leqslant 1.5$ m 时　　　　$Q_1 = 3.333Be^{0.92}\Delta Z^{0.52}$

当 1.5 m $< e < 6.5$ m 时　　$Q_1 = 3.333Be^{1.17}\Delta Z^{0.52}$

⑤为了验证所得结果的精度，可将以上推算的 Q_1 与实测流量 Q 比较，若符合精度要求，则 M_{c1}、α_1、β_1 即为所求；若不符合精度要求，则应在此基础上重复上述步骤的校正方法，求解 M_{c2}、α_2、β_2 等，直至符合精度要求。

上述工作用计算机实现更方便。

2. 堰闸过水平均流速法

此法是在水力学公式的基础上，利用实测流量 Q 和闸孔过水面积 A，直接推求闸孔过水平均流速 $\bar{v}$，按堰闸出流情况的不同，点绘相关因素与 $\bar{v}$ 的关系曲线，利用该关系曲线推流。现以自由式堰流为例，说明如下：

(1)将公式 $Q=C_1H^{3/2}$ 改写成为 $Q=\bar{v}BH$。

(2)根据实测流量资料,按 $\bar{v}=\dfrac{Q}{BH}$ 计算过水平均流速,然后点绘 $H—\bar{v}$ 相关曲线。

(3)以各级 H 在曲线上查出相应的 $\bar{v}$,代入 $Q=\bar{v}BH$,即求得流量。

(三)流态判别指标的修订

在水工建筑物测流资料整编中,流态是正确选用计算公式的依据之一。各种类型的水工建筑物产生何种流态,都由其水力条件决定。因此,流态的观测和判别,要针对建筑物的特点和可能性,根据不同流态的水力条件来决定。

直接利用水力学上的判别指标,会导致流态判别指标的不相符。因此,对每一实际工作中的堰闸,应根据实测资料分析各自的流态判别指标。现就堰流和孔流的自由出流与淹没出流的流态判别指标的确定方法,介绍如下。

1. 自由式堰流与淹没式堰流流态判别指标的确定

以平底闸和宽顶堰闸为例,其淹没标准常用下游水头 $h_L>h_k$ 来判别,规范中制定的判别标准为 $h_L/h_k>0.8$。为求得准确简单的判别方法,可用下述方法:

自由式堰流,流量系数 C_1 是上游水头 h_u(或水位 Z_u)的函数;淹没式堰流,流量系数 σC_1 的相关因素是 $\Delta h/h_u$(或 $\Delta Z/h_u$)。用实测资料计算 C_1、σC_1 值,并同时计算 $\Delta h/h_u$ 值,点绘 $\sigma C_1—\Delta h/h_u$ 关系图,C_1 点据在图中分布情况,如图 6-61 所示。

由图可见,淹没流的点据在图中左部密集,自由流的点据在图右上部分散,其临界流时 $(\Delta h/h_u)_K=0.20$,则得出该站淹没堰流判别标准为 $\Delta h/h_u\leqslant0.20$。

2. 自由孔流与淹没孔流流态判别指标的确定

淹没孔流的判别标准是闸下水位淹没闸孔,下游水位影响出流的大小,一般的判别指标是下游水位 $Z_L>e$。但若下游不产生淹没水跃,即使 $Z_L>e$,对闸孔出流也不产生影响。因此,这个指标并不充分。为确定其充分条件,可用以下方法:

自由式孔流,流量系数 M_1 的相关因素是 e/h_u;淹没式孔流时,流量系数 σM_1 将随 $\Delta h/h_u$ 增大而增大,故淹没孔流可以取 h/h_u 作相关因素。因此,可用实测资料计算 M_1、σM_1,并算出各次的 $\Delta h/h_u$ 值,点绘 $\sigma M_1—\Delta h/h_u$ 相关图。M_1 点据在图中分布情况如图 6-62所示。

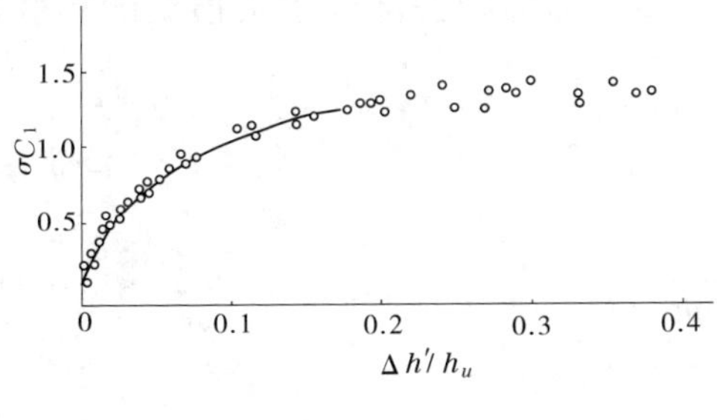

图 6-61　$\sigma C_1—\Delta h/h_u$ 关系

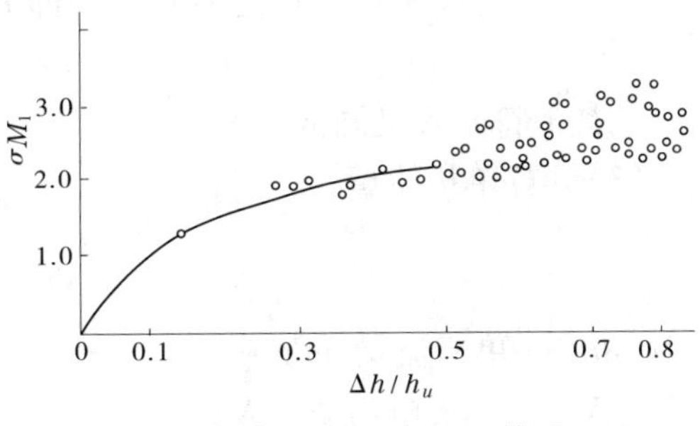

图 6-62　$\sigma M_1—\Delta h/h_u$ 关系

从图 6-62 中可以看出,淹没流的点据在图的左部密集,自由流的点据在图右上部分散,其分界处,即临界水跃的 $(\Delta h/h_u)_K=0.50$,则得出该部淹没孔流的判别标准为:$Z_L>$

e，$\Delta h/h_u<0.5$。

（四）逐日流量的推求

（1）在孔流和堰流交界处，由于流态不稳，临界状态的流量不是单一值，两种流态定线时应注意衔接。可根据实测资料分析出临界值直接计算，或分别按孔流、堰流出流的相关曲线推算出流量，取其平均值作为瞬时流量。

（2）换用相关曲线推流时，接头处应衔接。但由于闸门变动，引起流态不同，换用相关曲线时，接头处的流量出现不衔接。若闸门开启度不变，但由于上下游水位变化引起流态变化，两者推得流量的相对误差不得超过5%。

（3）日平均流量的计算方法和要求同河道站。但应注意一日内闸门变动频繁引起的流量多次突变，应采用面积包围法计算日平均流量。

三、水电站和抽水站流量资料整编

（一）水电站流量推算方法

1. 计算方法

水电站将水能转换为电能的转换关系式如下：

（1）以实测水头计算流量：

$$Q=\frac{N_s}{9.8\eta H} \tag{6-39}$$

式中 Q——流量，m^3/s；

N_s——各机组的总电功率，kW；

η——效率，包括水轮机、发电机、变压器、传动装置等的效率，以及水头损失等（%）；

H——水头，反击式水轮机为上、下游水位差，冲击式水轮机为坝上水位与喷嘴中心高之差，m。

（2）以压力表读数 P（kN/cm^2）换算水头计算流量：

$$Q=\frac{N_s}{9.8\eta h} \tag{6-40}$$

式中 h——有效水头，从水轮机上压力表实测压力换算的水头 $h_1=10P$，再加压力表中心高至坝下水位高差 Δh，即 $h=h_1+\Delta h$，即为减去部分水头损失的有效水头，m；

其他符号含义同前。

（3）计算单机流量：

$$q=\frac{N}{9.8\eta h} \tag{6-41}$$

式中 q——单机流量，m^3/s；

N——单机电功率，kW；

其他符号含义同前。

由此可知，推求水电站发电流量时，可用实测资料代入能量转换公式，率定出效率 η 值，就可以利用实测的水位资料和电功率记录，计算出通过水轮机的流量。

2. 用 $H—N—q$ 关系曲线推流

定线和推流步骤如下：

(1) 计算效率 η。由实测资料按下式计算：

$$\eta = \frac{N_s}{9.8QH}$$

(2) 绘制单机功率 N 与效率 η 的关系曲线。水轮发电机组的效率 η 通常与单机功率 N 存在着正比关系，故可用单机功率 N 与效率 η 点绘关系曲线，如图 6-63(a) 所示。

整编时，也可用 $\eta_1 = N_s/(QH)$ 来代替 η 与 N 点绘关系曲线。另外，η 与水头 H 存在反比关系，因此也可点绘 $H—\eta$ 关系曲线，作为 η 的率定成果。

有些水电站在生产运行期间，单机电功率几乎没有大的变化，而水头却变化较大，这时点绘 $H—\eta$ 关系曲线更合适。

(3) 绘制 $N—qH$ 关系曲线。取若干个 N 值，从 $H—\eta$ 关系曲线上查得相应的 η 值，按 $qH = N/(9.8\eta)$ 计算各个 qH 值，点绘 $N—qH$ 关系曲线，如图6-63(b) 所示。

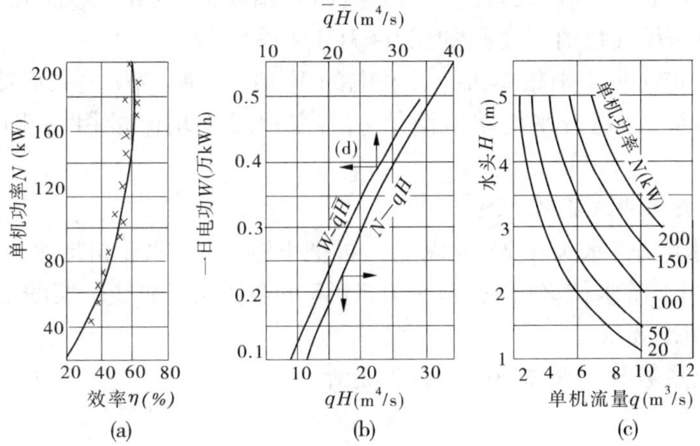

图 6-63　$N—H—q$ 关系曲线

(4) 绘制 $H—N—q$ 关系曲线。先固定一个 N 值，例如 $N = 50$ kW，在 $N—qH$ 关系曲线上查得 qH 值，然后用不同的水头算出各个相应的 q 值，即可绘制一条 $N = 50$ kW 时的 $H—q$ 关系曲线。用同样的方法绘制其他 N 值的 $H—q$ 关系曲线。最后得到以 N 为参数的 $H—N—q$ 关系曲线簇，如图 6-63(c) 所示。

若用 $H—\eta$（或 $H—\eta_1$）关系曲线，则应绘制 $N_s—QH$ 和 $H—N_s—Q$ 关系曲线簇。

(5) 推流。推求流量时，根据各单机电功率 N 和实测水头 H，从 $H—N—q$ 关系曲线上查读各单机瞬时流量，各单机瞬时流量相加，即得总流量。

3. 用电功度数推算日平均流量

水电站一日内单机的发电量，即一日单机发电的电功度数 W，可由下式求得：

$$W = \int_0^T N \mathrm{d}t$$

式中　W——单机日发电的电功度数，kWh；

　　T——日开机时数；

t——时间。

水电站单机日平均流量则为

$$\bar{q} = \frac{1}{24}\int_0^T q\mathrm{d}t = \frac{1}{24}\int_0^T \frac{N}{9.8\eta H}\mathrm{d}t$$

由于效率 $\eta = f(N)$，当一日内 N 与 H 变化不大时，H 与 η 便可粗略的视为常数，则

$$\bar{q} = \frac{1}{24 \times 9.8\eta H}\int_0^T N\mathrm{d}t = \frac{1}{235.2\eta H}W$$

或日平均总流量为

$$\bar{Q} = \frac{1}{235.2\eta H}W$$

为了简化日平均流量的推求方法，可用一日发电的电功度数 W 与单机日平均流量 $\bar{q}$ 乘以日平均水头 H 建立关系曲线，直接推求日平均流量。其步骤如下：

(1)绘制 $W—\bar{q}\bar{H}$ 关系曲线。绘制时，需将图 6-63(b)中的 $N—qH$ 关系曲线转换为 $W—\bar{q}\bar{H}$ 关系曲线，即将 $N—qH$ 关系曲线的纵坐标 N 值乘以 24 h，即为一日单机电功度数 W 值，横坐标改为 $\bar{q}\bar{H}$(其数值不变)，如图 6-63(d)所示。

(2)推求日平均流量。根据单机一日发电的 W 值，在 $W—\bar{q}\bar{H}$ 关系曲线上查得 $\bar{q}\bar{H}$ 值后，除以日平均水头，即得日平均单机流量 $\bar{q}$，各单机日平均流量相加，即得日平均流量 $\bar{Q}$。

4. 用 $Z_u—\eta_t$ 关系曲线推流

对于高水头水电站(水头在 25 m 以上)，可把下游水位(水轮机尾水位)视为常数(取为基准面)，而采用上游水位 Z_u 代替水头 H，计算并绘制推流曲线。实践证明，$Z_u—\eta_t$ 关系曲线能够符合精度要求。

(1)计算推流系数 η_t。将式(6-39)改写为

$$N_s = \eta_t Q Z_u \tag{6-42}$$

根据实测资料按上式计算推流系数 η_t。

(2)绘制 $Z_u—\eta_t$ 关系曲线。根据计算数据，绘制 $Z_u—\eta_t$ 关系曲线，如图 6-64 所示。

(3)推流。推求流量时，根据实测上游水位，在图上查得 η_t，并由电工仪表上读得发电功率 N，即可由式(6-42)推得流量，也可制成推流检数表查读，还可以用日电功度数推求日平均流量。

(二)抽水站流量推算

抽水机是将电能转换为水能的设备，即把水从低处提升到高处。在整个提升过程中由于水能和电能是成正比的，因此可以通过电功率计算出流量。

1. 计算方法

(1)中高扬程抽水站的流量计算方法为

$$Q = \frac{\eta N_s}{9.8h} \tag{6-43}$$

或

$$q = \frac{\eta N}{9.8h} = 0.102\eta' \frac{N}{h} \tag{6-44}$$

式中　η'——装机效率，即有效功率/耗电功率 ×100%；

h——抽水站静扬程或抽水站上下游水位差；

其他符号含义同前。

(2)低扬程抽水站流量计算方法为

$$q = \eta_k N e^{-\varepsilon h} \tag{6-45}$$

式中 η_k——抽水效能系数，相当于扬程为 0 时 1 kW 电功率的抽水量；

ε——抽水效能随扬程增加而递减的系数；

其他符号含义同前。

2. 定线推流方法

(1)中高扬程抽水站定线推流方法为：

①计算效率 η'，按公式 $\eta' = 9.8qh/N$ 计算效率 η'。

②绘制水头 h 与效率 η' 关系曲线，如图 6-65(a)所示。

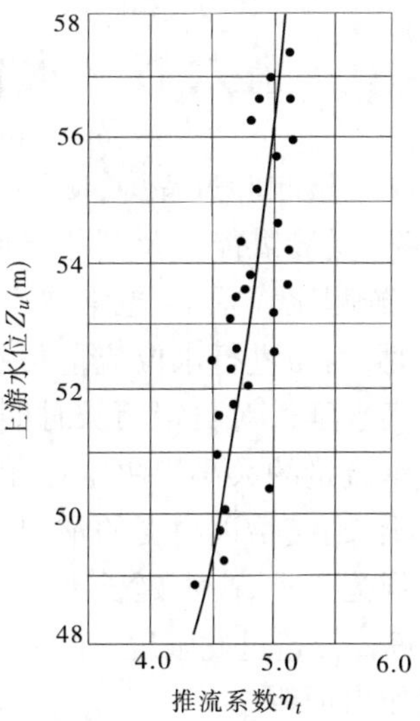

图 6-64 Z_u—η_t 关系曲线

③绘制 h—N—q 关系曲线，根据 h—η' 关系曲线，查得各级水头 h 的 η' 值，计算本站单位电功率($N = 1$ kW)所对应的单机流量 q 值，再计算单机电功率变化范围内的若干个电功率值在各级水头下的相应单机流量，然后点绘 h—N—q 关系曲线，如图 6-65(b)所示。

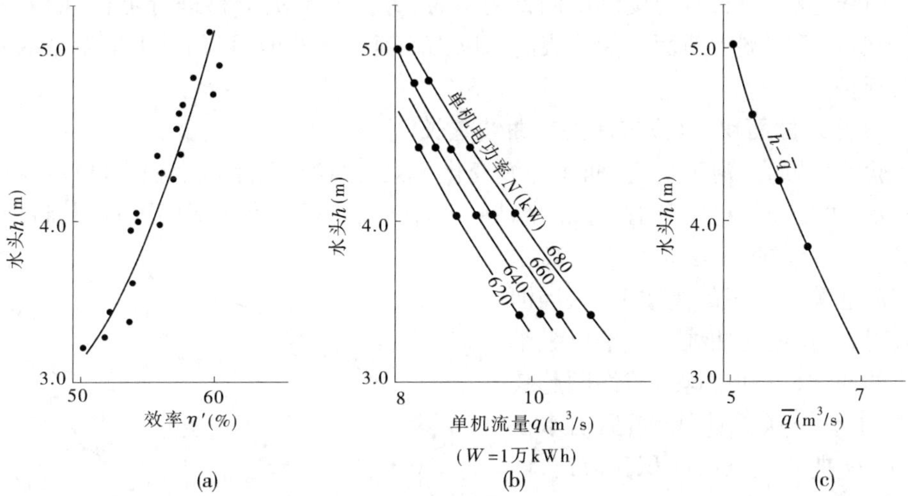

图 6-65 抽水站 h—N—q 关系曲线

④推流。根据单机电功率 N 和水头 h，查读单机瞬时流量 q，乘以开机台数，即得总流量。

(2)低扬程抽水站定线推流方法的计算公式为

$$q = \eta_k N e^{-\varepsilon h}$$

移项取对数得

$$\ln(q/N) - \ln\eta_k = -\varepsilon h$$

点绘 $\ln(q/N)$—h 关系曲线求得 η_k 及 ε 值，代入 $q = \eta_k N e^{-\varepsilon h}$ 推算流量。

第六节　水位流量关系曲线的高、低水延长

在流量测验过程中，应尽量在高、低水附近布设测次，但受特殊水情的影响，高水时洪峰猛涨，受测洪能力及其他条件的限制，未能施测流量；枯水时，流量较小，受仪器性能的限制，施测比较困难，也常缺少流量测次。因此，当遇到高、低水部分缺乏流量测点，难以定线时，均需进行水位流量关系曲线的高、低水延长。

高水延长对决定延长时期的最大洪峰、洪量及洪峰过程线起重要作用；低水延长对决定枯季流量的大小起决定作用，延长不当往往出现较大误差。因此，对 $Z—Q$ 关系的高、低水延长，应给以高度的重视。

规范要求，高水延长不得超过当年实测流量所占水位变幅的 30%，低水延长不得超过 10%，若超过此限度，至少用两种方法延长，作对比验证，并在有关成果表中对延长的根据作出说明。

一、水位流量关系曲线的高水延长

高水延长的主要依据是实测大断面资料。在断面冲淤变化不大时，一般可用水位面积、水位流速关系曲线法及水力学公式法延长；历年水位流量关系比较稳定时，可参考邻近年份的曲线趋势延长；有历史洪水调查资料时，可参考历史资料进行延长；如果断面变化剧烈，峰前峰后实测大断面不能代表高水断面而延长困难时，可借用上下游站的实测流量资料来延长。

（一）根据水位面积、水位流速关系曲线延长

在测验河段顺直、河床稳定、面积冲淤变化不大的情况下，水位面积、水位流速测点往往比较密集，关系曲线稳定且有明显的趋势。延长时，可根据实测大断面资料，将中、低水实测的 $Z—A$ 曲线延长至所需的最高水位。水位流速关系曲线的高水部分，当河槽为单式时，水位流速曲线为一条以纵轴为渐近线的曲线，可利用这一特性顺趋势延长实测的 $Z—v$ 关系曲线，然后由水位在$Z—A$、$Z—v$ 曲线上查出面积和流速，两者相乘得流量，点绘在 $Z—Q$ 关系曲线图上，从而可以依据这些测点向上延长水位流量关系曲线，如图 6-66 所示。

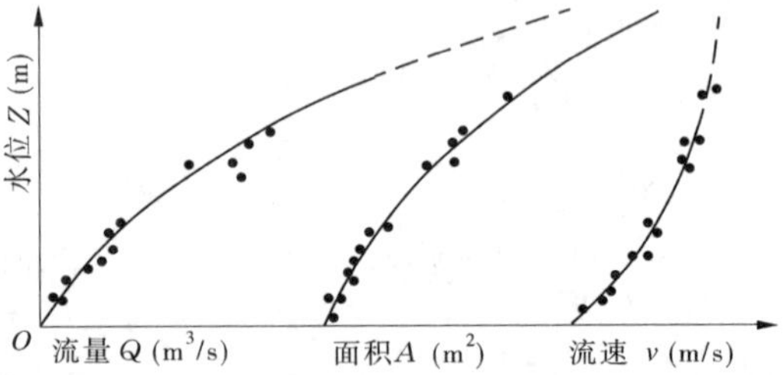

图 6-66　用水位面积、水位流速关系曲线延长

（二）曼宁公式法延长

本法适用于断面均匀稳定，河道顺直，河底平坦的测站。在延长时，又分有比降资料和无比降资料两种情况。

1. 有比降资料

有比降资料，是指在实测流量时，同时观测比降，高水时无实测流量，但有实测比降。此时在中低水实测流量部分，利用曼宁公式可将相应的糙率 n 计算出来，点绘 $Z—n$ 曲线

至高水部分。利用高水时的水位及比降，在 $Z—n$ 曲线上查出 n 值，利用大断面资料算出平均水深 $\bar{d}$ 及断面面积 A，代入曼宁公式 $v=\frac{1}{n}\bar{d}^{2/3}S^{1/2}$ 及 $Q=vA$，计算出 v 和 Q，点绘在 $Z—Q$、$Z—v$ 关系曲线图上，从而可以依据这些测点向上延长 $Z—Q$ 及 $Z—v$ 关系曲线。

2. 无比降资料

在测流的同时高水部分没有观测比降，从而也算不出糙率 n 值。此时可将曼宁公式中的 $(1/n)S^{1/2}$ 当成一个未知数，利用实测流量将其求出，并点绘 $Z—(1/n)S^{1/2}$ 曲线。一般当测验河段顺直，断面稳定，河底坡度平缓时，高水的 $(1/n)S^{1/2}$ 接近于一常数，故可顺趋势沿平行于纵轴的方向，向上延长 $Z—(1/n)S^{1/2}$ 曲线。然后用最近实测断面结合大断面资料，计算各级水位的 $A\bar{d}^{2/3}$ 值，并点绘 $Z—A\bar{d}^{2/3}$ 曲线至高水部分。高水延长范围内按不同水位在上述两个曲线上分别查取 $(1/n)S^{1/2}$ 及 $A\bar{d}^{2/3}$ 值，相乘得流量，从而可以延长 $Z—Q$ 曲线，如图 6-67 所示。

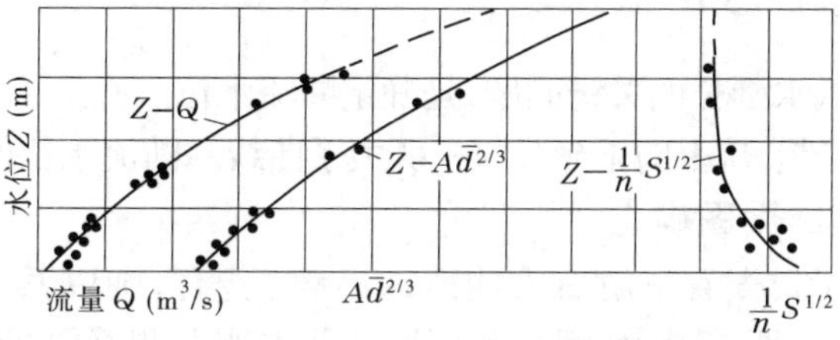

图 6-67 用曼宁公式作高水曲线延长

(三)用 $Q—A\sqrt{d}$ 曲线法延长

本法适用于河道窄深、断面稳定、高水糙率、比降变化不大的测站，由水力学谢才公式知：

$$Q = CA\sqrt{RS} = C\sqrt{S}A\sqrt{R}$$

式中 C——谢才系数；

R——水力半径，用平均水深代替；

其他符号含义同前。

在高水部分，$C\sqrt{S}$ 近似为一常数 k，天然河道一般可用 $\bar{d}$ 代替水力半径 R，上式可写成：

$$Q = kA\sqrt{d} \tag{6-46}$$

把 $A\sqrt{d}$ 当成变量，Q 当成函数，k 为常数，则 Q 与 $A\sqrt{d}$ 为一直线关系。延长时，根据实测流量资料，计算 $A\sqrt{d}$ 值，点绘实测流量部分的 $Q—A\sqrt{d}$ 曲线，顺趋势按直线向上延长，即可用高水时的 $A\sqrt{d}$ 在此曲线上查读相应流量，再用它与 $A\sqrt{d}$ 相应的高水水位点图。为此，可根据实测大断面资料计算并点绘 $Z—A\sqrt{d}$ 曲线至所需最高水位部分。插补流量测点时，依照高水需要的不同水位，在 $Z—A\sqrt{d}$ 曲线上查取 $A\sqrt{d}$ 值，再以 $A\sqrt{d}$ 值在 $Q—A\sqrt{d}$ 曲线上查取 Q 值。最后再用原来由 $A\sqrt{d}$ 查得的水位与流量点绘在水位流量关系图上，即可据以延长 $Z—Q$ 关系曲线，操作方法如图6-68所示。

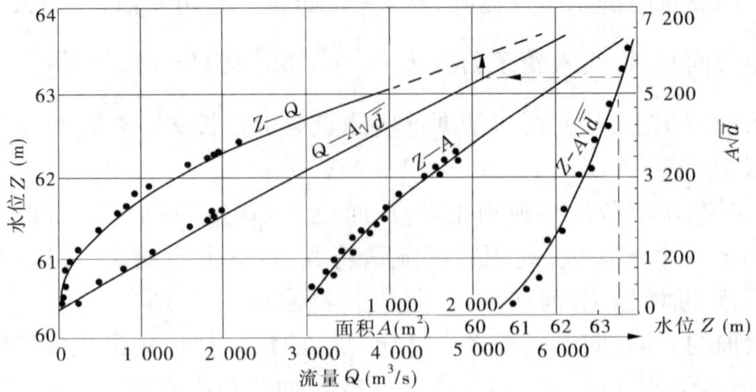

图 6-68 用 $Q—A\sqrt{d}$ 曲线法延长高水位流量关系曲线

二、水位流量关系曲线的低水延长

水位流量关系曲线低水延长的关键问题,是确定断流水位。确定了断流水位以后,就以断流水位处的流量为0作控制,从上向下延长 $Z—Q$ 关系曲线。断流水位的确定方法如下。

(一)根据测站纵横断面图确定

利用测站纵横断面图,查看下游有无浅滩或石梁,若有,则以其顶部高程作为断流水位控制;若无,且下游较长距离内河底平坦,则用基本水尺断面的最低点高程作为断流水位。

(二)分析法确定断流水位

当没有条件用上述方法确定断流水位,当断面整齐,在延长部分的水位变幅内,河宽变化不大,又无浅滩、分流时,可采用此法。

若水位流量关系曲线为单一抛物线形,则符合 $Q=K(Z-Z_0)^\gamma$ 关系。

在水位流量关系曲线的中、低水弯曲部分,依次取 a、b、c 三点,使三点的流量满足 $Q_b=\sqrt{Q_aQ_c}$,因 a、b、c 三点都在关系曲线上,从而可得:

$$Q_a = K(Z_a - Z_0)^\gamma$$

$$Q_b = K(Z_b - Z_0)^\gamma$$

$$Q_c = K(Z_c - Z_0)^\gamma$$

因为

$$Q_b^2 = Q_aQ_c$$

所以

$$K^2(Z_b - Z_0)^{2\gamma} = K^2(Z_a - Z_0)^\gamma(Z_c - Z_0)^\gamma$$

或

$$(Z_b - Z_0)^2 = (Z_a - Z_0)(Z_c - Z_0)$$

解得

$$Z_0 = \frac{Z_aZ_c - Z_b^2}{Z_a + Z_c - 2Z_b} \tag{6-47}$$

式中 Z_a、Z_b、Z_c——流量曲线上 a、b、c 三点的对应水位;

Z_0——断流水位。

(三)图解法确定断流水位

原理及使用条件与分析法相同,按 $Q_b=\sqrt{Q_aQ_c}$ 的条件,在流量曲线的中下部选取 a、

b、c 三点，通过 b、c 两点，分别作平行横轴的两水平线，通过 a、b 点作垂直于横轴的两垂线，分别与两水平线相交于 d、e 点，延长 ba、ed 的连线，交于 f 点，过 f 点作平行于横轴的水平线，交于纵轴，即为所求的断流水位，如图 6-69 所示。

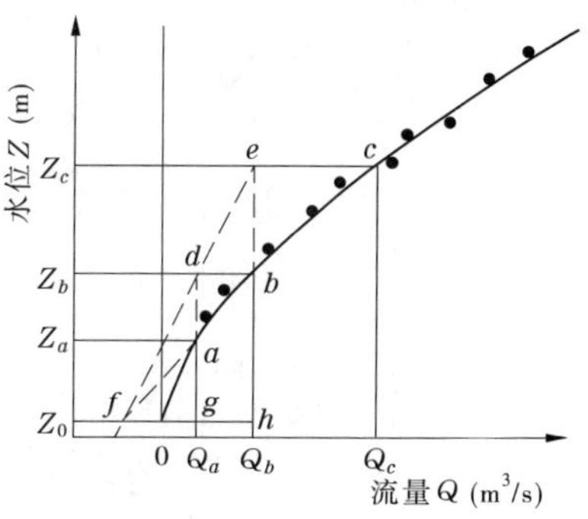

图 6-69　图解法推求断流水位

证明如下：

因为△fdg 与△feh 相似，△fag 与△fbh 相似

所以　　$eb : bh = da : ag$

即 $(Z_c - Z_b) : (Z_b - Z_0) = (Z_b - Z_a) : (Z_a - Z_0)$

解得

$$Z_0 = \frac{Z_a Z_c - Z_b^2}{Z_a + Z_c - 2Z_b}$$

断流水位确定后，以断流水位和流量为 0 的坐标 $(Z_0, 0)$ 为控制点，水位流量曲线向下延长至当年最低水位处，即完成了水位流量关系的低水延长。

第七节　流量资料合理性检查

尽管在测验整编工作中针对提高流量资料精度作了很多工作，但由于流量测验和整编的工序多，发生错误的机会也多，因此为了保证资料成果的质量，必须对整编成果作合理性检查。通过检查可以发现整编成果中存在的问题，特别是整编方法不当，问题处理不合理时，只有通过合理性检查才能进一步发现问题，并予以处理。同时，对测验工作提出改进意见。

一、单站合理性检查

（一）历年水位流量关系曲线的对照

对照时，将以往各年及本年的水位流量、水位面积、水位流速关系曲线，绘制在同一张图上，用不同符号和颜色区分年份。从综合的历年水位流量关系曲线上可以看出曲线的趋势，高水控制好，冲淤、回水影响不大，则曲线的趋势基本一致；水情相似年份的水位流量关系曲线，其变动的程度相似。当发现异常情况时，应查明原因，尤其是对高水延长部分、插补部分。如图 6-70 所示是宜昌站的历年水位流量关系曲线，1946 ~ 1950 年的平均水位流量关系曲线在中间，大水年 1964 年（$\overline{Q}_{年}$ = 18 200 m^3/s），1965 年（$\overline{Q}_{年}$ = 16 500 m^3/s），因受河槽蓄水顶托的影响，同水位流量减小，使水位流量关系曲线偏左；1959 年（$\overline{Q}_{年}$ = 11 600 m^3/s）是枯水年，水位流量关系曲线偏右；而 1956 年、1957 年是中水年，其水位流量关系曲线靠近 1946 ~ 1950 年的平均水位流量关系曲线，这说明成果是合理的。

（二）流量、水位过程线对照

分月同图绘制逐时流量、水位过程线（图纸的上部绘水位过程线、下部为流量过程线；若水情变化不大，也可只绘洪峰部分），并将实测流量点点绘在二者的过程线上，进行两过程线的峰、谷及形状对照。一般情况下，二者变化应一致，当定线不当或有其他情况的原因时，将显示出不符和矛盾，此时应检查处理。

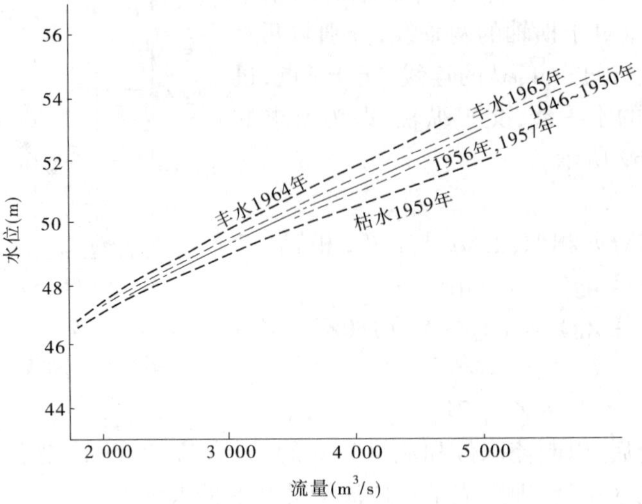

图 6-70 长江宜昌水文站历年水位流量关系

点绘的实测流量点不应系统偏离流量过程线,其相应水位不应系统偏离水位过程线,若发现矛盾,应从定线、水位观测及相应水位的计算上检查。

二、综合合理性检查

综合合理性检查,是对上下游站整编成果进行的全面检查。主要是利用上下游或整个流域上各水文站间的相关或成因关系来判断各站流量资料的合理性,检查当年水量是否平衡等问题。其主要检查方法如下。

(一)上下游洪峰流量过程线及洪水总量对照

将上下游各站洪峰期间逐时流量过程线用同一比例绘于同一张图上,以不同颜色或符号的线条区别年份。在有支流入汇的河段,可将上游站及支流站的流量,按其洪峰传播到本站的时间,错开相加,将其合成流量过程线绘入图中。在计算洪水总量时,一般不割除基流。截取洪峰时,注意使上下游各站的截割点与洪峰传播时间相应。对照分析应重点检查洪水沿河长演进时,上下游过程是否相应;峰顶流量沿河长的变化及其发生时间是否相应;洪水总量是否平衡等。

(二)上下游日平均流量过程线对照

此项对照是第一项对照的补充,它具有全年对照的整体性,可以纵观全年各个时期上下游站是否相应。其过程线的绘制方法与逐时过程线相同。在进行冰期流量对照时,要与冰情记载结合起来检查。

(三)上下游月、年平均流量对照表检查

进行上下游月、年平均流量对照,是将上下游干支流各站的月、年平均流量,按"自上而下,逢支插入"的原则排列在一张表中,用水量平衡法,进行对照检查。若区间面积较大,或区间加水较多,可根据区间面积及附近相似地区的径流模数来推算区间月、年平均流量,也可用降雨径流关系来推求,然后将上游站与区间的流量相加列入,与下游站比较。对照中,当发现有偏大偏小或不合理之处时,应处理解决。

（四）月、年最大、最小流量对照检查

将测站自上游向下依次把各月及年的最大、最小流量和发生日期列表排列，根据各个河流及各个河段的特性和规律，进行对照比较，当发现反常或不符之处时，应检查原因，予以解决。

（五）水库水量平衡检查

当水库设有进、出库站，而进库站控制的集水面积占水库集水面积的绝大部分时，可用水库水量平衡法进行检查，其水量平衡关系为

$$\Delta = \text{来水量} - (\text{出水量} + \text{水库容积变量})$$

式中　来水量——进库站径流量、区间径流量，库面降水量等；

出水量——出库站径流量、库面蒸发量；

水库容积变量——时段末水库容积与时段初水库容积之差；

Δ——平衡差额，包括渗透、库岸调节、测验及推算误差等。

此项检查，主要是检查平衡差额，当数值较大或反常时，应作进一步的研究。

另外，还可作流量随集水面积演变图检查。该图纵坐标可用年平均流量，一个月或连续几个月的平均流量以及洪峰总量等；横坐标为集水面积。将上下游各站按集水面积及流量特征值点绘在图中，以折线相连进行检查，若发现矛盾或不符之处，应给予处理。

第八节　流量资料统计和洪水水文要素摘录

一、流量资料统计

流量资料统计的内容包括日平均流量的计算和逐日平均流量表的编制。

（一）日平均流量的计算

1. 用瞬时水位推求日平均流量

当一日内水位变幅较大，必须先用瞬时水位推求瞬时流量，再根据不同情况选用合适的方法计算日平均流量。

（1）面积包围法。适用于洪水时期日流量变幅较大的时期，且观测或摘录时距不等，计算机整编均用此法。其方法是以时距为权重，进行加权，其原理与日平均水位的计算相同。计算时，零时、24 时都应有流量，否则应插补其值。计算公式如下：

$$\overline{Q} = \frac{1}{48}[\Delta t_1 Q_0 + (\Delta t_1 + \Delta t_2)Q_2 + (\Delta t_2 + \Delta t_3)Q_2 + \cdots + \Delta t_n Q_n] \qquad (6\text{-}48)$$

式中　$Q_0, Q_1, \cdots, Q_n$——瞬时水位推得的瞬时流量；

$\Delta t_1, \Delta t_2, \cdots, \Delta t_n$——相邻两瞬时流量间的时距；

$\overline{Q}$——日平均流量。

（2）算术平均法。适用于一日内流量变化不大或等时距摘录的时期。其方法是：将一日内各次流量相加，除以一日内的观测次数。零时、24 时无资料时，不要求插补。用本法计算的日平均流量，其误差标准与用日平均水位推求日平均流量的要求相同。

2. 用日平均水位推求日平均流量

当流量关系曲线平直，一日内水位变化不大时，可用日平均水位直接在关系线上推

流，推出的流量即为日平均流量。用此法推流，可免去日平均流量的计算工序。用日平均水位推求日平均流量所造成的误差，主要由关系曲线的曲度所造成，见图6-71。

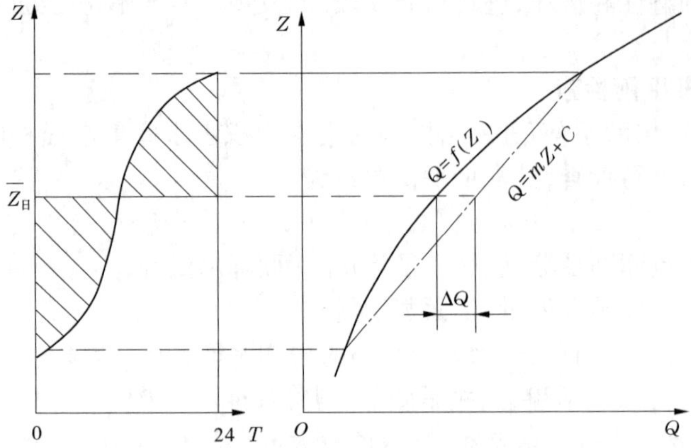

图6-71　用日平均水位推求日平均流量误差

若水位流量关系曲线为直线（如图中的点画线），可用以下直线方程表示：

$$Q = mZ + C$$

式中　Z、Q——瞬时水位及用瞬时水位算出的瞬时流量；

m、C——直线方程的斜率和截距。

日平均流量可用下述积分法推求（精确的面积包围法）：

$$\begin{aligned}\overline{Q} &= \frac{1}{T}\int_0^T Q\mathrm{d}t = \frac{1}{T}\int_0^T (mZ + C)\mathrm{d}t \\ &= m\frac{1}{T}\int_0^T Z\mathrm{d}t + C\frac{1}{T}\int_0^T \mathrm{d}t \\ &= m\overline{Z}_日 + C \end{aligned} \tag{6-49}$$

由以上推导可知，用日平均水位 $\overline{Z}_日$ 在直线型水位流量关系曲线上推出的流量，正好等于用面积包围法计算的日平均流量，没有误差。实际上，水位流量关系曲线不是直线，而是一条凹向横轴的曲线，故用日平均水位推求日平均流量，必然存在误差。与面积包围法相比，其允许相对误差，中高水为±2%，低水为±5%，当流量很小时，可适当放宽。

（二）逐日平均流量表的编制

逐日平均流量表是流量整编的一项重要成果，它集中反映了流量在一年内的变化和分配，除将计算的日平均流量抄入表中外，还要将月、年流量特征值统计清楚。

（1）月、年极值的挑选。月、年最大、最小流量及发生日期，均从各月及全年瞬时流量中挑选。当各月极值挑选后，年极值从各月极值中挑选。

（2）月、年平均流量。月平均流量为1个月内各日平均流量的总和除以1个月内的日数，年平均流量为1年中日平均流量的总和除以全年的日数。

（3）径流量，为1年内流过某一断面的总水量，等于日平均流量的年总数乘以1日的秒数（86 400 s），单位用亿 m^3，或万 m^3 表示，即

$$R = 86\,400\sum Q \tag{6-50}$$

式中　R——年径流量，m^3；

$\sum Q$——全年逐日平均流量的总和，m^3/s。

（4）径流模数。即在测流断面以上流域集水面积内，平均每平方千米的年平均流量。其值等于年平均流量除以集水面积，即

$$M = \frac{\bar{Q}}{A} \tag{6-51}$$

式中　M——径流模数，$m^3/(s \cdot km^2)$；

$\bar{Q}$——年平均流量，m^3/s；

A——集水面积，km^2。

（5）径流深。即将年径流量平铺在集水面积上的水深：

$$Y = \frac{R}{1\ 000A} \tag{6-52}$$

式中　Y——径流深，mm；

其他符号含义同前。

二、洪水水文要素摘录

编制洪水水文要素摘录表，是把测站汛期内主要水文要素（包括水位、流量、含沙量）资料及其变化过程完整地摘录，编入数据库，为使用资料者提供方便。

洪水水文要素摘录表的主要内容有水位、流量、含沙量等项目，具体格式见表6-9。当洪水涨落变化大，日平均值不能准确表示各项水文要素变化过程时，均应编制此表。编制方法如下。

表6-9　洪水水文要素摘录

日期			水位	流量	含沙量	日期			水位	流量	含沙量
月	日	时:分	(m)	(m^3/s)	(kg/m^3)	月	日	时:分	(m)	(m^3/s)	(kg/m^3)
5	10	08:00	111.62	29.3	0.025	6	13	05:00	114.15	214	0.977
		20:00	111.62	29.3	0.025			08:00	115.11	215	1.05
		24:00	111.82	58.0	0.016			12:00	115.78	229	1.07
	11	07:00	112.16	101.0	0.150			18:30	115.98	315	1.25
		11:00	112.04	83.1	0.167			20:00	116.12	324	1.34
		14:00	112.14	98.0	2.6		14	04:00	116.45	426	2.45
		20:00	112.66	179.0	8.67			08:00	116.89	435	4.78
	12	08:00	112.02	80.1	6.25			12:00	117.34	467	7.89
		20:00	112.56	149.0	7.45			20:00	117.21	456	7.67

（一）摘录原则和方法

（1）洪峰一般应在水位或流量过程线上选取。

（2）全年应摘录几次较大洪峰和一些有代表性的中小洪峰。选择各种洪峰类型是：洪峰流量最大的和洪峰总量最大的洪峰；当汛期内能按暴雨特性分成不同时期时，应尽可

能包括不同时期的最大洪峰，以满足计算分期设计洪水的需要；含沙量最大的和输沙量最大的峰；孤立的峰；连续洪峰或特殊峰形和久旱以后的峰；汛初第一个峰或汛末较大的峰；较大的春汛、凌汛的峰或非汛期较大的峰。

(3)摘录的洪峰上下游要配套，每年主要的大峰，在相当长的河段内，上下游站均应摘录；一般洪峰，则只要求按“上配下”的原则配套摘录。配套是将下游站按上述各种洪峰类型所选摘的洪峰作为“基本峰”，一般应予摘录，如图6-72所示。若这两种站的“配套峰”的峰形平缓或日平均值已能代表其变化过程，或上下游的积水面积相差很大，无必要推算区间流量，这种“配套峰”也可不摘。

此外，暴雨形成的洪水，要与降雨量摘录配套。

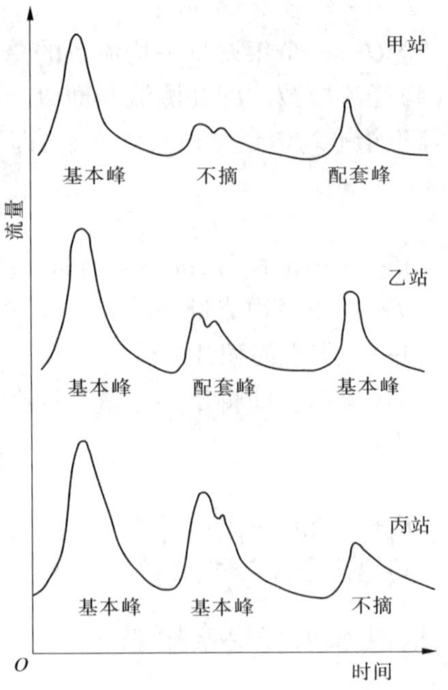

图 6-72　上下游洪峰配套

(二)摘录与填表方法

(1)洪水摘录选点，应在逐时过程线上进行，每次洪水都应完整地摘录其变化过程，一般应从起涨前开始，摘至落平。

(2)摘录点的多少，应以能控制水位、流量、含沙量的变化过程基本不变形为原则，即摘录点所连绘过程与原过程的峰、谷完全相符，洪峰过程吻合，洪量相等。另外，要尽量精简摘录点次，以节省工作量，并满足下述要求：

①洪峰起涨前、落平后要多摘录 2 ~ 3 个点，以满足割除基流的要求；起涨后、落平前及峰顶前后的转折点处应有摘录点；峰顶附近不少于 3 ~ 5 个点；雨洪期最高水位、最大流量必须摘入；年最大含沙量应摘入。

②水位、流量、含沙量合摘于一张表时，含沙量同样从逐时过程线摘录沙峰的完整过程，主要是摘录实测点、转折点或控制点，为插补值时也应摘录，对水位、含沙量插补值，应加插补符号。

(3)摘录点应尽量摘录 8 时的值，所摘数值应为定时观测值，不得用日平均值代替，含沙量应为换算后的断沙值。

(4)在沙峰时期，每日测取单沙 2 次或 2 次以上，并能绘出基本完整的沙峰过程线的站，必须摘录含沙量。若每日仅取一次单沙，逐日平均含沙量已能代替其过程者，一般不予摘录。

(5)不论哪一种过程线的转折点或控制点，水位、流量两项均应全部填表，不能空白。含沙量栏只填入实测点及转折点或控制点的数值，不必逐项填齐。

(6)摘完一次洪水(或连续洪峰)过程后，应空一行，再摘下一次洪水。

第九节　水位流量关系的检验及实测流量标准差的估算

一、水位流量关系的检验

水位流量关系的检验,主要是检验所定关系曲线是否合理,有无系统偏离和脱离实测点的现象,以及前一个时期的水位流量关系能否适用于后一时期的问题。徒手定线,虽然能看出关系线是否合理,但不能给出确切的指标;用电子计算机定线、选配曲线方程时,则对测点与关系线的比较,定量分析比较困难。国际标准对水位流量关系提出四种检验方法,即偏离符号检验、适线检验、偏离数值检验、学生氏 t 检验。前三种是检验水位流量关系是否合理;后一种是检验前一时期所定曲线能否适用于后一时期,即后一时期是否需要重新定线的问题。

(一)偏离符号检验

此项检验是判定关系曲线两侧测点分布是否均衡,即两侧测点数目是否大致相等的问题,二者之差不应超过允许范围。检验时用两者中最少的测点数目作标准。

设 Q_i、Q_{ci}为实测流量和在关系线上查得的相应流量,则 $Q_i—Q_{ci}$为正或为负的机会应该是相等的,即流量差值为正或负的概率均为1/2。假定连续的符号彼此是独立的,则符号序列的分布可认为符合二项分布$(p+q)^n$,其中 n 为实测点数,p、q 为出现正号或负号的概率,则在 n 次独立试验中,发生正号(或负号)k 次的概率为

$$p(x=k)=C_n^k p^k q^{n-k}\quad(k=0,1,2,i,\cdots,n)\tag{6-53}$$

$$C_n^k=\frac{n!}{k!(n-k)!}\tag{6-54}$$

由数理统计知二项分布的总体均值为

$$u=np\tag{6-55}$$

总体标准差为

$$\sigma=\sqrt{npq}\tag{6-56}$$

当 n 较大时,二项分布接近于正态分布,故二项分布可借用正态分布表较方便的查得有关检验数据。但二项分布是离散型的,正态分布是连续型的,为使二者联系起来,首先要把离散型的二项分布改变为相应的连续型分布。为此,可把二项分布中发生 k 次的概率看作连续型分布中$\left(k-\frac{1}{2}\right)$与$\left(k+\frac{1}{2}\right)$之间的概率,即

$$p(x=k)=\int_{k-\frac{1}{2}}^{k+\frac{1}{2}}p(x)\mathrm{d}x\tag{6-57}$$

$$p(x\leqslant k)=\int_{-\infty}^{k+\frac{1}{2}}p(x)\mathrm{d}x\tag{6-58}$$

二项分布来的阶梯型的连续分布是非常接近于相应的正态分布的(该正态分布的均值为 np,标准差为 $\sqrt{npq}$),这一点可从图6-73中的二项分布、相应的连续型分布及相应的正态分布之间的比较看出,故把式(6-58)的相应于二项分布的连续分布用相应的正态分布代

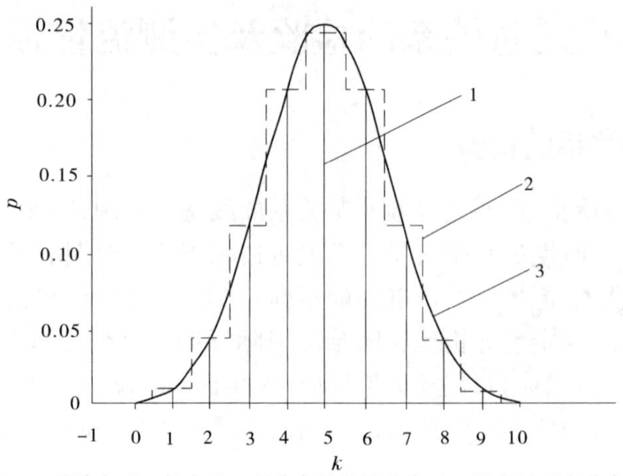

1—二项分布;2—相应于二项分布的连续分布;3—相应的正态分布

图 6-73　二项分布与正态分布比较

替,其误差是很小的。相应正态分布的概率密度为

$$p(x) = \frac{1}{\sqrt{2\pi}\ \sqrt{npq}} e^{-\frac{(x-np)^2}{2npq}} \tag{6-59}$$

通过上述转换,二项分布$x \leqslant k$的概率可用相应的正态分布为二项分布 $x \leqslant k + 0.5$ 的概率,这个 0.5 称为连续改正数,意为将离散型变量化为连续型变量的改正数。

符号检验时,主要用到分布曲线两端的小概率事件,设 $p = q = 1/2$,为了确定统计量 u,分以下两种情况进行研究。

当发生次数 $k >$ 均值 $u = np = n/2$时,相应于正态分布两端的小概率,如图 6-74 中的阴影部分为

$$p_k = \int_{-\infty}^{n-k+0.5} p(x)\mathrm{d}x + \int_{k-0.5}^{+\infty} p(x)\mathrm{d}x \tag{6-60}$$

$$p(x) = \frac{1}{\sqrt{2\pi}\ \sqrt{npq}} e^{-\frac{(x-np)^2}{2npq}} = \frac{1}{\sqrt{\pi \frac{n}{2}}} e^{-\frac{1}{2}\left(\frac{x-0.5n}{0.5\sqrt{n}}\right)^2}$$

作变换,令 $y = \dfrac{x - 0.5n}{0.5\sqrt{n}}$,将相应的正态分布转变为标准正态分布。

积分限的变换:

当 $x = k - 0.5$ 时

$$y_1 = \frac{k - 0.5 - 0.5n}{0.5\sqrt{n}} = \frac{(k - 0.5n) - 0.5}{0.5\sqrt{n}} = u \tag{6-61}$$

当 $x = n - k + 0.5$ 时

$$y_2 = \frac{n - k + 0.5 - 0.5n}{0.5\sqrt{n}} = -\frac{(k - 0.5n) - 0.5}{0.5\sqrt{n}} = -u \tag{6-62}$$

式(6-60)可写成如下的标准正态分布:

$$p_k = \int_{-\infty}^{-u} \frac{1}{\sqrt{2\pi}} e^{-\frac{y^2}{2}} \mathrm{d}y + \int_{u}^{+\infty} \frac{1}{\sqrt{2\pi}} e^{-\frac{y^2}{2}} \mathrm{d}y \tag{6-63}$$

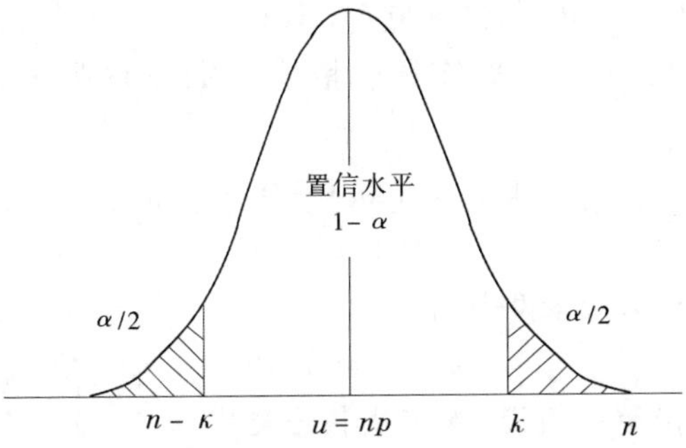

图 6-74　相应正态分布两端的小概率

当 $k<n/2$ 时

$$p_k = p(x \leqslant k) + p(x \geqslant n-k) = \int_{-\infty}^{k+0.5} p(x)\,\mathrm{d}x + \int_{n-k-0.5}^{+\infty} p(x)\,\mathrm{d}x \tag{6-64}$$

变换上下限：当 $x=n-k-0.5$ 时

$$y_1 = \frac{n-k-0.5-0.5n}{0.5\sqrt{n}} = \frac{(0.5n-k)-0.5}{0.5\sqrt{n}} = u \tag{6-65}$$

当 $x=k+0.5$ 时

$$y_2 = \frac{k+0.5-0.5n}{0.5\sqrt{n}} = \frac{(k-0.5n)+0.5}{0.5\sqrt{n}} = -u \tag{6-66}$$

式(6-64)仍可为

$$p_k = \int_{-\infty}^{-u} \frac{1}{\sqrt{2\pi}} e^{-\frac{y^2}{2}} \mathrm{d}y + \int_{u}^{+\infty} \frac{1}{\sqrt{2\pi}} e^{-\frac{y^2}{2}} \mathrm{d}y$$

将以上 $k>n/2$ 及 $k<n/2$ 两种情况合并，得

$$u = \frac{|k-0.5n|-0.5}{0.5\sqrt{n}} \tag{6-67}$$

式(6-67)能满足上述两种情况的需要。因一个事件只能取上述一种情况且都要保证 u 为正值，前一种情况，不取绝对值即可满足 u 为正值，后一种情况，取绝对值后，同样满足这一要求。

符号检验，显著性水平 α 值采用 0.25，临界值按表 6-10 确定。

表 6-10　临界值 $u_{1-\alpha/2}$ 与 $u_{1-\alpha}$

显著性水平 α	0.05	0.10	0.25
置信水平 $1-\alpha$	0.95	0.90	0.75
$u_{1-\alpha/2}$	1.96	1.64	1.15
$u_{1-\alpha}$	1.64	1.28	

符号检验的方法：假设 $p=q=1/2$；确定显著性水平 α，并在标准正态分布表中查得临界值 $u_{1-\alpha/2}$；按式(6-66)计算出统计量 u；将 u 与 $u_{1-\alpha/2}$ 比较，若 $|u|<u_{1-\alpha/2}$，接受原假设，认为定线合理。若 $|u|\geqslant u_{1-\alpha/2}$，拒绝原假设，认为定线不合理，应重新定线。

【例 6-4】 已知某测站有 36 个实测点($n=36$),其中与关系线相比,偏大的测点 20 个,偏小的 16 个($k=16$),试用偏离符号法检验所定关系曲线是否符合要求。计算统计量

$$u=\frac{|k-0.5n|-0.5}{0.5\sqrt{n}}=0.5$$

取显著性水平 $\alpha=25\%$,查表 6-10 得

$$u_{1-\alpha/2}=1.15$$

因为 $|u|<u_{1-\alpha/2}$,则接受原假设,原定线符合要求。

(二)适线检验

适线检验是对实测点与关系线正负偏离值排列情况的检验,即检验关系曲线是否有系统偏离的情况。如图 6-75 中,有 10 个测点,其中偏离曲线为正号的有 5 个,为负号的也有 5 个,用第一种偏离符号检验,能满足要求,但清楚地看出,曲线上、下两部分均存在系统偏离,故需用本法检验。

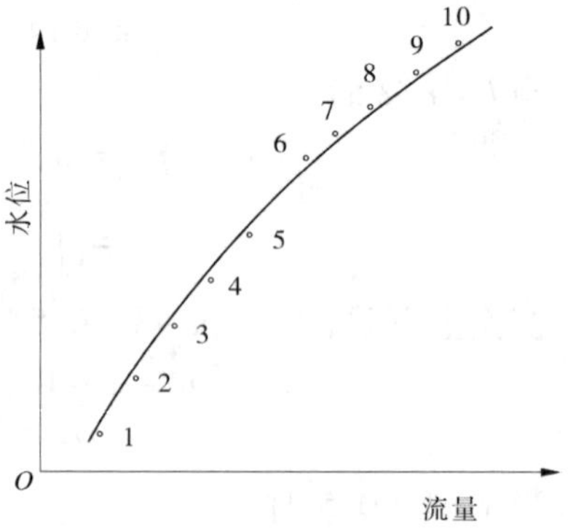

图 6-75 关系线系统偏离测点

检验方法:将实测点按水位递增顺序排列,统计出每个测点偏离曲线的正负号,再从最低水位第 2 点起,依次与前一符号相比,同号记 0,异号记 1,然后统计出现 1 的个数。很明显,出现 1 的个数愈多,曲线愈适中合理;否则,将说明测点有系统偏离。以图 6-75 为例,统计如下:

偏离符号:+ + + + + − − − − −

符号变化:0 0 0 0 0 1 0 0 0 0

从上面看出,符号仅改变一次,肯定有系统偏离。本法原理与第一法相同,如果定线合理,则改变符号与不改变符号的概率是一样的。且彼此是独立的,故服从二项分布;再借助标准正态分布查临界值,即可进行检验。

设依据定线的总测点数为 n,则测点符号比较的总个数为 $n-1$。

由于此项检验的否定域只存在于 $k<0.5(n-1)$ 的一侧,属单侧检验,故统计量 u 为

$$u=\frac{0.5(n-1)-k-0.5}{0.5\sqrt{n-1}}$$

由于此项检验属单侧检验,即只有当变换符号的个数 $k<(n-1)/2$ 时,才进行此项检验,临界值采用 $u_{1-\alpha}$。

适线检验,显著性水平 α 值采用 0.05 ~ 1.0,临界值按表 6-9 确定。

【例 6-5】 用适线法检验图 6-74,所定关系线是否满足要求。

解:假设检验 $p=q=0.5$,测点符号比较的总个数为 $n-1=9$。

符号改变的个数 $k=1$

统计量
$$u=\frac{0.5(n-1)-k-0.5}{0.5\sqrt{n-1}}=2$$

取 $\alpha=0.05$,查表得 $u_{1-\alpha}=1.64$

检验结果,因 $u>u_{1-\alpha}$,拒绝原假设,原定曲线有系统偏离现象。

(三)偏离数值检验

本法是检验实测点对所定关系曲线的平均偏离情况,即用测点对关系线的平均相对误差进行检验。如定线适度,则测点的平均相对误差,即系统误差应该很小或接近于零,否则,应修改曲线。其实质是检验样本均值与总体均值是否有明显差异。如图 6-76 所定曲线,左右两侧的测点大体相等,测点变换符号的次数也大于 $(n-1)/2$,故用前两种检验,均符合要求。但明显地能看出,曲线左偏,测点的平均相对误差肯定较大,用本法检验,则能发现问题。

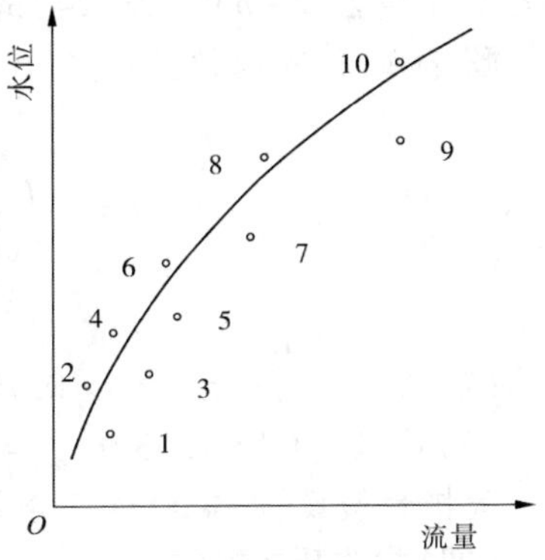

图 6-76　关系线偏离数值

此种检验是把测点的平均相对误差作为正态分布总体的两个样本均值,总体方差 σ 未知,检验总体的均值 u 是否为零。

由于总体方差未知,故用样本方差 S^2 代替,用 t 检验法做检验,其步骤如下:

(1)假设 $u=0$。

(2)计算统计量:

$$t=\frac{\bar{p}}{S/\sqrt{n}} \tag{6-68}$$

其中

$$\bar{p}=\frac{1}{n}\Sigma p_i$$

$$p_i=\frac{Q_i-Q_{ci}}{Q_{ci}}$$

$$S=\sqrt{\frac{(p_i-\bar{p})^2}{n-1}}$$

式中　Q_i——实测流量;

Q_{ci}——实测流量所对应的曲线上查得的流量;

n——实测点数。

(3)给定显著性水平 α,按自由度 $n-2$ 查表 6-11(临界值 $t_{1-\alpha/2}$ 分布表),得临界值 $t_{1-\alpha/2}$。

表 6-11　临界值 $t_{1-\alpha/2}$

α	k							
	6	8	10	15	20	30	60	∞
0.05	2.45	2.31	2.23	2.13	2.09	2.04	2.00	1.96
0.10	1.94	1.86	1.81	1.75	1.73	1.70	1.67	1.65
0.20	1.44	1.40	1.37	1.34	1.33	1.31	1.30	1.28
0.30	1.13	1.11	1.09	1.07	1.06	1.06	1.05	1.04

(4)检验。用样本值算出 t,与临界值 $t_{1-\alpha}$ 比较,若 $|t|<t_{1-\alpha/2}$,接受假设,原定曲线合理;否则,拒绝假设,应修改曲线。

【例 6-6】 某站某一时期定线，有测点 $n=37$ 个，测点的偏离值总和 $\sum p_i=-14.95\%$，离差平方和 $\sum(p_i-\bar{p})^2=93.24$，试作偏离数值检验。

解：(1) 计算统计量：

$$t=\frac{\bar{p}}{S/\sqrt{n}}=\frac{\frac{1}{n}\sum p_i}{\sqrt{\frac{1}{n}\frac{\sum(p_i-\bar{p})^2}{n-1}}}=-1.53$$

(2) 给定显著性水平 $\alpha=0.10$，自由度 $n-1=36$，查 t 分布临界值表得 $t_{1-\alpha/2}=1.69$。

(3) 检验。$|t|=1.53<t_{1-\alpha/2}=1.69$。

故接受假设，原定曲线符合要求。

(四) 学生氏 t 检验

此种检验适用于流量间测测站的校测资料检验，以判定原水位流量关系曲线是否需要重新确定；也适用于相邻年份的关系曲线是否需要分开定线的问题。

t 检验是假定两组变量在总体方差相同和两组总体均值相等条件下，进行两组样本均值的比较，据以判断原关系曲线有无明显变化。检验方法如下：

(1) 假设：

$$u_1=u_2$$

式中 u_1、u_2——第一、第二组样本的总体均值。

(2) 计算统计量：

$$t=\frac{|\bar{x}_1-\bar{x}_2|}{S\sqrt{\frac{1}{n_1}+\frac{1}{n_2}}} \tag{6-69}$$

$$S=\sqrt{\frac{\sum(x_{1i}-\bar{x}_1)^2+\sum(x_{2i}-\bar{x}_2)^2}{n_1+n_2-2}} \tag{6-70}$$

式中 x_{1i}——第一组测点对所定关系曲线的相对偏离值，$x_{1i}=(Q_{1i}-Q_{ci})/Q_{ci}$；

x_{2i}——第二组测点对上述同一关系曲线的相对偏离值，$x_{2i}=(Q_{2i}-Q_{ci})/Q_{ci}$；

$\bar{x}_1$、$\bar{x}_2$——第一、二组平均相对偏离值；

n_1、n_2——第一、二组测点总数；

S——第一、二组测点综合标准差。

(3) 给定显著性水平 α 及自由度为 n_1+n_2-2，查 t 分布得临界值 $t_{1-\alpha/2}$。

(4) 检验。假若 $|t|<t_{1-\alpha/2}$，接受原假设，即认为原曲线无明显变化；若 $|t|\geq t_{1-\alpha/2}$，则拒绝原假设，即认为两个总体的均值有明显变化，后一时期需重新定线。

【例 6-7】 某站两年中，高水流量实测点进行对比，以前一年测点为第一组，定出水位流量关系曲线；后一年测点为第二组。检验水位流量关系是否发生明显变化，以判定后一年的关系曲线是否重新制定。

已知：$n_1=37$，$n_2=33$，$\sum x_{1i}=-14.95$，$\sum x_{2i}=-32.42$，$\sum x_{1i}^2=99$，$\sum x_{2i}^2=148$；显著性水平 $\alpha=0.05$。

解：$\bar{x}_1=\frac{1}{n_1}\sum x_{1i}=-0.40$　　$\bar{x}_2=\frac{1}{n_2}\sum x_{2i}=-0.98$

$$\sum(x_{1i}-\bar{x}_1)^2+\sum(x_{2i}-\bar{x}_2)^2=\sum x_{1i}^2-\frac{1}{n_1}(\sum x_{1i})^2+\sum x_{2i}^2-\frac{1}{n_2}(\sum x_{2i})^2=209$$

$$S\sqrt{\frac{1}{n_1}+\frac{1}{n_2}}=\sqrt{\frac{\sum(x_{1i}-x_1)^2+\sum(x_{2i}-x_2)^2}{n_1+n_2-2}}\sqrt{\frac{1}{n_1}+\frac{1}{n_2}}=0.42$$

计算统计量：

$$t=\frac{\bar{x}_1-\bar{x}_2}{S\sqrt{\frac{1}{n_1}-\frac{1}{n_2}}}=1.38$$

由 $\alpha=0.05$ 及自由度 $n_1+n_2-2=68$，查临界值 $t_{1-\alpha/2}=2.0$

检验：$|t|=1.38\leqslant t_{1-\alpha/2}=2.0$，接受原假设，两年中，高水时水位流量关系曲线无显著偏离，下年无需重新定线，可用前一年关系曲线推流。

二、实测流量对关系线标准差的估算

实测流量对关系线的标准差，是反映测点散乱程度的指标，也是对关系曲线可靠程度的评估。国际标准（ISO）分析时，对水位流量关系采用对数定线，使在直角坐标上呈曲线型的关系在对数坐标上为一直线关系。在分析实测点偏离关系线的标准差时，常假定同一水位下的各次实测流量服从对数正态分布，即同一水位的 $\ln Q$ 服从正态分布 $N(\mu',\sigma'^2)$ 的概率密度函数为

$$f(Q)=\frac{1}{\sqrt{2\pi}\sigma' Q}e^{-\frac{1}{2}\left(\frac{\ln Q-\mu'}{\sigma'}\right)^2} \tag{6-71}$$

式中 μ'——$\ln Q$ 均值；

σ'——$\ln Q$ 的标准差。

Q 的均值 μ、标准差 σ 及相对标准差 C_v 为

$$\mu=e^{\mu'+\frac{1}{2}\sigma 2}$$

$$\sigma=\mu\sqrt{e^{\sigma 2}-1}$$

$$C_v=\frac{\sigma}{\mu}=\sqrt{e^{\sigma 2}-1}$$

在不同水位下，Q 应有不同的 σ 值。一般情况下，水位越高，Q 越大，σ 值也越大，但其 C_v 值则往往比较一致。或者说，在不同水位下的 $\ln Q$ 的方差 σ 可以认为是相等的，这种情况，统计学上称为“方差齐性”。在“方差齐性”的前提下，不同水位的 $(\ln Q-\mu')$ 值可以看作是统一的总体，计算 σ'^2。不同水位的（$\ln Q-\ln Q_c$）值可以当作统一的样本，计算样本方差 s^2。Q_c 是根据样本确定的关系线上查得的流量，$\ln Q_c$ 相当于该水位下 $\ln Q$ 的样本均值。

在双对数格纸的关系图中，若将实测点沿关系线的方向平移到某个水位上，则各点关系线的偏离。将组成一个样本，并服从正态分布，其情形如图 6-77 所示。

凡稳定的水位流量关系曲线，临时曲线法的主要曲线及单值化处理后的关系曲线，均应计算标准差。国际标准（ISO）中介绍的有以下三个公式。

第一公式为

$$S_e = \sqrt{\frac{\sum (\ln Q_i - \ln Q_{ci})^2}{n-2}} \quad (6\text{-}72)$$

第二公式为

$$S_e = \sqrt{\frac{n-1}{n-2}(S_{\ln Q}^2 - \beta^2 S_{\ln Z}^2)} \quad (6\text{-}73)$$

其中：

$$S_{\ln Q}^2 = \frac{\sum (\ln Q_i - \overline{\ln Q_i})^2}{n-1} \quad (6\text{-}74)$$

$$S_{\ln Z}^2 = \frac{\sum [\ln(Z+Z_0) - \overline{\ln(Z+Z_0)}]^2}{n-1} \quad (6\text{-}75)$$

第三公式为

$$S_e = \sqrt{\frac{1}{n-2}\sum \left(\frac{Q_i - Q_{ci}}{Q_{ci}}\right)^2} \quad (6\text{-}76)$$

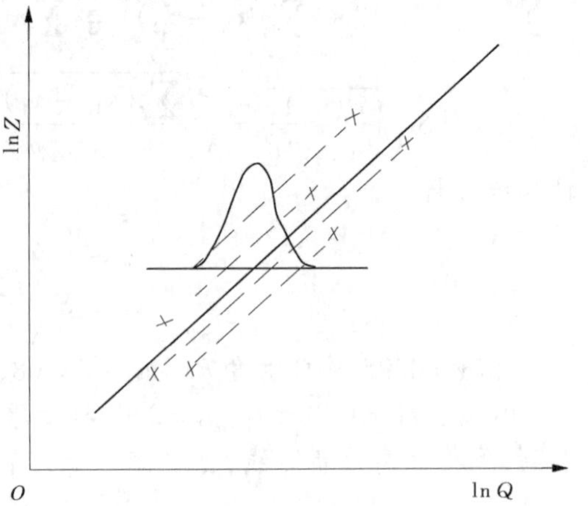

图 6-77　对数正态分布的综合统计

第一公式是用在对数水位流量关系上。式中的 $\ln Q_i$ 是关系图中的测点，$\ln Q_{ci}$是同水位下由关系线上查出的数值。该公式是最直观的，也是最基本的。计算的结果的标准差与通常计算标准差的公式相比较，不同之处是在分母上用 $n-2$ 代替 $n-1$，这里的 $n-2$ 具有自由度的概念，因为在确定水位流量关系线 $y=A+Bv$ 时，有两个参数是按观测点据确定的，等于有两个观测值不是独立的，损失了两个自由度；也可理解为当只有两个实测点定线时，关系线将通过这两个点，测点离差将不存在。

第二公式与第一公式是一样的，只是计算方法上的不同。国际标准（ISO）对天然河道水位流量关系曲线的选配公式为

$$Q = C(Z+Z_0)^{\beta} \quad (6\text{-}77)$$

式中　Z、Z_0——水位、断流水位；

C、β——系数、指数。

上述公式取对数后：

$$\ln Q = \ln C + \beta \ln(Z+Z_0) \quad (6\text{-}78)$$

在双对数纸上，用 Q 与 $Z+Z_0$ 点图，即成一直线关系。由数理统计知，线性回归方程为

$$y = A + \beta x \quad (6\text{-}79)$$

$$A = \bar{y} - \beta \bar{x} \quad (6\text{-}80)$$

$$\beta = \frac{\sum (x-\bar{x})(y-\bar{y})}{\sum (x-\bar{x})^2} \quad (6\text{-}81)$$

式中　y——与实测点同一自变量下，在回归直线上查得的数值；

x——自变量；

β——回归系数。

将式(6-78)与式(6-79)相对照，令

$$y = \ln Q,\quad x = \ln(Z + Z_0),\quad A = \ln C,\quad \bar{y} = \frac{1}{n}\sum y_i,\quad \bar{x} = \frac{1}{n}\sum x_i$$

由第一公式：

$$S_e = \sqrt{\frac{\sum(\ln Q_i - \ln Q_{ci})^2}{n-2}} = \sqrt{\frac{\sum(y-\hat{y})^2}{n-2}}$$

则

$$\begin{aligned}S_e^2 &= \frac{\sum(y-\hat{y})^2}{n-2}\\ &= \frac{1}{n-2}\sum[y-(A+\beta x)]^2\\ &= \frac{1}{n-2}\sum[y-(\bar{y}-\beta\bar{x}+\beta x)]^2\\ &= \frac{1}{n-2}\sum[(y-\bar{y})-\beta(x-\bar{x})]^2\\ &= \frac{1}{n-2}[\sum(y-\bar{y})^2-2\beta\sum(y-\bar{y})(x-\bar{x})+\beta^2\sum(x-\bar{x})^2]\end{aligned}$$

把式(6-81) $\sum(x-\bar{x})(y-\bar{y})=\beta\sum(x-\bar{x})^2$ 代入上式，得

$$\begin{aligned}S_e^2 &= \frac{1}{n-2}[\sum(y-\bar{y})^2-2\beta^2\sum(y-\bar{y})(x-\bar{x})^2+\beta^2\sum(x-\bar{x})^2]\\ &= \frac{1}{n-2}[\sum(y-\bar{y})^2-\beta^2\sum(x-\bar{x})^2]\end{aligned}$$

由标准差 $S_y^2=\frac{\sum(y-\bar{y})^2}{n-1}$，$S_x^2=\frac{\sum(x-\bar{x})^2}{n-1}$代入上式，得

$$S_e^2 = \frac{1}{n-2}[(n-1)S_y^2-\beta^2(n-1)S_x^2] = \frac{n-1}{n-2}(S_y^2-\beta^2S_x^2)$$

因 $S_y = S_{\ln Q}$，$S_x = S_{\ln(n-Z_0)}$，$S_{\ln(n-Z_0)}$ 用 $S_{\ln Z}$ 代之，所以

$$S_e^2 = \frac{n-1}{n-2}(S_{\ln Q}^2-\beta^2S_{\ln Z}^2)$$

即

$$S_e = \sqrt{\frac{n-1}{n-2}(S_{\ln Q}^2-\beta^2S_{\ln Z}^2)}$$

由以上证明来看，第二公式也符合用最小二乘法制定的回归直线，而且和第一公式完全一样，在计算上更为方便，它不需要定线，也不需要从关系线上查读 $\ln Q_{ci}$之值，只凭测点数据即可计算出标准差 S_e。

第三公式是在直角坐标下，计算测点对关系曲线的相对标准差，其计算的结果与第一公式也非常相近。

证明：设 $T=\ln Q_i-\ln Q_{ci}=\ln Q_i/Q_{ci}$，则

$$e^T = \frac{Q_i}{Q_{ci}} = f(T)$$

用泰勒级数展开，$f(T)$ 在 $T=0$ 处展开式为

$$f(T) = f(0)+\frac{f'(0)}{1!}T^1+\frac{f''(0)}{2!}T^2+\frac{f'''(0)}{3!}T^3+\cdots$$

代入

$$e^T = 1 + \frac{T^1}{1!} + \frac{T^2}{2!} + \frac{T^3}{3!} + \cdots$$

因 e^T 的导数仍为 e^T

所以
$$e^T \approx 1 + T$$

即
$$\frac{Q_i}{Q_{ci}} \approx 1 + \ln\frac{Q_i}{Q_{ci}}$$

$$\frac{Q_i}{Q_{ci}} - 1 \approx \ln\frac{Q_i}{Q_{ci}}$$

$$\frac{Q_i - Q_{ci}}{Q_i} \approx \ln Q_i - \ln Q_{ci}$$

所以

$$S_e = \sqrt{\frac{1}{n-2}\sum\left(\frac{Q_i - Q_{ci}}{Q_{ci}}\right)^2} \approx \sqrt{\frac{1}{n-2}\sum(\ln Q_i - \ln Q_{ci})^2}$$

说明第三公式与第一公式是非常相近的，因$\frac{Q_i}{Q_{ci}}$数值不大，$\ln\frac{Q_i}{Q_{ci}}$很小，其高阶导数更小，舍去影响不大；也说明对数坐标水位流量关系测点的标准差相近，等于直角坐标关系曲线测点的相对标准差，即变差系数 C_v。

【例 6-8】 某站某年低水时期用最小二乘法定线，选配方程为

$$Q = 24.4(Z - 6.70)^{2.61}$$

已知：$n=29$，$\sum(\ln Q_i - \ln Q_{ci})^2 = 0.0792$，$S_{\ln Q} = 0.6865$，$S_{\ln Z} = 0.2622$，则

$$\sum\left(\frac{Q_i - Q_{ci}}{Q_{ci}}\right)^2 = 0.0777$$

试用三个公式计算实测点偏离关系曲线的标准差。

解：第一公式：

$$S_e = \sqrt{\frac{\sum(\ln Q_i - \ln Q_{ci})^2}{n-2}} = 5.4\%$$

第二公式：

$$S_e = \sqrt{\frac{n-1}{n-2}(S_{\ln Q}^2 - \beta^2 S_{\ln Z}^2)} = 5.5\%$$

第三公式：

$$S_e = \sqrt{\frac{1}{n-2}\sum\left(\frac{Q_i - Q_{ci}}{Q_{ci}}\right)^2} = 5.4\%$$

三个公式的计算结果基本相同，进一步说明三个公式基本一致的正确性。

第七章　泥沙资料整编

泥沙资料在多沙河流上显得异常重要，在河流的开发利用、流域规划、河道治理，工程设计、水利科学研究等方面，都离不开泥沙资料。泥沙资料整编同泥沙测验一样，分为悬移质、推移质、泥沙颗粒级配三个方面。

第一节　悬移质泥沙资料整编

悬移质泥沙资料整编工作的内容包括：收集有关资料；审核与分析原始资料；编制实测悬移质输沙率成果表；决定推求断沙及输沙率的方法；推算日平均含沙量、输沙率并编制洪水含沙量或洪水水文要素摘录表；进行合理性检查；编写泥沙整编说明书等。

一、原始资料的审查分析

天然河流的泥沙是经常变化的，泥沙脉动现象较流速脉动更为严重。因受仪器设备等条件的限制，原始资料存在一定的误差，有时还可能出现错误。因此，在整编之前，应对原始资料进行全面审查分析。审查分析的重点，是各种水情下的资料及计算方法，校核各个时期有代表性的关键资料。审查分析方法大致如下。

(一)单沙过程线分析

单位含沙量(单沙)代表着含沙量随时间的变化过程，是推求断沙的依据，若单沙出现问题，必将造成断沙以及以后推求输沙率和输沙量等一系列的错误，故单沙是基础，应认真地分析检查，检查方法是利用测站在平时绘制的逐时三种过程线。三种过程线是在同一张过程线图上，以上、下错开的方式将水位、流量、单沙绘出，北方多沙河流的大河可每月绘一张，少沙河流或小河上可只绘洪峰部分。有输沙率资料时，还应将相应的断沙，以醒目的颜色点在单沙过程线上，然后将单沙过程线与水位、流量过程线进行对照。一般情况下，三者常有一定的关系。如发现某个或某几个单沙测点有突出或不合理，应认真检查分析原因。一般造成测点突出的原因有：

(1)测验方面。取样位置不当，脉动较大、取样点数不足，不能克服脉动影响；仪器误差较大，没有检查鉴定；水样处理中操作不当，称重、计算错误等。

(2)天然方面。由季节、洪水来源、暴雨特性等原因造成。

通过上述分析检查，突出点若属于自然现象的应予保留，否则应予改正。通过上述工序，保证单沙资料的正确性，为推求断沙做好准备。

(二)单、断沙关系分析

点绘的单、断沙关系，常呈现一定的规律性，但少数测点可能出现突出或反常，应进行分析判定。经过分析评判突出点后所定的单、断沙关系，将是可靠的关系。利用这一关系，可根据单沙进行断沙的推求。

1. 单、断沙关系的形态

单、断沙关系常有以下几种形态：

(1)单沙、断沙关系良好。测点在图上的分布，随时间或水位没有系统偏离，测点密集成一带状，可以定出稳定的单一曲线。

(2)单、断沙关系基本良好。关系测点在图上的分布，随水位或时间而有系统偏离，一年内单、断沙关系不能用一条相关曲线代表，而须定出数条线才能完成。前者可能是由于水位高低影响含沙量的横向分布，使单沙、断沙关系变化；后者可能是由于测验方法的改变，也可能是由于中泓移动，断面冲淤，水工建筑物变迁等原因造成的。

(3)单、断沙关系不好。关系点分布散乱，无规律可循。这可能是主流摆动频繁，河段和断面冲淤剧烈或断面上游支流大量来沙所致，也可能是测验精度低造成的。

2. 突出点的分析

在点绘的单、断沙关系图上，常发现一些测点脱离点群或带组，其中偏离较远的测点，称为突出点。突出点会给定线工作带来一定的困难，不进行分析评判，就难以确定关系曲线。偏离多少算突出点，在规范中没有严格的规定，但它与测验精度的高低，单、断沙关系的好坏有关。对单一曲线判别的条件，测点无系统偏离，且有75%以上的点与关系曲线偏离的相对误差，中、高沙不超过±10%，低沙不超过±15%。说明中、高沙偏离±10%，低沙偏离±15%以外的点，都属于突出点。若这些测点较多，可从中选择相对误差较大的几个测点进行分析。分析方法多用点绘流速、含沙量横向分布图，与其他正常测次比较，检查突出原因。必要时也可点绘含沙量垂线分布图，审查其合理性。造成突出点偏离的原因可能是：

(1)相应单沙代表性差或测验计算中出错。如在输沙率测验期间，含沙量变化甚大而仅取一次单沙者；单沙取样位置或取样方法发生变动，前后不一样；计算错误等。

(2)断沙测验、计算中出错。如测沙垂线不足，布置不当；含沙量、流量、输沙率计算中有错误等。

(3)特殊水情影响。如河段断面冲淤严重；河道游荡，主流摆动；来水来沙不同及特殊原因造成等。

经过分析，凡属测验或计算方面的错误，应予以改正；错误过大而又无法改正者，应予以舍弃。改正与舍弃都要有确切的证据。如经查实，突出点是由于特殊水情造成的，则应与正常点一样，参加整编。

二、单位含沙量的插补

一些测站在测单位含沙量时，需用测船或缆道，将采样器送至断面预定点取样，故不像水位观测那么容易。当主流摆动，用多线混合法取样时更是如此。因此，可能发生单沙测次不足或控制不严等情况，若不处理，将导致日平均输沙率、含沙量计算不准或漏测月、年极值等问题，故应对单沙测次不足或漏测之处进行插补。常用的插补方法有：

(1)直线内插法。当水流平稳、含沙量变化不大，或两者虽变化较大，但缺测时间不长，且未跨过峰、谷时，可按时间比例，内插各缺测时间的单沙。

(2)连过程线插补法。此法是根据沙量过程线与水位、流量过程线有一定的规律而得出的。适用于水位、流量变化不大，或虽大，但缺测时间不长的时期。插补时，先绘出水位流量过程线，再根据上述规律连绘缺测时期的单沙过程线，据以插补缺测时段的单沙。若缺测沙峰起涨点，可用起涨点以前最后一次单沙作为起涨点单沙，参照流量的变化趋势连绘沙量过程线进行插补。

(3)流量、含沙量相关曲线插补法。对山溪性河流，当沙峰与洪峰同时出现，流量与含沙量有相关关系时，可点绘相关图进行插补。如关系良好，即可用此相关曲线插补沙峰，并在成果附注栏内说明。

(4)上下游站相关插补法。在没有支流汇入和冲淤不大的河段，可根据上、下游相邻站含沙量过程线勾绘本站含沙量过程线，据以插补相应时间的单沙；也可点绘上下站含沙量相关图，用相邻站的实测含沙量插补本站缺测时段的相应含沙量。

三、逐时断面平均含沙量的推求

进行逐时断面平均含沙量推求的目的在于推算逐时悬移质输沙率，进而利用逐时输沙率推算日、月、年或某一时段的悬移质输沙量和进行月、年极值的挑选。断沙推求方法如下。

（一）单、断沙关系法

单、断沙关系法是我国应用比较广泛的一种方法，它适用于单、断沙关系比较稳定的测站。关系线的型式因测站特性不同有以下几种。

1. 单一曲线法

当点绘的单、断沙关系测点密集成带状，不依时序或水位而有系统偏离，且有75%的以上测点与相关曲线的偏离，高沙不超过±10%，低沙不超过±15%时，可用此法。定线时，用目估或分组求重心的办法定出一条通过原点的平滑曲线（或直线），在曲线两侧分别作出±10%（或±15%）的两条外包线，统计两外包线里的测点数与总测点数的比值，若此比值大于75%，则符合要求。推沙时，由各实测单沙在相关曲线上查读相应时刻的断沙即可。

2. 多线法

单、断沙测点，当依水位、时间或单沙测取位置和方法，明显分布成几个独立带组时，可分别用水位、时间或单沙取样位置、方法作参数，绘制多条单、断沙关系曲线。

(1)以水位为参数制定相关曲线。当测站断面稳定，水位超过某一数值后，河道有漫滩、分流，或有弯道影响，当含沙量横向变化受水位变化的影响较大时，可以水位为参数定出多条单、断沙关系曲线，如图7-1所示。

(2)以时间作参数定线。当河道主流摆动、受冲淤变化，使单、断沙关系随时间发生变化时，则可分时段定出几条单、断沙关系曲线，如图7-2所示，并在关系线上注明线号和推沙时间。

推求断沙时，根据水位或时间，在相应关系线上由单沙推得断沙。

3. 比例系数法

当单、断沙关系不好，无法制定相关曲线时，则可采用比例系数法，即用实测输沙率的断沙 $\overline{C}_s$ 与其相应单沙 C'_s 之比，得比例系数：

$$m = \frac{\overline{C}_s}{C'_s} \tag{7-1}$$

式中 m——比例系数；

$\overline{C}_s$——实测断沙；

C'_s——相应单沙。

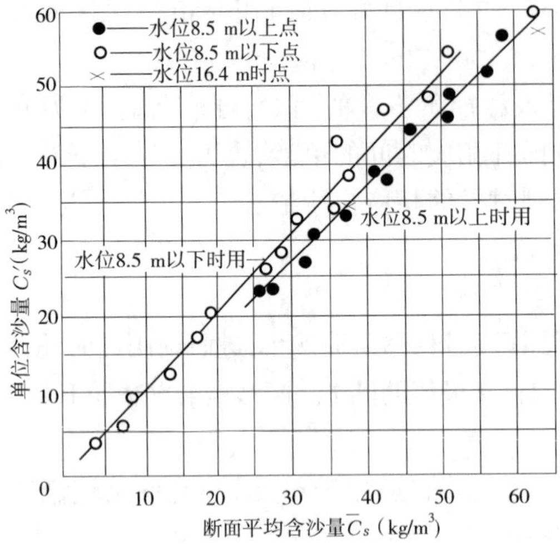

图 7-1　以水位为参数的单、断沙关系

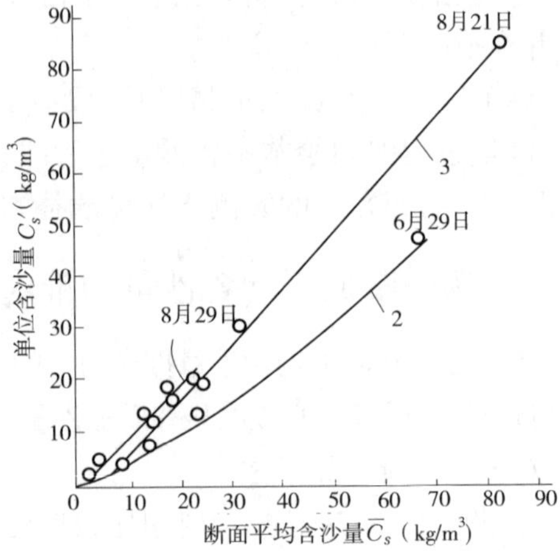

图 7-2　以时间为参数的单、断沙关系

用比例系数法推求断沙，又分以下两种方法：

（1）当水位与比例系数关系点密集成带状，且 75% 以上的测点偏离所定曲线不超过 ± 10% 时（测验条件较差的可放宽至 ±15%），可用此法，如图 7-3 所示。

（2）比例系数过程线法。当比例系数与水位及其他水力因素无相关关系，中、高沙测点中有 25% 以上偏离关系曲线的程度大于 ±15%（低沙大于 ± 20%）时，可采用此法。此时可参照水位、流量过程线的变化趋势，绘制光滑的比例系数过程线，如图 7-4 所示。此法要求输沙率测次较多，测次分布比较均匀，且单、断沙关系转折变化处均有测点控制。

推求断沙时，根据单沙的时间，在过程线上查读比例系数，乘以该次单沙，即得断沙。

（二）流量与输沙率关系曲线法

当单、断沙关系不好，而且比例系数法也不理想时，可试用此法。若流量与输沙率关系

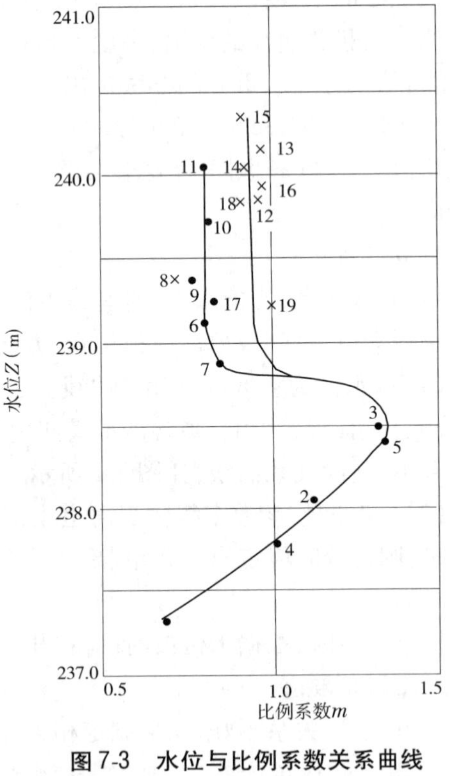

图 7-3　水位与比例系数关系曲线

较好,可以流量为纵坐标,输沙率为横坐标,点绘相关图,如图 7-5 所示。此法要求测点能控制沙峰的整个变化过程,定线时一般采用连时序法。推算时,用流量(瞬时或平均值)在关系线上直接查读相应输沙率,除以流量,即得断沙。

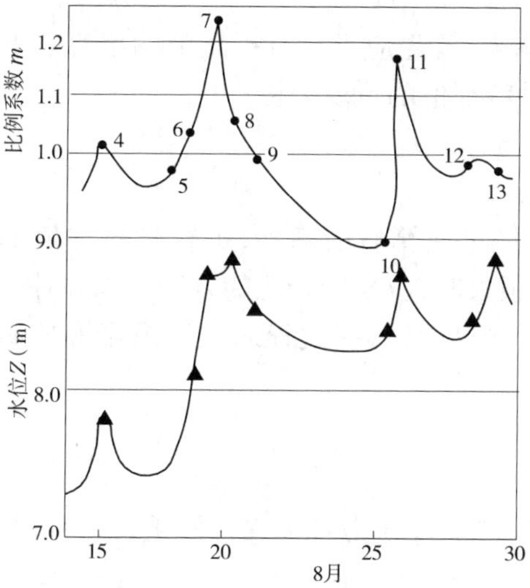

图 7-4　比例系数过程线

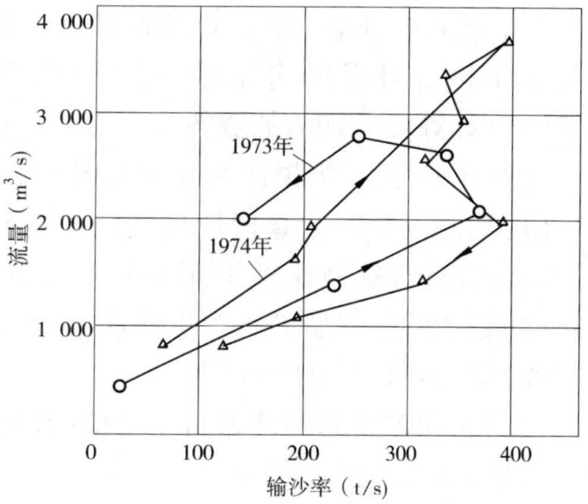

图 7-5　流量与输沙率关系曲线

(三)近似法

对输沙率测次太少,或单、断沙关系不好,以及仅测单沙未测输沙率的站,可用此法。此法是直接以单沙代替断沙。

四、单、断沙关系曲线的延长

在沙峰期间,因各种原因未能施测输沙率,从而在单、断沙关系的高沙部分缺少测点而难以定线。当条件允许时,可作单、断沙关系曲线的高沙延长。

若单、断沙关系测点比较散乱,规律难以掌握,为了不使外延的曲线出现较大的问题,对高沙曲线延长的规定比较严格。当单、断沙关系为直线,测点不少于 10 个,最大相应单沙的数值为最大实测单沙数值的 50% 以上时,可作高沙延长。

若单、断沙关系为曲线型或折线型,测取单沙的位置及方法与历年不一致,断面形状有较大变化,均不宜作高沙延长。

延长方法:顺原单、断沙关系曲线中、低沙部分的趋势,并参照历年单、断沙关系,作直线延长。

五、单、断沙关系曲线检验

单、断沙关系曲线检验的内容包括关系曲线检验和实测点标准差计算。具体方法与流量的检验方法一样。

(1)关系曲线的检验。对输沙率实行间测的站,当年有校测资料时,应作 t 检验,以判定历年综合单、断沙关系曲线是否发生了变化。单、断沙关系为单一线(或多线中的主要曲线)时,应进行符号检验、适线检验和偏离数值检验,以判定曲线是否正确。

(2)实测点标准差计算。为了解关系点的离散程度,应计算单一线及多线中主要曲线的标准差。

六、日平均含沙量、输沙率的推算方法

为了建立逐日平均含沙量和逐日平均输沙率表,首先应进行日平均值的推算。上述两项逐日表,是计算月、年输沙量及反映泥沙各种特征值的重要表格。

(一)计算日平均值的资料

计算日平均值,根据情况分别选用以下资料:

(1)实测点资料。直接使用实测单、断沙或经过换算后的断沙,进行日平均值的计算。当转折点有缺测或两点间流量、含沙量变化很大时,应采用合适的方法予以插补。

(2)过程线摘录资料。根据绘制的单沙或断沙过程线,在过程线上摘录足够控制流量、含沙量变化的点,计算日平均值。

(二)由单沙推求断沙时日平均值的计算方法

1. 日平均值的推算方法

(1)一日仅取1次单沙者,即以该次单沙推求的断沙作为日平均含沙量,再乘以日平均流量得该日的日平均输沙率。

(2)几日取1次单沙者,在未测单沙期间,各日的平均含沙量,以前后测取之日的断沙用直线内插求得,分别乘各日平均流量,得各日的日平均输沙率。

(3)当含沙量很小,采用若干天水样混合处理时,以混合水样的相应断沙作为各日的日平均含沙量,并用以推算日平均输沙率。

(4)一日内取多次单沙者,根据情况分别采用算术平均法、面积包围法、流量加权法或积分法计算日平均含沙量,一般可按以下几种情况处理。

①算术平均法。当流量变化不大、单沙测次分布均匀时,将一日内单沙推得的断沙,用各次断沙的算术平均值,作为日平均含沙量,据以推求日平均输沙率。

②面积包围法。对流量变化不大,但含沙量变化较大且点次分布不均匀者,可用各次断沙以时间加权求平均值,作为日平均含沙量,然后再用上述方法计算日平均输沙率。

日平均含沙量的计算公式为

$$\overline{C_s} = \frac{1}{48}[C_{s0}\Delta t_1 + C_{s1}(\Delta t_1 + \Delta t_2) + C_{s2}(\Delta t_2 + \Delta t_3) + \cdots + C_{sn-1}(\Delta t_{n-1} + \Delta t_n) + C_{sn}\Delta t_n] \tag{7-2}$$

式中 $\overline{C_s}$——日平均含沙量,kg/m^3;

C_{s0}, C_{sn}——0时及24时的含沙量,kg/m^3;

$C_{s1}, C_{s2}, \cdots, C_{sn-1}$——一日中各瞬时的含沙量,kg/m^3;

$\Delta t_1, \Delta t_2, \cdots, \Delta t_n$——相邻两瞬时含沙量间的时距,h。

③流量加权法。当流量和含沙量变化都比较大时,可采用流量加权法计算日平均输沙率,然后除以日平均流量得日平均含沙量。计算方法如下:

第一种方法以瞬时流量乘以相应时间的断沙,得瞬时输沙率,再用时间加权求出日平均输沙率,然后用日平均输沙率除以日平均流量得日平均含沙量。其计算公式为

$$\overline{Q}_s = \frac{1}{24}[\frac{1}{2}(q_0C_{s0} + q_1C_{s1})\Delta t_1 + \frac{1}{2}(q_1C_{s1} + q_2C_{s2})\Delta t_2 + \cdots + \frac{1}{2}(q_{n-1}C_{sn-1} + q_nC_{sn})\Delta t_n]$$

$$= \frac{1}{48}[q_0C_{s0}\Delta t_1 + q_1C_{s1}(\Delta t_1 + \Delta t_2) + q_2C_{s2}(\Delta t_2 + \Delta t_3) + \cdots + q_nC_{sn}\Delta t_n] \quad (7\text{-}3)$$

式中 $\overline{Q}_s$——日平均输沙率,kg/s;

q_0, q_n——0 时及 24 时的流量,m^3/s;

C_{s0}, C_{sn}——0 时及 24 时的含沙量,kg/m^3;

$q_1, q_2, \cdots, q_{n-1}$——各瞬时的流量,$m^3/s$;

$C_{s1}, C_{s2}, \cdots, C_{sn-1}$——相应各瞬时流量的断沙,$kg/m^3$;

$\Delta t_1, \Delta t_2, \cdots, \Delta t_{n-1}$——相邻两瞬时含沙量间的时距,h。

计算可列表进行,见表 7-1。

表 7-1 ××站流量加权法(第一种方法)日平均含沙量计算

时间		流量 (m^3/s)	含沙量 (kg/m^3)	输沙率 (kg/s)	权重 ($\Delta t_i + \Delta t_{i+1}$) ($h$)	积数 (输沙率×权重)	日平均输沙率 (kg/s)	日平均含沙量 (kg/m^3)
日	时:分							
(1)		(2)	(3)	(4) = (2)×(3)	(5)	(6) = (4)×(5)	(7) = $\frac{1}{48}\Sigma(6)$	(8) = (7)/$\overline{Q}$
2	00:00	2.33	18.3	42.64	8.0	341.1		
	08:00	1.96	16.2	31.75	18.0	571.5		
	18:00	1.50	43.2	64.80	12.0	777.6	7 230	375
	20:00	69.5	332.0	23 070.00	3.0	69 210.0		
	21:00	47.9	476.0	22 800.00	1.7	38 760.0		
	21:40	36.8	467.0	17 190.00	1.0	17 190.0		
	22:00	69.5	463.0	32 180.00	1.3	41 834.0		
	23:00	150.0	502.0	75 300.00	2.0	150 600.0		
	24:00	143.0	195.0	27 890.00	1.0	27 890.0		

第二种方法。以相邻瞬时断沙的平均值与瞬时流量平均值的乘积,得时段平均输沙率,再用时间加权,计算日平均输沙率。然后用日平均输沙率除以日平均流量得日平均含沙量。其计算公式为

$$\overline{Q}_s = \frac{1}{24}[(\frac{1}{2}(q_0 + q_1) \times \frac{1}{2}(C_{s0} + C_{s1})\Delta t_1 + \frac{1}{2}(q_1 + q_2) \times \frac{1}{2}(C_{s1} + C_{s2})\Delta t_Z + \cdots + \frac{1}{2}(q_{n-1} + q_n) \times \frac{1}{2}(C_{sn-1} + C_{sn})\Delta t_n]$$

$$= \frac{1}{96}[(q_0 + q_1)(C_{s0} + C_{s1})\Delta t_1 + (q_1 + q_2)(C_{s1} + C_{s2})\Delta t_2 + \cdots + (q_{n-1} + q_n)(C_{sn-1} + C_{sn})\Delta t_n] \quad (7\text{-}4)$$

式中符号的含义与式(7-3)相同。

计算可列表进行,见表 7-2。

表 7-2　××站流量加权法(第二种方法)日平均含沙量计算

时间		流量(m^3/s)		含沙量(kg/m^3)		时段输沙率(kg/s)	时段Δt_i(h)	积数	日平均输沙率(kg/s)	日平均含沙量(kg/s)
日	时:分	瞬时	时段平均	瞬时	时段平均					
(1)		(2)	(3)	(4)	(5)	(6) = (3)×(5)	(7)	(8) = (6)×(7)	(9) = $\frac{1}{24}\Sigma(8)$	(10) = (9)/$\overline{Q}$
2	00:00	2.33		18.3					6 820	353
			2.15		17.3	37.20	8.0	297.6		
	08:00	1.96		16.2						
			1.73		29.7	51.38	10.0	513.8		
	18:00	1.50		43.2						
			35.5		188	6 647	2.0	13 350		
	20:00	69.5		332						
			58.7		404	23 710	1.0	23710		
	21:00	47.9		476						
			42.4		472	20 010	0.7	14 010		
	21:40	36.8		467						
			53.2		465	24 740	0.3	7 422		
	22:00	69.5		463						
			110		483	53 130	1.0	53 130		
	23:00	150		502						
			147		349	51 300	1.0	51 300		
	24:00	143		198						

④积分法。在 Δt 时段内,当流量、含沙量均呈直线变化时,则计算时段 Δt 初的流量与含沙量分别为 q_1 和 C_{s1},输沙率 $Q_{s1}=q_1C_{s1}$;时段末的流量与含沙量分别为 q_2 和 C_{s2},输沙率 $Q_{s2}=q_2C_{s2}$。流量和含沙量的变化率分别为 k_1 和 k_2,如图 7-6 所示。

在 Δt 时段内的任一微分时段 $\mathrm{d}t$ 的输沙量 $\mathrm{d}W_s(t)$ 可表示为

$$\mathrm{d}W_s(t) = (q_1 + k_1t)(C_{s1} + k_2t)\mathrm{d}t$$

任一时刻的输沙率为

$$Q_s(t) = \frac{\mathrm{d}W_s(t)}{\mathrm{d}t} = (q_1 + k_1t)(C_{s1} + k_2t) = q_1C_{s1} + k_2q_1t + k_1C_{s1}t + k_1k_2t^2 \qquad (7\text{-}5)$$

Δt 时段内的输沙量则为

$$W_s = \int_0^{\Delta t} Q_s(t)\mathrm{d}t = \int_0^{\Delta t}(q_1C_{s1} + k_2q_1t + k_1C_{s1}t + k_1k_2t^2)\mathrm{d}t = q_1C_{s1}\Delta t + \frac{k_2}{2}q_1(\Delta t)^2 + \frac{k_1}{2}C_{s1}(\Delta t)^2 + \frac{k_1k_2}{3}(\Delta t)^3 \qquad (7\text{-}6)$$

这是用严格的数学推导求得的 Δt 时段的输沙量,即为“积分法”的结果。用这种方法计算起来比较麻烦。我们知道,流量加权法中的第一种方法(简称“第一法”)计算比较方便,下面来分析一下“积分法”与“第一法”的关

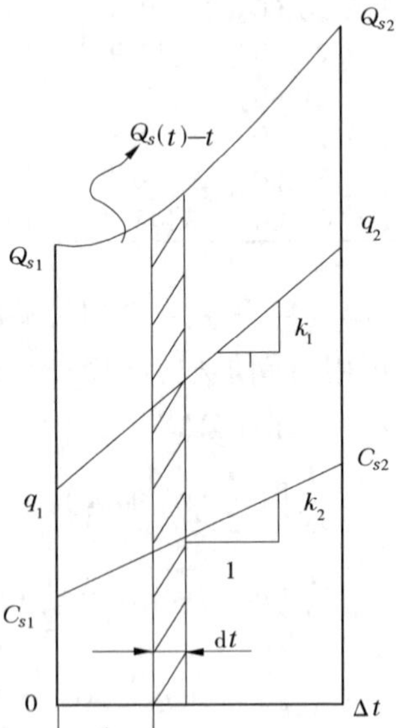

图 7-6　输沙量计算

系：

按相同条件，“第一法”计算 Δt 时段的输沙量为

$$W_{s1}=\frac{1}{2}[q_1C_{s1}+(q_1+k_1\Delta t)(C_{s1}+k_2\Delta t)]\Delta t$$

$$=q_1C_{s1}\Delta t+\frac{k_2}{2}q_1(\Delta t)^2+\frac{k_1}{2}C_{s1}(\Delta t)^2+\frac{k_1k_2}{2}(\Delta t)^3 \tag{7-7}$$

$$W_s-W_{s1}=q_1C_{s1}\Delta t+\frac{k_2}{2}q_1(\Delta t)^2+\frac{k_1}{2}C_{s1}(\Delta t)^2+\frac{k_1k_2}{3}(\Delta t)^3-$$

$$[q_1C_{s1}\Delta t+\frac{k_2}{2}q_1(\Delta t)^2+\frac{k_1}{2}C_{s1}(\Delta t)^2+\frac{k_1k_2}{2}(\Delta t)^3]$$

$$=-\frac{k_1k_2}{6}(\Delta t)^3$$

比较式(7-6)和式(7-7)可知，每个时段“第一法”比“积分法”大$\frac{k_1k_2}{6}(\Delta t)^3$，只要将“第一法”中多出的这一部分扣掉，便可以得到“积分法”的结果，计算表格见表 7-3。

表 7-3　××站流量加权法(积分法)日平均含沙量计算

时间 日	时间 时:分	时段 Δt_i (h)	流量 Q (m^3/s)	含沙量 C_s (kg/m^3)	输沙率 Q_s (kg/s)	权重 ($\Delta t_i+\Delta t_{i+1}$)	积数	流量变率 k_1	含沙量变率 k_2	差值	($\Sigma(7)/2-\Sigma(10)$)	日平均输沙率 (kg/s)	日平均含沙量 (kg/m^3)
(1)		(2)	(3)	(4)	(5) = (3)×(4)	(6)	(7) = (5)×(6)	(8)	(9)	(10) = $\frac{k_1k_2}{6}(\Delta t)^3$	(11)	(12) = $\frac{(11)}{24}$	(13) = $\frac{(12)}{Q}$
2	0:00	8.00	2.33	18.3	42.46	8.0	339.68	-0.046	-0.263	1.03	166 835	6 950	360
	8:00	10.00	1.96	16.2	31.75	18.0	571.5	-0.046	2.700	-20.7			
	18:00	2.00	1.50	43.2	64.80	12.0	777.6	34.000	144.40	6 546			
	20:00	1.00	69.50	332	23 070	3.0	69 210.0	-21.600	144.00	-518.4			
	21:00	0.67	47.90	476	22 800	1.67	380 76.0	-16.567	-13.43	11.2			
	21:40	0.33	36.80	467	17 190	1.0	17 190.0	99.091	-12.12	-7.2			
	22:00	1.00	69.50	463	32 180	1.33	42 799.4	80.500	39.00	523.3			
	23:00	1.00	150.00	502	75 300	2.0	150 600.0	-7.000	-307.00	358.2			
	24:00		143.00	195	27 885	1.0	27 885.0						

注：对表中(11)是在(7)中用 48 加权，在(10)中用 24 加权，故在(11)中应乘 1/2。

2. *流量加权法与积分法计算精度分析*

对比两种计算方法，二者在相同条件下，主要区别是计算时段输沙量采用的简化方法不同。下面以一个计算时段为研究对象，对两种计算方法进行对比分析。

采用与“第一法”相同的方法，推得“第二法”与“积分法”结果的区别是：

采用“第二法”，计算 Δt 时段的输沙量为

$$W_{s2} = q_1 C_{s1} \Delta t + \frac{k_2}{2} q_1 (\Delta t)^2 + \frac{k_1}{2} C_{s1} (\Delta t)^2 + \frac{k_1 k_2}{4} (\Delta t)^3 \tag{7-8}$$

与“积分法”的差为

$$\begin{aligned} W_s - W_{s2} &= q_1 C_{s1} \Delta t + \frac{k_2}{2} q_1 (\Delta t)^2 + \frac{k_1}{2} C_{s1} (\Delta t)^2 + \frac{k_1 k_2}{3} (\Delta t)^3 - \\ &\quad \left[q_1 C_{s1} \Delta t + \frac{k_2}{2} q_1 (\Delta t)^2 + \frac{k_1}{2} C_{s1} (\Delta t)^2 + \frac{k_1 k_2}{4} (\Delta t)^3 \right] \\ &= \frac{k_1 k_2}{12} (\Delta t)^3 \end{aligned}$$

通过以上分析可清楚地看到，“第一法”计算的结果比“积分法”计算的结果系统偏大$\frac{k_1 k_2}{6}(\Delta t)^3$，而“第二法”计算的结果比“积分法”计算的结果系统偏小$\frac{k_1 k_2}{12}(\Delta t)^3$。

通过对两种计算方法的分析可以得知：

(1)一日内，在流量、含沙量变化较大的情况下，无论采用“第一法”还是“第二法”都可能会产生误差，只有当流量和含沙量均不变化，或者至少有一个不变化时（k_1和k_2至少有一个为零），“第一法”、“第二法”的计算结果才与“积分法”一致。

(2)在流量和含沙量同向变化时（k_1和k_2同号），即涨水涨沙或落水落沙时，“第一法”计算出的时段输沙量系统偏大，“第二法”计算出的时段输沙量系统偏小；当流量和含沙量异向变化（k_1和k_2异号），即涨水落沙或落水涨沙时，误差可能相互抵消一部分。在生产实践中，一般情况下涨水涨沙或落水落沙的情况较多，涨水落沙或落水涨沙出现的相对少（尤其大河），因此系统误差难以抵消，误差的大小又不易控制，特别是当流量、含沙量变化较大时，由此产生的日平均输沙率的计算误差可能比较大。

(3)采用“积分法”计算时，在流量、含沙量最大涨落段，无需再进行直线内插即可求出精确的计算结果。为减少“第一法”计算误差，应在流量、含沙量最大涨落段，直线内插1~2个点再进行计算。这种内插点的方法，实际上是为了让“第一法”的计算结果更接近“积分法”，以减少误差。如图7-7所示，在Δt时段内，用“积分法”求得的时段输沙量为凹形面积$abcd$，用“第一法”求得的时段输沙量为梯形面积$abcd$，其误差比较大。当内插一个点后，“第一法”的时段输沙量为梯形面积$afed$和$fbce$之和，这样比梯形面积$abcd$更接近凹形面积$abcd$，从而减小了误差。而采用“积分法”则直接可以得到凹形面积$abcd$的结果。

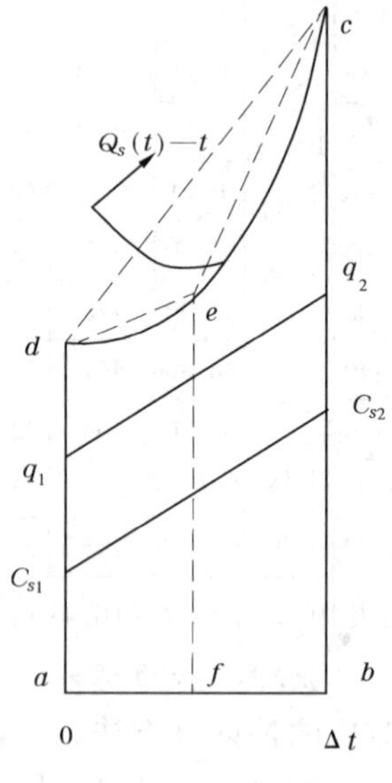

图7-7　“积分法”与“第一法”分析

七、月、年特征值统计

利用计算的日平均输沙率、含沙量资料，可以编制逐日平均悬移质输沙率表及逐日平均含沙量表。表中的主要月、年特征值如下：

(1)月、年平均输沙率。用全月或全年逐日平均输沙率的总和除以相应的月、年总日数：

$$\overline{Q}_{s月或年} = \frac{\sum_{i=1}^{n} \overline{Q}_{s_i}}{n} \tag{7-9}$$

(2)年输沙量。为通过河流中某一过水断面的悬移质泥沙总重量，以全年逐日平均输沙率之和，乘以一日的秒数(86 400)得，单位以 t、万 t、亿 t 表示，即

$$W_s = 86\,400 \sum_{i=1}^{n} \overline{Q}_{s_i} \tag{7-10}$$

(3)输沙模数。用年输沙量除以集水面积得到，单位以 $t/(a \cdot km^2)$ 表示，即

$$M_s = \frac{W_s}{A} \tag{7-11}$$

(4)月、年平均含沙量。用月、年平均输沙率除以月、年平均流量得到，即

$$\overline{C}_{s月或年} = \frac{\sum_{i=1}^{n} \overline{Q}_{s月或年}}{\overline{Q}_{月或年}} \tag{7-12}$$

八、合理性检查

悬移质泥沙资料的合理性检查，分单站检查和上下游站综合检查两种。

通过检查，对发现的矛盾和问题应进行认真的处理，以提高整编成果的质量。

(一)单站合理性检查

1. 历年关系曲线对照

当单沙取样位置、取样方法没有大的变化，断沙的推求也与往年一致时，可用历年单断沙关系或水位比例系数关系曲线进行对照，其曲线的趋势基本一致，且变化范围不应过大，当发现异常时，应查明原因。检查是因流域自然地理情况或本站水沙特性的改变而造成(如水土保持、垦荒、河段冲淤变化等)的，还是测算错误所引起的。

2. 含沙量变化过程的检查

全年分月在同一张图上，绘制逐日流量、含沙量、输沙率过程线进行对照，洪峰期间，应加绘瞬时过程线对照。含沙量的变化与流量的变化常有一定的关系，可从历年流量、含沙量资料的比较中，找出规律性，据以检查本年资料的合理性。若有反常，应查明是由于人为因素，还是由于洪水来源、暴雨特性、季节性等因素影响所造成的。

(二)综合合理性检查

1. 上下游含沙量、输沙率过程线对照

在同一张图上，用同一纵、横坐标，将上下游各站逐日平均含沙量、输沙率(或瞬时含沙量、输沙率)以不同的颜色或符号点绘过程线进行对照检查。

当没有支流汇入或支流来沙影响较小时，上下游站之间，常有一定的对应关系，利用这一特性检查过程线的形状，峰、谷、传播时间、沙峰历时等是否对应、合理。如图 7-8 所示为我国辽河铁岭至巨流河站 1963 年 6 月下旬的含沙量过程线。从图上可以看出，过程

线形状相似，峰顶、峰谷相应，峰顶含沙量自上游向下游递减，起涨及峰顶时间上游先于下游，沙峰历时由上游向下游递增，是合理的。

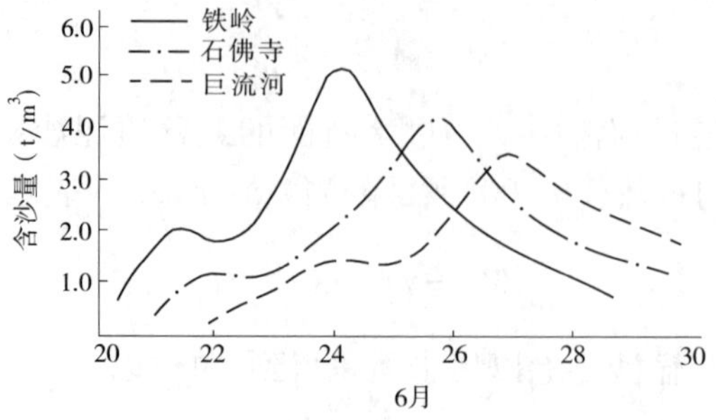

图 7-8 辽河铁岭至巨流河站的部分含沙量过程线图（无支流汇入）

在支流汇入影响较大，或区间经常发生冲淤变化的河段，上下游含沙量的关系与上面就不同了。图 7-9 是某河流甲、乙、丙三站含沙量过程线图，从图上可以看出，上、下游站含沙量变化过程不相应，例如 7 月 12 ~ 16 日甲站含沙量很小，但乙站却有较大的沙峰出现。查其原因，是支流的两站来沙量很大。

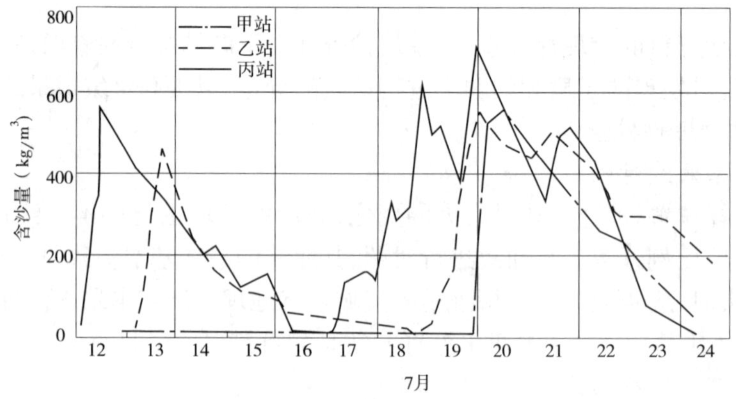

图 7-9 某河流甲、乙、丙三站部分含沙量过程线（有支流汇入）

2. 上下游月、年平均输沙率对照

编制上、下游月、年平均输沙率对照表，检查输沙率沿河长的变化是否合理，当洪峰跨月时，可用两月的月平均输沙率之和作比较；当区间支流有来沙影响时，应将上游站与支流站输沙率之和列入，与下游站比较。

第二节 推移质输沙率资料整编

推移质输沙率资料整编的内容有：审查和分析原始资料，编制实测推移质输沙率成果表，确定推移质输沙率的推求方法，编制逐日平均推移质输沙率表，以及编写整编说明书等。

一、实测资料的分析

推移质泥沙运动非常复杂,其脉动现象比悬移质大得多,尤其是卵石推移质。推移质输沙率在断面内的分布很不均匀,一般情况,推移质的数量与流速的大小有密切关系,主流摆动的测站,推移质横向变化大。

推移质输沙率一般随悬移质输沙率,以及流速(流量、水位)的增减而增减。在山溪性比降很大的河流,平水期虽然流量、含沙量并不大,但推移质输沙率仍有相当的数量。

根据测站特性和资料情况,可进行以下几种分析:

(1)推移质输沙率与某种水力因素(流速、水位、流量、悬移质输沙率等)过程线对照。

(2)推移质输沙率与某种水力因素(流速、水位、流量、悬移质输沙率等)相关曲线分析。

二、逐日推移质输沙率的推求方法

目前推移质输沙率测验和整编,正处在探索阶段,推求逐日平均推移质输沙率的方法,可在资料分析后选定。当实测资料很少时,也可积累数年资料后,合并整编。整编时,可选择以下几种方法。

(一)推移质输沙率与水力因素关系曲线法

点绘推移质输沙率与某水力因素(流速、流量、水位、悬移质输沙率等)相关曲线,当关系密切时,可以用此法。图7-10是用断面平均流速与推移质输沙率点绘的关系图,相关图采用的坐标是双对数坐标。从图中看出,关系线呈两条相交的直线,分上、下两个系统,因每次实测推移质输沙率时,均为实测流量和悬移质输沙率,故可找出与推移质输沙率同时的断面平均流速与之点绘关系

$$Q_b = \alpha \bar{v}^n \tag{7-13}$$

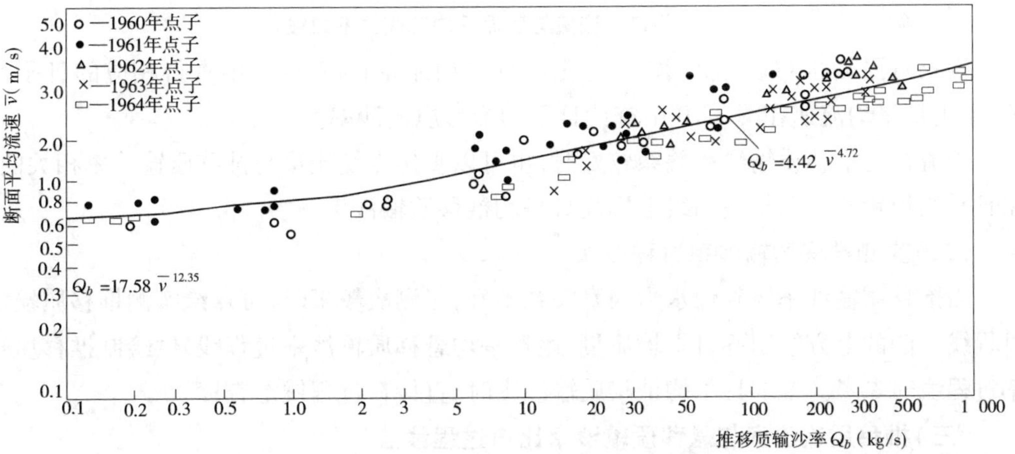

图7-10 推移质输沙率与断面平均流速关系曲线

式中 Q_b——推移质输沙率,kg/s;

$\bar{v}$——断面平均流速,m/s;

α、n——系数、指数。

为了使推移质输沙率与断面平均流速关系曲线图配合，还须点绘流量与断面平均流速相关图，可用实测资料在双对数纸上点绘，一般也呈线性关系，如图 7-11 所示。

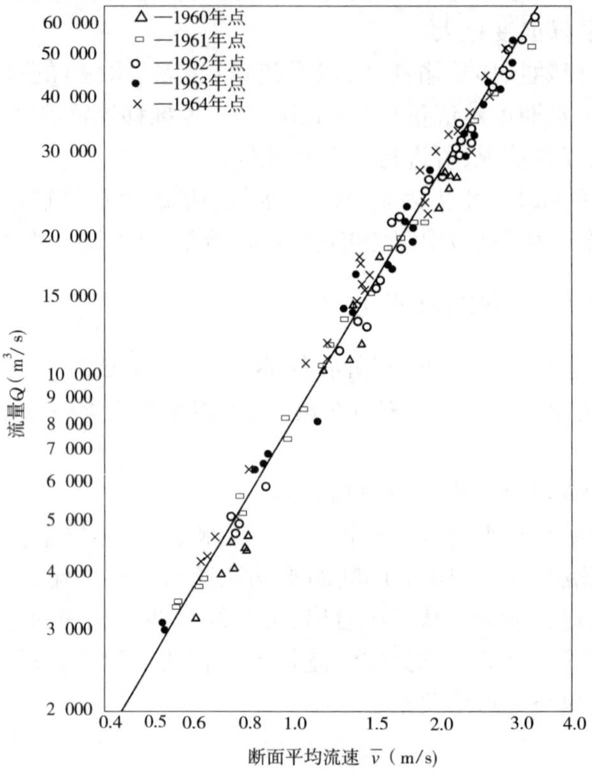

图 7-11　流量与断面平均流速关系曲线

推求日平均推移质输沙率时，可先用日平均流量在图 7-11 中查得相应的日平均流速，再用日平均流速在图 7-10 中查读日平均推移质输沙率。

当流量与推移质输沙率关系较好时，也可以直接点绘流量与推移质输沙率相关曲线，用日平均流量直接在相关曲线上推读日平均推移质输沙率。

（二）实测推移质输沙率过程线法

当推移质输沙率与其他水力因素关系不好，但测次较多时，可点绘实测推移质输沙率过程线。图的上方绘制逐日平均流量、逐日平均悬移质输沙率过程线，供绘制推移质输沙率过程线时参考。推求日平均推移质输沙率时，直接在过程线上查读。

（三）推移质输沙率与悬移质输沙率比值过程线法

当推移质输沙率不能与其他水力因素建立相关关系，但测点较多时，也可用实测推移质输沙率与实测的悬移质输沙率的比值，绘制过程线。在连此过程线时，应参照悬移质输沙率过程线的趋势。推沙时，在过程线上查读比值，乘以同时的悬移质输沙率，即得推移质输沙率。

（四）单推、断推关系曲线法

对单位推移质输沙率与断面推移质输沙率关系比较稳定的沙质河床的测站，可绘制单、断推关系曲线，通过点群中心定出相关线，然后利用平时观测的单推资料在相关线上查读断推资料。

第三节　泥沙颗粒级配资料整编

泥沙颗粒级配资料整编，包括悬移质、推移质和河床质三种。其整编方法基本相似，内容为审查分析原始资料，编制有关实测及整编图表，推算日、月、年平均颗粒级配，合理性检查等。

一、实测颗粒级配资料的分析

对原始资料进行重点检查和校核，以了解资料的正确性和合理性。同时将实测的悬移质、推移质、河床质断面平均颗粒级配曲线，绘于同一张图上，检查三者的对应关系。一般情况下，悬移质最细，河床质最粗，推移质居中，表现为小于或等于某一粒径的沙重的分数，悬移质为最大，河床质最小，推移质在中间，若有反常，应检查分析原因。

绘制单颗、断颗关系图进行分析时，应以单沙水样颗粒级配小于某粒径沙重百分数为纵坐标，相应的断面平均颗粒级配小于某粒径沙重百分数为横坐标，点绘相关图，不同粒径级用不同符号表示，并在测点旁边注明测次。若关系点有系统偏离，可能是单颗取样方法或取样位置不当所致。若关系点分布散乱，可能是单颗代表性差，或者是分析操作上误差较大、计算错误、特殊水情、洪水来源不同、河道变化等因素所引起的，经过分析，确认为错误是由计算引起时，应设法予以改正，属测验精度不高或其他自然因素影响者，应在整编成果中予以说明。

二、悬移质断面平均颗粒级配的推求

悬移质断面平均颗粒级配（简称断颗）的推求有单、断颗关系曲线法和近似法两种，各种方法的操作步骤如下。

（一）单、断颗关系曲线法

在方格纸上点绘的单、断颗关系图，应符合以下规律：若测点密集成一带状，各粒径级均有75%以上的测点与关系曲线的偏离在±10%以内（绝对误差），可定成单一关系曲线；若测点分布虽较散乱，但依时间顺序有系统规律，形成两个以上的带组，可以时间为参数，定出多条曲线。

所定关系线，不管是曲线还是直线，其下端均应通过纵横坐标为零的点，上端能否通过纵横坐标为100%处，应根据测点分布情况而定。单、断颗相关图的情形如图7-12所示。

推求断颗。当单、断颗关系上端通过纵横坐标为100%点时，可直接以单颗各粒径级百分数在关系曲线上查取相应断颗各粒径百分数；当单颗比断颗系统偏细时，先以单颗为100%的粒径级在关系线上查读相应粒径级的断颗百分数，按规定向上再增加一个粒径

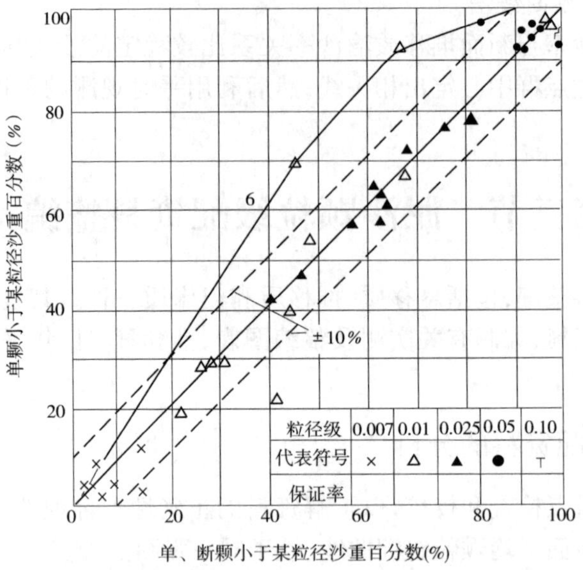

图 7-12　单颗、断颗小于某粒径沙重百分数关系

级，作为断颗 100% 的粒径级；当单颗比断颗系统偏粗时，只推求相应于断颗为 100% 及其以下的单颗各粒径部分，以上部分不再使用。

（二）近似法

当单、断颗关系散乱，不能绘制相关曲线，或仅测单颗者时，可用此法，即以实测单颗代替断颗，进行日、月、年平均颗粒级配的计算。

三、悬移质日、月、年平均颗粒级配的计算

（一）日平均颗粒级配的计算

（1）对 1 日实测 1 次单颗或断颗者，可推算或直接作为该日的平均颗粒级配。

（2）1 日内实测 2 次以上者，其中任一粒径级（小于某粒径）的沙重百分数最大最小值之差小于或等于 20%（绝对值）者，用算术平均法计算；之差大于 20%，且日平均输沙率采用流量加权法计算者，应采用输沙率加权法计算。

（二）月平均颗粒级配的计算

（1）1 月内仅有 1 日或 1 次实测颗粒级配资料时，即以该日或该次资料作为该月的月平均颗粒级配。

（2）1 月内有 2 日或 2 次以上实测资料时，根据该月输沙率变化情况，采用下述方法之一进行计算：

①1 月内输沙率变化较小时，用算术平均法计算：

$$P_{月} = \frac{\sum_{i=1}^{n} P_i}{n} \tag{7-14}$$

②1 月内输沙率变化较大时，用时段输沙量（或输沙率）加权计算：

$$P_{月} = \frac{\sum_{1}^{n}(P_i Q_{s日})}{\sum_{1}^{n} Q_{s日}} \tag{7-15}$$

式中 $P_{月}$——月平均小于某粒径的沙重百分数(%);

P_i——月内各日或各测次断面平均小于某粒径沙重的百分数(%);

n——月内颗粒分析的日(或测次)数;

$Q_{s日}$——各日(测次)代表的时段输沙量或时段日平均输沙率之和。

代表时段划分的原则。两测日或两测次间输沙率变化较小时,一般以两者日数的1/2处为分界;输沙率变化较大时,以输沙率变化的转折点为分界。上月末及下月初两测日或两测次间,如果输沙率变化较小,则以上月末一天的24时为分界;若两测次之间有沙峰出现,而沙峰转折之日无测次,则其分界应以月界和沙峰转折点结合起来考虑。

(三)年平均颗粒级配的计算

年平均颗粒级配用月输沙量(或输沙率)加权计算:

$$P_{年} = \frac{\sum_{1}^{12}(P_{月} Q_{s月})}{\sum_{1}^{12} Q_{s月}} \tag{7-16}$$

式中 $P_{年}$、$P_{月}$——年、月平均小于某粒径的沙重百分数(%);

$Q_{s月}$——月输沙量或一月内各日平均输沙率之和。

(四)日、月、年平均粒径的计算

日、月、年平均粒径,是根据相应的级配曲线分组,用沙重百分数加权计算:

$$\overline{D} = \frac{\sum(\Delta P_i D_i)}{100} \tag{7-17}$$

$$D_i = \frac{D_{上} + D_{下} + \sqrt{D_{上} D_{下}}}{3} \tag{7-18}$$

式中 $\overline{D}$——日、月、年平均粒径,mm;

ΔP_i——日、月、年平均粒径级配中某沙重百分数(%);

D_i——某分组平均粒径,mm;

$D_{上}$、$D_{下}$——某分组上、下限粒径,mm。

四、泥沙颗粒级配资料的合理性检查

泥沙颗粒级配资料的合理性检查,同样分为单站合理性检查和综合合理性检查两种。

(一)单站合理性检查

1. 与历年悬移质颗粒级配曲线对照

以当年与历年的年平均或同月的颗粒级配曲线进行对照,一般是各相应时期的曲线形状相似,且密集成一狭窄的带状分布。若发现当年或某月曲线,或某个时期前后曲线偏离成另一系统,应深入分析其变化原因。自然因素影响,如特大洪水、特别枯水、洪水来源不同等;人类活动影响,如流域内垦荒、水土保持、水利工程施工、河道疏浚、水库及灌溉引水等;受各时期测验、颗粒分析、水样处理的方法不同等影响。

在颗粒分析中,移液管法精度比较高。用粒径计法分析,其级配成果均存在偏粗现象。经历年曲线对照,当发现某个时期颗粒级配曲线偏离时,应与移液管法对比试验,若肯定误差确实属于粒径计法引起,应作适当的改正处理。

2. 悬移质颗粒级配沿时间变化与流量、含沙量过程线对照

泥沙颗粒级配与流量、含沙之间常有一定的关系,本法是在历年格纸上绘制各因素的综合过程线作对照检查。图的上部绘逐日平均流量、含沙量(或输沙率)过程线,图的下部绘各日平均颗粒级配粒径小于某粒径的沙重百分数过程线。分析各种过程线之间的关系是否与历年三种过程线之间的变化规律相符,借以发现当年资料中存在的问题。

一般情况下,各粒径小于某粒径沙重百分数随时间的变化过程是渐变的,在某些多沙河流上,洪水期往往是粗颗粒泥沙比重减少,细颗粒增加,枯水期则相反。由于各流域自然地理、气候条件不尽相同,这一规律不一定适合各个河流,应根据历年资料找出本站泥沙变化规律,进行检查。

(二)综合合理性检查

此项检查是绘制小于某粒径的沙重百分数沿河长演变图,如图 7-13 所示。必要时也可用月年平均颗粒级配曲线进行比较。

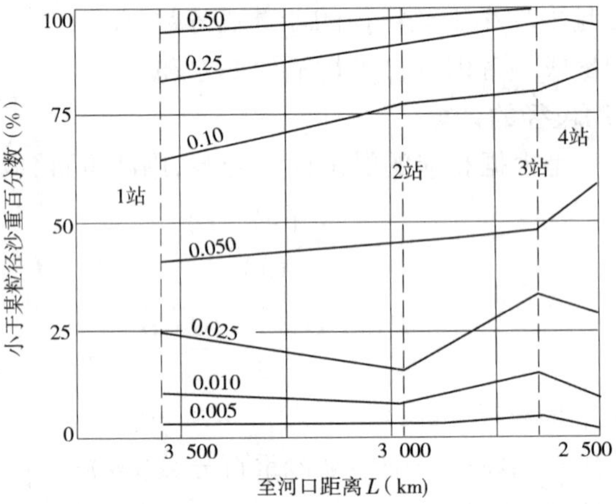

图 7-13 小于某粒径的沙重百分数沿河长演变

当流域内土壤地质等自然地理条件基本相同,而河段内又没有冲淤时,一般是悬移质颗粒沿程变细,即较细的泥沙沿程相对增多,较粗泥沙沿程相对减少,若有反常情况,应分析原因。当河流经过不同的土壤地质地带,有冲淤的河段以及局部暴雨区时,都可能出现反常现象。

第八章　冰凌观测

我国北方河流受冬季气候寒冷影响,封冻历时长,使河道中产生一系列冰情现象。冬季河流结冰,使水流发生与畅流期截然不同的变化,给河道治理、凌汛期防汛、交通运输带来很大困难。冰凌观测是为掌握河流结冰情况,了解冰凌的变化规律,探索和分析冰期水文现象及规律提供必要的资料;为水利工程建设,交通运输等国民经济发展服务。

第一节　河流冰情及观测方法

一、河流冰情概念

冰情是指冬季河流或水库的水体随气象、水力条件、地形因素的变化而发生一系列复杂的结冰、封冻、解冻现象的总称。有冰情存在的时段,称为冰期,河流冰期过程一般分为3个阶段。

(一)结冰期

从秋末出现结冰现象开始至河段结成封冻的冰层之日,为结冰期。结冰形成的情况如下:河水温度低于0 ℃时,出现结冰现象。结冰一般在岸边开始,特别是在水流缓慢的河湾处及静水边,形成薄而透明的冰带,称初生岸冰。当气温逐渐下降,初生岸冰发展为牢固冰带时,称为固定岸冰。

(二)封冻期

河段结成封冻的冰层(或敞露水面面积小于河段总面积的20%),至冰层融裂开始流冰之日,为封冻期。河流封冻前,一般发生流冰及流冰花。流冰是指浮在水面流动的水内冰、棉冰、冰珠、冰屑、薄冰等。由于发生流冰及流冰花时有疏有密,故以疏密度来表示其流冰的数量。

疏密度是指河段上流冰或流冰花的面积与河段总面积的比值,其划分以0~1.0表示。疏密度随气温、河宽、流速、地形、风向、风力而变。一般与气温变化相应;同一河段内在河面宽敞处,疏密度小;在河面窄狭处,疏密度大。顺直河段流速缓慢时,流冰或流冰花在河面上分布均匀。

随气温不断下降,岸冰增长,流冰疏密度加大,在易发生冰块和冰花团阻塞处(河湾,束狭口,桥墩等),岸冰与流来的冰块发生冻结而导致封冻。在顺直河段且流速缓慢时,冰块与冰花团平缓排列于被阻地点的上游,与岸冰相互冻结而导致的封冻,称为平封;若被阻地点的流速较大,由于流冰堆积,冰块、冰花团之间相互冲击而堆叠,发生冻结而导致的封冻,称立封。封冻与河段的地理位置、地形条件、河流流向、水力及气象因素等有关。

(三)解冻期

从春季流冰开始至全部融冰之日,为解冻期。此阶段在可见范围内已没有固定盖面冰层，或河心融冰面积已大于河段总面积的20%时，称为解冻。

解冻是由于热力、水力作用而使冰层解体，发展为开河。开河可分为文开河和武开河。

(1)文开河。开河时主要是热力作用的结果。由于气温回升，河流在与大气热交换中得到的热量逐渐增加；又因水力作用，如冰下水流对冰底的冲刷、地面水量的补给等，出现河心融冰，岸冰消融，最后导致开河。

(2)武开河。开河时主要靠水力作用，由于气温突然回升，在封冻冰层尚未解体的情况下，大量径流汇入河流，水位上涨，冰层被迫破裂，造成情势猛烈的开河。武开河易形成冰坝、冰塞等。

有些河流的开河过程往往是在封冻冰层解体后又遇水位上涨，使冰层融裂，形成流冰导致开河的称半文半武开河。

二、各冰期的冰情现象和观测要求

(一)岸冰

对岸冰进行观测的目的，主要是为河流封冻过程、冰期流量资料整编及封冻预报提供依据。岸冰的观测范围可在测站测流断面上下游一定距离内的河段两岸进行。观测岸冰的生成、发展、消失过程的同时，对影响岸冰消失的因素如气温、水温、流速等也应进行观测。岸冰观测的次数，以能掌握影响岸冰的各因素的特征来决定。

对岸冰资料，应着重研究岸冰对封冻特性的影响和气温、流速、水深等对岸冰的影响，以及开河时间、岸冰的变化情况。分析时可绘制累积负气温与岸冰增长关系图，固定断面岸冰、水深、流速横向分布图，流速与岸冰增宽速度关系图等帮助分析。

(二)水内冰

水内冰是冰期的主要冰情现象，观测研究水内冰的目的，在于掌握其成因、发展过程及特性资料，有助于冰期测验工作，为水力发电服务。

结于河底或水中物体上的冰称为水内冰，其形状为海绵状多孔而不透明的冰体，如图8-1所示。

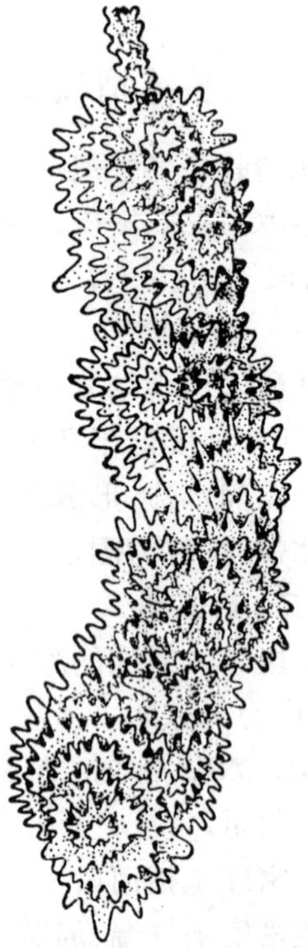

图8-1　水内冰示意

秋末冬初结冰期主要冰情特征是水内冰，其形成的主要条件是敞露的水面过冷却，水流紊动和结晶的核子。

观测内容主要是水内冰、河底冰、冰花量等。要求测得其初生、发展和消失过程。

对水内冰产生的条件和在断面上的分布特征(横向、垂直分布)，结晶状态以及透明度、夹杂物，河底冰的上浮情况，冰花量及结冰量均要进行观测。

(三)冰塞

大量的冰花堆积于河段盖面冰底下，堵塞过水断面，造成水流不畅及上游水位壅高的现象，称为冰塞。

冰塞壅水对城镇、工矿及水工建筑物均有危害，冰塞对测站水位流量关系也有影响，所以对冰塞的形成过程应予以注意。

冰塞的形成，取决于上游冰花来量和河段特定的水力条件所造成的冰花堆积。在气温稳定转负后，河道开始流冰花。冰塞一般发生在水面比降转折的河段和弯道，清沟下游处，水库末端由于回水影响，也易发生冰塞，见图8-2。

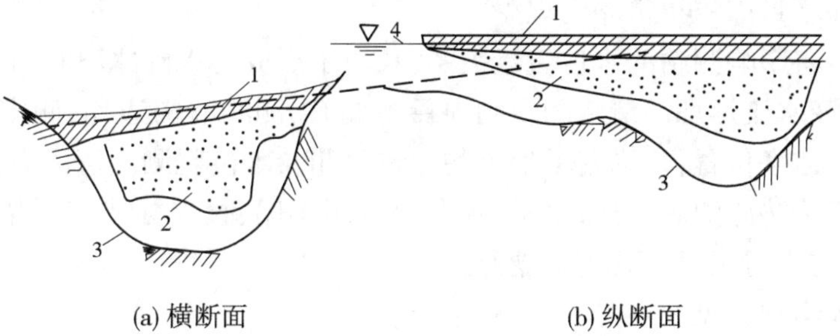

1—封冻冰层;2—冰花;3—河底;4—水面

图8-2 冰塞示意

对冰塞的的观测，主要是测定冰塞的位置、形状、冰量、特性等。冰塞易发生在上述情况的地点及历年产生过冰塞的地点，故观测河段应有适当的长度。为研究冰花堆积情况、分布形状及演变规律，在冰塞河段应布置足够的测量断面和测点，断面间距不应过长，以满足研究冰花演变规律为度。测次应根据冰塞演变过程而定。对冰塞形成条件的研究，应着重于气象及水力条件，特别是水力条件的影响。如比降变化，弯道、断面变化，流速变化等。

（四）冰坝

流冰期冰块流至河道束狭、急弯、浅滩处大量堆积，使河道阻塞，由于冰块不断堆积，横跨断面，上游水位显著抬高，称为冰坝。

冰坝是河道上显著的冰情现象，对河道两岸堤防，水利枢纽的施工、运行具有严重危害。冰坝由头部和尾部两部分组成，头部大多是由多层冰堆积组成并向两岸伸长，尾部大多是单层冰组成，一般不向两岸伸展（见图8-3）。对冰坝的观测，应包括冰坝全部组成的上下游河段。

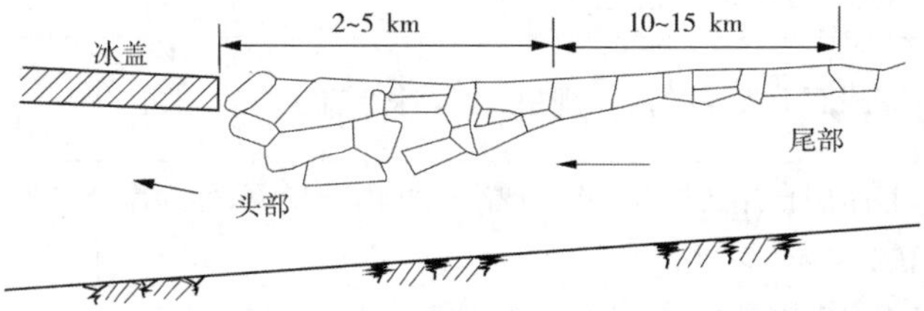

图8-3 冰坝示意

冰坝河段的观测项目主要有水位、冰情目测、冰坝体积测定及冰坝平面图、纵横断面图等。水位观测目的，是用水位来分析冰坝的形成、生长、破裂到消失的过程，一般以水位变化为主。因冰坝纵断面在头部变化较剧烈，观测次数也应多些。

在水位观测同时，要进行冰坝河段冰情目测。结合冰情目测，在整个冰坝形成前后和发展过程及消失过程中，取有代表性的阶段绘制冰情图。冰坝体积测算可用经纬仪在冰坝上下游较高的基点上进行施测，然后估算。

（五）清沟

封冻冰层中间未冻结的水面，称为清沟。它是封冻河段上因受地形，气象、水力等因素的影响敞露而不封冻的特殊冰情现象。

清沟的产生将影响测站的水位流量关系，且由于形成的水内冰不断向下游移动，堆积而形成冰塞，改变水流形态。清沟的观测项目主要有：测绘清沟边界，测定清沟内水流流速、水内冰，确定冰塞位置，清沟附近地带的冰情目测及水位观测。清沟面积、位置可用断面控制法及极坐标法施测。流速、水深、水温等可用小船、投浮标或临时架设简易缆道进行施测，冰花可在下游断面凿孔进行观测。

有关其余冰情现象见表 8-1。

表 8-1　冰情目测项目

名称	符号	定义和解释	说明
冰凇或微冰	ǀ	冰凇：漂浮在水面成细针状或极薄片的冰晶，多集聚成松散易碎的一团； 微冰：零碎的薄而透明的冰，多在岸边出现	
岸冰	‖	沿河岸冻结的冰带	
稀疏流冰花	*	浮在水面流动的水内冰、棉冰、冰珠、薄冰等	疏密度≤0.3
流冰花	✻	浮在水面流动的水内冰、棉冰、冰珠、薄冰等	中度流冰花或全面流冰花，疏密度≥0.4
稀疏流冰	○	以流动的冰块为主，并有少量冰凇、冰花等	疏密度≤0.3
流冰	●	以流动着的冰块为主，并有少量冰凇、冰花等	中度流冰或全面流冰，疏密度≥0.4
封冻	▌	有固定的横跨断面的盖面冰层，当敞露水面面积小于河段总面积的 20% 时，称为封冰	
冰上流水	ǀ▌	封冻冰面上发生的流水现象，称为冰上流水	
岸边融冰	ǀǀ	封冻冰层自岸边融化，并出现敞露水面的现象，称为岸边融冰	
冰塞或冰坝	▲	封冻冰层下面被冰花堵塞，称为冰塞；冰块横跨断面堆积抬高水位，称为冰坝	
冰滑动	+	封冻冰层整片地或分裂成大冰排，顺流向下滑动，随后又停滞不动的现象，称为冰滑动	

三、冰情目测

冰情目测是为了系统地了解冰情的变化。

(一)目测的范围、内容和时间

每年在河流可能出现结冰现象的期间,在基本水尺断面及其附近的可见范围内进行观测。目测应选择适宜的并有足够长度的河段,使观测的冰情能有良好的代表性。河段长度,小河应不小于 200 m,较宽河流则可达 1 000 ~ 2 000 m。

冰情目测时,在已选范围内水尺附近的河岸上,选择较高的地点作为冰情观测的基点。基点应满足下列要求:

(1)观测方便,可以清楚地看到全河段的冰情全貌,如一处的基点不能满足要求,可选 2 ~ 3 处;测冰流量的测站,应满足准确观测疏密度的要求。

(2)在出现结冰现象的时期内,一般每次观测水位时,均应进行冰情目测,目测项目及表示符号见表 8-1。冰情变化急剧时,应适当增加测次。

(二)目测的程序和方法

冰情目测在水位观测以前或以后进行,应先远后近,由面到点、先岸边后河中。一般顺序是:登临冰情观测点,纵览河段冰情概况;在岸边观测岸冰宽,了解有无水内冰、冰凇、冰花等现象;发生特殊冰情(如冰坝,冰塞等现象)时,到特殊冰情地点观察并了解其构成情况;随时将目测和了解到的情况,记入记载簿,冰情复杂不易用文字说明时,可绘制草图,必要时可进行冰情摄影。

第二节　固定点冰厚测量

固定点冰厚测量的目的是系统了解冰厚及一些有关因素的变化过程。

一、测量地点的选择

测量冰厚的地点,应能代表河段的一般情况,并符合下列要求:

(1)离开清沟、岸边、浅滩及河上冬季道路有足够的距离。

(2)没有泉水流入或污水排泄的影响。

(3)尽可能避开有特殊冰情的地点,如冰堆、冰坝、冰上冒水等。

(4)尽可能避开下游回水的影响。

在符合上述要求的前提下,所选地点最好位于基本水尺断面附近。

二、冰孔布设

有稳定封冻期的大中河流,应分别在一岸或两岸(两岸岸边冰厚相差较大的站)、岸边(距水边 5 ~ 10 m)及河心各选取一个冰孔进行测量。对枯水河宽小于 50 m 的小河,可只在河心选取一个冰孔。

无稳定封冻期的测站,只测岸边冰厚。

三、测量的时间

冰厚测量工作一般从河段封冻后,在冰上行走无危险时开始,至解冻时停止。一般在每月 1 日、6 日、11 日、16 日、21 日、26 日进行观测。封冻初期及解冻前冰厚变化较快的时期,可每 1 ~ 3 d 观测一次。冰层较厚的稳定封冻期,可只在每月 1 日、11 日、21 日观测。若发生连底冻,可停测。

四、测量工具

冰厚测量工具较多,但主要工具是凿孔工具和量冰尺两类。

(一)凿孔工具

凿孔工具有冰穿、冰钻两类。冰穿一般为锥型,冰钻有曲柄式(见图 8-4)、双人式(见图 8-5)、电动式等。

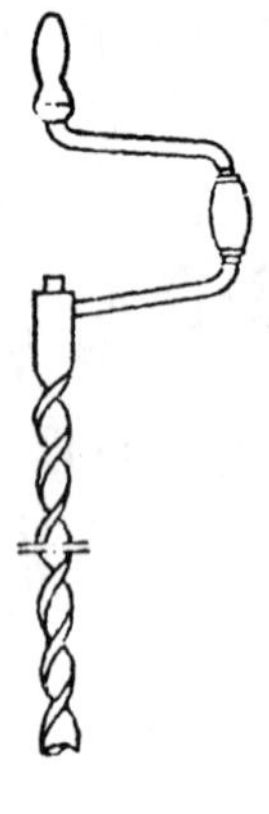

图 8-4　曲柄冰钻

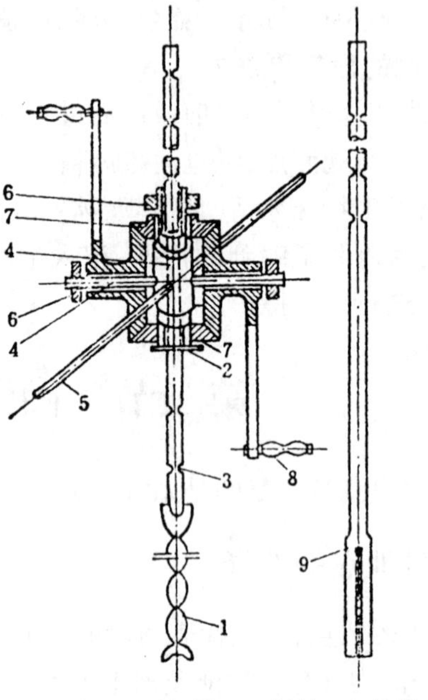

1—钻头;2—销子;3—销子孔;4—冰钻架;5—扶手;
6—调节螺丝;7—齿轮;8—摇把;9—掏冰勺

图 8-5　双人冰钻

使用双人式冰钻时,先把钻身插入转轴,用销子固定好(转轴位置高低可用销子调整),使冰钻垂直于测点上进行钻孔。冰层较厚时,可将冰钻取出,用掏冰勺清理冰孔中的冰沫。

电动式冰钻是借助电动机或其他机械带动冰钻钻孔,效率较高。

(二)量冰尺

量冰尺有普通量冰尺、固定量冰尺。

1. 普通量冰尺

普通量冰尺设备简单，适用于各种情况，但每次测量都要开凿冰孔，其形式有如下几种：

(1)L型(见图8-6)、钩型(见图8-7)、山型(见图8-8)量冰尺。直尺下端有横钩(L)型、斜钩(钩型)、山型横钩(山型)，直尺零点与钩顶端同高，量冰尺还附有门形尺架。

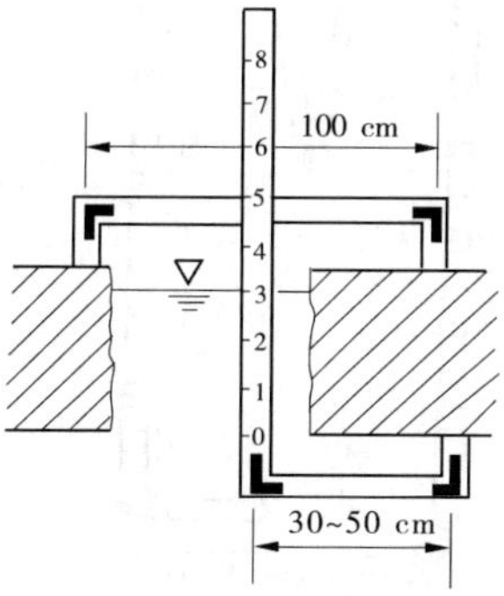

图8-6　L型量冰尺

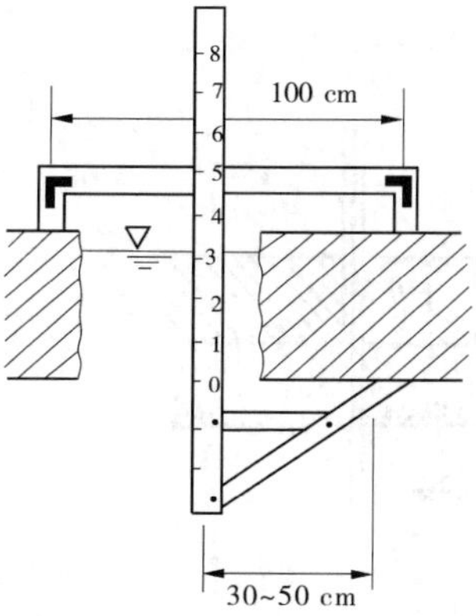

图8-7　钩型量冰尺

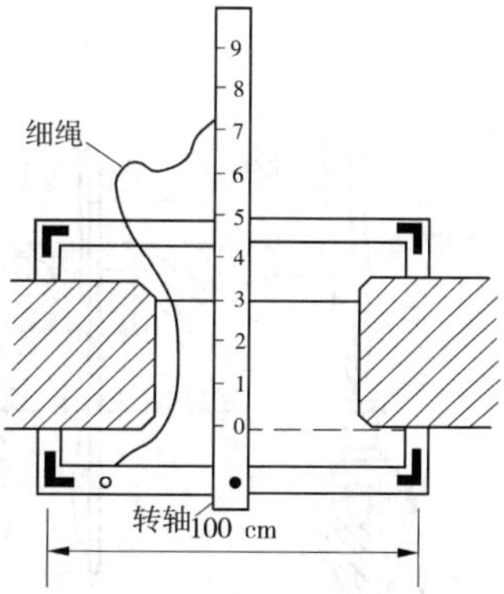

图8-8　山型量冰尺

(2)杆型(见图8-9)量冰尺。由金属板条制成，下端有一支杆，支杆处即直尺的零点，支杆用弹簧连接。使用前将支杆按向下端用锁扣扣住，直尺放入冰孔到达冰底后，将直尺紧靠冰边上提，锁扣被冰底挂落，直杆因弹簧作用而成水平状态，即可测量冰厚。

2. 固定量冰尺

固定量冰尺(见图8-10)，设备较为复杂，但不必在每次测量时都开凿冰孔，且测得的资料前后连续，适用于水较深，没有冰花或冰花稀少及封冻期较长的测站。

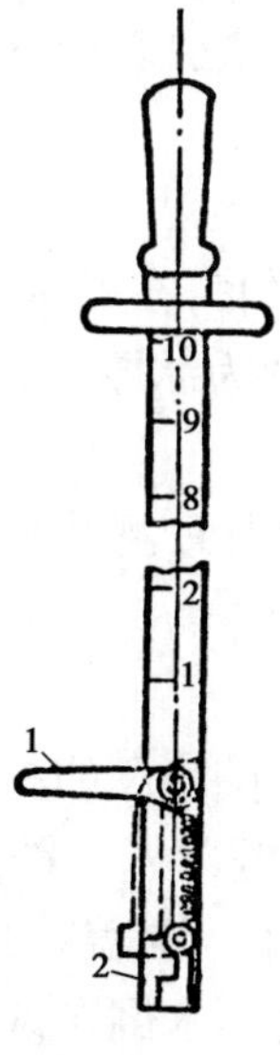

图8-9　杆型量冰尺

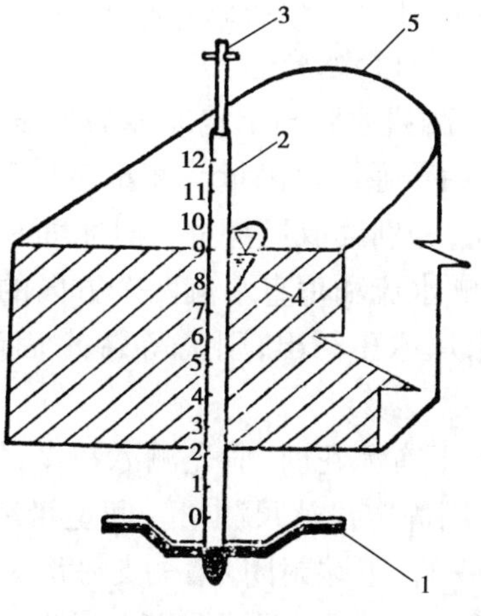

1—弓形尺；2—薄铁管；3—铁筒；
4—测水浸冰厚的小坑；5—冰面

图8-10　热烫式固定量冰尺

(三)量冰花尺

量冰花尺有折叠式和非折叠式两种。折叠式(见图 8-11)量冰花尺适用于冰钻开凿的冰孔和有结实冰花的情况。木杆下端装有铁板,上有拉绳与弹簧,平时保持垂直状态,测量时放入冰孔,到达冰花层以下后,拉紧绳子,铁板呈水平面状态,即可测读冰花厚。

非折叠式(见图 8-12)量冰花尺适用于冰穿开凿的冰孔和冰花不结实的河流。

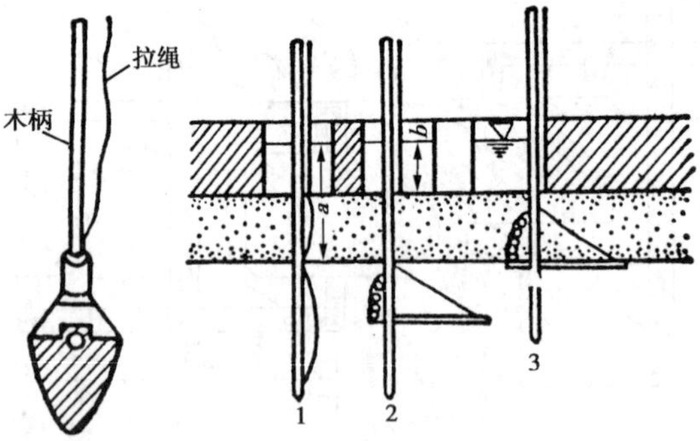

图 8-11　折叠式量冰花尺

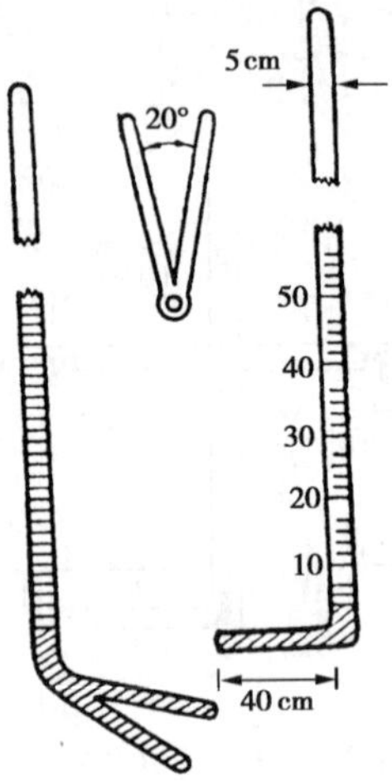

图 8-12　非折叠式量冰花尺

五、测量内容和方法

测量内容包括量取冰上雪深、开凿冰孔、量取冰花厚、水浸冰厚与冰厚。为研究气温与冰厚的关系,还应同时观测岸上气温。

(一)测量冰上雪深的方法

用普通尺在距冰孔 2 ~3 步的地方,垂直测量未受干扰的雪深 3 ~4 点,读取雪面截于尺上的读数并取其平均值。测量雪深后,在冰上观察可见范围内冰层表面的特征(如平整,不平整,有否冰堆等)。

(二)测量冰厚与水浸冰厚的方法

(1)用普通冰尺测量。测量时使测尺下部读数为零处紧贴冰底,在顺水流和垂直水流的方向,分别读取尺身垂直时冰面和水面截于尺上的读数,前者为冰厚,后者为水浸冰厚,应取顺水流和垂直水流两个方向的平均值。

若水从冰孔冒出,则需等待水面静止后再测,如冒水不止,则只测冰厚,不测水浸冰厚。

当冰下有冰花时,应先测冰花厚,然后量冰厚。

(2)用固定量冰尺测量。固定量冰尺由量冰尺与铁管组成。量冰尺的杆子为内径 5 cm 的薄铁管,下端封闭,镶一支弓形尺,上端加盖以防雪片、污物等落入。铁筒外径较量冰尺铁管内径略小,下端焊实。封冻后,将量冰尺冻结在冰层上,平时加盖。测量时,将铁筒插在铁管内,在铁管内注入热水,使铁管周围冰融化。再将一些热水倒在铁管一侧冰面上,使冰融化少许,形成一个小坑,亦可用冰穿凿出一个小坑。提出量冰尺,使弓形尺触及冰底,读取两个方向的冰厚,在小坑处读取水浸冰厚。

(三)测量冰下冰花厚方法

打开冰孔后,观察到冰层底下有冰花时,可使用量冰尺或冰花尺穿过冰花层,再轻轻上提至感觉有物时,扶直量冰尺或冰花尺,读取水面截于尺上的读数,以此读数减水浸冰厚,即冰花厚,测取顺水流与垂直水流两个方向的读数,取平均值,并记录冰花现象,如“稀少”“流动”“密集”等。

第三节　河段冰厚测量

河段冰厚测量,可分为一般的(测站范围内)测量及专用的(长河段)测量两种。

在测站范围内进行冰厚测量的目的在于了解河段内封冻冰层的变化规律及封冻特征,如冰厚的形成过程及其对测站水位流量关系的影响,冰厚随气象、水力因素的变化情况等。另外,可为冰凌预报、冰上运输、冰情分析提供依据。

一、测量范围、断面及冰孔布设

测量范围与目测冰情的范围相同。断面及冰孔数应能控制沿河长及横向冰厚变化情况。一般在河道纵坡转折处、弯道、清沟、急滩等处多布设断面,顺直河段可少布设断面。冰孔数每个断面可设 5 ~ 10 个,具体要求参见表 8-2。

表 8-2　断面、冰孔数目录

枯水河面宽 B (m)	冰厚测量的最短河段长度(m)	最少断面数	每个断面最少冰孔数	说明
$B>100$	$5B$	10	7	在很宽(如大于 500 m)的河流上,测量长度可按规定适当减少
$25<B<100$	300 ~ 500	10	5	
$25>B$	100 ~ 300	5 ~ 10	1 ~ 3	每个断面只设一个冰孔时,设在中泓处

在冰厚、冰下冰花厚变化复杂时,断面、冰孔数目应适当增加;在冰厚变化均匀或施测困难时,冰孔数可适当减少。

二、测量方法

在每个选定的断面上,按规定设置冰孔,测出冰孔在断面上的起点距。测量时凿开冰孔,测量各冰孔的冰厚、冰上雪深、冰下冰花厚、水浸冰厚及水深。测量应由下游断面逐渐向上游断面进行,当发现冰厚及冰花变化复杂时,可根据情况增加辅助断面,以掌握其变化趋势。测定冰厚时还要测定冰下冰花界限,其方法是在有冰花的冰孔与无冰花冰孔中间加打冰孔,以便逐渐摸清冰花界限。当有、无冰花两个冰孔的距离为 1/20 ~ 1/10 河宽时,就可用两个冰孔的中间位置作为冰花界限。

三、资料整理及分析

（一）绘制冰厚平面图

冰厚平面图包括冰情图、横断面图及纵断面图。绘制冰情图时，横断面图一般与冰情图绘在一起，可在断面线以下或在断面线的延长线上绘制。纵断面图上包括水面高程、断面平均冰面高程和冰底高程、中泓河底高程、最低冰花底高程等，绘制时根据各断面的平均冰厚、平均水浸冰厚、最大水深、最大冰花厚等资料进行绘制。河段冰厚平面图如图 8-13所示。

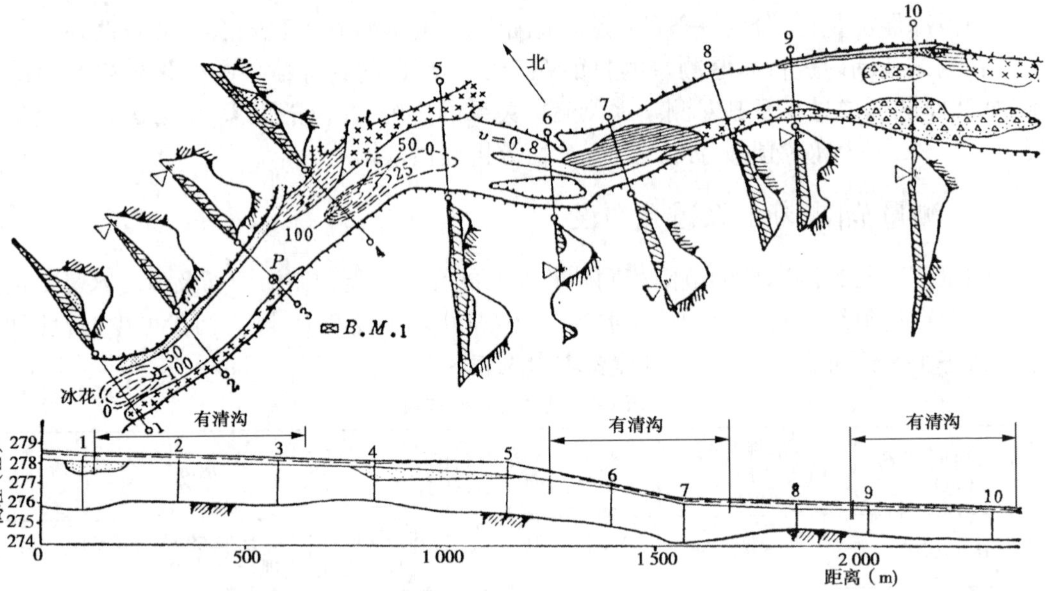

图 8-13　河段冰厚分布

（二）资料分析

（1）冰厚的增长和消减与气象、水力因素的关系。冰厚的变化与水温、气温有关，特别是与气温关系密切。在气温一定的条件下，冰厚的变化则与流速、冰下冰花、冰上雪深等因素有关。一般流速愈大，河段封冻冰层愈薄；反之，则愈厚。冰下冰花集结引起冰层下流速的减缓，可引起冰厚增长。

（2）冰厚沿河长的变化，与地形、支流汇入、地下水补给等有关。

（3）特殊冰情对冰厚的影响。

（4）分析经常测量冰厚地点的代表性。可取每一断面中泓附近 1/3 河宽范围内 1～3 个冰孔的冰厚算术平均值，作为全河段中泓平均冰厚与经常测量地点冰厚作比较，若偏离不超过 15%～20%，则经常测量地点是可用的，否则要迁移。

在进行资料分析时，可绘制各因素与冰厚关系图以说明情况。

第四节　冰流量测验

冰花和冰块的流量测验,称为冰流量测验。冰流量测验的目的是了解河流中流动的冰花、冰块的数量及其流速,从而考虑到对工程可能造成的影响,以及供研究河道冰情等工作提供可靠资料。

一、测验河段的选择及断面布设

(一)测验河段的选择

冰流量测验河段应满足河段顺直,水流平稳,河宽大体一致,岸冰间敞露水面宽也应大体一致;避开急滩、卡口、弯道等易形成冰凌堵塞或流冰在盖面冰下流动等不正常的河段。

(二)断面布设

当用固定断面进行冰流量测验时,应设置中断面及上、下断面,且最好与浮标测流断面重合。上下断面间距应不小于最大冰速的 20 倍,且不小于 20 m。为了测定冰块流经中断面的位置,同流量测验一样应设置基线或高程基点。

二、测验的内容、时间和次数

(一)测验的内容

冰流量测验包括实测冰流量和经常观测冰流量的主要要素。两者结合才能推出逐日冰流量。

(1)实测冰流量的内容有:敞露河面宽,流冰或流冰花的疏密度,冰块或冰花团的流速、厚度,冰花的密度。同时,观测水位与河段的冰情。

(2)经常观测的冰流量要素,一般为疏密度。

(3)冰流量测验可分为简测法、精测法两种。简测法采用目估法测定疏密度,测速时不测起点距;精测法采用统计法测定疏密度,测速的同时测定冰块流经中断面的起点距。

(二)测验的时间和次数

1. 施测冰流量的时间和次数

冰流量测验,在冬初流冰开始至封冻,春季解冻至流冰终了的整个时段内进行。

冰流量的测次,以能在流冰疏密度观测的配合下,掌握冰流量的变化过程,正确推求逐日的及整个流冰期的总冰流量为度。测次应合理地分布在各个时期,并包括各种不同疏密度的情况,其具体要求如下:

(1)稀疏流冰(疏密度在 0.3 以下)时,每 2 ~3 天测 1 次。

(2)中度流冰(疏密度在 0.4 ~0.6)时,每日应测 2 次。

(3)全面流冰(疏密度在 0.7 以上)时,适当加密次数。在春季刚开始解冻时流冰变化很快,此时测次也应适当增加。

2. 观测疏密度的时间和次数

在冰流量测量的整个时期,同时进行疏密度的观测,其测次应能控制流冰变化过程为度，一般要求如下：

(1)流冰稀疏时，每日8时、20时各观测1次。

(2)流冰很密变化较大时，每日观测4~8次。

(3)春季解冻流冰猛烈时，根据情况每若干分钟至1 h观测1次。

(4)每日各测次应尽量使时段相等，以便于计算日平均疏密度。

(5)对于阵性流冰，应测起讫时间及其疏密度，并应在此期间加测1~3次。

三、敞露河面宽的测量

敞露河面宽是指两岸固定岸冰间敞露的自由水面宽度，敞露河面宽的测量可用断面索直接测量或用经纬仪交会法测量。具体测量的方法步骤，与畅流期起点距测量基本相同。

四、疏密度的测量

疏密度的测量是冰流量测验中的一项重要而经常的工作，如同水位和单沙一样，是推求冰流量的重要因素。测量疏密度常用的方法有目估法和统计法。

(一)目估法

经常观测或简测法施测冰流量时用目估法。观测时应站在冰情观测基点上，总览全河段，估计流冰块或冰花团面积与敞露河面积的比数。如果流冰仅在部分河宽处成一带状，或者全河面各个部分疏度相差很大，则可先将敞露河面宽分成几部分，分别测估各部分的疏密度，再用各部分河宽加权算得平均疏密度。

(二)统计法

精测法施测冰流量时用统计法，观测时应先测定垂线的疏密度，再经过计算，求出断面平均疏密度。垂线疏密度可用经纬仪施测，或用垂索目测。

1. 经纬仪施测

在中断面上，根据当时流冰块或流冰花的疏密分布情况，选定施测垂线。垂线的布置原则是：流冰范围的边缘应设有垂线；流冰稠密处及流速较大处垂线应较多；最少垂线数可参考表8-3。

垂线起点距用经纬仪垂直交会法测定。

表8-3　测量疏密度的最少垂线数

河面宽(m)	<50	50~100	100~300	>300
垂线数	5	5~6	6~8	8~10

统计垂线上的流冰疏密度，有两种方法：

(1)计数法。该法是按一定时距，统计流冰出现次数，一般取200 s为一个观测时段，每2 s为一个单位时间。一人看镜，一人用秒表掌握时间并记录。观测开始时，由记录人员报“开始”，看镜者即在经纬仪十字丝上观察冰的情况，每2 s结束的瞬间，记时者呼“到”，看镜者在十字丝上发现有冰即应声“有”，记录者立即在记录本上画一个记号；无冰通过，看镜者继续观测，记录者不作记载，这样继续至200 s(若用计数器作记录并采用2 s一响的记时钟，一人就可施测)。冰的出现次数与总次数100之比，即为疏密度。

(2)累计时间法。此法的特点在于统计流冰通过断面的累计时间以求得疏密度。用一只累计秒表与一只普通秒表，在观测开始时，开动普通秒表，并从经纬仪望远镜内观察，当有流冰块或冰花团开始接触十字丝交点时，开动累计秒表，等冰块离开十字丝交点时，停止累计秒表，这样观测到200 s时，两只秒表同时停止。累计秒表读数与普通秒表读数之比，即为疏密度。在冰块很大而其流速很小时，该垂线施测的总历时，应以连续测得5~7个冰块为准，不受200 s的限制。

2. 用垂索目测

首先选若干条垂线，在断面索上拴带有重物的绳索。自断面上游或下游目测，或用望远镜观察冰块及冰花团通过垂索下的情况，统计疏密度的方法同经纬仪法。此法用于河宽小于30 m时，若用望远镜观察，则范围适当扩大。

五、冰块或冰花团流速的测量

冰块或冰花团流速的测量方法与水面浮标测流相同，即以冰块或冰花团作为浮标，测得流经上下断面的历时和断面间距，计算冰速。每次测若干点，断面上的最少有效测点，可参考表8-4。

表8-4　冰速测量最少有效测点数

河面宽(m)	<50	50~100	100~300	>300
有效测点数	5	5~6	6~8	8~10

六、冰花、冰块厚度与冰花密度的测量

(一)流动冰块厚度的测量

流动冰块厚度的测量在岸边进行，用量冰尺量取流经岸边冰块的厚度。每次测得5~10块，所测冰块应大小兼有，取其均值为冰块厚度。

(二)冰花团厚度及冰花密度的测量

测量冰花团厚度及冰花密度，可将冰花采样器垂直插入冰花团，水及冰花即将阀门顶开进入采样器内，当器身下端到冰花以下0.3 m时，即将筒提起，阀门因弹簧力而关闭，冰花留在阀门上。采样后将平底尺从采样器上端放入，量取冰花厚度，用秤称得冰花重，并观察冰花颗粒组成及大小，记入记载表的备注中。

计算冰花密度的公式为

$$\gamma_{sg} = \frac{W_{sg}}{Ah_{sg}} \tag{8-1}$$

式中　γ_{sg}——冰花密度，g/m³；

W_{sg}——冰花质量，g；

A——采样器截面面积，m²；

h_{sg}——冰花厚，m。

每次测验时，在断面上选 3～5 条垂线，并取不少于 15 个冰样。当没有过河设备或流冰很密，不能行船到达河心时，可在岸边采取冰样，但数目应适当增多。当冰花团很薄时，可将几个冰样合并称重，求平均冰花密度。

七、冰流量的计算

（一）用简测法施测的计算方法和步骤

（1）计算敞露河面宽、冰速、冰花密度。

（2）计算冰块或冰花团的厚度、平均冰速、平均冰花密度，皆以各点实测数值，用算术平均法计算。

（3）冰块流量与冰花流量用下式计算：

$$Q_I = B\bar{h}_I\bar{v}_I\bar{\eta} \tag{8-2}$$

$$\bar{h}_I = \bar{h}_{sg}\beta \tag{8-3}$$

$$\beta = \frac{\bar{\gamma}_{sg}}{0.91} \tag{8-4}$$

式中 Q_I——冰块流量或折合成实冰花流量，m^3/s；

B——敞露河面宽，m；

h_I——平均冰块厚或折合成实冰花厚，m；

$\bar{v}_I$——平均冰速，m/s；

$\bar{\eta}$——平均流冰疏密度；

$\bar{h}_{sg}$——平均冰花厚，m；

β——冰花折算系数；

$\bar{\gamma}_{sg}$——平均冰花密度，t/m^3；

0.91——密实冰块密度，t/m^3。

（4）若河面上流冰疏密度很不均匀，在观测疏密度与冰速时应将河面分成几部分观测，则冰流量可按下式计算：

$$Q_I = \bar{h}_I(b_1v_{I1}\eta_1 + b_2v_{I2}\eta_2 + \cdots + b_nv_{In}\eta_n) \tag{8-5}$$

式中 Q_I——冰流量，m^3/s；

$\bar{h}_I$——平均冰块厚或折合成实冰花厚，m；

$b_1,b_2,\cdots,b_n$——河面各部分宽，m；

$v_{I_1},v_{I_2},\cdots,v_{I_n}$——各部分的平均冰速，m/s；

$\eta_1,\eta_2,\cdots,\eta_n$——各部分的平均疏密度。

断面平均疏密度与平均冰速，用下式计算：

$$\bar{\eta} = \frac{1}{B}(b_1\eta_1 + b_2\eta_2 + \cdots + b_n\eta_n) \tag{8-6}$$

$$\bar{v}_I = \frac{Q_I}{B\bar{h}_I\bar{\eta}} = \frac{Q_I}{B\bar{h}_{sg}\beta\bar{\eta}} \tag{8-7}$$

(二)用精测法的计算方法和步骤

(1)用前面的方法计算敞露河面宽、各测点冰速及起点距、各测点疏密度及起点距、冰块或冰花团的平均厚度、平均冰花密度与折算系数。

(2)绘制疏密度及冰速分布曲线,如图 8-14 所示,通过各冰速测点重心,连一平滑曲线为冰速分布曲线。疏密度则根据实测点连成折线,当河面部分流冰,部分不流冰时,冰速分布和疏密度分布曲线,可能如图 8-15 所示。

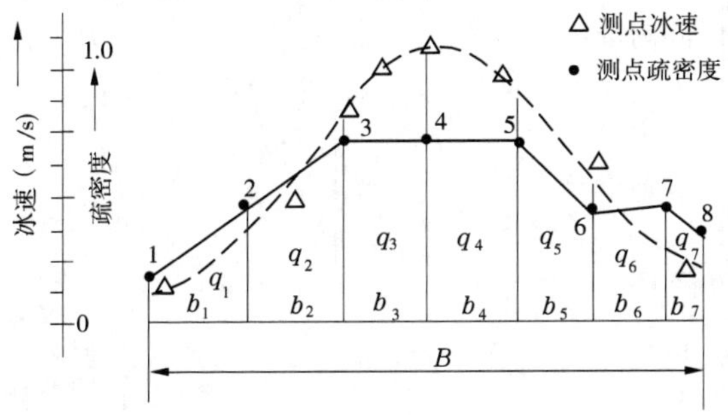

图 8-14 连续疏密度及冰速分布曲线

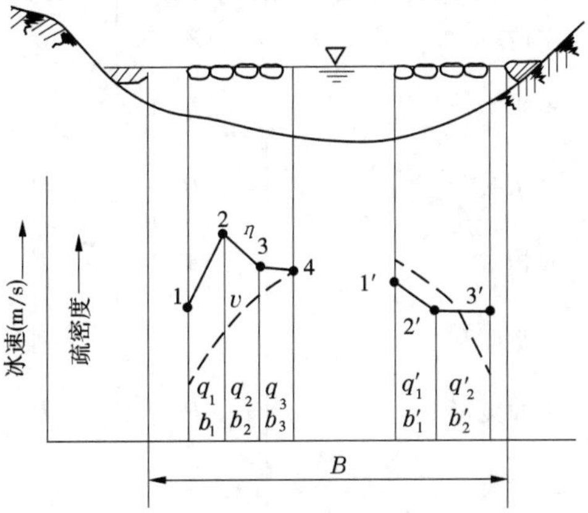

图 8-15 不连续疏密度及冰速分布曲线

(3)根据实测疏密度测点的起点距,在冰速分布曲线上,查取相应冰速。

(4)计算部分单厚冰流量:

$$q_{\varphi i} = \frac{1}{2}(v_{Ii}\eta_i + v_{Ii+1}\eta_{i+1})b_i \tag{8-8}$$

式中 $q_{\varphi i}$——第 i 部分单宽冰流量,$m^3/(s \cdot m)$;

η_i、η_{i+1}——测点的实测疏密度;

v_{Ii}、v_{Ii+1}——相应测点冰速,m/s;

b_i——两实测疏密度测点间部分河宽,m。

(5)计算总单厚冰流量:

$$Q_\varphi = \sum q_\varphi = q_{\varphi 1} + q_{\varphi 2} + \cdots + q_{\varphi n} \tag{8-9}$$

(6)计算冰流量:

$$Q_I = \bar{h}_I Q_\varphi = \beta \bar{h}_{sg} Q_\varphi \tag{8-10}$$

(7)计算相应的平均疏密度:

$$\bar{\eta} = \frac{1}{B}\left[\frac{1}{2}(\eta_1 + \eta_2)b_1 + \frac{1}{2}(\eta_2 + \eta_3)b_2 + \cdots + \frac{1}{2}(\eta_{n-1} + \eta_n)b_{n-1}\right] \tag{8-11}$$

(8)计算平均冰速:

$$\bar{v}_I = \frac{Q_\varphi}{\bar{\eta} B} \tag{8-12}$$

附 表

附表 1　水文测验中“国标”与“规范”部分符号对照

符号名称	符号		符号名称	符号	
	国标	规范		国标	规范
水位	Z	G	降雨量	P	P
水头	h	h	蒸发量	E	E
总水头	H	H	高程	Z	G
面积	A	F	水深	d	h
集水面积	A	F	比降	S	I
水面宽	B	B	水力半径	R	R
部分宽	b	b	糙率	n	n
流量	Q	Q	质量	m	m
部分流量	q	q	冰厚	d_y	h_I
径流量	R	Y	粒径	D	D
冰流量	Q_y	Q_I	泥沙容重	γ	ρ
流速	v	v	历时	t	t
沉降速度	ω	ω	闸门开启高度	e	e
含沙量	C_s	ρ	堰高	P	P
输沙率	Q_s	Q_s	长度	L	L
湿周	χ	χ	时间	T	T
容积	V	V	距离	L	L
浮标系数	k_f	k_f			

附表2　水文测验常用要素的单位和数字取用位数规定

项目	单位	取用位数	示例
水位	米(m)	记至0.001 m	187.987
高程	米(m)	记至0.001 m	7.987
基面	米(m)	记至0.001 m	0.987
流量	米^3/秒(m^3/s)	取三位有效数字,但小数不过三位	12 600,545,0.765,0.007
径流量	万米^3,亿米^3	取三位有效数字	56 400,67.9,0.876
径流深	毫米(mm)	记至0.1 mm	123.9,4.8,0.009
径流模数	分米^3/(秒·千米^2)($dm^3/(s\cdot km^2)$)	取三位有效数字,但小数不过三位	50.8, 0.987
断面面积	米^2(m^2)	取三位有效数字,但小数不过三位	234,1.23,0.987
流速	米/秒(m/s)	大于或等于1 m/s,取三位有效数字;小于1m/s,取二位有效数字,但小数不过三位	2.67 0.67,0.56
水面宽	米(m)	取三位有效数字; 小于5 m,小数不过二位; 大于或等于5 m,小数不过一位	1 870,674 4.17,0.36 675,5.9
闸门开启高宽度	米(m)	取三位有效数字;小于5 m,小数不过二位;大于或等于5 m,小数不过一位	1 870,674 4.17,0.36 675,5.9
起点距	米(m)	水面宽大于或等于100 m,记至整数;5 m≤水面<100 m,记至0.1 m;水面宽<5 m,记至0.01 m	516,124 81.2,5.3 2.33,0.65
水深	米(m)	大于等于5 m,记至0.1 m;小于5 m,记至0.01 m	10.2,5.3 0.98
水面比降	万分率	取三位有效数字	13.5,2.34
含沙量	千克/米^3(kg/m^3)	大于等于1 kg/m^3,取三位有效数字;小于1 kg/m^3时,取二位有效数字,但小数不小于三位	675 0.76,0.076
输沙率	克/厘米^3(g/cm^3) 吨/秒(t/s), 千克/秒(kg/s)	取三位有效数字,但小数不过一位取三位有效数字,但小数不过二位	176,8.9 1 230,0.87
输沙量	吨,万吨,亿吨	取三位有效数字	54 300,7.98
侵蚀模数	吨/千米^2(t/km^2)	取三位有效数字	897,76.9
泥沙粒径	毫米(mm)	取三位有效数字,但小数不过三位	0.655,0.078
降水量	毫米(mm)	记至0.1 mm	12.5,0.6
蒸发量	毫米(mm)	记至0.1 mm	11.2,0.4

参考文献

[1] 中华人民共和国水利部水文司. 水文站网技术指导[M]. 北京:水利电力出版社,1992.

[2] 中华人民共和国水利部. GBJ 138—1990 水流位观测标准[S]. 北京:中国计划出版社,1991.

[3] 中华人民共和国水利部. GB 50179—1993 河流流量测验规范[S]. 北京:中国计划出版社,1993.

[4] 中华人民共和国水利部. 比降—面积法测流规范[S]. 1986.

[5] 中华人民共和国水利部水文司. 水工建筑物测流规范[S]. 北京:水利电力出版社,1992.

[6] 中华人民共和国水利部水文司. 堰槽测流规范[S]. 北京:水利电力出版社,1991.

[7] 中国有色金属工业总公司. 工程测量规范[S]. 北京:中国计划出版社,1994.

[8] 水利部长江水利委员会水文局. 水文资料整编规范[S]. 北京:中国水利电力出版社,2000.

[9] 中华人民共和国水利部. 河流悬移质泥沙测验规范[S]. 北京:中国计划出版社,1992.

[10] 严义顺. 水文测验学[M]. 北京:水利电力出版社,1984.

[11] 扬州水利学校. 水文测验[M]. 北京:水利电力出版社,1984.

[12] 徐怡曾. 水文资料整编[M]. 3 版. 北京:中国水利电力出版社,1996.

[13] 石振华,李传尧. 城市地下水工程与管理手册[M]. 北京:中国建筑工业出版社,1993.

[14] 姚永熙. 水文仪器与水利水文自动化[M]. 南京:河海大学出版社,2001.

[15] 李德仁. 误差处理和可靠性理论[M]. 北京:测绘出版社,1988.

[16] Measurment of Water Discharge. S. E. Rantz,USGS,1982.

[17] Water Resources Data Book. Steven Water Monitoring Systems. USA. ,1998.

[18] Manual on Operational Methods for the Measurement of Sediment of Water Resources Data Book. Steven Water Monitoring Systems. USA. ,1998.

[19] Hydrometry,R. W. Herschy,1977.

[20] Manual on Operational Methods for the Measurement of Sediment Transport. WMO/686,1989.

[21] Measurement of Liquid Flow in Open Channel. ISO/113,2000.

[22] Water Measurement Manual,1974.

[23] 左其亭. 现代水文学[M]. 郑州:黄河水利出版社,2002.

[24] 水利部水文局. 江河泥沙测量文集[M]. 郑州:黄河水利出版社,2000.